JN116846

はじめに

Microsoft Office Specialist（以下MOSと記載）は、Officeの利用能力を証明する世界的な資格試験制度です。

本書は、MOS Excel 365 Expert（上級レベル）に合格することを目的とした試験対策用教材です。出題範囲を網羅しており、的確な解説と練習問題で試験に必要なExcelの機能と操作方法を学習できます。

さらに、試験の出題傾向を分析して作成したオリジナルの模擬試験を5回分用意しています。模擬試験で、様々な問題に挑戦し、実力を試しながら、合格に必要なExcelのスキルを習得できます。

また、模擬試験プログラムを使うと、MOS 365の試験形式**「マルチプロジェクト」**を体験でき、試験システムに慣れることができます。試験結果は自動採点され、正答率や解答の正誤を表示できるばかりでなく、音声付きの動画で標準解答を確認することもできます。

本書をご活用いただき、MOS Excel 365 Expert（上級レベル）に合格されますことを心よりお祈り申し上げます。

なお、基本操作の習得には、次のテキストをご利用ください。

●**「よくわかる Microsoft Excel 2021基礎」**（FPT2204）
●**「よくわかる Microsoft Excel 2021応用」**（FPT2205）

本書を購入される前に必ずご一読ください
本書に記載されている操作方法や模擬試験プログラムの動作は、2024年5月時点の次の環境で確認しております。
本書発行後のWindowsやMicrosoft 365のアップデートによって機能が更新された場合には、本書の記載のとおりに操作できなくなる可能性があります。ご了承のうえ、ご購入・ご利用ください。

・Windows 11（バージョン23H2　ビルド22631.3527）
・Microsoft 365（バージョン2404　ビルド16.0.17531.20120）

※本書掲載の画面図は、次の環境で取得しております。
・Windows 11（バージョン23H2　ビルド22631.2861）
・Microsoft 365（バージョン2312　ビルド16.0.17126.20126）

2024年7月9日
FOM出版

本書を使った学習の進め方

1

Excelのスキルを事前にチェック！

MOS Excel Expertの学習を始める前に、Excelのスキルの習得状況を確認し、足りないスキルを事前に習得しましょう。

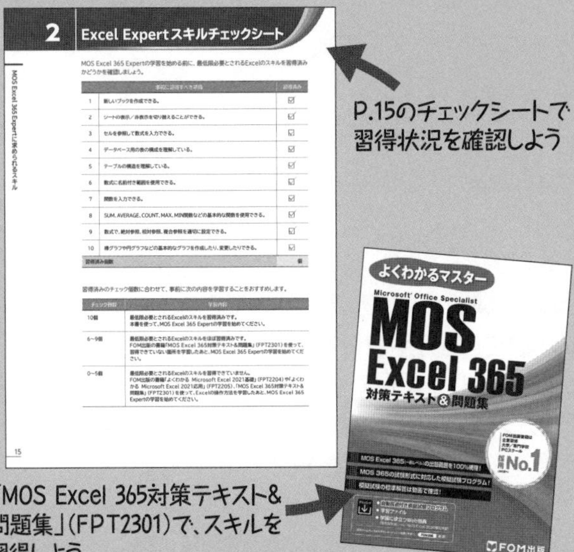

P.15のチェックシートで習得状況を確認しよう

「MOS Excel 365対策テキスト&問題集」(FPT2301)で、スキルを習得しよう

2

学習計画を立てる！

目標とする受験日を設定し、その受験日に向けて、どのような日程で学習を進めるかを考えます。

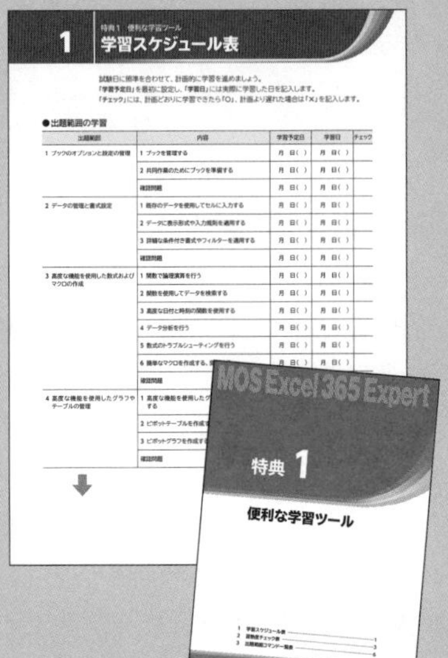

3

出題範囲の機能を理解し、操作方法をマスター！

出題範囲の機能を1つずつ理解し、その機能を実行するための操作方法を確実に習得しましょう。学習する順序は、前から順番どおりに進めなくてもかまいません。操作したことがある、興味があるといった機能から学習してみましょう。

機能の解説を理解したら、Lessonで実際に操作してみよう！

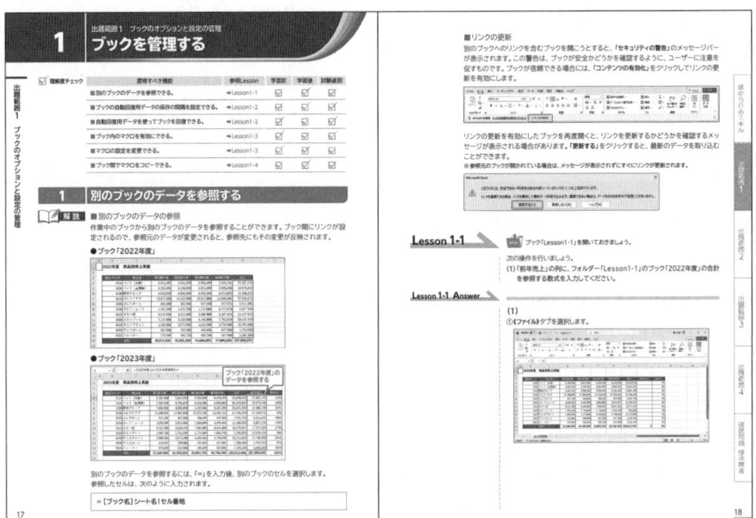

本書やご購入者特典には、試験合格に必要なExcelのスキルを習得するための秘密がたくさん詰まっています。ここでは、それらを上手に活用して、基本操作ができるレベルから試験に合格できるレベルまでスキルアップするための学習方法をご紹介します。
これを参考に、前提知識や学習期間に応じてアレンジし、自分にあったスタイルで学習を進めましょう。

正解できるようになるまで
繰り返し学習！

4

5

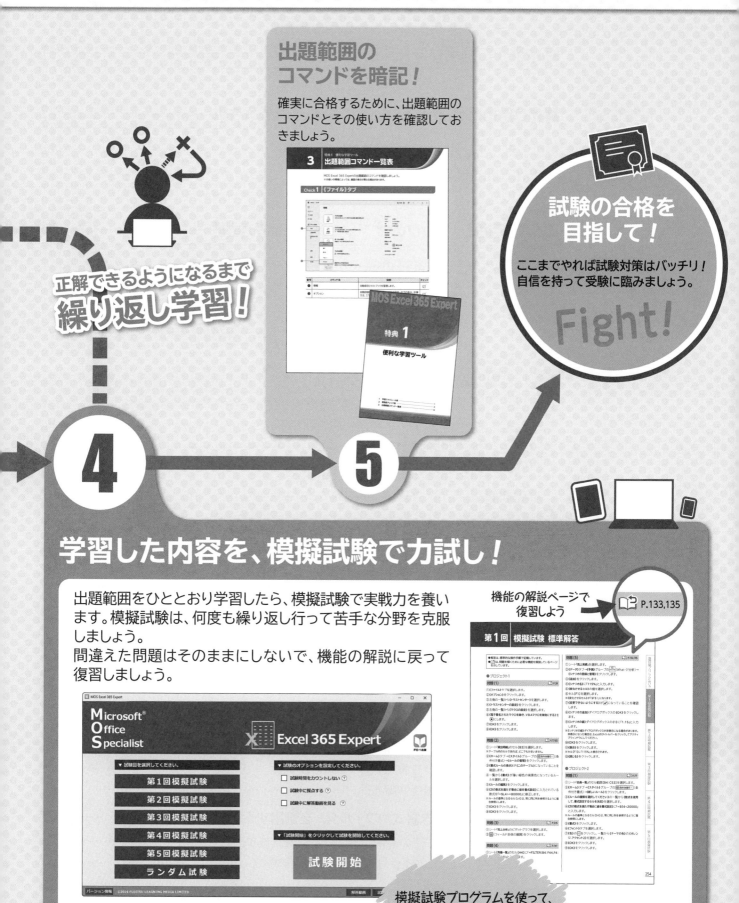

出題範囲のコマンドを暗記！

確実に合格するために、出題範囲のコマンドとその使い方を確認しておきましょう。

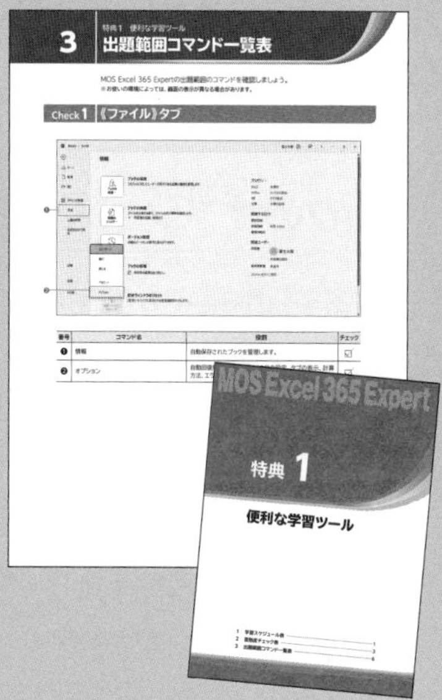

試験の合格を目指して！

ここまでやれば試験対策はバッチリ！
自信を持って受験に臨みましょう。

Fight!

学習した内容を、模擬試験で力試し！

出題範囲をひととおり学習したら、模擬試験で実戦力を養います。模擬試験は、何度も繰り返し行って苦手な分野を克服しましょう。
間違えた問題はそのままにしないで、機能の解説に戻って復習しましょう。

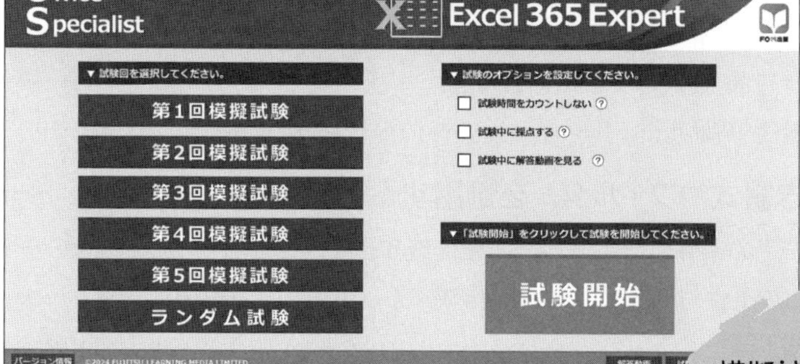

機能の解説ページで
復習しよう

模擬試験プログラムを使って、
試験形式にも慣れておこう!

Contents 目次

■出題範囲3　高度な機能を使用した数式およびマクロの作成 -----88

■模擬試験 ---------- 250

■MOS 365攻略ポイント ---------- 286

■困ったときには ---------- 296

■索引 ---------- 306

Introduction 本書をご利用いただく前に

1 製品名の記載について

本書では、次の名称を使用しています。

正式名称	本書で使用している名称
Windows 11	Windows 11 または Windows
Microsoft 365 Apps	Microsoft 365

※主な製品を挙げています。その他の製品も略称を使用している場合があります。

2 本書の学習環境について

出題範囲の各Lessonを学習するには、次のアプリが必要です。
また、インターネットに接続できる環境で学習することを前提にしています。

Microsoft 365のExcel

※模擬試験プログラムの動作環境については、裏表紙をご確認ください。

◆本書の開発環境

本書に記載されている操作方法や模擬試験プログラムの動作は、2024年5月時点の次の環境で確認しております。今後のWindowsやMicrosoft 365のアップデートによって機能が更新された場合には、本書の記載のとおりに操作できなくなる可能性があります。

OS	Windows 11 Pro（バージョン23H2　ビルド22631.3527）
アプリ	Microsoft 365 Apps for business （バージョン2404　ビルド16.0.17531.20120）
ディスプレイの解像度	1280×768ピクセル
その他	・WindowsにMicrosoftアカウントでサインインし、インターネットに接続した状態 ・OneDriveと同期していない状態

※本書掲載の画面図は、次の環境で取得しております。
・Windows 11（バージョン23H2　ビルド22631.2861）
・Microsoft 365（バージョン2312　ビルド16.0.17126.20126）

Point

OneDriveの設定

WindowsにMicrosoftアカウントでサインインすると、同期が開始され、パソコンに保存したファイルがOneDriveに自動的に保存されます。初期の設定では、デスクトップ、ドキュメント、ピクチャの3つのフォルダーがOneDriveと同期するように設定されています。
本書はOneDriveと同期していない状態で操作しています。
OneDriveと同期している場合は、一時的に同期を停止すると、本書の記載と同じ手順で学習できます。
OneDriveとの同期を一時停止および再開する方法は、次のとおりです。

一時停止

◆通知領域の（OneDrive）→（ヘルプと設定）→《同期の一時停止》→停止する時間を選択
※時間が経過すると自動的に同期が開始されます。

再開

◆通知領域の（OneDrive）→（ヘルプと設定）→《同期の再開》

3 学習時の注意事項について

お使いの環境によっては、次のような内容について本書の記載と異なる場合があります。
ご確認のうえ、学習を進めてください。

◆ボタンの形状

本書に掲載しているボタンは、ディスプレイの解像度「1280×768ピクセル」、拡大率「100%」、ウィンドウを最大化した環境を基準にしています。ディスプレイの解像度や拡大率、ウィンドウのサイズなど、お使いの環境によっては、ボタンの形状やサイズ、位置が異なる場合があります。
ボタンの操作は、ポップヒントに表示されるボタン名を参考に操作してください。

ディスプレイの解像度が高い場合／ウィンドウのサイズが大きい場合

ボタンに名前が表示される
一覧で表示される

グループのボタンがすべて表示される

ディスプレイの解像度が低い場合／ウィンドウのサイズが小さい場合

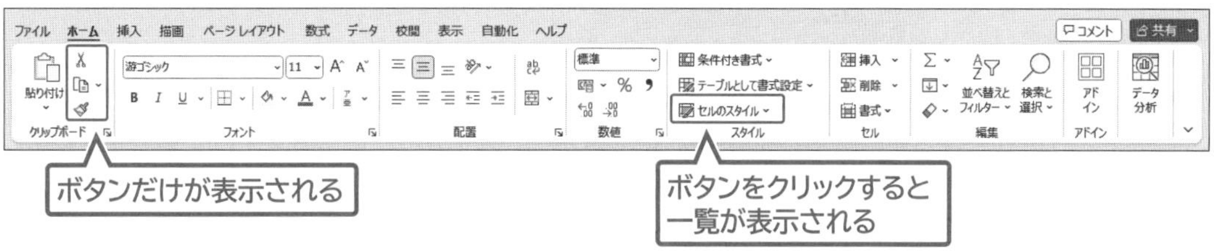
ボタンだけが表示される
ボタンをクリックすると
一覧が表示される

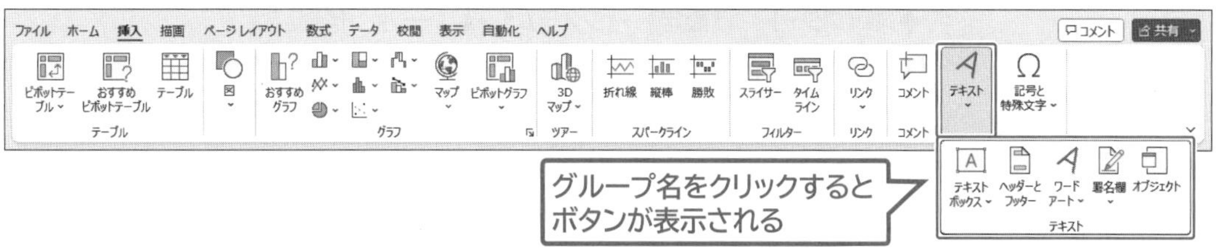
グループ名をクリックすると
ボタンが表示される

Point

《ファイル》タブの《その他》コマンド

《ファイル》タブのコマンドは、画面の左側に一覧で表示されます。ディスプレイの解像度が低い、拡大率が高い、ウィンドウのサイズが小さいなど、お使いの環境によっては、下側のコマンドが《その他》にまとめられている場合があります。目的のコマンドが表示されていない場合は、《その他》をクリックしてコマンドを表示してください。

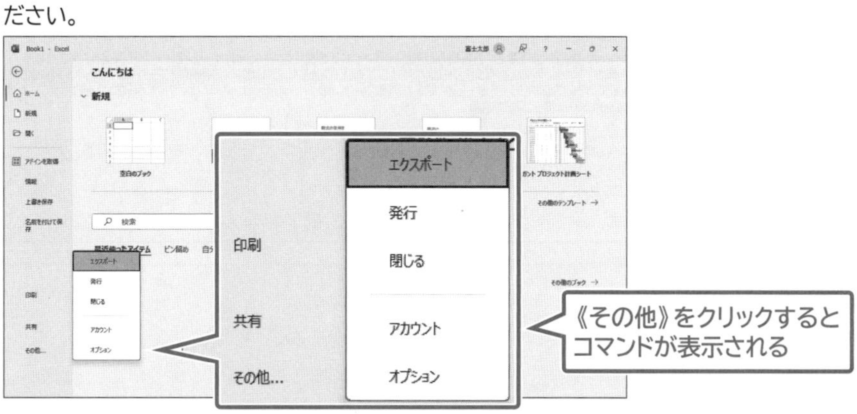
エクスポート
発行
閉じる
アカウント
オプション
印刷
共有
その他...
《その他》をクリックすると
コマンドが表示される

Point

ディスプレイの解像度と拡大率の設定

ディスプレイの解像度と拡大率を本書と同様に設定する方法は、次のとおりです。

解像度の設定

◆デスクトップの空き領域を右クリック→《ディスプレイ設定》→《ディスプレイの解像度》の［∨］→《1280×768》

※メッセージが表示される場合は、《変更の維持》をクリックします。

拡大率の設定

◆デスクトップの空き領域を右クリック→《ディスプレイ設定》→《拡大/縮小》の［∨］→《100%》

◆アップデートに伴う注意事項

WindowsやMicrosoft 365は、アップデートによって不具合が修正され、機能が向上する仕様となっています。そのため、アップデート後に、コマンドやスタイル、色などの名称が変更される場合があります。

本書に記載されているコマンドやスタイルなどの名称が表示されない場合は、掲載画面の色が付いている位置を参考に操作してください。

今後のアップデートによって機能が更新された場合には、本書の記載のとおりに操作できない、模擬試験プログラムの採点が正しく行われないなどの不整合が生じる可能性があります。

※本書の最新情報については、P.11に記載されているFOM出版のホームページにアクセスして確認してください。

Point

お使いの環境のバージョンとビルド番号の確認方法

WindowsやMicrosoft 365はアップデートにより、バージョンやビルド番号が変わります。
お使いの環境のバージョン・ビルド番号を確認する方法は、次のとおりです。

Windows

◆［⊞］（スタート）→《設定》→《システム》→《バージョン情報》

Microsoft 365

◆《ファイル》タブ→《アカウント》→《（アプリ名）のバージョン情報》

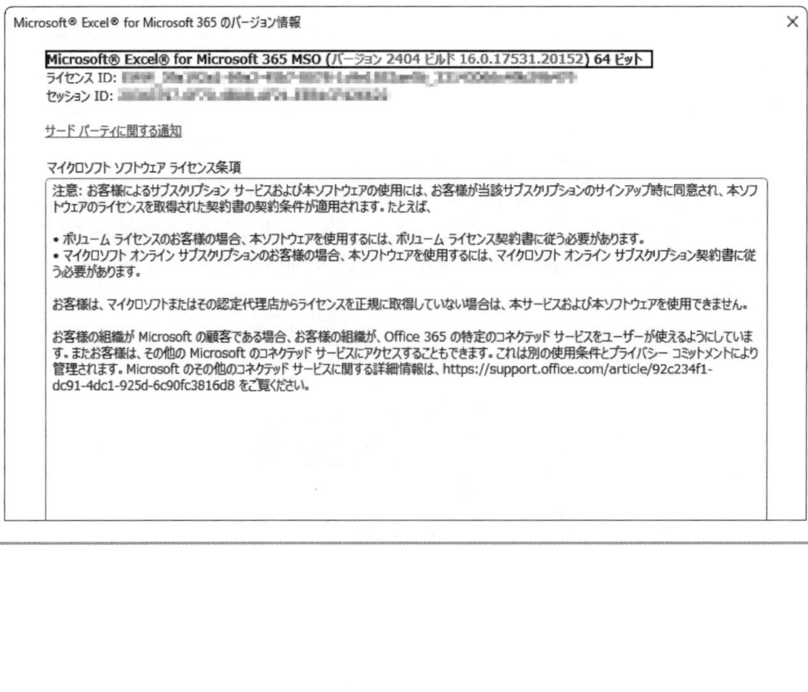

Microsoft® Excel® for Microsoft 365 のバージョン情報
Microsoft® Excel® for Microsoft 365 MSO (バージョン 2404 ビルド 16.0.17531.20152) 64 ビット
ライセンス ID:
セッション ID:
サード パーティに関する通知
マイクロソフト ソフトウェア ライセンス条項
注意: お客様によるサブスクリプション サービスおよび本ソフトウェアの使用には、お客様が当該サブスクリプションのサインアップ時に同意され、本ソフトウェアのライセンスを取得された契約書の契約条件が適用されます。たとえば、
• ボリューム ライセンスのお客様の場合、本ソフトウェアを使用するには、ボリューム ライセンス契約書に従う必要があります。
• マイクロソフト オンライン サブスクリプションのお客様の場合、本ソフトウェアを使用するには、マイクロソフト オンライン サブスクリプション契約書に従う必要があります。
お客様は、マイクロソフトまたはその認定代理店からライセンスを正規に取得していない場合は、本サービスおよび本ソフトウェアを使用できません。
お客様の組織が Microsoft の顧客である場合、お客様の組織が、Office 365 の特定のコネクテッド サービスをユーザーが使えるようにしています。またお客様は、その他の Microsoft のコネクテッド サービスにアクセスすることもできます。これは別の使用条件とプライバシー コミットメントにより管理されます。Microsoft のその他のコネクテッド サービスに関する詳細情報は、https://support.office.com/article/92c234f1-dc91-4dc1-925d-6c90fc3816d8 をご覧ください。

4 学習ファイルについて

本書で使用する学習ファイルは、FOM出版のホームページで提供しています。ダウンロードしてご利用ください。

ホームページアドレス

https://www.fom.fujitsu.com/goods/

※アドレスを入力するとき、間違いがないか確認してください。

ホームページ検索用キーワード

FOM出版

1 学習ファイルのダウンロード

学習ファイルをダウンロードする方法は、次のとおりです。

①ブラウザーを起動し、FOM出版のホームページを表示します。
※アドレスを直接入力するか、キーワードでホームページを検索します。
②**《ダウンロード》**をクリックします。
③**《資格》**の**《MOS》**をクリックします。
④**《MOS Excel 365 Expert対策テキスト&問題集　FPT2401》**をクリックします。
⑤**《学習ファイル》**の**《学習ファイルのダウンロード》**をクリックします。
⑥本書に関する質問に回答します。
⑦学習ファイルの利用に関する説明を確認し、**《OK》**をクリックします。
⑧**《学習ファイル》**の**「fpt2401.zip」**をクリックします。
⑨ダウンロードが完了したら、ブラウザーを終了します。
※ダウンロードしたファイルは、《ダウンロード》に保存されます。

2 学習ファイルの解凍方法

ダウンロードした学習ファイルは圧縮されているので、解凍（展開）します。ダウンロードしたファイル**「fpt2401.zip」**を**《ドキュメント》**に解凍する方法は、次のとおりです。

①デスクトップ画面を表示します。
②タスクバーの（エクスプローラー）をクリックします。
③左側の一覧から**《ダウンロード》**を選択します。
④ファイル**「fpt2401」**を右クリックします。
⑤**《すべて展開》**をクリックします。
⑥**《参照》**をクリックします。
⑦左側の一覧から**《ドキュメント》**を選択します。
⑧**《フォルダーの選択》**をクリックします。
⑨**《ファイルを下のフォルダーに展開する》**が**「C:¥Users¥（ユーザー名）¥Documents」**に変更されます。
⑩**《完了時に展開されたファイルを表示する》**を☑にします。
⑪**《展開》**をクリックします。
⑫ファイルが解凍され、**《ドキュメント》**が開かれます。
⑬フォルダー**「MOS 365-Excel Expert（1）」**と**「MOS 365-Excel Expert（2）」**が表示されていることを確認します。
※すべてのウィンドウを閉じておきましょう。

◆学習ファイルの一覧

《ドキュメント》の各フォルダーには、次のようなファイルが収録されています。

※ご利用の前に、❶のフォルダー「MOS 365-Excel Expert(1)」内の「ご利用の前にお読みください.pdf」をご確認ください。

❶MOS 365-Excel Expert(1)

「出題範囲1」から**「出題範囲4」**の各Lessonで使用するファイルがコピーされます。

これらのファイルは、**「出題範囲1」**から**「出題範囲4」**の学習に必要です。Lessonを学習する前に対象のファイルを開き、学習後はファイルを保存せずに閉じてください。

❷MOS 365-Excel Expert(2)

「模擬試験」で使用するファイルがコピーされます。

これらのファイルは、模擬試験プログラムで操作するファイルと同じです。模擬試験プログラムを使用しないで学習する場合は、対象のプロジェクトのファイルを開いて操作します。

◆学習ファイル利用時の注意事項

学習ファイルの場所

本書では、学習ファイルの場所を**《ドキュメント》**としています。**《ドキュメント》**以外の場所に解凍した場合は、フォルダーを読み替えてください。

編集を有効にする

ダウンロードした学習ファイルを開く際、そのファイルが安全かどうかを確認するメッセージが表示される場合があります。学習ファイルは安全なので、**《編集を有効にする》**をクリックして、編集可能な状態にしてください。

セキュリティを許可する

ダウンロードしたマクロを含む学習ファイルを開く際、**《セキュリティリスク》**メッセージバーが表示され、マクロの実行がブロックされる場合があります。

学習ファイルは安全なので、セキュリティを許可してください。

◆ファイルを右クリック→《プロパティ》→《全般》タブ→《☑許可する》

自動保存をオフにする

学習ファイルをOneDriveと同期されているフォルダーに保存すると、初期の設定では自動保存がオンになり、一定の時間ごとにファイルが自動的に上書き保存されます。自動保存によって、元のファイルを上書きしたくない場合は、自動保存をオフにしてください。

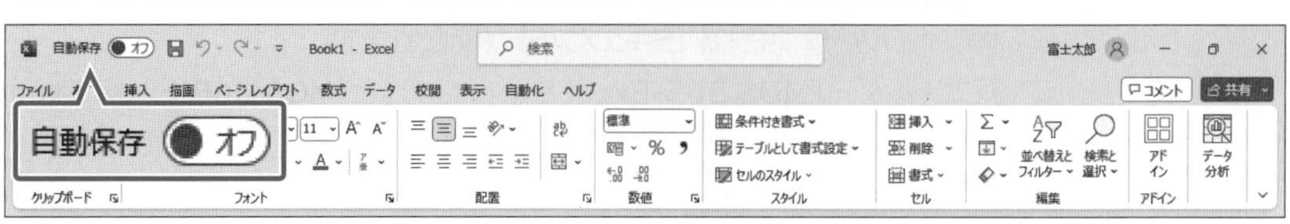

5 模擬試験プログラムについて

本書で使用する模擬試験プログラムは、FOM出版のホームページで提供しています。ダウンロードしてご利用ください。

ホームページアドレス

https://www.fom.fujitsu.com/goods/

※アドレスを入力するとき、間違いがないか確認してください。

ホームページ検索用キーワード

FOM出版

1 模擬試験プログラムのダウンロード

模擬試験プログラムをダウンロードする方法は、次のとおりです。
※模擬試験プログラムは、スマートフォンやタブレットではダウンロードできません。パソコンで操作してください。

①ブラウザーを起動し、FOM出版のホームページを表示します。
※アドレスを直接入力するか、キーワードでホームページを検索します。
②**《ダウンロード》**をクリックします。
③**《資格》**の**《MOS》**をクリックします。
④**《MOS Excel 365 Expert対策テキスト&問題集　FPT2401》**をクリックします。
⑤**《模擬試験プログラム》**の**《模擬試験プログラムのダウンロード》**をクリックします。
⑥模擬試験プログラムの利用と使用許諾契約に関する説明を確認し、**《OK》**をクリックします。
⑦**《模擬試験プログラム》**の**「fpt2401mogi_setup.exe」**をクリックします。
※お使いの環境によってexeファイルがダウンロードできない場合は、「fpt2401mogi_setup.zip」をクリックしてダウンロードしてください。
⑧ダウンロードが完了したら、ブラウザーを終了します。
※ダウンロードしたファイルは、《ダウンロード》に保存されます。

2 模擬試験プログラムのインストール

模擬試験プログラムのインストール方法は、次のとおりです。
※インストールは、管理者ユーザーのアカウントで行ってください。
※「fpt2401mogi_setup.zip」をダウンロードした場合は、ファイルを解凍（展開）し、ファイルの場所は解凍したフォルダーに読み替えて操作してください。

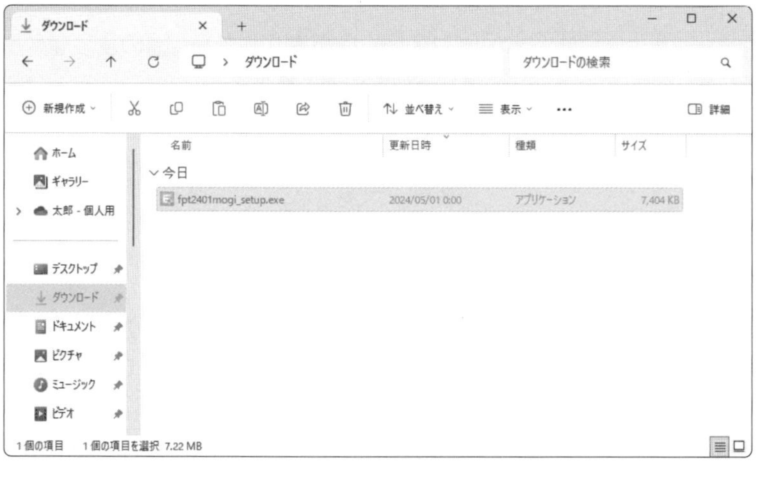

①デスクトップ画面を表示します。
②タスクバーの（エクスプローラー）をクリックします。
③左側の一覧から**《ダウンロード》**を選択します。
④**「fpt2401mogi_setup.exe」**をダブルクリックします。
※お使いの環境によっては、ファイルの拡張子「.exe」が表示されていない場合があります。
※《ユーザーアカウント制御》が表示される場合は、《はい》をクリックします。

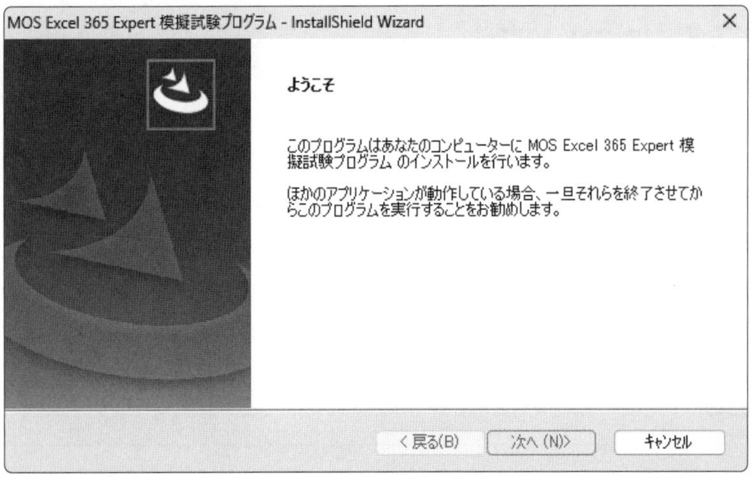

⑤インストールウィザードが起動し、**《ようこそ》**が表示されます。

⑥**《次へ》**をクリックします。

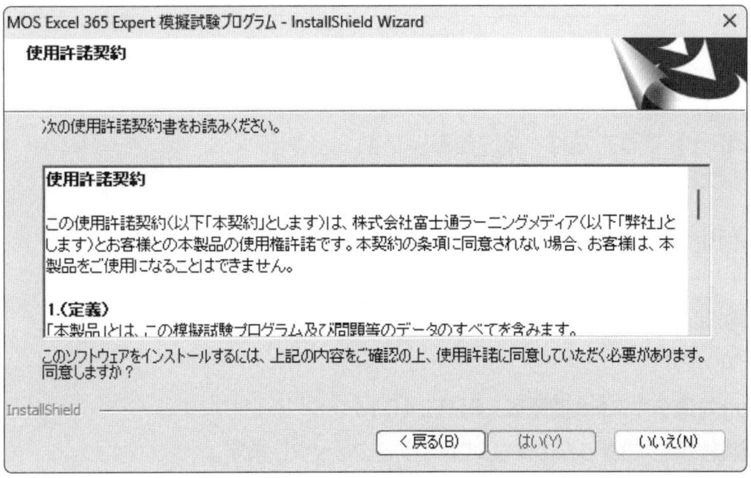

⑦**《使用許諾契約》**が表示されます。

⑧**《はい》**をクリックします。

※《いいえ》をクリックすると、セットアップが中止されます。

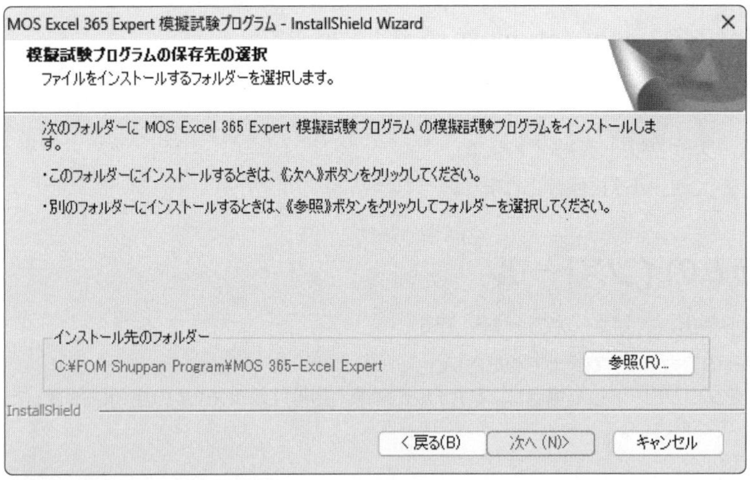

⑨**《模擬試験プログラムの保存先の選択》**が表示されます。

模擬試験のプログラムファイルのインストール先を指定します。

⑩**《インストール先のフォルダー》**を確認します。

※ほかの場所にインストールする場合は、《参照》をクリックします。

⑪**《次へ》**をクリックします。

⑫インストールが開始されます。

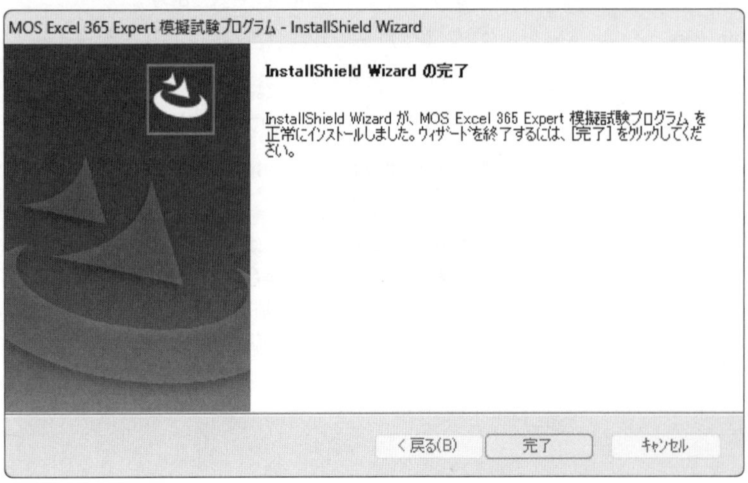

⑬インストールが完了したら、図のようなメッセージが表示されます。

⑭**《完了》**をクリックします。

※模擬試験プログラムの使い方については、P.231を参照してください。

Point

管理者以外のユーザーがインストールする場合

管理者以外のユーザーアカウントでインストールすると、管理者ユーザーのパスワードを要求するメッセージが表示されます。パスワードがわからない場合は、インストールができません。

6　プリンターの設定について

模擬試験プログラムの試験結果レポートを印刷するにはプリンターの設定が必要です。プリンターの取扱説明書を確認して、プリンターを設定しておきましょう。
パソコンに設定されているプリンターの確認方法は、次のとおりです。

①（スタート）をクリックします。
②《設定》をクリックします。
③左側の一覧から《Bluetoothとデバイス》を選択します。
④《プリンターとスキャナー》をクリックします。

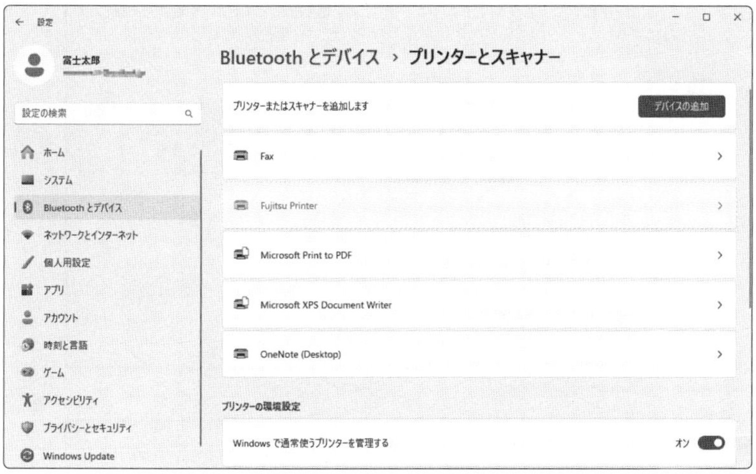

⑤《プリンターとスキャナー》に接続されているプリンターが表示されていることを確認します。

Point

通常使うプリンターの設定

初期の設定では、最後に使用したプリンターが通常使うプリンターとして設定されます。
通常使うプリンターを固定する方法は、次のとおりです。
◆《Windowsで通常使うプリンターを管理する》をオフにする→プリンターを選択→《既定として設定する》

7 本書の見方について

本書の見方は、次のとおりです。

1 出題範囲

出題範囲4　高度な機能を使用したグラフやテーブルの管理
1 高度な機能を使用したグラフを作成する、変更する
理解度チェック
習得すべき機能
参照Lesson
学習前
学習後
試験直前
■2軸グラフを作成できる。 ➡Lesson4-1
■ヒストグラムを作成できる。 ➡Lesson4-2
■パレート図を作成できる。 ➡Lesson4-2
■箱ひげ図を作成できる。 ➡Lesson4-3
■サンバーストを作成できる。 ➡Lesson4-4
■じょうごグラフを作成できる。 ➡Lesson4-5
■ウォーターフォール図を作成できる。 ➡Lesson4-6
出題範囲4　高度な機能を使用したグラフやテーブルの管理
1 2軸グラフを作成する
解説
■2軸グラフの作成
1つのグラフ内に異なる種類のグラフを組み合わせて表示したものを「複合グラフ」といいます。また、複合グラフを主軸（左または下側）と第2軸（右または上側）を使った「2軸グラフ」にすると、データの数値に大きな開きがあるグラフや、単位が異なるデータを扱ったグラフを見やすくすることができます。
操作 ◆《挿入》タブ→《グラフ》グループの（複合グラフの挿入）
❶（集合縦棒－折れ線）
集合縦棒グラフと折れ線グラフの複合グラフを作成します。
❷（集合縦棒－第2軸の折れ線）
主軸と第2軸を使って、集合縦棒グラフと折れ線グラフの複合グラフを作成します。
❸（積み上げ面－集合縦棒）
積み上げ面グラフと集合縦棒グラフの複合グラフを作成します。
Lesson 4-6
OPEN ブック「Lesson4-6」を開いておきましょう。
次の操作を行いましょう。
(1) 表のデータをもとに、日付ごとの在庫数の増減を表すウォーターフォール図を作成してください。
(2) グラフのコネクタを非表示にしてください。
(3) 当月在庫を合計として設定してください。
Hint
グラフのコネクタを非表示にするには、《データ系列の書式設定》作業ウィンドウを使います。
確認問題 標準解答
180

❶理解度チェック
学習前後の理解度を把握するために使います。本書を学習する前にすでに理解している項目は**「学習前」**に、本書を学習してから理解できた項目は**「学習後」**にチェックを付けます。**「試験直前」**は試験前の最終確認用です。

❷解説
出題範囲で求められている機能を解説しています。

操作　Microsoft 365での操作方法です。

❸Lesson
出題範囲で求められている機能が習得できているかどうかを確認する練習問題です。

❹Hint
問題を解くためのヒントです。

Point

本書の記述について

操作の説明のために使用している記号には、次のような意味があります。

記述	意味	例
[　　]	キーボード上のキーを示します。	[Ctrl]　[F4]
[　　]+[　　]	複数のキーを押す操作を示します。	[Ctrl]+[C] ([Ctrl]を押しながら[C]を押す)
《　》	ダイアログボックス名やタブ名、項目名など画面の表示を示します。	《ファイル》タブを選択します。 《オプション》をクリックします。
「　」	重要な語句や機能名、画面の表示、入力する文字などを示します。	「フラッシュフィルオプション」といいます。 「=」と入力します。

※本書に掲載しているボタンは、ディスプレイの解像度を「1280×768ピクセル」、ウィンドウを最大化した環境を基準にしています。

❺操作方法

一般的かつ効率的と考えられる操作方法です。

❻その他の方法

操作方法で紹介している以外の方法がある場合に記載しています。

❼※印

補助的な内容や注意すべき内容を記載しています。

❽Point

用語の解説や知っていると効率的に操作できる内容など、実力アップにつながる内容を記載しています。

❾確認問題

各出題範囲で学習した内容を復習できる確認問題です。試験と同じような出題形式で学習できます。

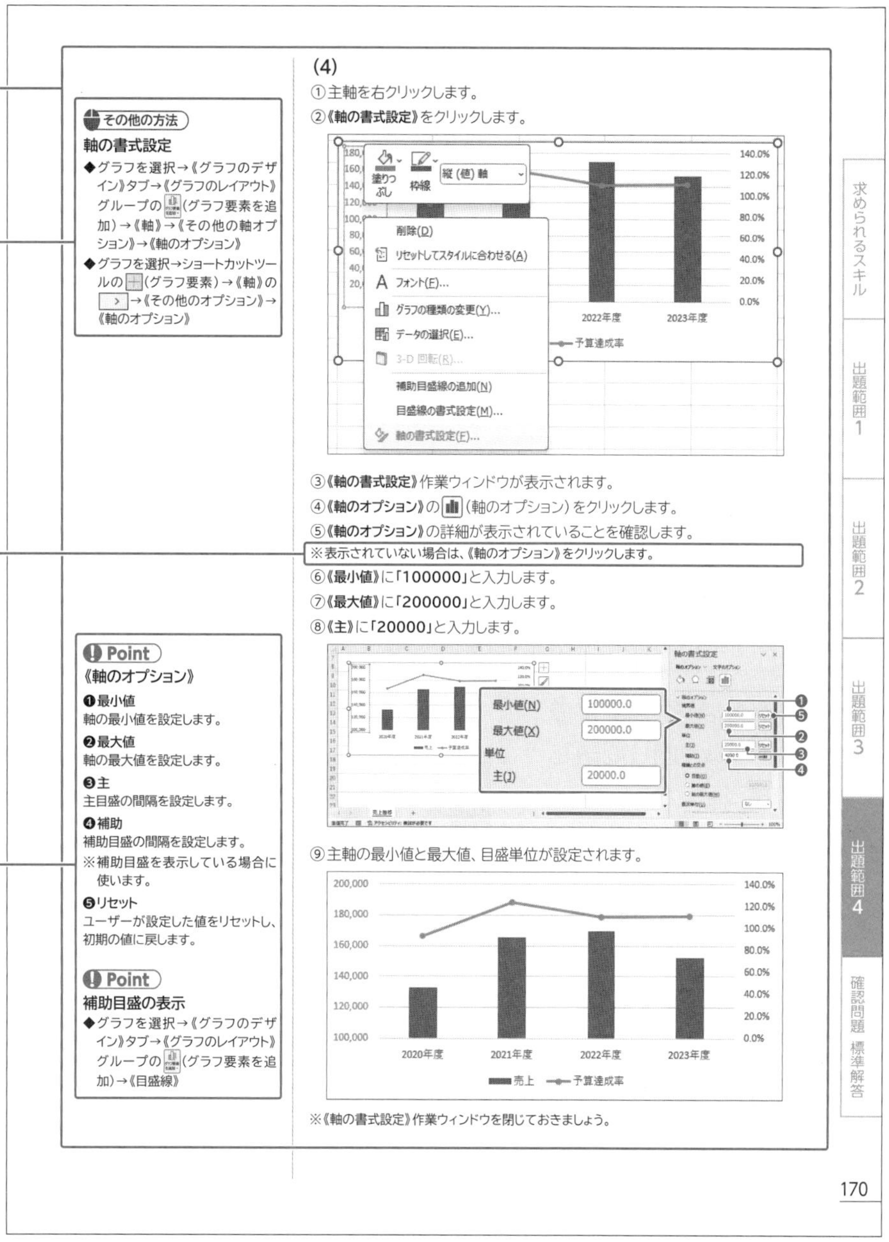

その他の方法

軸の書式設定

◆グラフを選択→《グラフのデザイン》タブ→《グラフのレイアウト》グループの（グラフ要素を追加）→《軸》→《その他の軸オプション》→《軸のオプション》

◆グラフを選択→ショートカットツールの（グラフ要素）→《軸》の＞→《その他のオプション》→《軸のオプション》

(4)

①主軸を右クリックします。

②《軸の書式設定》をクリックします。

③《軸の書式設定》作業ウィンドウが表示されます。

④《軸のオプション》の（軸のオプション）をクリックします。

⑤《軸のオプション》の詳細が表示されていることを確認します。

※表示されていない場合は、《軸のオプション》をクリックします。

⑥《最小値》に「100000」と入力します。

⑦《最大値》に「200000」と入力します。

⑧《主》に「20000」と入力します。

⑨主軸の最小値と最大値、目盛単位が設定されます。

※《軸の書式設定》作業ウィンドウを閉じておきましょう。

Point

《軸のオプション》

❶最小値

軸の最小値を設定します。

❷最大値

軸の最大値を設定します。

❸主

主目盛の間隔を設定します。

❹補助

補助目盛の間隔を設定します。

※補助目盛を表示している場合に使います。

❺リセット

ユーザーが設定した値をリセットし、初期の値に戻します。

Point

補助目盛の表示

◆グラフを選択→《グラフのデザイン》タブ→《グラフのレイアウト》グループの（グラフ要素を追加）→《目盛線》

170

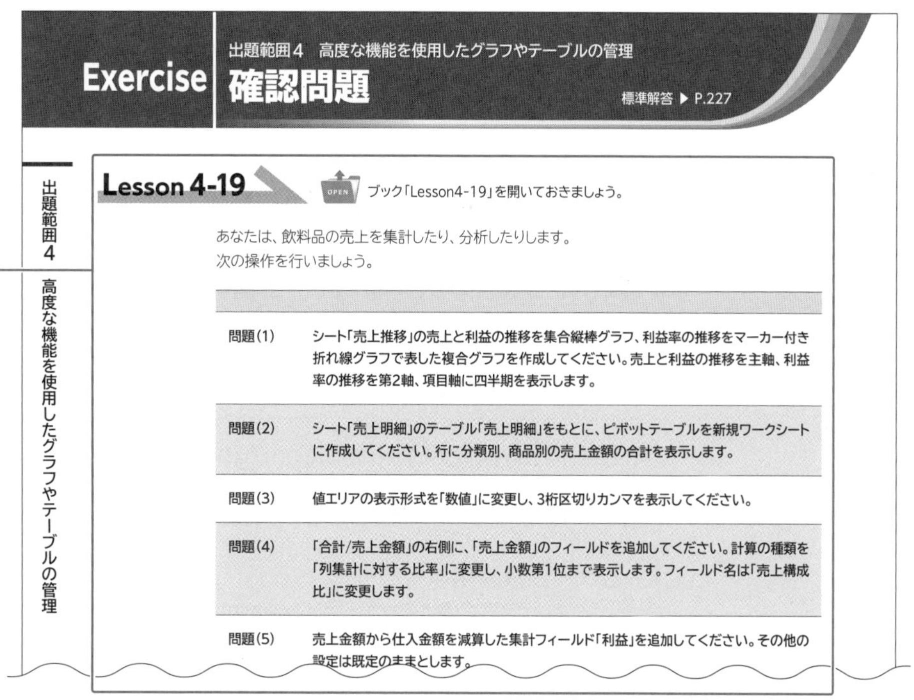

Exercise 出題範囲4 高度な機能を使用したグラフやテーブルの管理

確認問題

標準解答 ▶ P.227

出題範囲4 高度な機能を使用したグラフやテーブルの管理

Lesson 4-19 ブック「Lesson4-19」を開いておきましょう。

あなたは、飲料品の売上を集計したり、分析したりします。

次の操作を行いましょう。

問題(1)	シート「売上推移」の売上と利益の推移を集合縦棒グラフ、利益率の推移をマーカー付き折れ線グラフで表した複合グラフを作成してください。売上と利益の推移を主軸、利益率の推移を第2軸、項目軸に四半期を表示します。
問題(2)	シート「売上明細」のテーブル「売上明細」をもとに、ピボットテーブルを新規ワークシートに作成してください。行に分類別、商品別の売上金額の合計を表示します。
問題(3)	値エリアの表示形式を「数値」に変更し、3桁区切りカンマを表示してください。
問題(4)	「合計/売上金額」の右側に、「売上金額」のフィールドを追加してください。計算の種類を「列集計に対する比率」に変更し、小数第1位まで表示します。フィールド名は「売上構成比」に変更します。
問題(5)	売上金額から仕入金額を減算した集計フィールド「利益」を追加してください。その他の設定は既定のままとします。

2 模擬試験

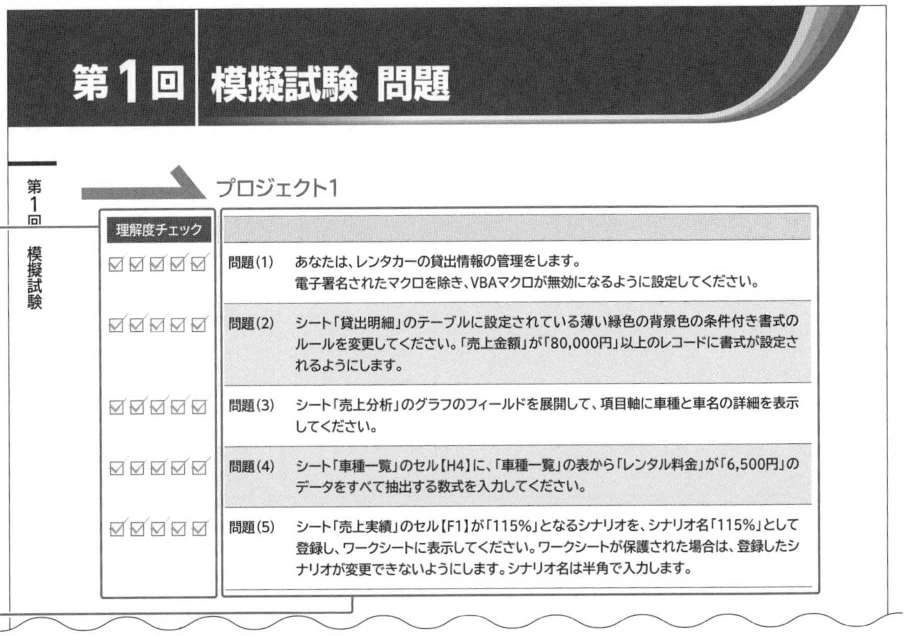
第1回 模擬試験 問題

第1回 模擬試験

プロジェクト1

理解度チェック		
☑☑☑☑☑	問題(1)	あなたは、レンタカーの貸出情報の管理をします。 電子署名されたマクロを除き、VBAマクロが無効になるように設定してください。
☑☑☑☑☑	問題(2)	シート「貸出明細」のテーブルに設定されている薄い緑色の背景色の条件付き書式のルールを変更してください。「売上金額」が「80,000円」以上のレコードに書式が設定されるようにします。
☑☑☑☑☑	問題(3)	シート「売上分析」のグラフのフィールドを展開して、項目軸に車種と車名の詳細を表示してください。
☑☑☑☑☑	問題(4)	シート「車種一覧」のセル【H4】に、「車種一覧」の表から「レンタル料金」が「6,500円」のデータをすべて抽出する数式を入力してください。
☑☑☑☑☑	問題(5)	シート「売上実績」のセル【F1】が「115%」となるシナリオを、シナリオ名「115%」として登録し、ワークシートに表示してください。ワークシートが保護された場合は、登録したシナリオが変更できないようにします。シナリオ名は半角で入力します。

⑩理解度チェック

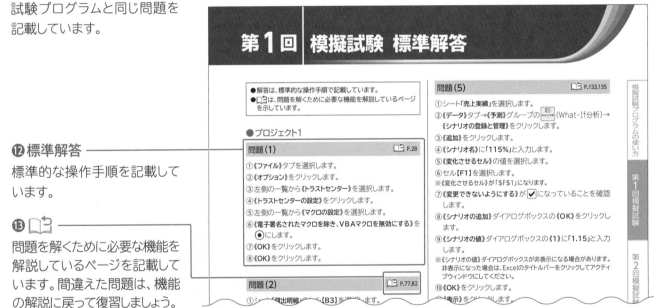

模擬試験の正解状況を把握するために使います。該当する問題を正解できたらチェックを付けます。試験前はチェックが付いていない、または、チェックが少ない問題を最終確認するとよいでしょう。

⑪問題

模擬試験の各問題です。模擬試験プログラムと同じ問題を記載しています。

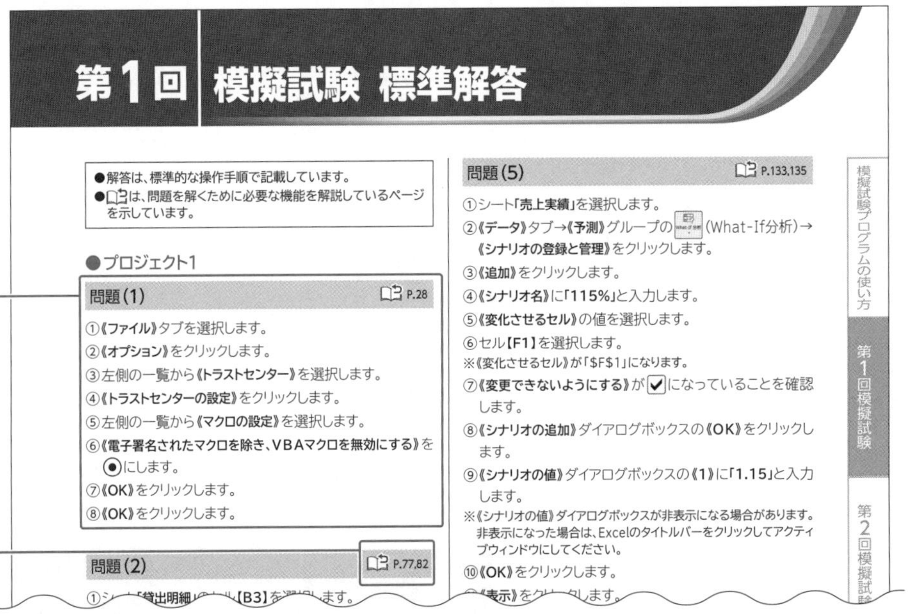
第1回 模擬試験 標準解答

●解答は、標準的な操作手順で記載しています。
●📖は、問題を解くために必要な機能を解説しているページを示しています。

●プロジェクト1

問題(1) 📖P.28

①《ファイル》タブを選択します。
②《オプション》をクリックします。
③左側の一覧から《トラストセンター》を選択します。
④《トラストセンターの設定》をクリックします。
⑤左側の一覧から《マクロの設定》を選択します。
⑥《電子署名されたマクロを除き、VBAマクロを無効にする》を◉にします。
⑦《OK》をクリックします。
⑧《OK》をクリックします。

問題(2) 📖P.77,82

①シート「貸出明細」のセル【B3】を選択します。

問題(5) 📖P.133,135

①シート「売上実績」を選択します。
②《データ》タブ→《予測》グループの（What-If分析）→《シナリオの登録と管理》をクリックします。
③《追加》をクリックします。
④《シナリオ名》に「115%」と入力します。
⑤《変化させるセル》の値を選択します。
⑥セル【F1】を選択します。
※《変化させるセル》が「$F$1」になります。
⑦《変更できないようにする》が☑になっていることを確認します。
⑧《シナリオの追加》ダイアログボックスの《OK》をクリックします。
⑨《シナリオの値》ダイアログボックスの《1》に「1.15」と入力します。
※《シナリオの値》ダイアログボックスが非表示になる場合があります。非表示になった場合は、Excelのタイトルバーをクリックしてアクティブウィンドウにしてください。
⑩《OK》をクリックします。
⑪《表示》をクリックします。

⑫標準解答

標準的な操作手順を記載しています。

⑬📖

問題を解くために必要な機能を解説しているページを記載しています。間違えた問題は、機能の解説に戻って復習しましょう。

8 本書の最新情報について

本書に関する最新のQ＆A情報や訂正情報、重要なお知らせなどについては、FOM出版のホームページでご確認ください。

ホームページアドレス

https://www.fom.fujitsu.com/goods/

※アドレスを入力するとき、間違いがないか確認してください。

ホームページ検索用キーワード

FOM出版

MOS Excel 365 Expert

MOS Excel 365 Expert
に求められるスキル

1 MOS Excel 365 Expertの出題範囲

MOS Excel 365 Expert（上級レベル）の出題範囲は、次のとおりです。
※この出題範囲以外からも出題される可能性があります。

ブックのオプションと設定の管理	
ブックを管理する	• ブック間でマクロをコピーする • 別のブックのデータを参照する • ブック内のマクロを有効にする • ブックのバージョンを管理する
共同作業のためにブックを準備する	• 編集を制限する • ワークシートとセル範囲を保護する • ブックの構成を保護する • 数式の計算方法を設定する
データの管理、書式設定	
既存のデータを使用してセルに入力する	• フラッシュフィルを使ってセルにデータを入力する • 連続データの詳細オプションを使ってセルにデータを入力する • RANDARRAY（）関数を使用して数値データを生成する
データに表示形式や入力規則を適用する	• ユーザー定義の表示形式を作成する • データの入力規則を設定する • データをグループ化する、グループを解除する • 小計や合計を挿入してデータを計算する • 重複レコードを削除する
詳細な条件付き書式やフィルターを適用する	• ユーザー設定の条件付き書式ルールを作成する • 数式を使った条件付き書式ルールを作成する • 条件付き書式ルールを管理する
高度な機能を使用した数式およびマクロの作成	
関数で論理演算を行う	• ネスト関数を使って論理演算を行う（IF（）、IFS（）、SWITCH（）、SUMIF（）、AVERAGEIF（）、COUNTIF（）、SUMIFS（）、AVERAGEIFS（）、COUNTIFS（）、MAXIFS（）、MINIFS（）、AND（）、OR（）、NOT（）、LET（）関数を含む）
関数を使用してデータを検索する	• XLOOKUP（）、VLOOKUP（）、HLOOKUP（）、MATCH（）、INDEX（）関数を使ってデータを検索する
高度な日付と時刻の関数を使用する	• NOW、TODAY関数を使って日付や時刻を参照する • WEEKDAY（）、WORKDAY（）関数を使って日にちを計算する

データ分析を行う	・[統合]機能を使って複数のセル範囲のデータを集計する ・ゴールシークやシナリオの登録と管理を使って、What-If分析を実行する ・AND()、IF()、NPER()関数を使ってデータを予測する ・PMT()関数を使って財務データを計算する ・FILTER()関数を使ってデータを抽出する ・SORTBY()関数を使ってデータを並べ替える
数式のトラブルシューティングを行う	・参照元、参照先をトレースする ・ウォッチウィンドウを使ってセルや数式をウォッチする ・エラーチェックルールを使って数式をチェックする ・数式を検証する
簡単なマクロを作成する、変更する	・簡単なマクロを記録する ・簡単なマクロに名前を付ける ・簡単なマクロを編集する
高度な機能を使用したグラフやテーブルの管理	
高度な機能を使用したグラフを作成する、変更する	・2軸グラフを作成する、変更する ・箱ひげ図、組み合わせ、じょうご、ヒストグラム、サンバースト、ウォーターフォールなどのグラフを作成する、変更する
ピボットテーブルを作成する、変更する	・ピボットテーブルを作成する ・フィールドの選択項目とオプションを変更する ・スライサーを作成する ・ピボットテーブルのデータをグループ化する ・集計フィールドを追加する ・値フィールドの設定を行う
ピボットグラフを作成する、変更する	・ピボットグラフを作成する ・既存のピボットグラフのオプションを操作する ・ピボットグラフにスタイルを適用する ・ピボットグラフを使ってドリルダウン分析する

参考 **MOS公式サイト**

MOS公式サイトでは、MOS試験の出題範囲が公開されています。出題範囲のPDFファイルをダウンロードすることもできます。また、試験の実施方法や試験環境の確認、試験の申し込みもできます。
試験の最新情報については、MOS公式サイトをご確認ください。

https://mos.odyssey-com.co.jp/

2 Excel Expertスキルチェックシート

MOS Excel 365 Expertの学習を始める前に、最低限必要とされるExcelのスキルを習得済みかどうかを確認しましょう。

	事前に習得すべき項目	習得済み
1	新しいブックを作成できる。	☑
2	シートの表示／非表示を切り替えることができる。	☑
3	セルを参照して数式を入力できる。	☑
4	データベース用の表の構成を理解している。	☑
5	テーブルの構造を理解している。	☑
6	数式に名前付き範囲を使用できる。	☑
7	関数を入力できる。	☑
8	SUM、AVERAGE、COUNT、MAX、MIN関数などの基本的な関数を使用できる。	☑
9	数式で、絶対参照、相対参照、複合参照を適切に設定できる。	☑
10	棒グラフや円グラフなどの基本的なグラフを作成したり、変更したりできる。	☑
習得済み個数		個

習得済みのチェック個数に合わせて、事前に次の内容を学習することをおすすめします。

チェック個数	学習内容
10個	最低限必要とされるExcelのスキルを習得済みです。 本書を使って、MOS Excel 365 Expertの学習を始めてください。
6～9個	最低限必要とされるExcelのスキルをほぼ習得済みです。 FOM出版の書籍「MOS Excel 365対策テキスト&問題集」（FPT2301）を使って、習得できていない箇所を学習したあと、MOS Excel 365 Expertの学習を始めてください。
0～5個	最低限必要とされるExcelのスキルを習得できていません。 FOM出版の書籍「よくわかる Microsoft Excel 2021基礎」（FPT2204）や「よくわかる Microsoft Excel 2021応用」（FPT2205）、「MOS Excel 365対策テキスト&問題集」（FPT2301）を使って、Excelの操作方法を学習したあと、MOS Excel 365 Expertの学習を始めてください。

MOS Excel 365 Expert

出題範囲 1

ブックのオプションと設定の管理

1 出題範囲1　ブックのオプションと設定の管理
ブックを管理する

理解度チェック

習得すべき機能	参照Lesson	学習前	学習後	試験直前
■別のブックのデータを参照できる。	➡Lesson1-1	☑	☑	☑
■ブックの自動回復用データの保存の間隔を設定できる。	➡Lesson1-2	☑	☑	☑
■自動回復用データを使ってブックを回復できる。	➡Lesson1-2	☑	☑	☑
■ブック内のマクロを有効にできる。	➡Lesson1-3	☑	☑	☑
■マクロの設定を変更できる。	➡Lesson1-3	☑	☑	☑
■ブック間でマクロをコピーできる。	➡Lesson1-4	☑	☑	☑

1 別のブックのデータを参照する

解説

■別のブックのデータの参照

作業中のブックから別のブックのデータを参照することができます。ブック間にリンクが設定されるので、参照元のデータが変更されると、参照先にもその変更が反映されます。

●ブック「2022年度」

2022年度　商品別売上実績

商品コード	商品名	第1四半期	第2四半期	第3四半期	第4四半期	合計
1010	バット（木製）	5,841,000	5,841,000	5,900,400	5,519,745	23,102,145
1020	バット（金属製）	5,284,000	4,756,000	4,941,000	3,995,040	18,976,040
1030	野球グローブ	4,945,050	4,945,000	4,835,160	4,673,025	19,398,235
2010	ゴルフクラブ	15,827,680	14,243,900	12,512,000	14,956,095	57,539,675
2020	ゴルフボール	483,480	483,500	537,240	507,675	2,011,895
2030	ゴルフシューズ	1,595,280	1,435,200	1,725,000	2,072,070	6,827,550
3010	スキー板	2,933,010	2,933,000	2,884,000	3,387,615	12,137,625
3020	スキーブーツ	7,321,600	6,588,800	6,336,000	7,783,020	28,029,420
4010	テニスラケット	4,364,800	3,572,000	4,019,200	3,750,600	15,706,600
4020	テニスボール	442,000	398,000	496,650	417,900	1,754,550
5010	トレーナー	576,000	466,200	480,200	543,900	2,066,300
合計		**49,613,900**	**45,662,600**	**44,666,850**	**47,606,685**	**187,550,035**

●ブック「2023年度」

I4　='[2022年度.xlsx]2022年度実績'!H4

ブック「2022年度」のデータを参照する

2023年度　商品別売上実績

商品コード	商品名	第1四半期	第2四半期	第3四半期	第4四半期	合計	前年売上	前年比
1010	バット（木製）	6,490,000	5,841,000	5,364,000	6,133,050	23,828,050	23,102,145	103%
1020	バット（金属製）	5,284,000	4,756,000	5,490,000	4,993,800	20,523,800	18,976,040	108%
1030	野球グローブ	5,494,500	4,945,000	4,395,600	5,192,250	20,027,350	19,398,235	103%
2010	ゴルフクラブ	14,388,800	12,949,000	12,512,000	13,596,450	53,446,250	57,539,675	93%
2020	ゴルフボール	537,200	483,500	488,400	507,600	2,016,700	2,011,895	100%
2030	ゴルフシューズ	3,258,900	2,933,000	2,884,000	3,079,650	12,155,550	6,827,550	178%
3010	スキー板	9,152,000	8,236,000	7,040,000	8,647,800	33,075,800	12,137,625	273%
3020	スキーブーツ	1,994,100	1,794,000	1,725,000	1,883,700	7,396,800	28,029,420	26%
4010	テニスラケット	3,968,000	3,572,000	5,024,000	3,750,600	16,314,600	15,706,600	104%
4020	テニスボール	442,000	398,000	451,500	417,900	1,709,400	1,754,550	97%
5010	トレーナー	576,000	518,000	480,200	543,900	2,118,100	2,066,300	103%
合計		**51,585,500**	**46,425,500**	**45,854,700**	**48,746,700**	**192,612,400**	**187,550,035**	**103%**

別のブックのデータを参照するには、**「=」**を入力後、別のブックのセルを選択します。
参照したセルは、次のように入力されます。

＝［ブック名］シート名！セル番地

■リンクの更新

別のブックへのリンクを含むブックを開こうとすると、**「セキュリティの警告」**のメッセージバーが表示されます。この警告は、ブックが安全かどうかを確認するように、ユーザーに注意を促すものです。ブックが信頼できる場合には、**「コンテンツの有効化」**をクリックしてリンクの更新を有効にします。

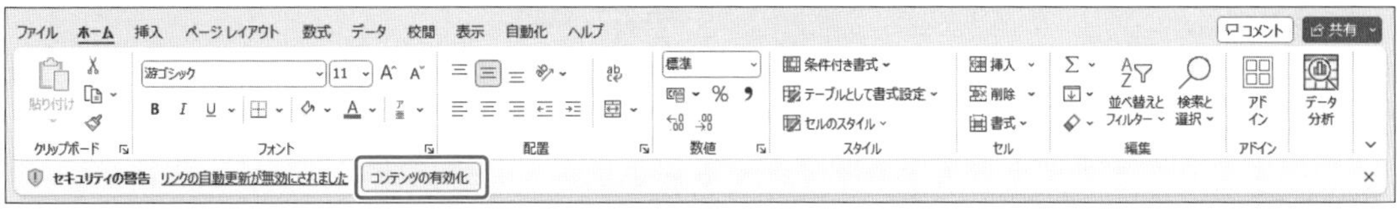

リンクの更新を有効にしたブックを再度開くと、リンクを更新するかどうかを確認するメッセージが表示される場合があります。**「更新する」**をクリックすると、最新のデータを取り込むことができます。

※参照元のブックが開かれている場合は、メッセージが表示されずにすぐにリンクが更新されます。

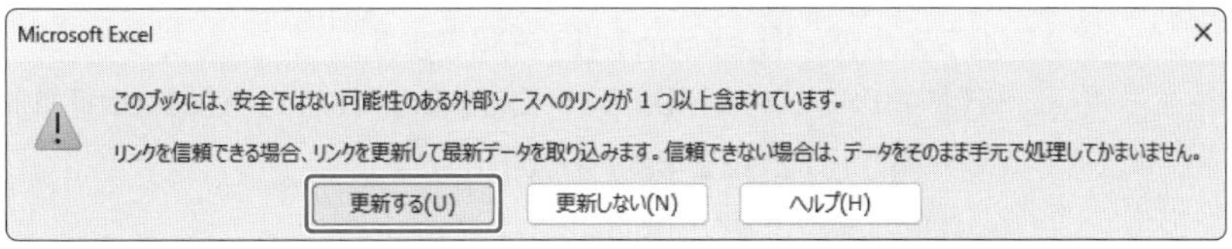

Lesson 1-1

OPEN ブック「Lesson1-1」を開いておきましょう。

次の操作を行いましょう。

(1)「前年売上」の列に、フォルダー「Lesson1-1」のブック「2022年度」の合計を参照する数式を入力してください。

Lesson 1-1 Answer

(1)

①**《ファイル》**タブを選択します。

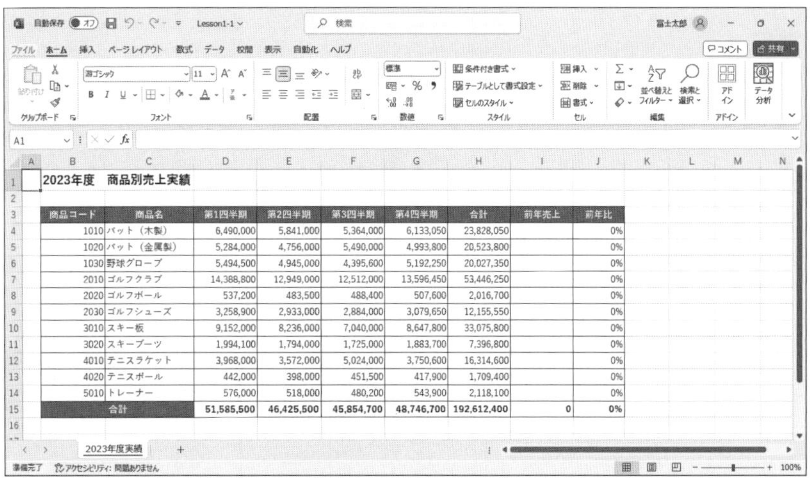

2023年度　商品別売上実績

商品コード	商品名	第1四半期	第2四半期	第3四半期	第4四半期	合計	前年売上	前年比
1010	バット（木製）	6,490,000	5,841,000	5,364,000	6,133,050	23,828,050		0%
1020	バット（金属製）	5,284,000	4,756,000	5,490,000	4,993,800	20,523,800		0%
1030	野球グローブ	5,494,500	4,945,000	4,395,600	5,192,250	20,027,350		0%
2010	ゴルフクラブ	14,388,800	12,949,000	12,512,000	13,596,450	53,446,250		0%
2020	ゴルフボール	537,200	483,500	488,400	507,600	2,016,700		0%
2030	ゴルフシューズ	3,258,900	2,933,000	2,884,000	3,079,650	12,155,550		0%
3010	スキー板	9,152,000	8,236,000	7,040,000	8,647,800	33,075,800		0%
3020	スキーブーツ	1,994,100	1,794,000	1,725,000	1,883,700	7,396,800		0%
4010	テニスラケット	3,968,000	3,572,000	5,024,000	3,750,600	16,314,600		0%
4020	テニスボール	442,000	398,000	451,500	417,900	1,709,400		0%
5010	トレーナー	576,000	518,000	480,200	543,900	2,118,100		0%
合計		51,585,500	46,425,500	45,854,700	48,746,700	192,612,400	0	0%

②**《開く》**→**《参照》**をクリックします。

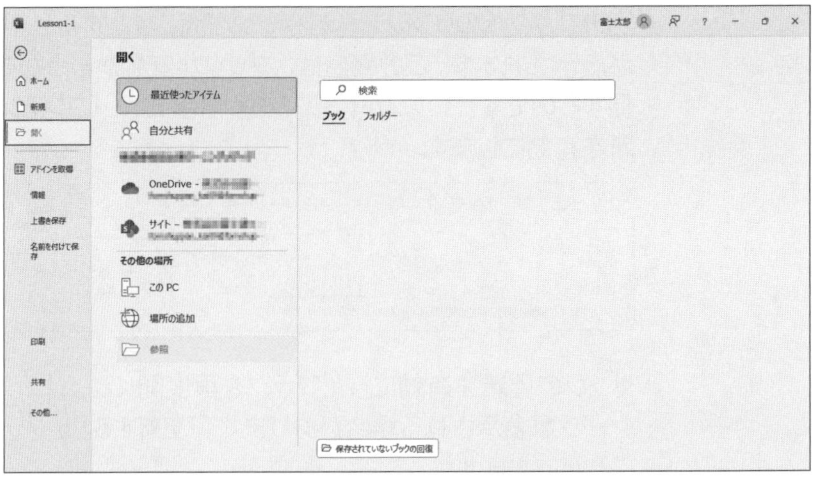

③**《ファイルを開く》**ダイアログボックスが表示されます。

④フォルダー**「Lesson1-1」**を開きます。

※《ドキュメント》→「MOS 365-Excel Expert（1）」→「Lesson1-1」を選択します。

⑤一覧から**「2022年度」**を選択します。

⑥**《開く》**をクリックします。

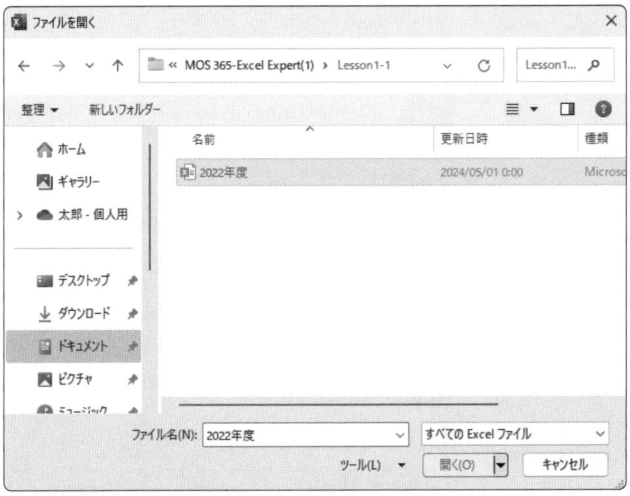

⑦ブック**「2022年度」**が開かれます。

⑧**《表示》**タブ→**《ウィンドウ》**グループの［整列］（整列）をクリックします。

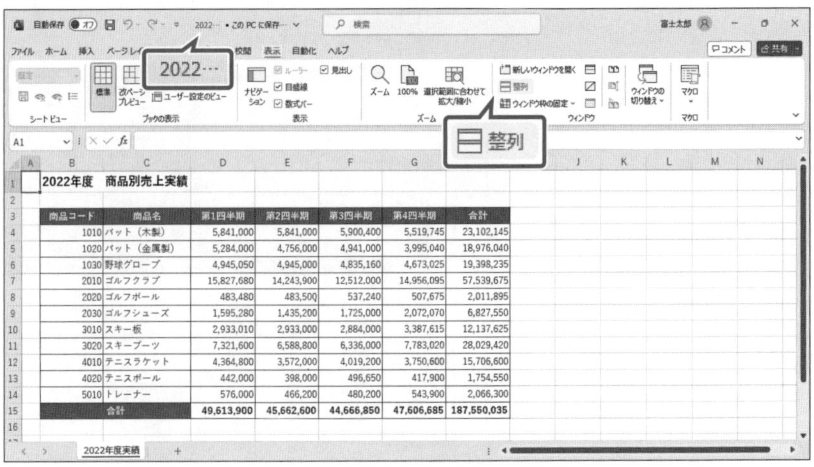

⑨**《ウィンドウの整列》**ダイアログボックスが表示されます。

⑩**《左右に並べて表示》**を◉にします。

⑪《**OK**》をクリックします。

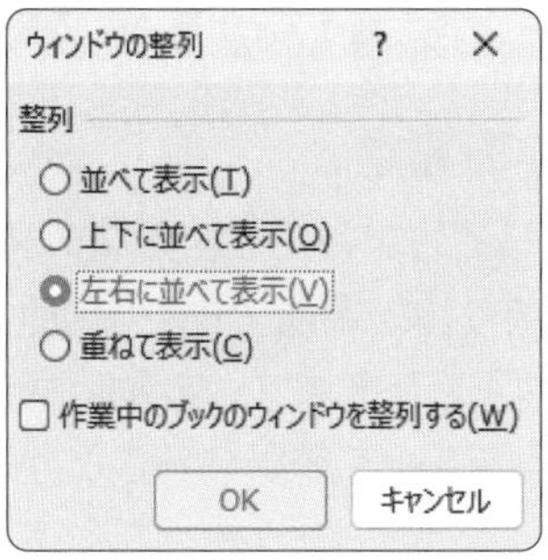

⑫2つのブックが左右に並べて表示されます。

⑬ブック「**Lesson1-1**」のセル【**I4**】に「**=**」と入力します。

⑭ブック「**2022年度**」のセル【**H4**】をクリックします。

⑮数式バーに「**='[2022年度.xlsx]2022年度実績'!$H$4**」と表示されていることを確認します。

※シート名が数字で始まる場合は、「[ブック名]シート名!」が「'（シングルクォーテーション）」で囲まれます。

⑯ F4 を3回押します。

※数式をコピーするため、相対参照で指定します。

⑰数式バーに「**='[2022年度.xlsx]2022年度実績'!H4**」と表示されていることを確認します。

⑱ Enter を押します。

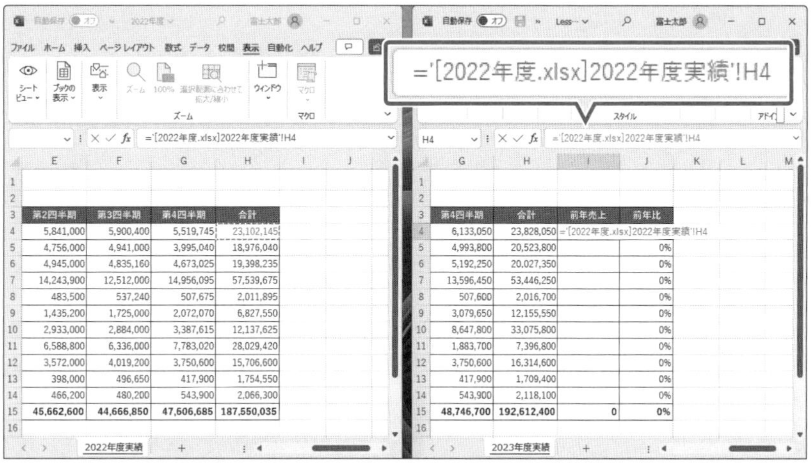

⑲ブック「**2022年度**」のセル【**H4**】の合計が参照されます。

⑳ブック「**Lesson1-1**」のセル【**I4**】を選択し、セル右下の■（フィルハンドル）をダブルクリックします。

㉑数式がコピーされます。

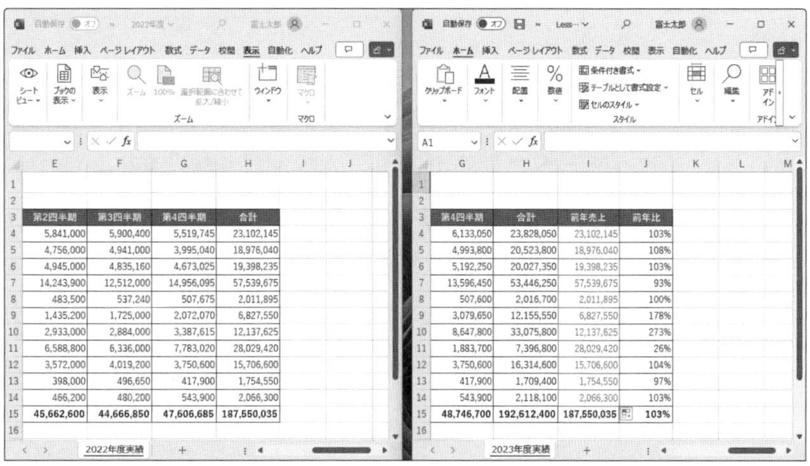

※ブック「2022年度」を閉じておきましょう。

その他の方法

データの参照

◆参照元のセルを選択→《ホーム》タブ→《クリップボード》グループの（コピー）→参照先のセルを選択→《ホーム》タブ→《クリップボード》グループの（貼り付け）の→《その他の貼り付けオプション》の（リンク貼り付け）

Point

リンクの修正

参照元のブックが別のフォルダーに移動されていたり、ブック名が変更されていたりした場合、参照先のブックを開くとメッセージバーが表示され、データの更新ができない場合があります。その場合は、参照元へのリンクを修正します。

◆メッセージバーの《ブックのリンクを管理》→リンクを修正するブック名の…→《ソースの変更》→《閲覧》→参照元のブックを選択

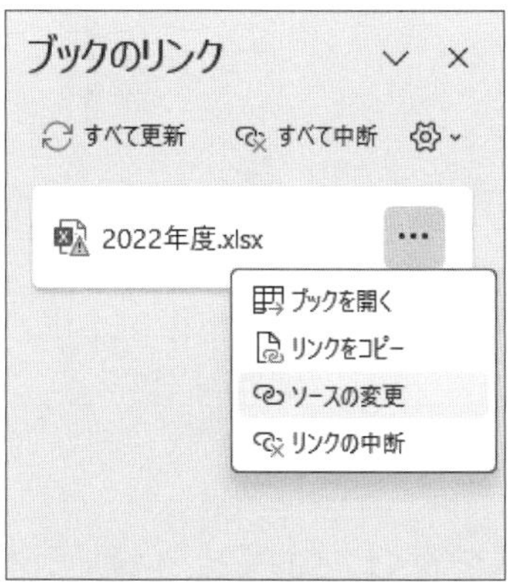

2 ブックのバージョンを管理する

解説

■自動回復用データの保存の設定

誤ってブックを保存せずに閉じてしまったり、突然の停電やパソコンのフリーズなどで入力済みのデータが消えてしまったりした場合でも、自動回復用データの保存の設定をしておくとブックの一部または全部を回復できます。自動回復用データの保存の間隔は、初期の設定では10分ごとですが、必要に応じて変更することができます。

操作 ◆《ファイル》タブ→《オプション》→《保存》→《ブックの保存》

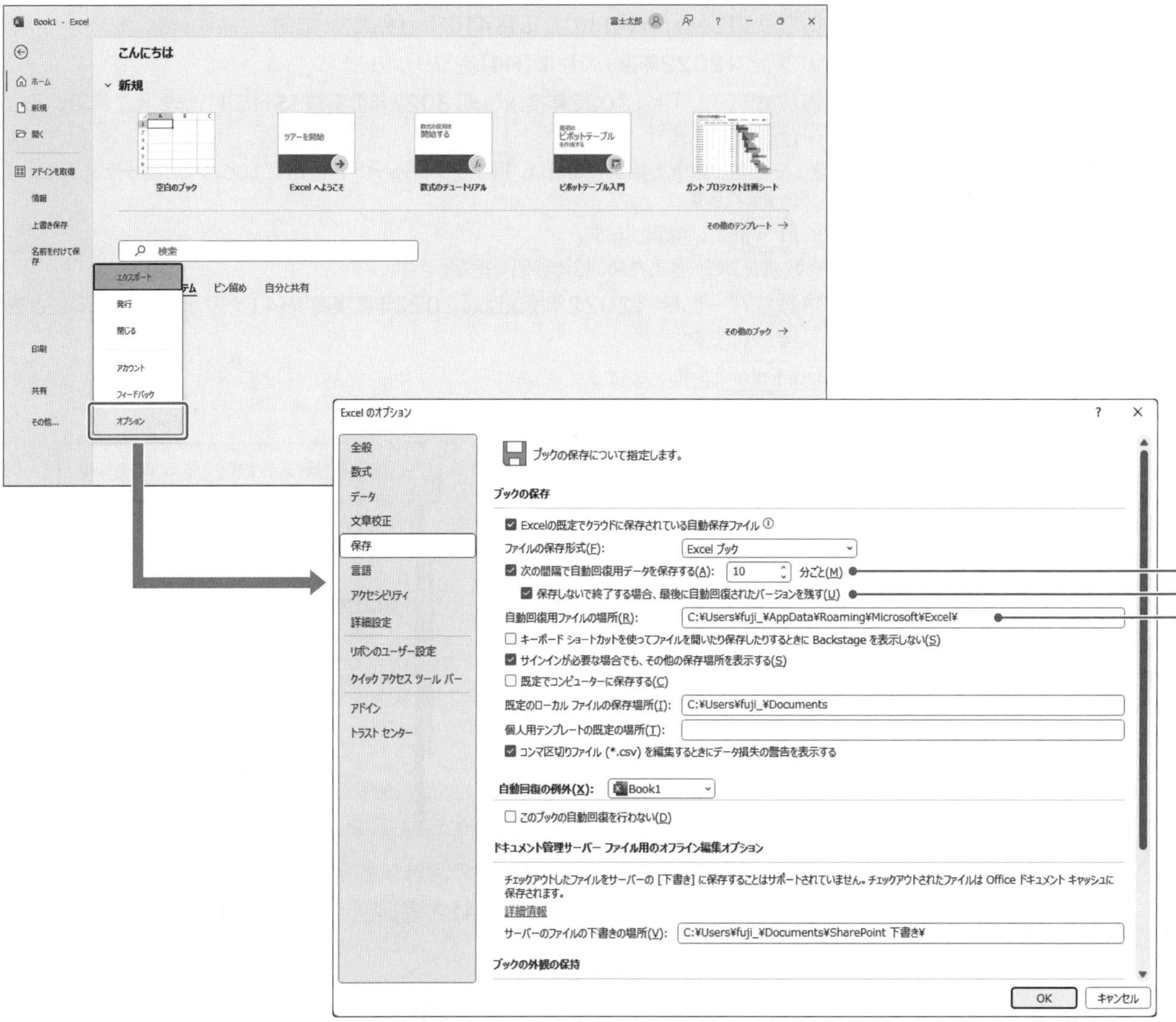

❶次の間隔で自動回復用データを保存する

ブックの自動回復用データを保存する間隔を設定します。間隔を短くしておくと、自動回復用データが最新である可能性が高くなります。

❷保存しないで終了する場合、最後に自動回復されたバージョンを残す

ブックを保存せずに終了した場合でも、最後に保存された自動回復用データを保持します。

❸自動回復用ファイルの場所

自動回復用データの保存先が表示されます。データが増えると、古いデータから自動的に削除されます。

■ブックの回復

自動回復用データの保存の設定を行っておくと、ブックを保存せずに閉じてしまった場合でも、保存されたデータを使ってブックを回復することができます。保存されたデータを使ってブックを回復する方法は、新しいブックと既存のブックとで異なります。

新しいブックを編集していた場合

操作 ◆《ファイル》タブ→《情報》→《ブックの管理》→《保存されていないブックの回復》

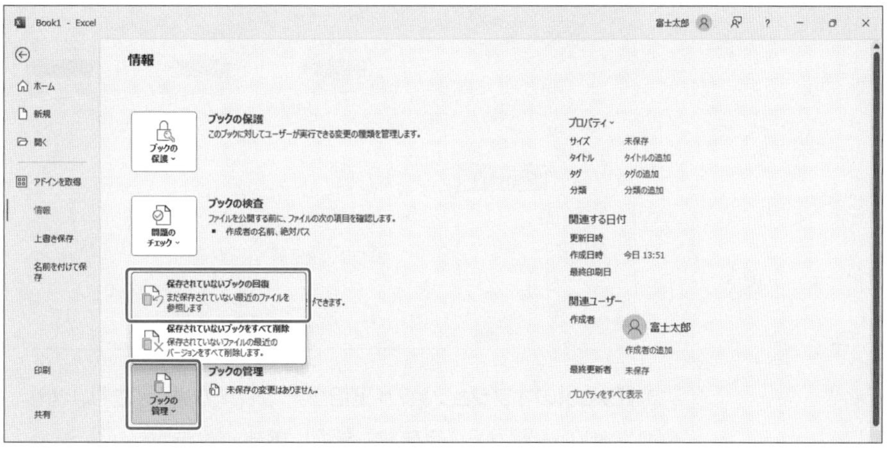

既存のブックを編集していた場合

操作 ◆《ファイル》タブ→《情報》→《ブックの管理》の一覧から選択

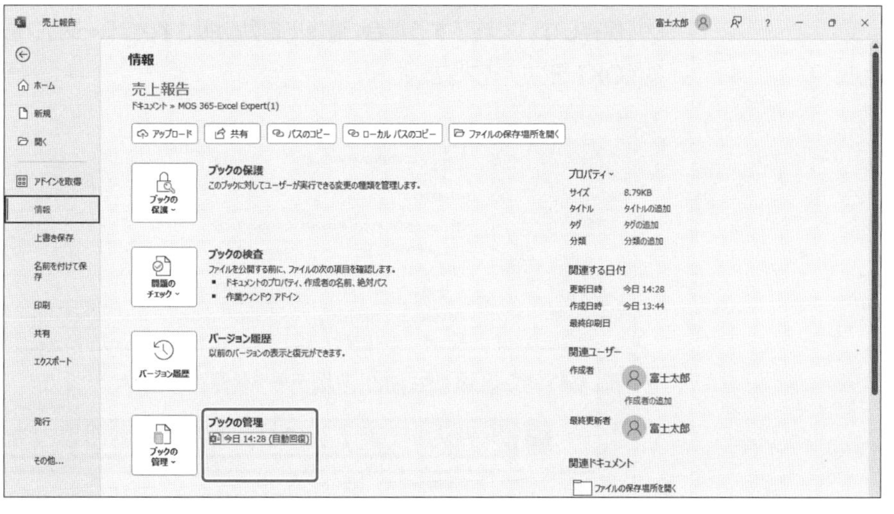

Lesson 1-2

OPEN Excelを起動し、新しいブックを作成しておきましょう。
※このLessonの実習用ファイルはありません。

次の操作を行いましょう。

(1) 自動回復用データが「1」分ごとに保存されるように設定してください。ブックを保存しないで終了する場合は、最後に保存されたブックを残すようにします。

(2) セル【A1】に「5月度売上報告」と入力し、1分以上経過後にブックを保存せずにExcelを終了してください。

(3) 自動回復用データを使ってブックを回復し、フォルダー「MOS 365-Excel Expert（1）」に「売上報告」と名前を付けて保存してください。

(4) ブック「売上報告」のセル【A1】に「6月度売上報告」と入力し、1分以上経過後、「7月度売上報告」に修正してください。修正後、「6月度売上報告」と入力した時点にブックを回復し、ブックに「売上報告6月分」と名前を付けて保存してください。

(1)(2)

①《ファイル》タブを選択します。

②《オプション》をクリックします。

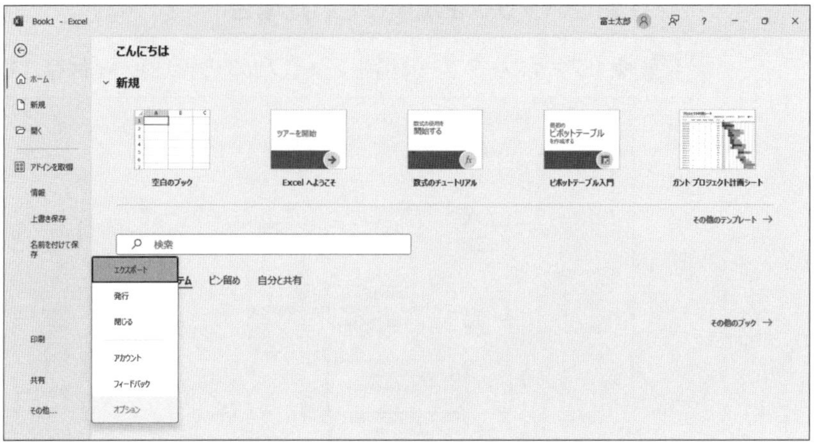

③《Excelのオプション》ダイアログボックスが表示されます。

④左側の一覧から《保存》を選択します。

⑤《ブックの保存》の《次の間隔で自動回復用データを保存する》を☑にします。

⑥「1」分ごとに設定します。

※元の間隔をメモしておきましょう。

⑦《保存しないで終了する場合、最後に自動回復されたバージョンを残す》を☑にします。

⑧《OK》をクリックします。

⑨セル【A1】に「5月度売上報告」と入力します。

⑩1分以上経過後、×（閉じる）をクリックします。

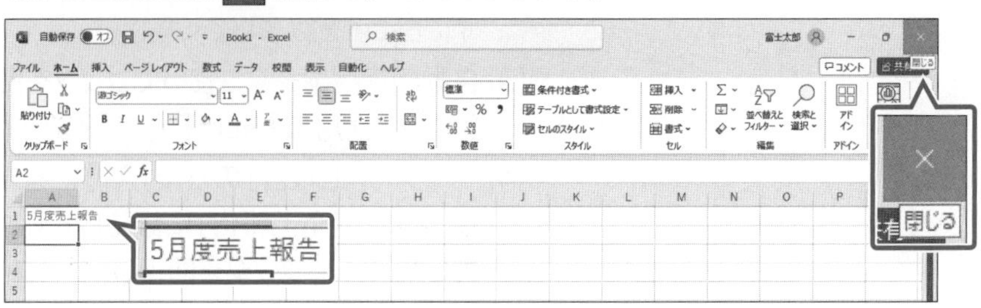

⑪**《保存しない》**をクリックします。

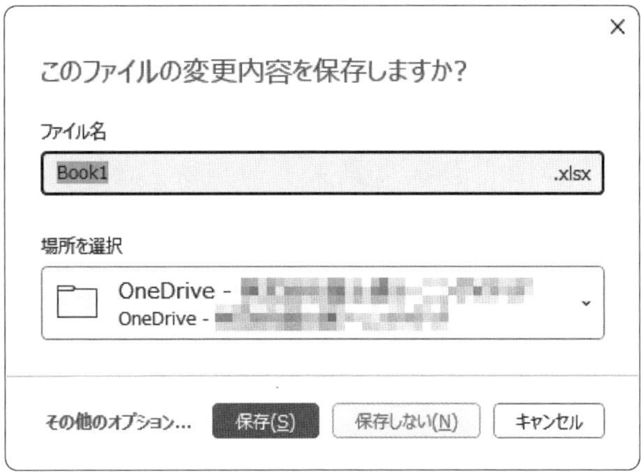

(3)

①Excelを起動し、新しいブックを作成します。

②**《ファイル》**タブを選択します。

③**《情報》**→**《ブックの管理》**→**《保存されていないブックの回復》**をクリックします。

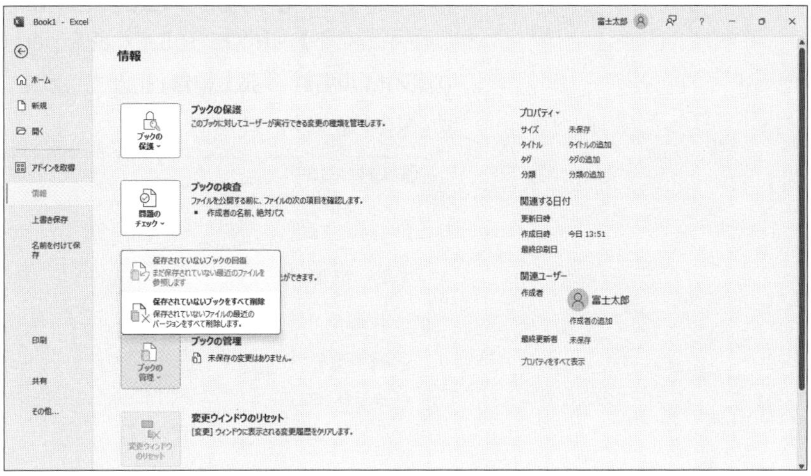

④**《ファイルを開く》**ダイアログボックスが表示されます。

⑤一覧から**「Book1((Unsaved…」**を選択します。

⑥**《開く》**をクリックします。

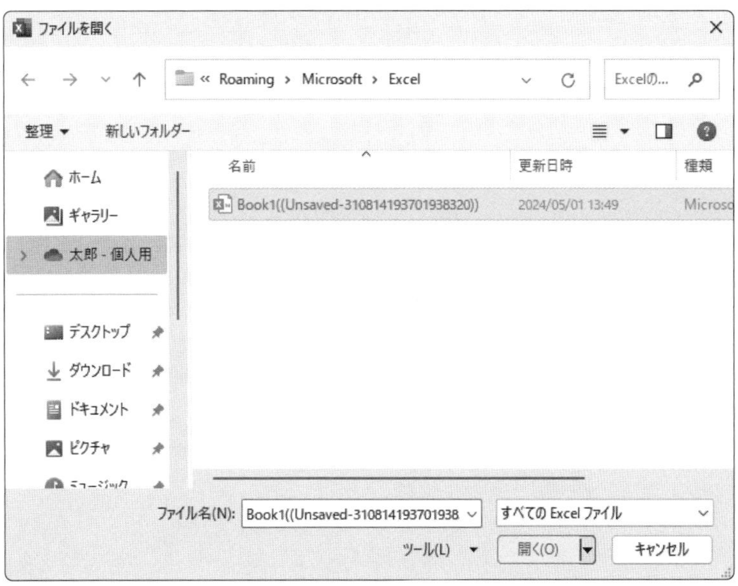

⑦復元されたブックと、**《復元された未保存のファイル》**メッセージバーが表示されます。

⑧**《名前を付けて保存》**をクリックします。

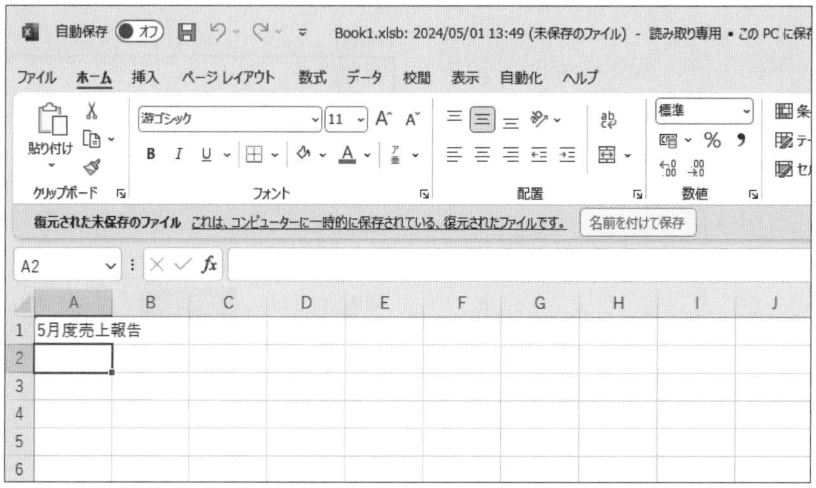

⑨**《名前を付けて保存》**ダイアログボックスが表示されます。

⑩フォルダー**「MOS 365-Excel Expert(1)」**を開きます。

※《ドキュメント》→「MOS 365-Excel Expert(1)」を選択します。

⑪**《ファイル名》**に**「売上報告」**と入力します。

⑫**《保存》**をクリックします。

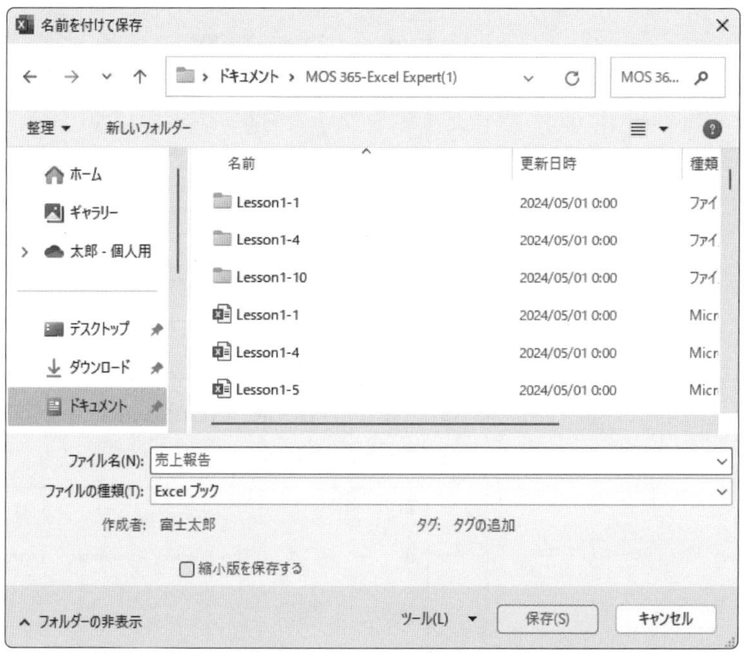

⑬ブックが保存されます。

(4)

①ブック**「売上報告」**のセル**【A1】**を**「6月度売上報告」**に修正します。

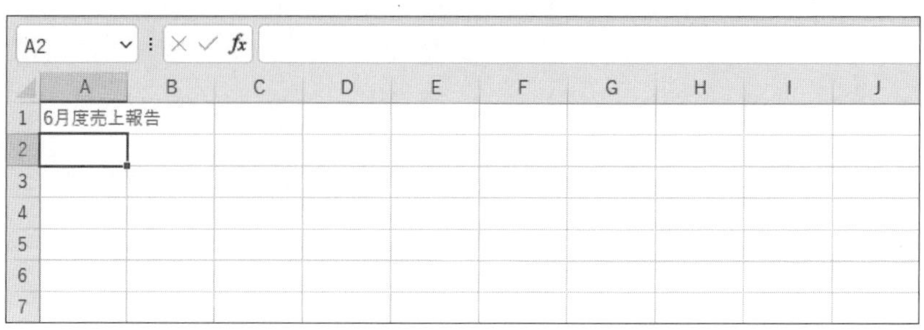

②1分以上経過後、セル【A1】を「**7月度売上報告**」に修正します。

③《**ファイル**》タブを選択します。

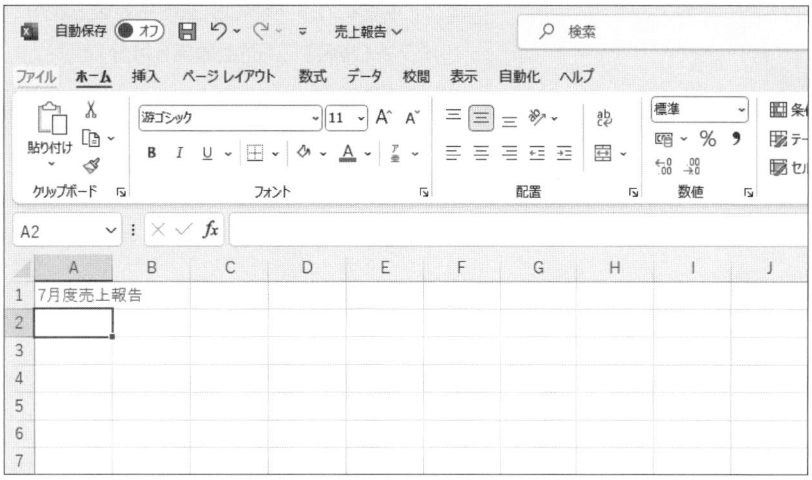

④《**情報**》→《**ブックの管理**》の《**今日〇〇：〇〇（自動回復）**》をクリックします。

※複数ある場合は、一番古い時刻を選択します。

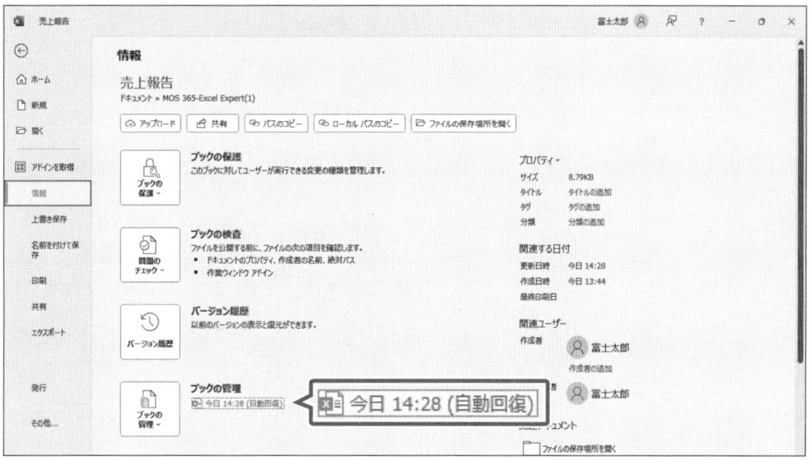

⑤セル【A1】が「**6月度売上報告**」の自動保存されたブックと、《**自動回復されたバージョン**》メッセージバーが表示されます。

⑥《**名前を付けて保存**》をクリックします。

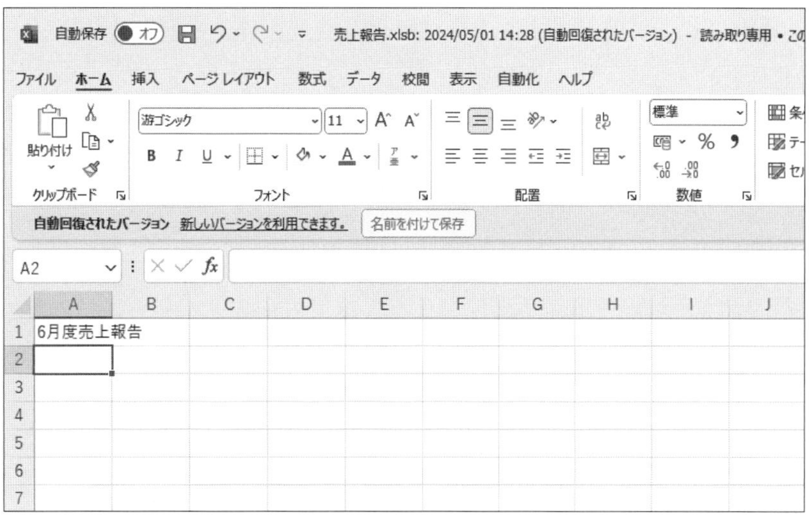

⑦**《名前を付けて保存》**ダイアログボックスが表示されます。

⑧フォルダー**「MOS 365-Excel Expert（1）」**を開きます。

※《ドキュメント》→「MOS 365-Excel Expert（1）」を選択します。

⑨**《ファイル名》**に**「売上報告6月分」**と入力します。

⑩**《保存》**をクリックします。

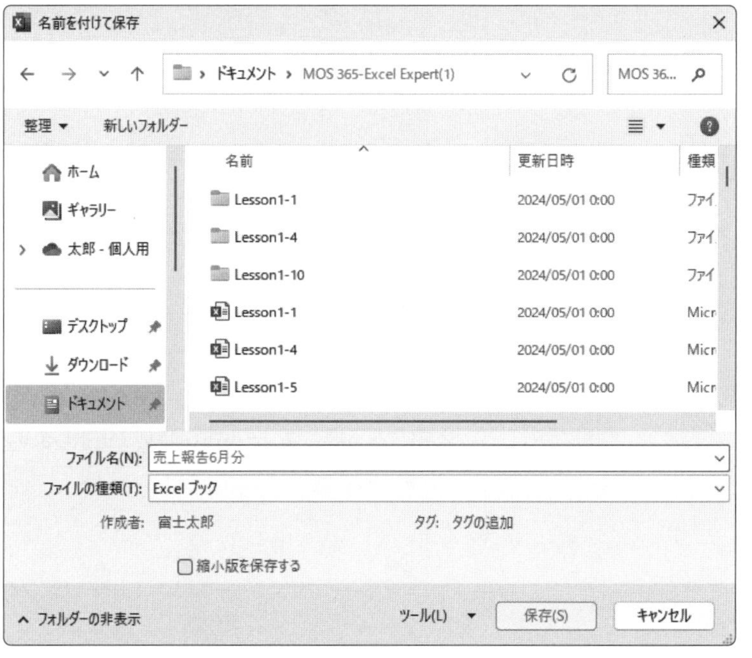

⑪ブックが保存されます。

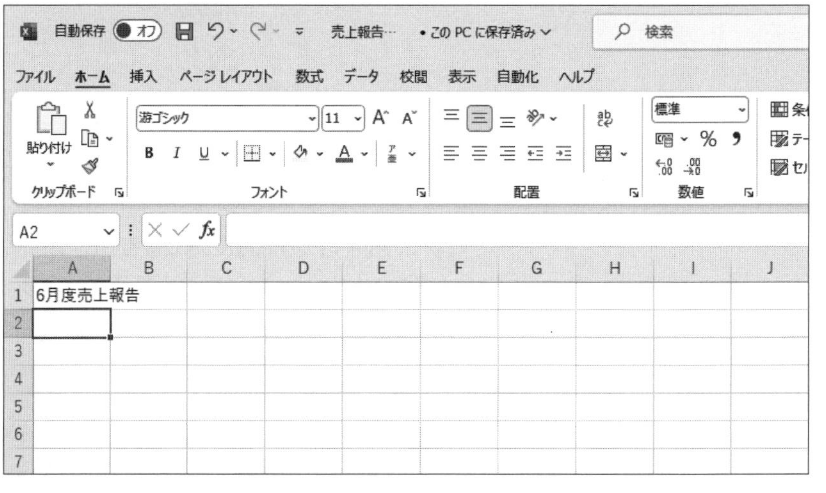

※ブック「売上報告」を上書き保存し、閉じておきましょう。

※自動回復用データの保存の間隔を元に戻しておきましょう。初期の設定は「10」分です。

3 ブック内のマクロを有効にする

解説

■マクロの有効化

マクロを含むブックを開こうとすると、**「セキュリティの警告」**のメッセージバーが表示されます。この警告は、ブックが安全かどうかを確認するように、ユーザーに注意を促すものです。この段階では、マクロは無効になっています。
ブックが信頼できる場合には、**「コンテンツの有効化」**をクリックしてマクロを有効にします。

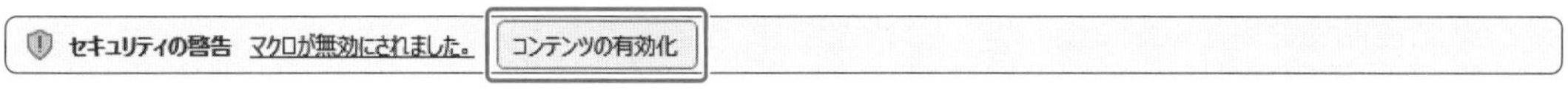

■マクロの設定

初期の設定では、マクロを含むブックを開こうとすると、セキュリティの警告を表示してマクロを無効にします。ブックを開く際のマクロの有効・無効の設定は、変更できます。

操作 ◆《ファイル》タブ→《オプション》→《トラストセンター》→《トラストセンターの設定》→《マクロの設定》→《マクロの設定》

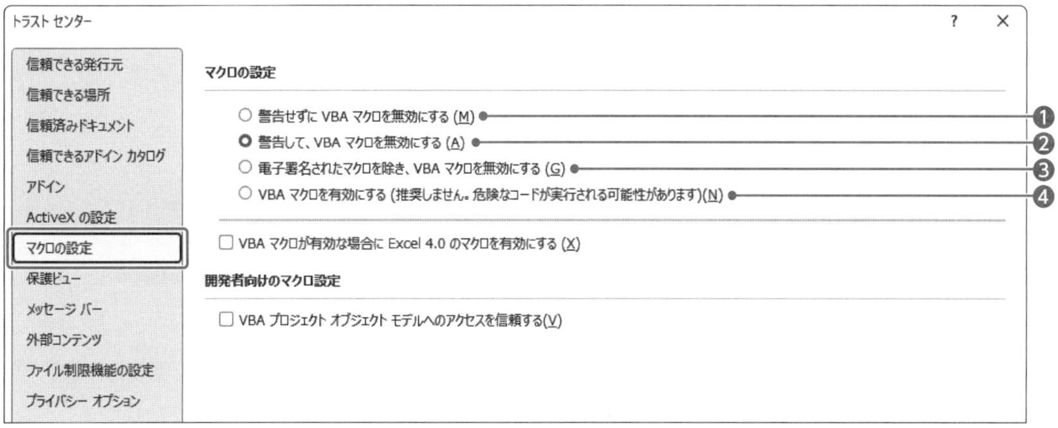

❶警告せずにVBAマクロを無効にする

ブックを開いたときに、すべてのマクロが自動的に無効になります。

❷警告して、VBAマクロを無効にする

ブックを開いたときに、すべてのマクロを有効にするか無効にするかを確認するためのセキュリティの警告が表示されます。

❸電子署名されたマクロを除き、VBAマクロを無効にする

ブックを開いたときに、信頼できる発行元によって署名されているマクロ以外は、無効になります。

❹VBAマクロを有効にする（推奨しません。危険なコードが実行される可能性があります）

ブックを開いたときに、すべてのマクロが制限なしで実行されます。

Lesson 1-3

OPEN ブック「Lesson1-3」を開いておきましょう。
※《セキュリティリスク》メッセージバーが表示された場合は、ブックを閉じてファイルのセキュリティを許可しておきましょう。

次の操作を行いましょう。

(1) マクロを有効にしてください。
(2) 警告せずにVBAマクロが無効になるように設定してください。
(3) 変更したマクロの設定を元に戻してください。初期の設定では「警告して、VBAマクロを無効にする」が設定されています。

Lesson 1-3 Answer

Point

セキュリティの許可

インターネットからダウンロードしたマクロを含むファイルを開く際、《セキュリティリスク》メッセージバーが表示され、マクロの実行がブロックされる場合があります。

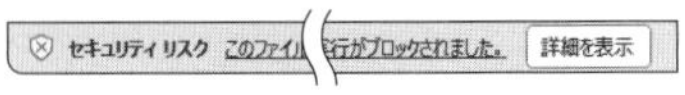

学習ファイルは安全なので、セキュリティを許可してから操作します。

◆ファイルを右クリック→《プロパティ》→《全般》タブ→《セキュリティ》の《☑許可する》

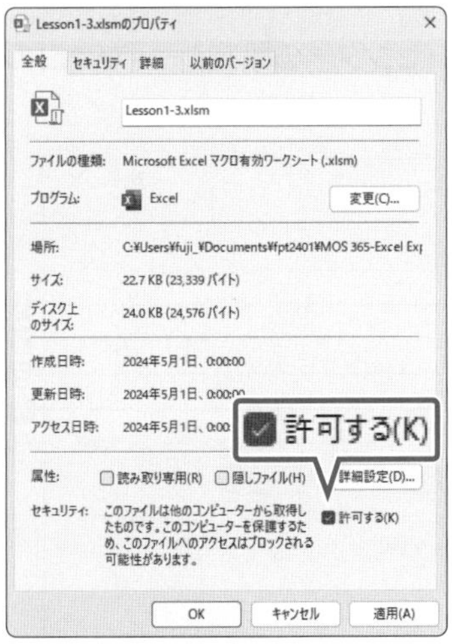

その他の方法

マクロの設定

◆《開発》タブ→《コード》グループの［マクロのセキュリティ］（マクロのセキュリティ）→《マクロの設定》→《マクロの設定》

(1)

①《**セキュリティの警告**》メッセージバーが表示されていることを確認します。

②《**コンテンツの有効化**》をクリックします。

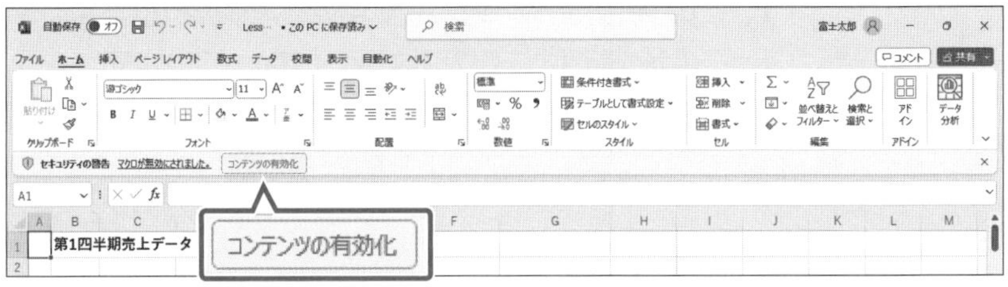

③マクロが有効になります。

(2)

①《**ファイル**》タブを選択します。

②《**オプション**》をクリックします。

③《**Excelのオプション**》ダイアログボックスが表示されます。

④左側の一覧から《**トラストセンター**》を選択します。

⑤《**トラストセンターの設定**》をクリックします。

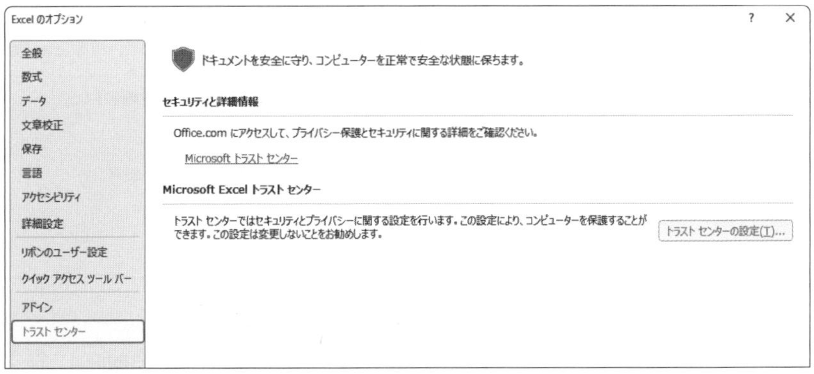

⑥《**トラストセンター**》ダイアログボックスが表示されます。

⑦左側の一覧から《**マクロの設定**》を選択します。

⑧《**警告せずにVBAマクロを無効にする**》を◉にします。

⑨《**OK**》をクリックします。

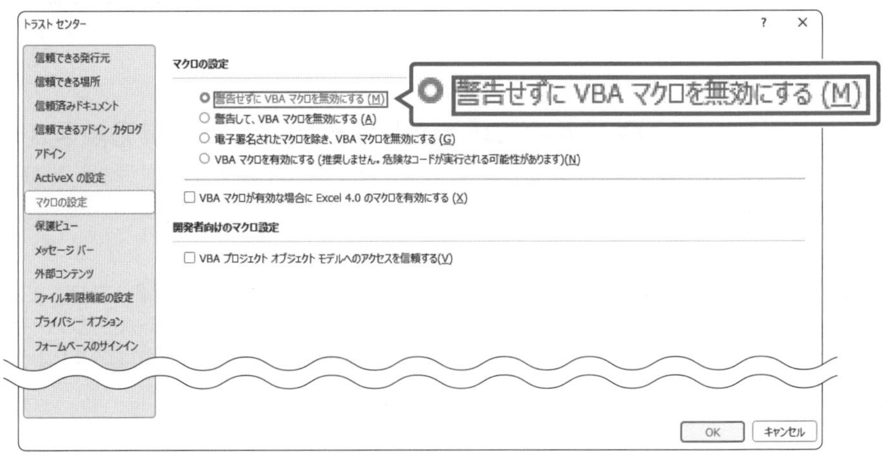

⑩《**Excelのオプション**》ダイアログボックスに戻ります。

⑪《**OK**》をクリックします。

⑫マクロの設定が変更されます。

(3)

①《**ファイル**》タブを選択します。

②《**オプション**》をクリックします。

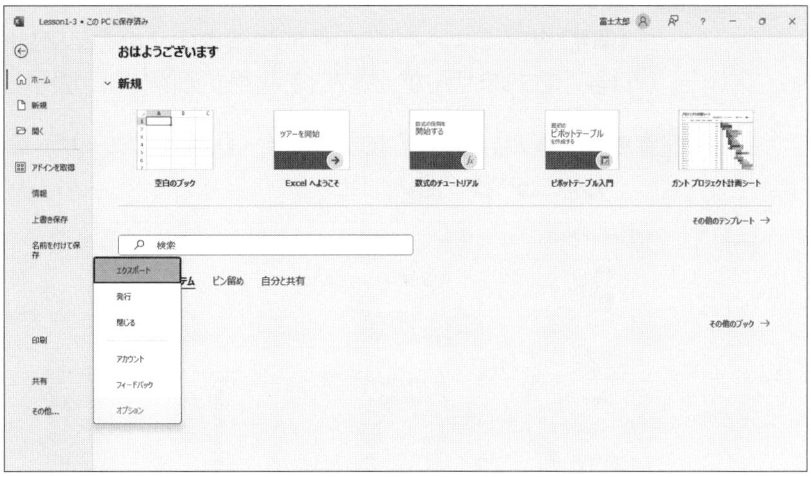

③《**Excelのオプション**》ダイアログボックスが表示されます。

④左側の一覧から《**トラストセンター**》を選択します。

⑤《**トラストセンターの設定**》をクリックします。

⑥《**トラストセンター**》ダイアログボックスが表示されます。

⑦左側の一覧から《**マクロの設定**》を選択します。

⑧《**警告して、VBAマクロを無効にする**》を(●)にします。

⑨《**OK**》をクリックします。

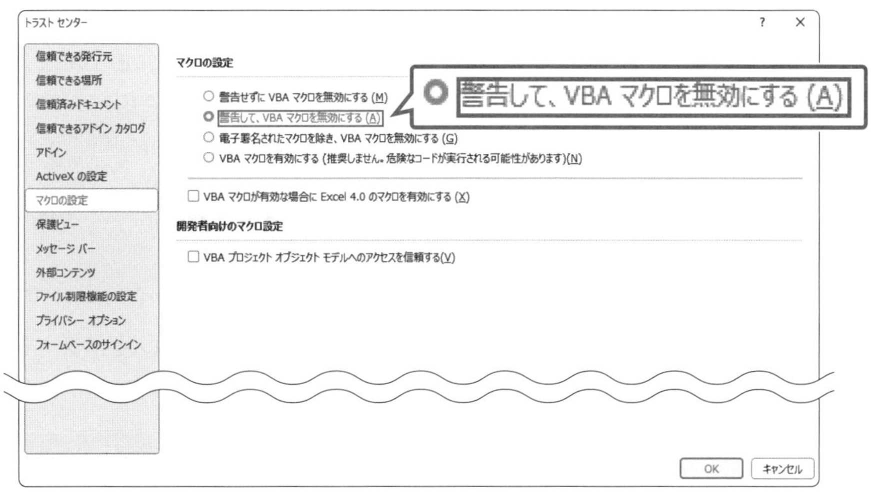

⑩《**Excelのオプション**》ダイアログボックスに戻ります。

⑪《**OK**》をクリックします。

⑫マクロの設定が元に戻ります。

Point

信頼済みドキュメントを無効にする

マクロを有効化したブックは、「信頼済みドキュメント」となり、以降ブックを開くとき、セキュリティの警告は表示されません。

信頼済みドキュメントを無効にすると、再度セキュリティの警告を表示できます。

◆《ファイル》タブ→《オプション》→《トラストセンター》→《トラストセンターの設定》→《信頼済みドキュメント》→《☑信頼済みドキュメントを無効にする》

4　ブック間でマクロをコピーする

解説

■《開発》タブの表示

《開発》タブには、マクロの作成や編集のためのコマンドが登録されています。初期の設定では表示されませんが、マクロを利用する際には、表示しておくと効率よく作業できます。

操作 ◆《ファイル》タブ→《オプション》→《リボンのユーザー設定》→《リボンのユーザー設定》の[⌄]→《メインタブ》→《[✓]開発》

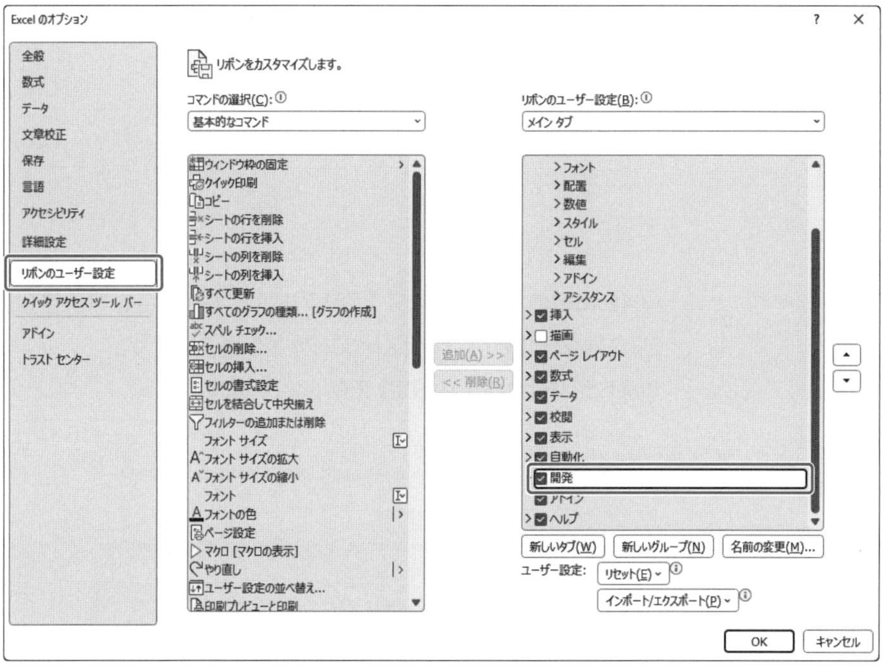

■ブック間のマクロのコピー

作成したマクロを別のブックにコピーして利用できます。
ブックに保存されているマクロは、**「モジュール」**という単位で管理されています。このモジュールをエクスポートして独立したファイルにしたあと、エクスポートしたファイルを別のブックにインポートするとマクロをコピーできます。
マクロのインポートまたはエクスポートは、**《Microsoft Visual Basic for Applications》**ウィンドウを表示して行います。

操作 ◆《開発》タブ→《コード》グループの[Visual Basic]（Visual Basic）

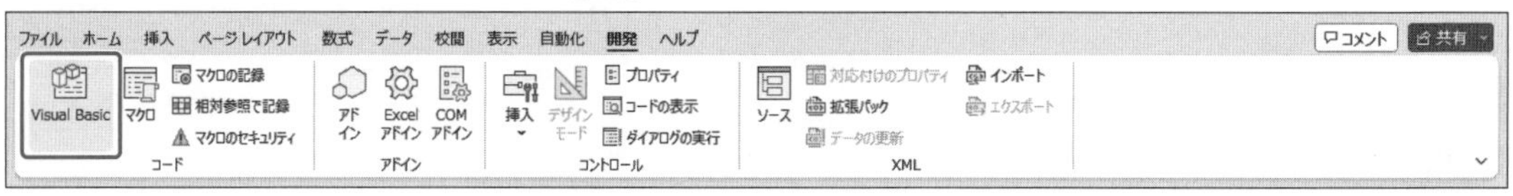

操作 ◆《ファイル》タブ→《ファイルのインポート》→インポートするファイルを選択

◆エクスポートするモジュールを選択→《ファイル》タブ→《ファイルのエクスポート》

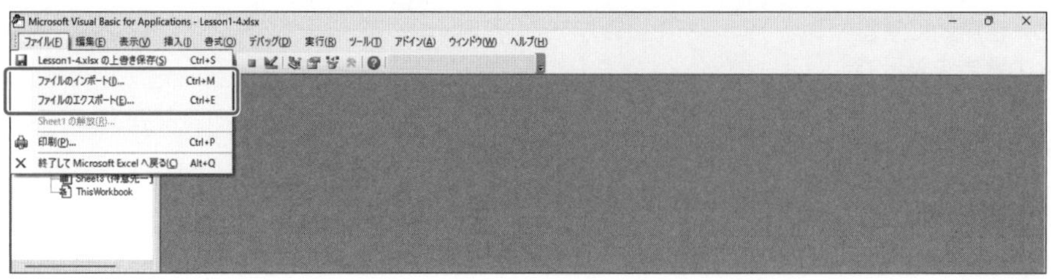

Lesson 1-4

OPEN ブック「Lesson1-4」を開いておきましょう。

次の操作を行いましょう。

(1)《開発》タブを表示してください。

(2) フォルダー「Lesson1-4」のブック「第1四半期売上データ」に保存されているマクロを、ブック「Lesson1-4」にコピーしてください。ブック「第1四半期売上データ」に保存されているマクロは、ファイル「上位抽出マクロ」として、フォルダー「MOS 365-Excel Expert（1）」に保存します。

Lesson 1-4 Answer

その他の方法

《開発》タブの表示

◆リボンを右クリック→《リボンのユーザー設定》→《リボンのユーザー設定》→《リボンのユーザー設定》の［˅］→《メインタブ》→《☑開発》

(1)

①**《ファイル》**タブを選択します。

②**《オプション》**をクリックします。

③**《Excelのオプション》**ダイアログボックスが表示されます。

④左側の一覧から**《リボンのユーザー設定》**を選択します。

⑤**《リボンのユーザー設定》**の［˅］をクリックし、一覧から**《メインタブ》**を選択します。

⑥**《開発》**を☑にします。

⑦**《OK》**をクリックします。

⑧**《開発》**タブが表示されます。

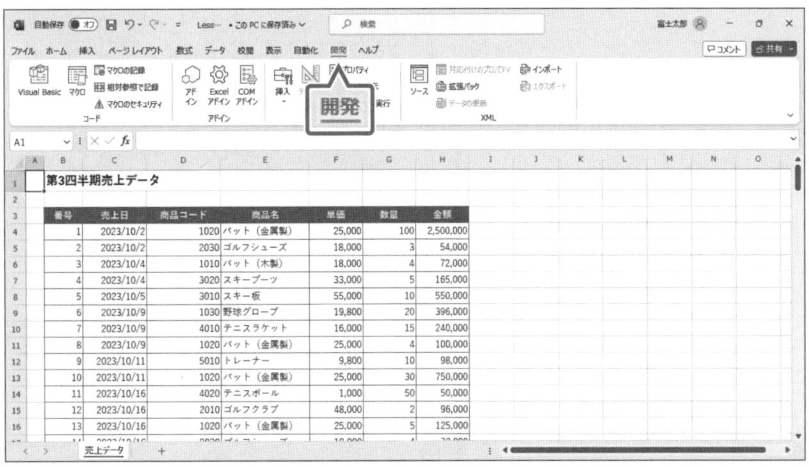

(2)

①**《ファイル》**タブを選択します。

②**《開く》**→**《参照》**をクリックします。

③**《ファイルを開く》**ダイアログボックスが表示されます。

④フォルダー**「Lesson1-4」**を開きます。

※《ドキュメント》→「MOS 365-Excel Expert(1)」→「Lesson1-4」を選択します。

⑤一覧から**「第1四半期売上データ」**を選択します。

⑥**《開く》**をクリックします。

⑦ブック**「第1四半期売上データ」**が開かれます。

※《セキュリティリスク》メッセージバーが表示された場合は、ブックを閉じてファイルのセキュリティを許可しておきましょう。

※《セキュリティの警告》メッセージバーが表示された場合は、《コンテンツの有効化》をクリックしておきましょう。

⑧**《開発》**タブ→**《コード》**グループの(Visual Basic)をクリックします。

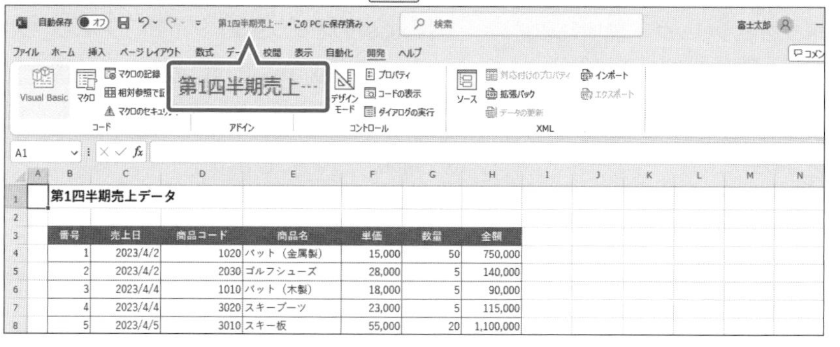

⑨**《Microsoft Visual Basic for Applications》**ウィンドウが表示されます。

※ウィンドウを最大化しておきましょう。

⑩プロジェクトエクスプローラーに**「VBAProject(Lesson1-4.xlsx)」**と**「VBAProject(第1四半期売上データ.xlsm)」**が表示されていることを確認します。

※表示されていない場合は、プロジェクトエクスプローラーのサイズを調整しましょう。

※Excelでは、1つのブックが1つのプロジェクトになります。

⑪**「VBAProject(第1四半期売上データ.xlsm)」**の**《標準モジュール》**の[+]をクリックします。

⑫**「Module1」**をダブルクリックします。

⑬**《第1四半期売上データ.xlsm-Module1(コード)》**ウィンドウが表示されます。

⑭保存されているマクロを確認します。

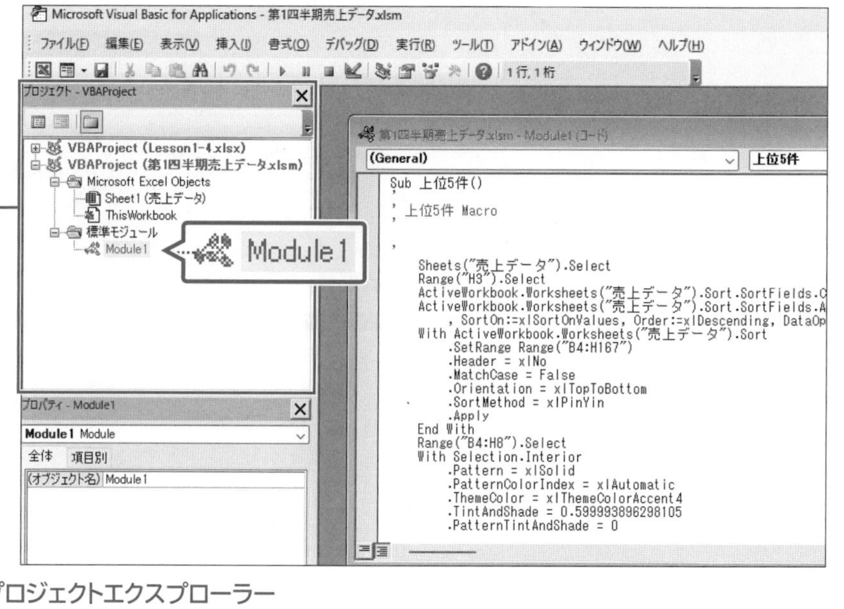

プロジェクトエクスプローラー

⑮**《ファイル》**→**《ファイルのエクスポート》**をクリックします。

⑯**《ファイルのエクスポート》**ダイアログボックスが表示されます。
⑰フォルダー**「MOS 365-Excel Expert(1)」**を開きます。
※《ドキュメント》→「MOS 365-Excel Expert(1)」を選択します。
⑱**《ファイル名》**に**「上位抽出マクロ」**と入力します。
⑲**《ファイルの種類》**が**《標準モジュール(*.bas)》**になっていることを確認します。
⑳**《保存》**をクリックします。

㉑マクロがエクスポートされます。
㉒**「VBAProject(Lesson1-4.xlsx)」**を選択します。

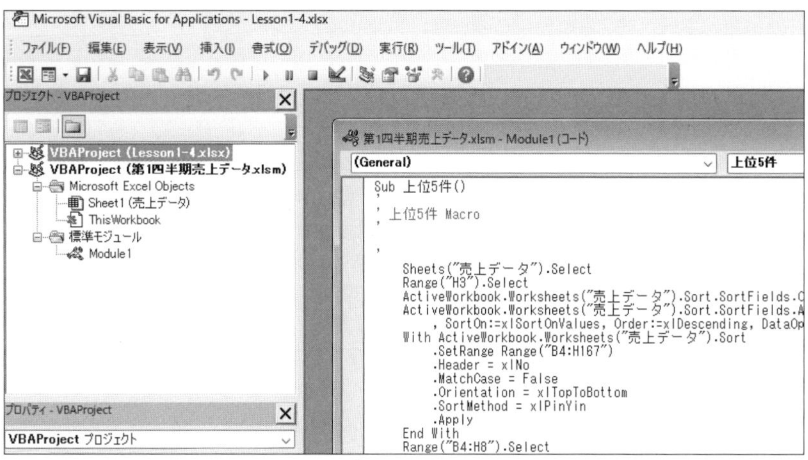

㉓**《ファイル》**→**《ファイルのインポート》**をクリックします。

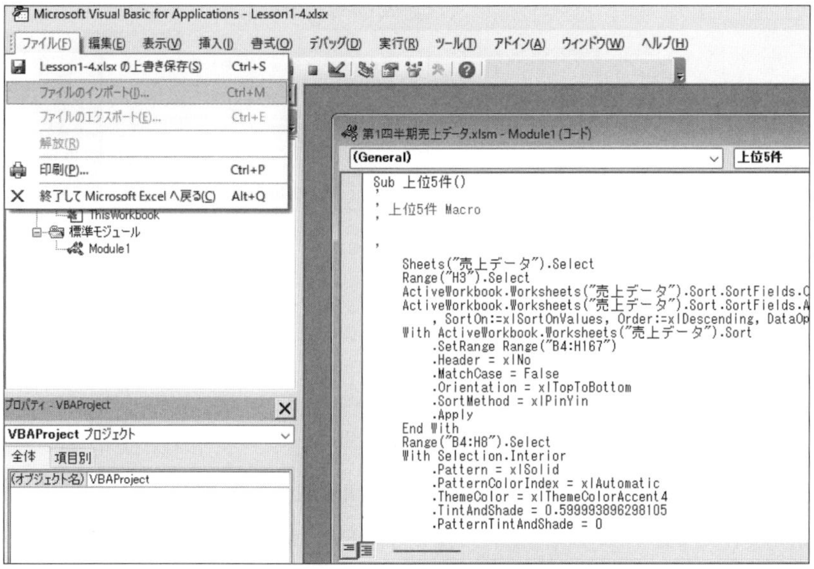

㉔**《ファイルのインポート》**ダイアログボックスが表示されます。

㉕フォルダー**「MOS 365-Excel Expert(1)」**を開きます。

※《ドキュメント》→「MOS 365-Excel Expert(1)」を選択します。

㉖一覧から**「上位抽出マクロ.bas」**を選択します。

㉗**《開く》**をクリックします。

㉘マクロがインポートされます。

㉙**「VBAProject(Lesson1-4.xlsx)」**の**《標準モジュール》**の[+]をクリックします。

㉚**「Module1」**をダブルクリックします。

㉛**《Lesson1-4.xlsx-Module1(コード)》**ウィンドウが表示されます。

㉜マクロがコピーされていることを確認します。

㉝**《Microsoft Visual Basic for Applications》**ウィンドウの[×](閉じる)をクリックします。

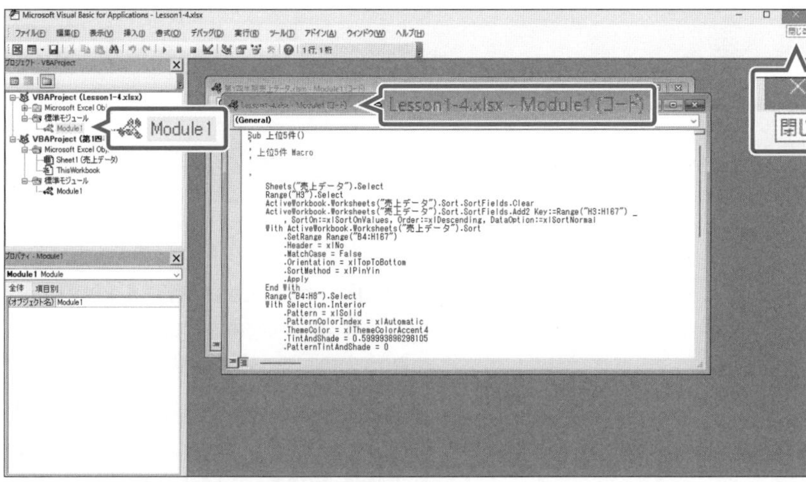

※ブック「第1四半期売上データ」を閉じておきましょう。

※ブック「Lesson1-4」にコピーしたマクロ「上位5件」と「リセット」が実行できることを確認しておきましょう。
マクロを実行するには、《開発》タブ→《コード》グループの[マクロ](マクロの表示)→マクロ名を選択→《実行》をクリックします。

※《開発》タブを非表示にしておきましょう。

Point

マクロを含むブックの保存

マクロを含むブックを保存するには、マクロ有効ブックとして保存します。マクロ有効ブックとして保存する方法については、P.162を参照してください。

出題範囲1　ブックのオプションと設定の管理

2 共同作業のためにブックを準備する

☑ 理解度チェック

習得すべき機能	参照Lesson	学習前	学習後	試験直前
■セルのロックを解除できる。	➡Lesson1-5	☑	☑	☑
■ワークシートを保護できる。	➡Lesson1-5 ➡Lesson1-6 ➡Lesson1-7	☑	☑	☑
■パスワードを使って、編集できるセル範囲を制限できる。	➡Lesson1-7	☑	☑	☑
■ブックを保護できる。	➡Lesson1-8	☑	☑	☑
■数式の計算方法を設定できる。	➡Lesson1-9	☑	☑	☑

1 ワークシートとセル範囲を保護する

解説

■ワークシートとセル範囲の保護

ワークシートを保護すると、誤ってデータを消してしまったり書き換えてしまったりすることを防止できます。ワークシートを保護しても、一部のセルだけは編集できるようにすることもできます。不特定多数のユーザーがデータを入力するような場合に、数式が入力されているセルを保護したり、表のフォーマットが変更されないように書式を保護したりする際に使うと便利です。

操作 ◆《校閲》タブ→《保護》グループの［シートの保護］（シートの保護）

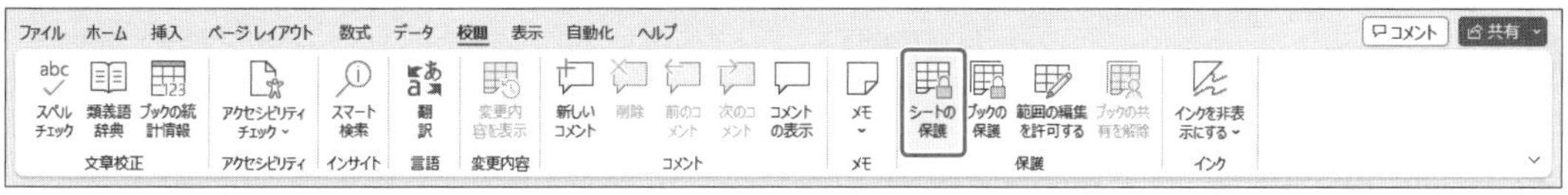

一部のセルのみを編集できる状態にしてワークシートを保護する手順は、次のとおりです。

❶ 編集するセルのロックを解除する

セルのロックを解除するには、《ホーム》タブ→《セル》グループの［書式］（書式）→《セルのロック》を使います。

※ワークシート全体を保護する場合、この手順は不要です。

❷ ワークシートを保護する

Lesson 1-5

OPEN ブック「Lesson1-5」を開いておきましょう。

次の操作を行いましょう。

(1) セル範囲【F4:G14】のセルのロックを解除し、ワークシートを保護してください。

Lesson 1-5 Answer

(1)

①セル範囲**【F4:G14】**を選択します。

②**《ホーム》**タブ→**《セル》**グループの 書式 (書式)→**《セルのロック》**をクリックします。

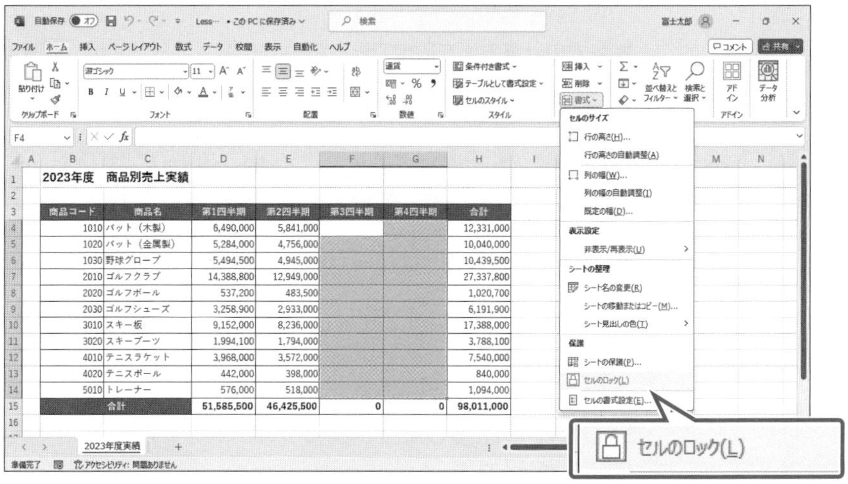

③セルのロックが解除されます。

※《セルのロック》の左のアイコンの枠が非表示になります。

④**《校閲》**タブ→**《保護》**グループの シートの保護 (シートの保護)をクリックします。

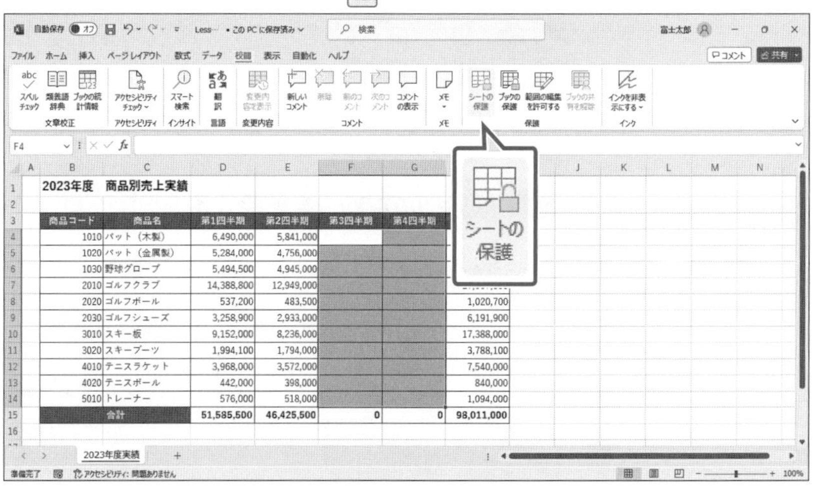

その他の方法

セルのロックの解除

◆セルまたはセル範囲を右クリック→《セルの書式設定》→《保護》タブ→《□ロック》

◆セルまたはセル範囲を選択→ Ctrl + 1 →《保護》タブ→《□ロック》

その他の方法

ワークシートの保護

◆《ファイル》タブ→《情報》→《ブックの保護》→《現在のシートの保護》

◆シート見出しを右クリック→《シートの保護》

Point

《シートの保護》

❶シートの保護を解除するためのパスワード

ワークシートの保護を解除するためのパスワードを設定します。パスワードを設定しておくと、パスワードを知っているユーザーだけが、ワークシートの保護を解除できます。省略すると、誰でもワークシートの保護を解除できます。

❷シートとロックされたセルの内容を保護する

ワークシートを保護します。

❸このシートのすべてのユーザーに以下を許可します。

ワークシートを保護しても実行できる操作を指定します。

初期の設定では、《ロックされたセル範囲の選択》と《ロックされていないセル範囲の選択》が☑になっています。□にすると、セルを選択できなくなります。また、《ロックされたセル範囲の選択》だけを☑にすることはできません。

Point

ワークシートの保護の解除

◆《校閲》タブ→《保護》グループの（シート保護の解除）

※ワークシートの保護を解除しても、ロックを解除したセルはロック状態に戻りません。

Point

セルのロック

セルをロック状態に戻す方法は、次のとおりです。

◆セルまたはセル範囲を選択→《ホーム》タブ→《セル》グループの（書式）→《セルのロック》

※《セルのロック》の左のアイコンに枠が表示されます。

⑤**《シートの保護》**ダイアログボックスが表示されます。

⑥**《シートとロックされたセルの内容を保護する》**が☑になっていることを確認します。

⑦**《OK》**をクリックします。

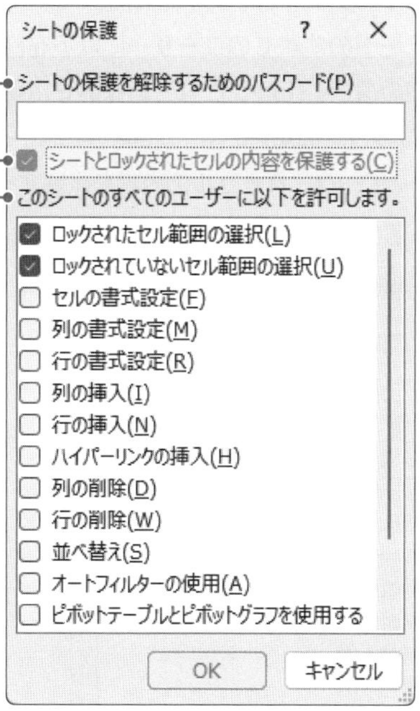

⑧ワークシートが保護されます。

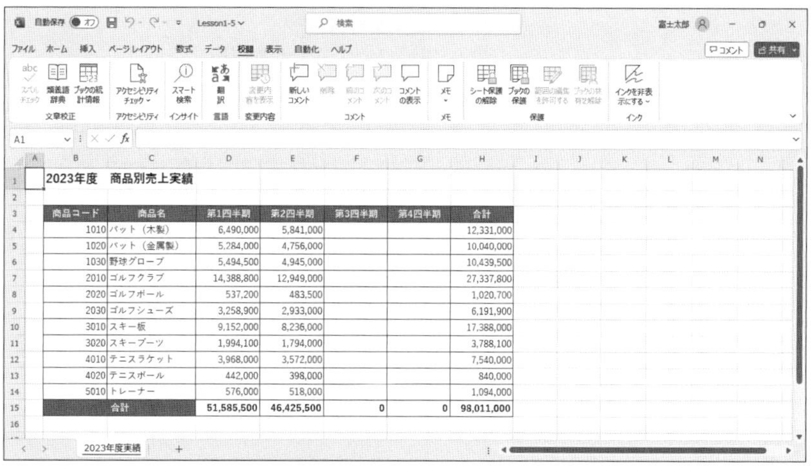

※セル範囲【F4:G14】以外は編集できないことを確認しておきましょう。

Lesson 1-6

OPEN ブック「Lesson1-6」を開いておきましょう。

次の操作を行いましょう。

(1) ワークシートを保護してください。ワークシートを保護したあとも、ユーザーがすべてのセル範囲の選択とセル・列・行の書式設定を変更できるようにします。パスワードは「abc」とします。

Lesson 1-6 Answer

(1)

①**《校閲》**タブ→**《保護》**グループの（シートの保護）をクリックします。

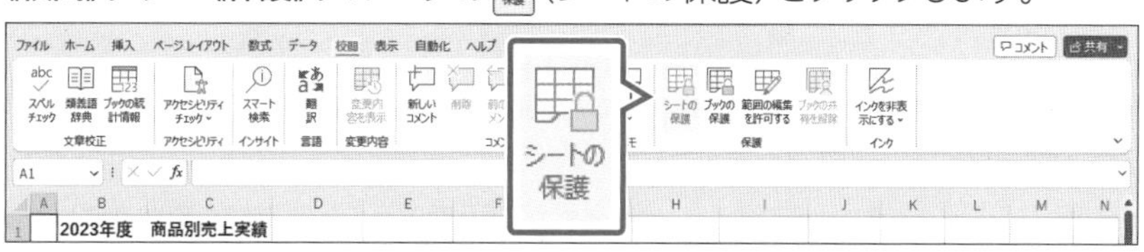

②**《シートの保護》**ダイアログボックスが表示されます。

③**《シートの保護を解除するためのパスワード》**に**「abc」**と入力します。

※入力したパスワードは「●」で表示されます。
※パスワードは大文字と小文字が区別されます。

④**《このシートのすべてのユーザーに以下を許可します。》**の一覧から、**《ロックされたセル範囲の選択》《ロックされていないセル範囲の選択》《セルの書式設定》《列の書式設定》《行の書式設定》**を☑にします。

⑤**《シートとロックされたセルの内容を保護する》**が☑になっていることを確認します。

⑥**《OK》**をクリックします。

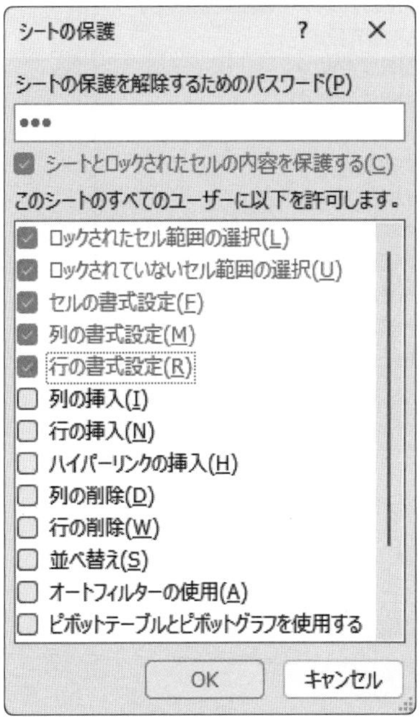

⑦**《パスワードの確認》**ダイアログボックスが表示されます。

⑧**《パスワードをもう一度入力してください。》**に**「abc」**と入力します。

⑨**《OK》**をクリックします。

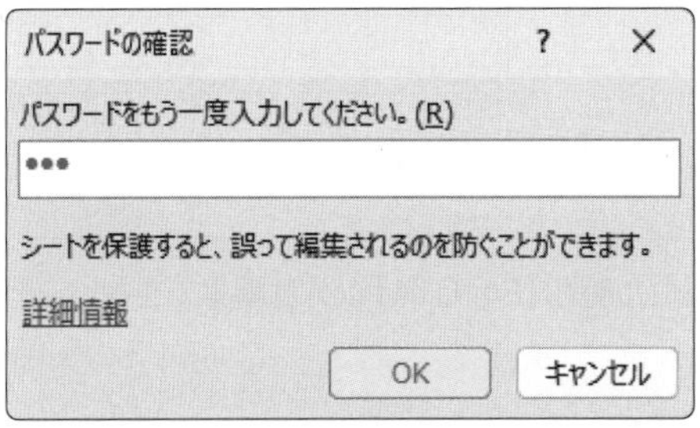

⑩ワークシートが保護されます。

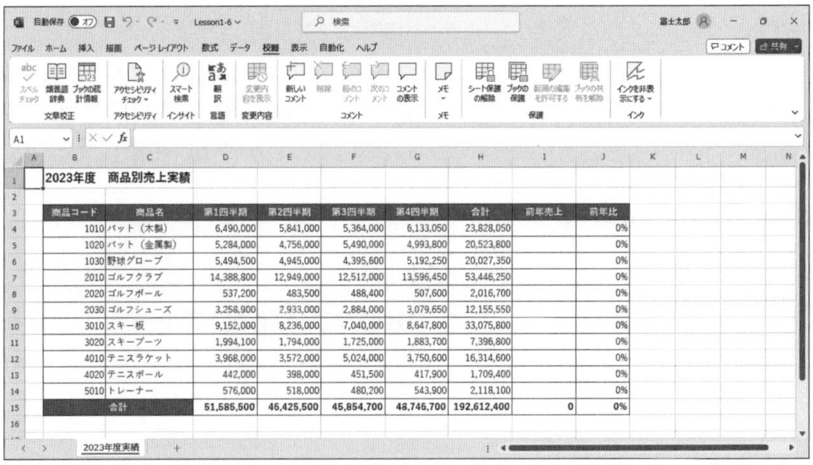

※書式が変更できることを確認しておきましょう。

2 編集を制限する

解説 ■範囲の編集を許可

「範囲の編集を許可する」を使うと、パスワードを知っているユーザーだけが、特定のセル範囲を編集できるようになります。

操作 ◆《校閲》タブ→《保護》グループの（範囲の編集を許可する）

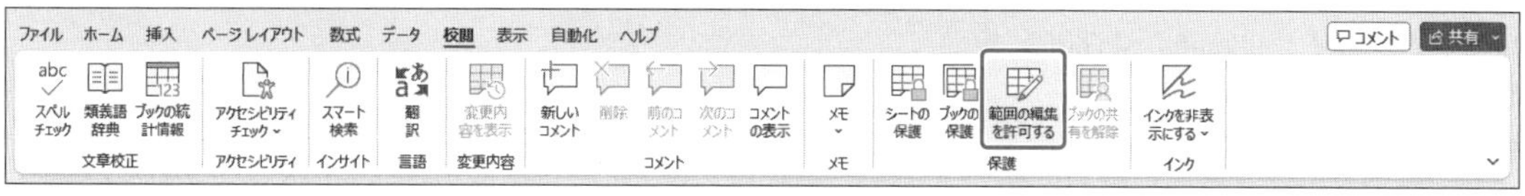

Lesson 1-7

OPEN ブック「Lesson1-7」を開いておきましょう。

次の操作を行いましょう。

(1) パスワードを知っているユーザーだけがセル範囲【F4:G14】を編集できるように、ワークシートを保護してください。セル範囲を編集するためのパスワードと、保護を解除するためのパスワードは「abc」とします。

Lesson 1-7 Answer

(1)

①セル範囲**【F4:G14】**を選択します。

②**《校閲》**タブ→**《保護》**グループの（範囲の編集を許可する）をクリックします。

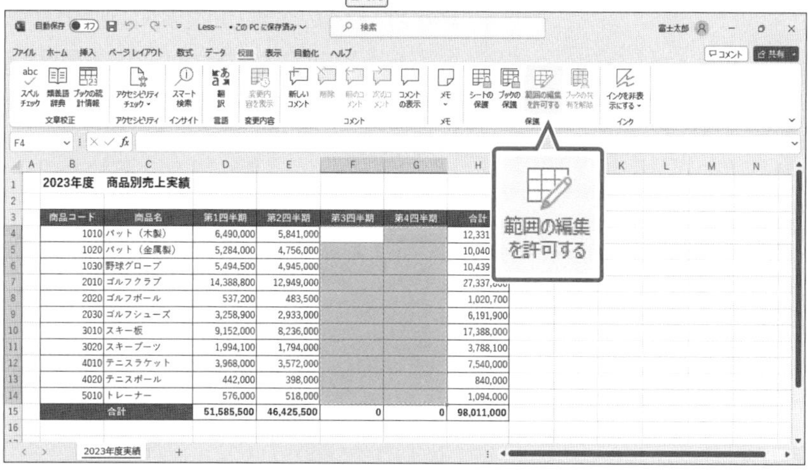

③**《範囲の編集の許可》**ダイアログボックスが表示されます。

④**《新規》**をクリックします。

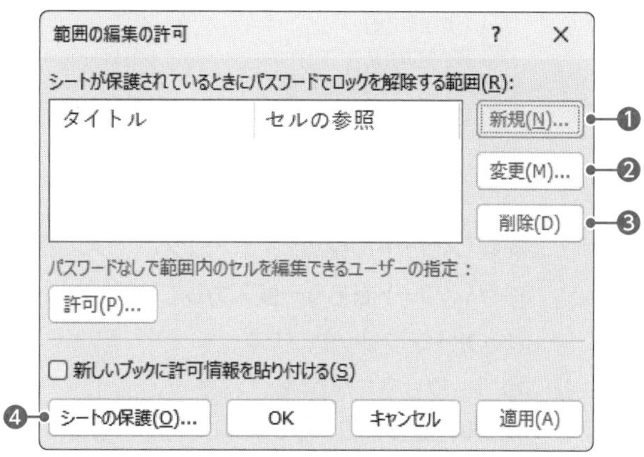

Point

《範囲の編集の許可》

❶新規
編集を許可するセル範囲やパスワードを設定します。

❷変更
設定したタイトルやセル範囲、パスワードなどを変更します。

❸削除
設定したセル範囲を削除します。

❹シートの保護
《シートの保護》ダイアログボックスを表示します。

⑤**《新しい範囲》**ダイアログボックスが表示されます。

⑥**《セル参照》**が**「=$F$4:$G$14」**になっていることを確認します。

⑦**《範囲パスワード》**に**「abc」**と入力します。

※入力したパスワードは「*（アスタリスク）」で表示されます。
※パスワードは大文字と小文字が区別されます。

⑧**《OK》**をクリックします。

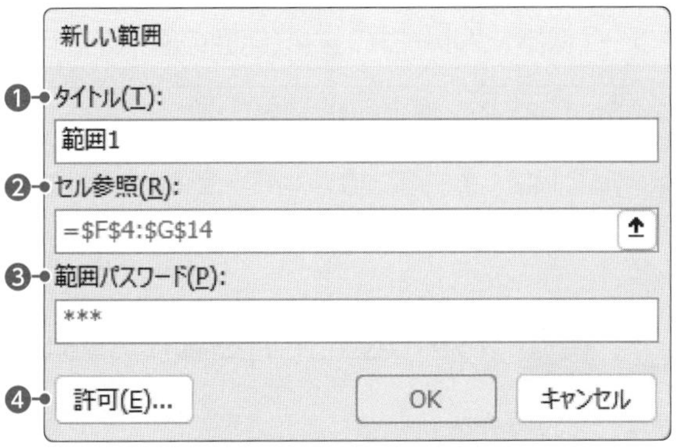

⑨**《パスワードの確認》**ダイアログボックスが表示されます。

⑩**《パスワードをもう一度入力してください。》**に**「abc」**と入力します。

⑪**《OK》**をクリックします。

⑫**《範囲の編集の許可》**ダイアログボックスに戻ります。

⑬**《シートの保護》**をクリックします。

⑭**《シートの保護》**ダイアログボックスが表示されます。

⑮**《シートの保護を解除するためのパスワード》**に**「abc」**と入力します。

※入力したパスワードは「●」で表示されます。
※パスワードは大文字と小文字が区別されます。

⑯**《シートとロックされたセルの内容を保護する》**が☑になっていることを確認します。

⑰**《OK》**をクリックします。

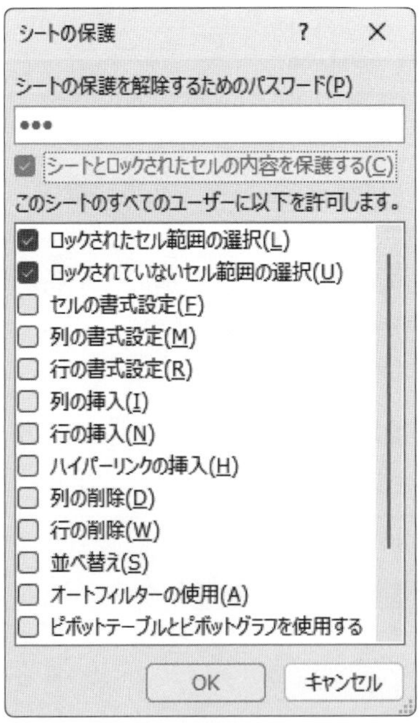

⑱**《パスワードの確認》**ダイアログボックスが表示されます。

⑲**《パスワードをもう一度入力してください。》**に**「abc」**と入力します。

⑳**《OK》**をクリックします。

㉑ワークシートが保護されます。

※セル範囲【F4:G14】を編集しようとすると、パスワード入力画面が表示されることを確認しておきましょう。また、パスワードを入力して、編集できることも確認しておきましょう。

Point

《新しい範囲》

❶タイトル
編集を許可するセル範囲にタイトルを設定します。

❷セル参照
編集を許可するセル範囲を設定します。

❸範囲パスワード
編集を許可するためのパスワードを設定します。

❹許可
パスワードなしで編集できるユーザーを設定します。

3 ブックの構成を保護する

解説 ■ブックの保護

ブックを保護すると、シートの挿入や削除、移動など、シートに関する操作ができなくなります。不特定多数のユーザーがブックを利用するような場合に、シートの構成が勝手に変更されることを防止できます。

操作 ◆《校閲》タブ→《保護》グループの (ブックの保護)

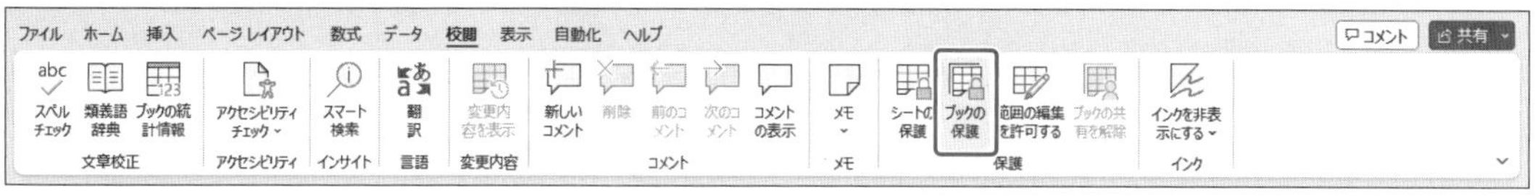

Lesson 1-8

OPEN ブック「Lesson1-8」を開いておきましょう。

次の操作を行いましょう。

(1) ブックのシートが削除されたり、順番が変更されたりしないように、シート構成を保護してください。パスワードは「abc」とします。

Lesson 1-8 Answer

その他の方法

ブックの保護

◆《ファイル》タブ→《情報》→《ブックの保護》→《ブック構成の保護》

(1)

①**《校閲》**タブ→**《保護》**グループの (ブックの保護) をクリックします。

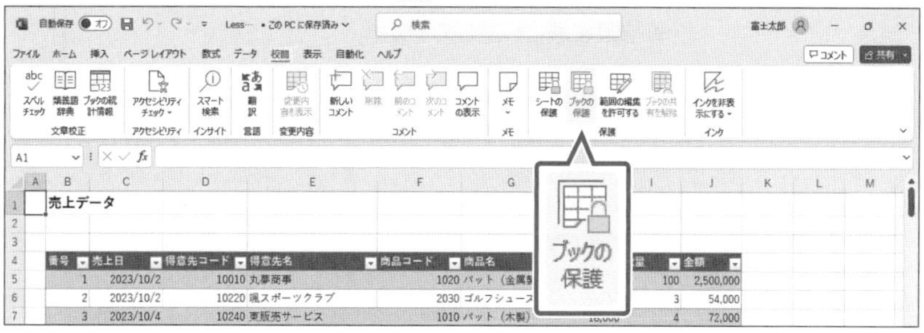

②**《シート構成とウィンドウの保護》**ダイアログボックスが表示されます。

③**《シート構成》**が ✓ になっていることを確認します。

④**《パスワード》**に**「abc」**と入力します。

※入力したパスワードは「*（アスタリスク）」で表示されます。

※パスワードは大文字と小文字が区別されます。

⑤**《OK》**をクリックします。

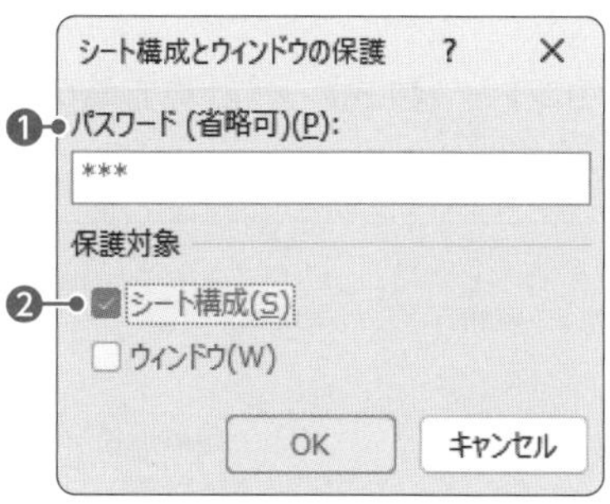

⑥**《パスワードの確認》**ダイアログボックスが表示されます。

⑦**《パスワードをもう一度入力してください。》**に**「abc」**と入力します。

⑧**《OK》**をクリックします。

⑨ブックが保護されます。

※ワークシートの挿入や削除、移動などができないことを確認しておきましょう。

Point

《シート構成とウィンドウの保護》

❶パスワード（省略可）

ブックの保護を解除するためのパスワードを設定します。パスワードを設定しておくと、パスワードを知っているユーザーだけが、ブックの保護を解除できます。省略すると、誰でもブックの保護を解除できます。

❷シート構成

シートの挿入や削除、移動などをできないようにします。

Point

ブックの保護の解除

◆《校閲》タブ→《保護》グループの (ブックの保護)

4 数式の計算方法を設定する

解説

■計算方法の設定

セルを参照して数式を作成すると、セルの値が変更されたときに自動で再計算されます。しかし、ワークシート上に膨大な数式を作成すると、自動で行われる再計算に時間がかかってしまう場合があります。
このような場合には計算方法を自動から手動に切り替えると効率的です。手動に設定すると、ユーザーが再計算を実行するまで数式の計算結果は変更されません。

操作 ◆《数式》タブ→《計算方法》グループの（計算方法の設定）

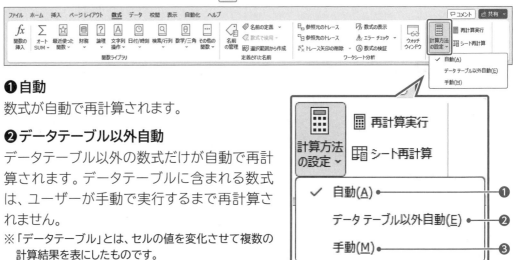

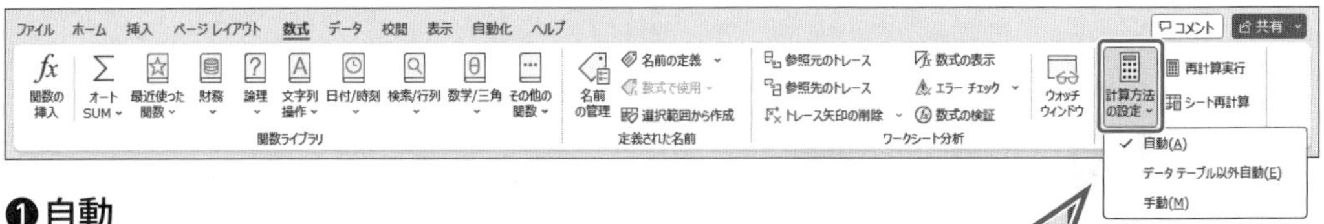

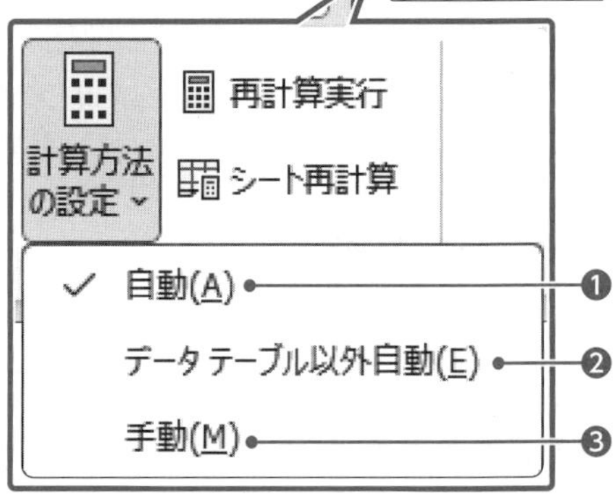

❶自動

数式が自動で再計算されます。

❷データテーブル以外自動

データテーブル以外の数式だけが自動で再計算されます。データテーブルに含まれる数式は、ユーザーが手動で実行するまで再計算されません。

※「データテーブル」とは、セルの値を変化させて複数の計算結果を表にしたものです。

❸手動

ユーザーが手動で実行するまで再計算されません。

■再計算の実行

計算方法を手動に設定した場合は、ユーザー側で再計算を実行します。

操作 ◆《数式》タブ→《計算方法》グループの 再計算実行（再計算実行）

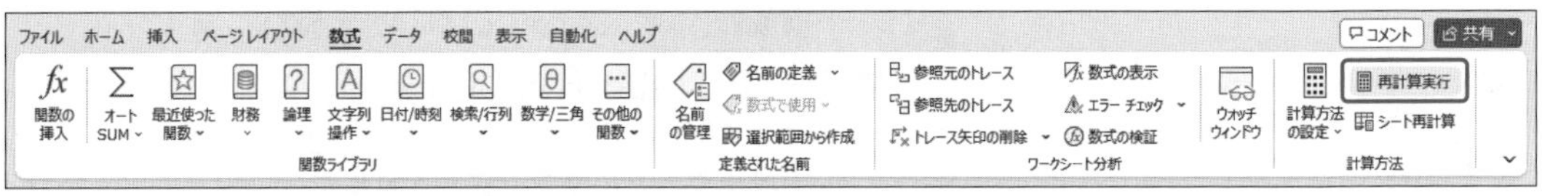

また、ブックを保存するタイミングで再計算されるように設定することもできます。

操作 ◆《ファイル》タブ→《オプション》→《数式》→《計算方法の設定》の《◉手動》→《☑ブックの保存前に再計算を行う》

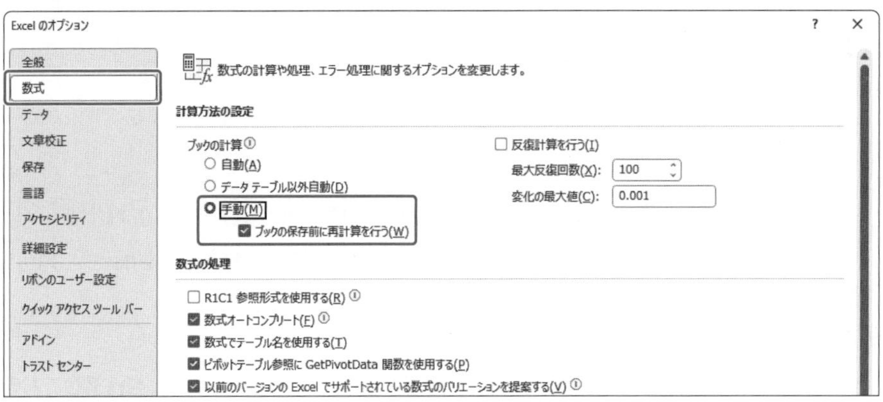

Lesson 1-9

ブック「Lesson1-9」を開いておきましょう。

次の操作を行いましょう。

(1) 計算方法を手動に設定してください。

(2) 第1四半期のバット（木製）の売上を「0」に変更して、手動で再計算を実行してください。

Lesson 1-9 Answer

(1)

①**《数式》**タブ→**《計算方法》**グループの（計算方法の設定）→**《手動》**をクリックします。

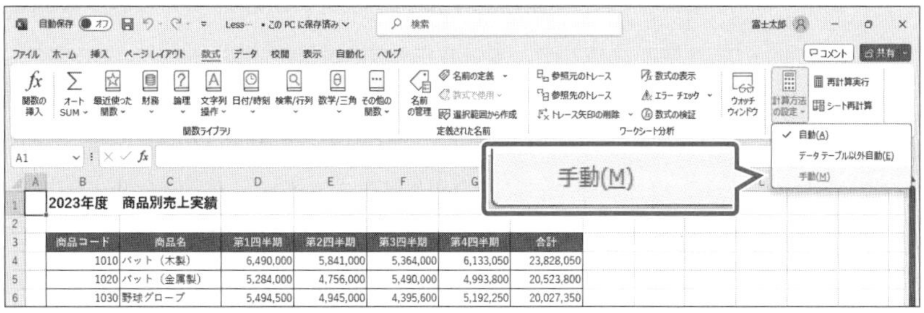

②計算方法が手動に設定されます。

その他の方法

計算方法の設定

◆《ファイル》タブ→《オプション》→《数式》→《計算方法の設定》

(2)

①セル**【D4】**に**「0」**と入力します。

②セル**【D4】**を参照している数式が再計算されないことを確認します。

※セル【D15】、セル【H4】、セル【H15】を確認します。

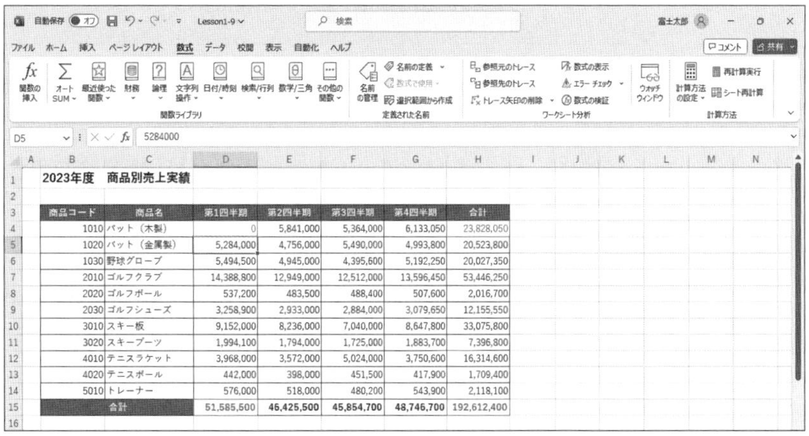

③**《数式》**タブ→**《計算方法》**グループの 再計算実行 （再計算実行）をクリックします。

④セル**【D4】**を参照している数式が再計算されることを確認します。

その他の方法

再計算の実行

◆ F9

Exercise 確認問題

標準解答 ▶ P.219

Lesson 1-10

OPEN ブック「Lesson1-10」を開いておきましょう。

あなたは、前年の売上実績を参照して、スマートフォンの売上集計表を作成します。
次の操作を行いましょう。

問題(1)	警告せずにVBAマクロが無効になるように設定してください。
問題(2)	シート「売上集計」の「前年度実績」の列に、フォルダー「Lesson1-10」のブック「2022年度売上」のシート「売上集計」の各月の合計を参照する数式を入力してください。
問題(3)	フォルダー「Lesson1-10」のブック「2022年度売上」に保存されているマクロを、ブック「Lesson1-10」にコピーしてください。ブック「2022年度売上」に保存されているマクロは、ファイル「売上上位」として、フォルダー「MOS 365-Excel Expert(1)」に保存します。
問題(4)	シート「売上集計」のセル範囲【H4:H15】のセルをロックし、ワークシートを保護してください。ワークシートを保護したあとも、ユーザーがすべてのセル範囲の選択とセルの書式設定を変更できるようにします。パスワードは「abc」とします。シート「売上集計」のセルのロックは、すべて解除されています。
問題(5)	計算方法を手動に設定してください。ブックの保存前に再計算が行われるようにします。
問題(6)	ブックのシートが削除されたり、順番が変更されたりしないようにしてください。パスワードは「123」とします。
問題(7)	自動回復用データが「15」分ごとに保存されるように設定してください。

出題範囲 2

データの管理と書式設定

1　出題範囲2　データの管理と書式設定
既存のデータを使用してセルに入力する

☑ 理解度チェック

習得すべき機能	参照Lesson	学習前	学習後	試験直前
■フラッシュフィルを使って、データを入力できる。	➡Lesson2-1	☑	☑	☑
■連続データの詳細オプションを使って、データを入力できる。	➡Lesson2-2	☑	☑	☑
■RANDARRAY関数を使って、数値データを入力できる。	➡Lesson2-3	☑	☑	☑

1　フラッシュフィルを使ってセルにデータを入力する

解説

■フラッシュフィル

「フラッシュフィル」は、入力済みのデータから入力パターンを読み取り、残りのセルに自動的にデータを入力する機能です。セルに入力されているデータを結合したり、必要な部分だけを取り出したりできます。

操作　◆《データ》タブ→《データツール》グループの（フラッシュフィル）

姓	名	氏名
吉田	弘樹	吉田　弘樹
笹原	雪	
浜崎	さくら	
北村	真美子	
森	美紀	
藤野	淳一郎	
ブラウン	エリ	
今田	俊也	
石田	雄一	
山下	優弥	

最初のセルだけ入力して（フラッシュフィル）をクリック

➡

姓	名	氏名
吉田	弘樹	吉田　弘樹
笹原	雪	笹原　雪
浜崎	さくら	浜崎　さくら
北村	真美子	北村　真美子
森	美紀	森　美紀
藤野	淳一郎	藤野　淳一郎
ブラウン	エリ	ブラウン　エリ
今田	俊也	今田　俊也
石田	雄一	石田　雄一
山下	優弥	山下　優弥

入力パターン（「姓」と「名」を空白1文字分入れて結合）を認識し、ほかのセルにも同じパターンでデータを自動的に入力する

■フラッシュフィル利用時の注意点

フラッシュフィルを利用するときは、次のような点に注意します。

●データの規則性

列内のデータはすべて同じ規則で入力します。

●列の隣接

フラッシュフィルは表内の列、または表に隣接する列で実行します。もとになるデータから離れた場所では、フラッシュフィルを実行できません。

●1列ずつ実行

フラッシュフィルは1列ずつ実行します。複数の列をまとめて操作することはできません。

Lesson 2-1

ブック「Lesson2-1」を開いておきましょう。

次の操作を行いましょう。

(1)「都市名」の列に、フラッシュフィルを使ってデータを入力してください。
「ホテル名」が「ルネサンス（フィレンツェ）」の場合、「都市名」に「フィレンツェ」と入力します。

Lesson 2-1 Answer

(1)

①セル**【E6】**に**「フィレンツェ」**と入力します。

②セル**【E6】**を選択します。

※表内のE列のセルであれば、どこでもかまいません。

③**《データ》**タブ→**《データツール》**グループの（フラッシュフィル）をクリックします。

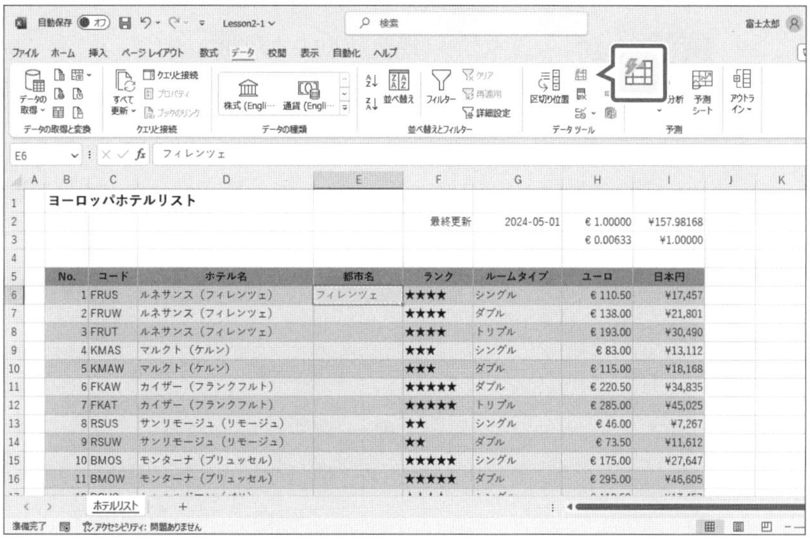

④データが入力されます。

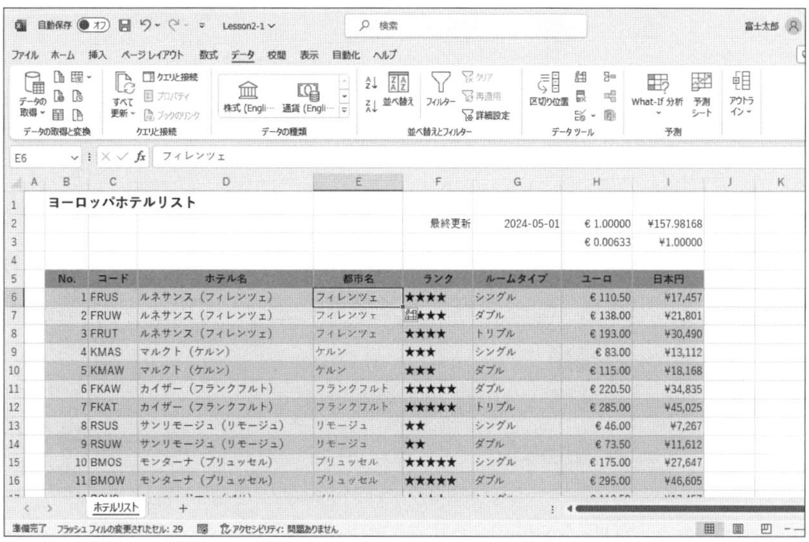

その他の方法

フラッシュフィル

◆《ホーム》タブ→《編集》グループの（フィル）→《フラッシュフィル》

◆オートフィルを実行→（オートフィルオプション）→《フラッシュフィル》

◆Ctrl+E

Point

フラッシュフィルオプション

フラッシュフィルを実行した直後に表示されるを「フラッシュフィルオプション」といいます。（フラッシュフィルオプション）を使うと、元に戻すか、自動入力された結果を反映するかなどを選択できます。（フラッシュフィルオプション）を使わない場合は、Escを押します。

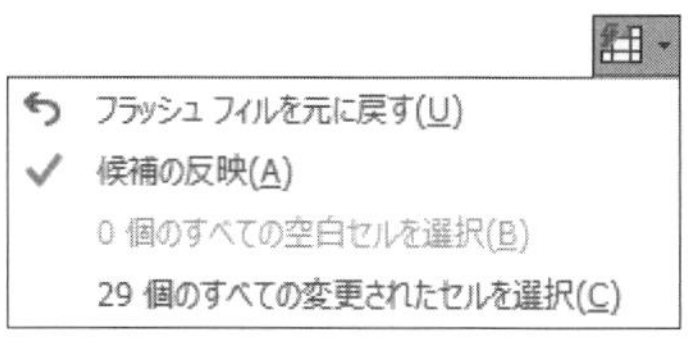

Point

フラッシュフィルで入力されたデータの件数

フラッシュフィルで入力されたデータの件数は、ステータスバーで確認できます。

2 連続データの詳細オプションを使ってセルにデータを入力する

解説

■オートフィル

「オートフィル」は、セル右下の■（フィルハンドル）をドラッグすることによって、隣接するセルにデータを入力できる機能です。数式をコピーしたり、数値や日付を規則的に増減させるような連続データを入力したりできます。

■オートフィルオプション

オートフィルを実行すると、（オートフィルオプション）が表示されます。クリックすると表示される一覧から、セルのコピーを連続データの入力に変更したり、書式の有無を指定したりできます。

■連続データの詳細オプション

連続データを入力する際、増減する値をユーザーが自由に設定できます。

操作 ◆《ホーム》タブ→《編集》グループの（フィル）→《連続データの作成》

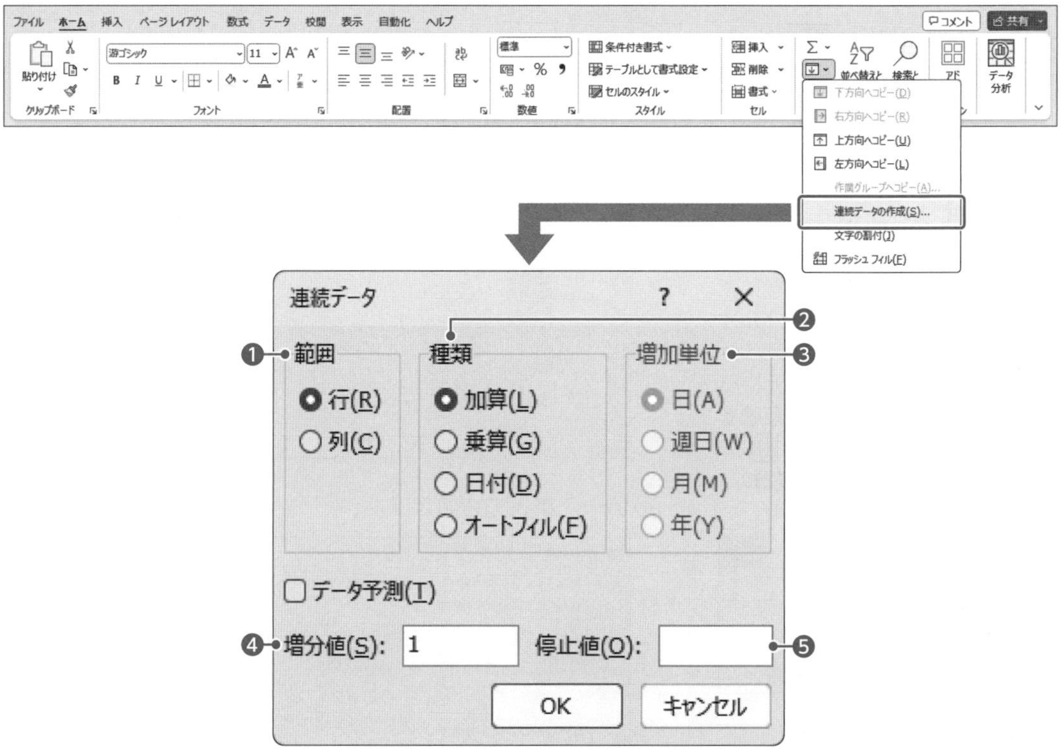

❶範囲
連続データを作成する方向を選択します。

❷種類
連続データの種類を選択します。

❸増加単位
連続データの種類が**《日付》**のときは、増加単位を選択します。

❹増分値
増減する値を設定します。増加させる場合は正の数、減少させる場合は負の数を入力します。

❺停止値
連続データの最終の値を設定します。

Lesson 2-2

OPEN ブック「Lesson2-2」を開いておきましょう。

Hint
連続データを入力する範囲を選択してから操作します。

次の操作を行いましょう。

(1) 連続データの詳細オプションを使って、表の「日程」の列を完成させてください。相談会は、「2024/5/5（日）」から毎週日曜日に行われるものとします。

Lesson 2-2 Answer

その他の方法

連続データの作成

◆セル右下の■(フィルハンドル)をマウスの右ボタンを押した状態でドラッグ→《連続データ》

(1)

①セル範囲**【B4:B15】**を選択します。

②**《ホーム》**タブ→**《編集》**グループの[フィル](フィル)→**《連続データの作成》**をクリックします。

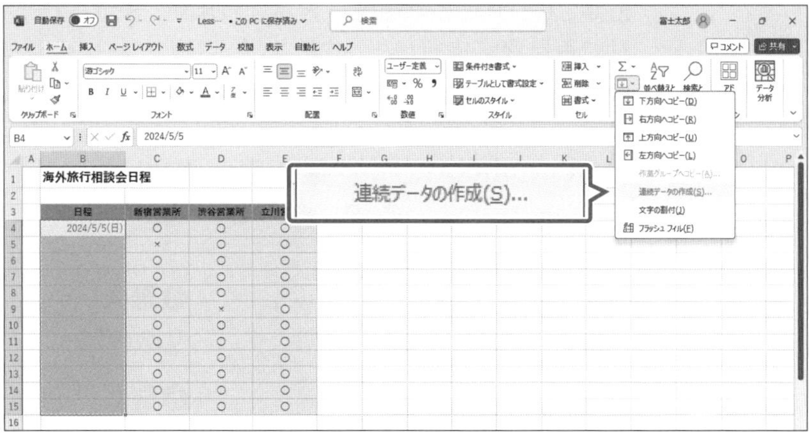

③**《連続データ》**ダイアログボックスが表示されます。

④**《範囲》**の**《列》**が◉になっていることを確認します。

⑤**《種類》**の**《日付》**が◉になっていることを確認します。

⑥**《増加単位》**の**《日》**が◉になっていることを確認します。

⑦**《増分値》**に**「7」**と入力します。

⑧**《OK》**をクリックします。

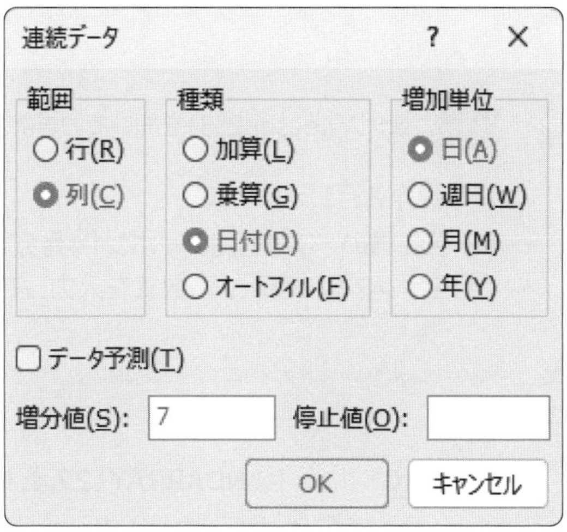

⑨連続データが入力されます。

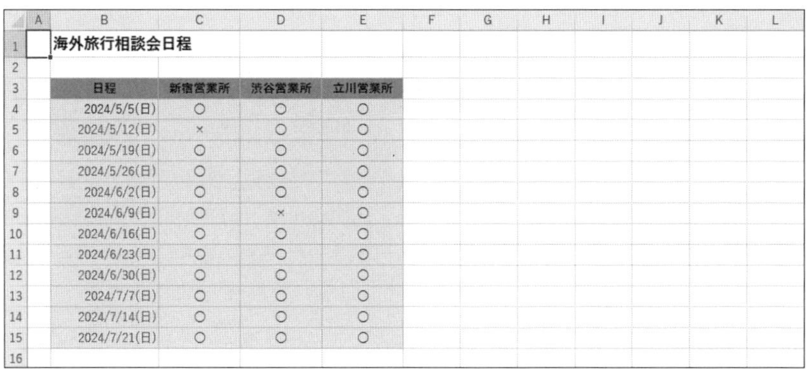

海外旅行相談会日程
日程
新宿営業所
渋谷営業所
立川営業所
2024/5/5(日)
2024/5/12(日)
2024/5/19(日)
2024/5/26(日)
2024/6/2(日)
2024/6/9(日)
2024/6/16(日)
2024/6/23(日)
2024/6/30(日)
2024/7/7(日)
2024/7/14(日)
2024/7/21(日)

3 RANDARRAY関数を使って数値データを生成する

解説

■RANDARRAY関数

最小値と最大値を指定して、その範囲内の乱数を返します。抽選をしたり、サンプルデータなどを作成したりするときに便利です。RANDARRAY関数は、関数を入力したセルを開始位置としてスピルで結果が表示されます。表示された数値は、セルの値が変更されたり、手動で再計算を実行したりするなど、ワークシート全体の再計算が行われると更新されます。F9を押して更新することもできます。

=RANDARRAY（行,列,最小,最大,整数）
　　　　　　　❶ ❷ ❸ ❹ ❺

❶行
乱数を生成する行数を指定します。

❷列
乱数を生成する列数を指定します。

❸最小
乱数の最小値を指定します。

❹最大
乱数の最大値を指定します。

❺整数
「FALSE」または**「TRUE」**を指定します。省略すると**「FALSE」**を指定したことになります。

FALSE	小数を含む乱数を表示します。
TRUE	整数のみの乱数を表示します。

例：
=RANDARRAY(10,3,1,10,TRUE)
10行3列のセル範囲に**「1」**から**「10」**までの整数をランダムに表示します。

Lesson 2-3

OPEN ブック「Lesson2-3」を開いておきましょう。

Hint
乱数が「1」「2」「3」のいずれかになるように、1桁の整数で指定します。

次の操作を行いましょう。

(1) 各会員のアプリ利用クーポン「4月分」～「7月分」に、「100」「200」「300」をランダムに表示する数式を入力してください。

Lesson 2-3 Answer

(1)

①セル**【G5】**に**「=RANDARRAY(27,4,1,3,TRUE)＊100」**と入力します。

②ランダムで数値が表示されます。

※表示される数値は異なる場合があります。

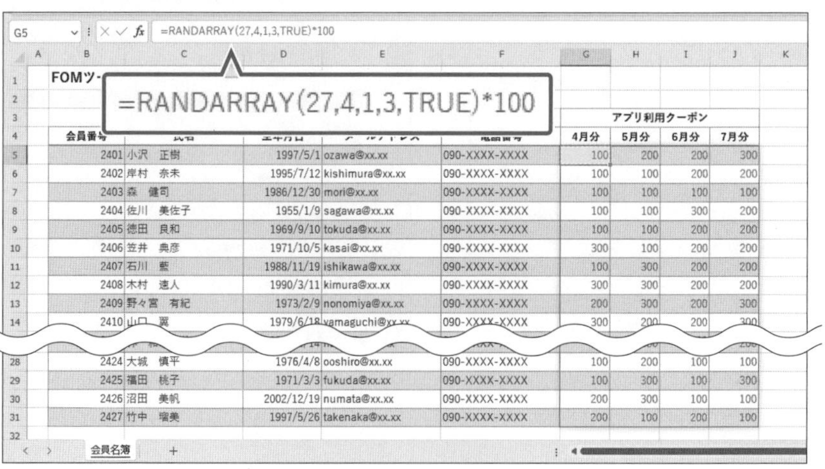

Point
スピル
「スピル」とは、1つの数式を入力するだけで隣接するセル範囲にも結果を表示する機能です。スピルで結果が表示された範囲は、青い枠線で囲まれます。数式を修正する場合は、入力したセルの数式を修正します。

2 出題範囲2　データの管理と書式設定
データに表示形式や入力規則を適用する

☑ 理解度チェック

習得すべき機能	参照Lesson	学習前	学習後	試験直前
■ユーザー定義の表示形式を設定できる。	➡Lesson2-4 ➡Lesson2-5	☑	☑	☑
■データの入力規則を設定できる。	➡Lesson2-6	☑	☑	☑
■データをグループ化できる。	➡Lesson2-7	☑	☑	☑
■データのグループを解除できる。	➡Lesson2-7	☑	☑	☑
■小計を使って集計行を挿入できる。	➡Lesson2-8	☑	☑	☑
■重複レコードを削除できる。	➡Lesson2-9	☑	☑	☑

1 ユーザー定義の表示形式を作成する

解説

■表示形式の設定

セルに入力されているデータの**「表示形式」**を設定すると、ワークシート上での見え方を調整できます。例えば、数値には、3桁区切りカンマや通貨記号を付けたり、小数点以下の表示桁数を設定したりできます。表示形式を設定しても、セルに入力されているデータは変更されません。

操作 ◆《ホーム》タブ→《数値》グループのボタン

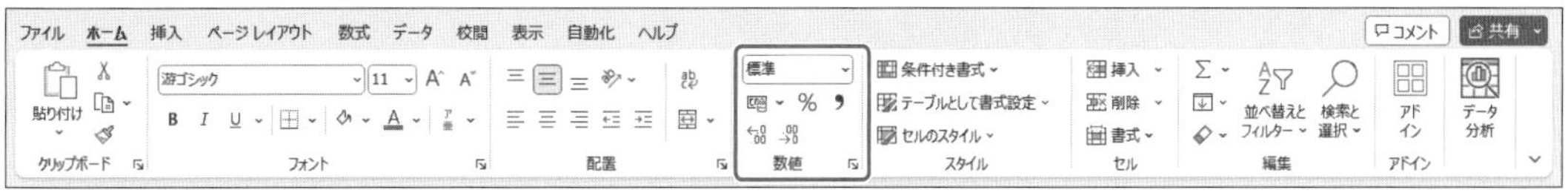

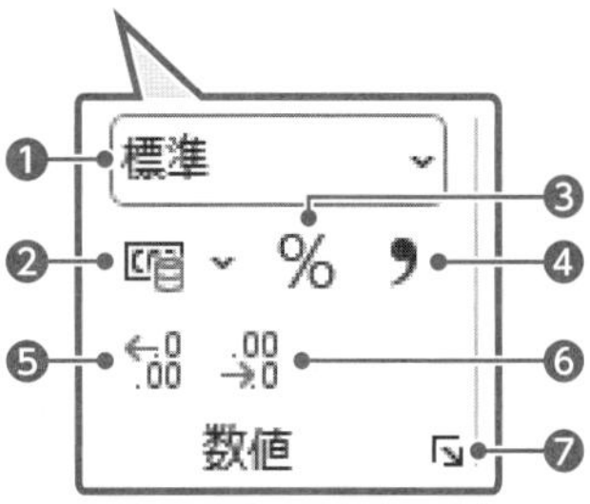

❶数値の書式
通貨や日付、時刻など数値の表示形式を選択します。

❷通貨表示形式
通貨の表示形式を設定します。

❸パーセントスタイル
数値をパーセントで表示します。

❹桁区切りスタイル
数値に3桁区切りカンマを設定します。

❺小数点以下の表示桁数を増やす
小数点以下の表示桁数を1桁ずつ増やします。

❻小数点以下の表示桁数を減らす
小数点以下の表示桁数を1桁ずつ減らします。

❼表示形式
《セルの書式設定》ダイアログボックスを表示して、詳細に表示形式を設定できます。

■ユーザー定義の表示形式の設定

用意されている組み込みの表示形式だけでなく、ユーザーが独自に定義した表示形式を利用することもできます。例えば、数値に単位を付けて表示したり、日付に曜日を付けて表示したりできます。

操作 ◆《ホーム》タブ→《数値》グループの［↘］（表示形式）→《表示形式》タブ→《ユーザー定義》

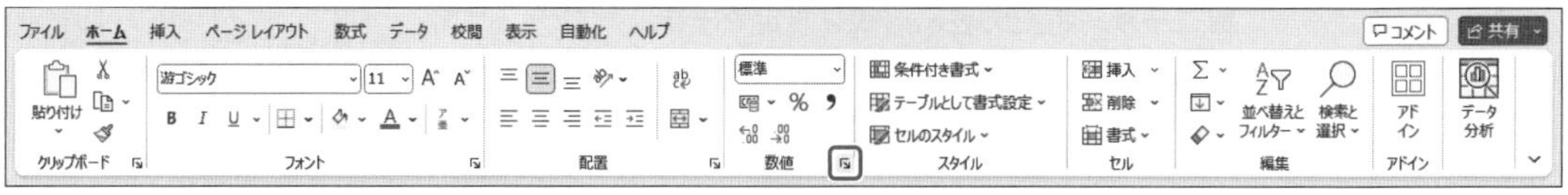

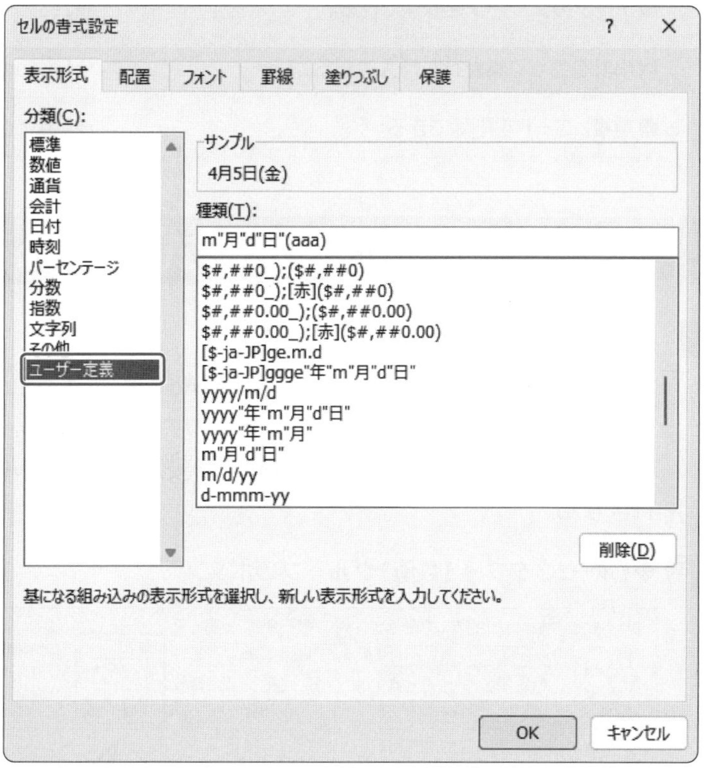

●数値の表示形式

表示形式	入力データ	表示結果	説明
#,##0	12300	12,300	3桁ごとに「,（カンマ）」で区切って表示し、「0」の場合は「0」を表示する。
	0	0	
#,###	12300	12,300	3桁ごとに「,（カンマ）」で区切って表示し、「0」の場合は何も表示しない。
	0	表示しない	
0.000	9.8	9.800	小数点以下を指定した桁数分表示する。指定した桁数を超えた場合は四捨五入し、足りない場合は「0」を表示する。
	9.8765	9.877	
#.###	9.8	9.8	小数点以下を指定した桁数分表示する。指定した桁数を超えた場合は四捨五入し、足りない場合はそのまま表示する。
	9.8765	9.877	
#,##0,	12345678	12,346	百の位を四捨五入し、千単位で表示する。
#,##0"人"	12300	12,300人	3桁ごとに「,（カンマ）」で区切り、数値データの右に「人」を付けて表示する。
"第"#"会議室"	2	第2会議室	数値データの左に「第」、右に「会議室」を付けて表示する。

●日付の表示形式

表示形式	入力データ	表示結果	説明
yyyy/m/d	2024/4/1	2024/4/1	
yyyy/mm/dd	2024/4/1	2024/04/01	月日が1桁の場合、「0」を付けて2桁で表示する。
yyyy/m/d ddd	2024/4/1	2024/4/1 Mon	
yyyy/m/d(ddd)	2024/4/1	2024/4/1(Mon)	
yyyy/m/d dddd	2024/4/1	2024/4/1 Monday	
d-mmm-yy	2024/4/1	1-Apr-24	月を3文字の短縮形(英語)、年を西暦の下2桁で表示する。
yyyy"年"m"月"d"日"	2024/4/1	2024年4月1日	
yyyy"年"mm"月"dd"日"	2024/4/1	2024年04月01日	月日が1桁の場合、「0」を付けて2桁で表示する。
ggge"年"m"月"d"日"	2024/4/1	令和6年4月1日	元号で表示する。
m"月"d"日"	2024/4/1	4月1日	
m"月"d"日" aaa	2024/4/1	4月1日 月	
m"月"d"日"(aaa)	2024/4/1	4月1日(月)	
m"月"d"日" aaaa	2024/4/1	4月1日 月曜日	

●時刻の表示形式

表示形式	入力データ	表示結果	説明
h:mm:s	7:50	7:50:0	
hh:mm:ss	7:50	07:50:00	時刻が1桁の場合、「0」を付けて2桁で表示する。
h:mmAM/PM	7:50	7:50AM	
h"時"mm"分"	7:50	7時50分	

●文字列の表示形式

表示形式	入力データ	表示結果	説明
@"御中"	花丸商事	花丸商事御中	文字列の右に「御中」を付けて表示する。
"タイトル:"@	山	タイトル:山	文字列の左に「タイトル:」を付けて表示する。

Lesson 2-4

OPEN ブック「Lesson2-4」を開いておきましょう。

次の操作を行いましょう。

(1) 受験日が「2024/4/5」の場合は「4月5日(金)」と表示されるように、表示形式を設定してください。( )は半角とします。

(2) 開始時間が「11:00」の場合は「AM 11:00」、「13:00」の場合は「PM 1:00」と表示されるように、表示形式を設定してください。「AM/PM」と時刻の間には半角スペースを入力します。

その他の方法

表示形式の設定

◆セルを選択→《ホーム》タブ→《数値》グループの[日付](数値の書式)の[v]→《その他の表示形式》→《表示形式》タブ

◆セルを選択→《ホーム》タブ→《セル》グループの[書式](書式)→《セルの書式設定》→《表示形式》タブ

◆セルを右クリック→《セルの書式設定》→《表示形式》タブ

◆セルを選択→[Ctrl]+[1]→《表示形式》タブ

Point

ユーザー定義の表示形式

用意されている表示形式をもとに作成することもできます。作成する表示形式に近いものを選択してから《ユーザー定義》を選択し、《種類》を修正すると効率的です。

Point

《セルの書式設定》の《表示形式》タブ

❶分類

表示形式の分類が一覧で表示されます。

❷種類

表示形式を入力します。用意されている表示形式の一覧から選択することもできます。

❸削除

定義した表示形式を削除します。

(1)

①セル範囲【B4:B48】を選択します。

②《ホーム》タブ→《数値》グループの[↘](表示形式)をクリックします。

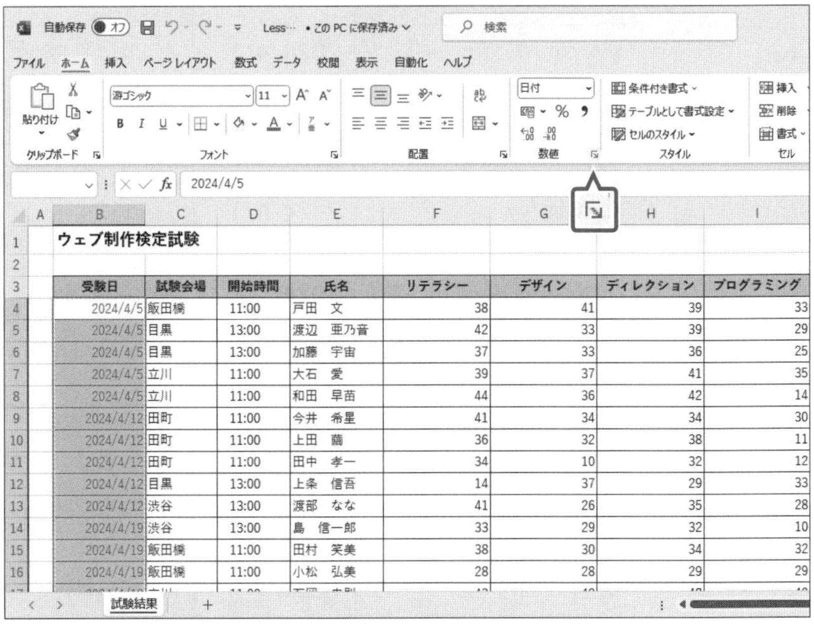

③《セルの書式設定》ダイアログボックスが表示されます。

④《表示形式》タブを選択します。

⑤《分類》の一覧から《ユーザー定義》を選択します。

⑥《種類》に「m"月"d"日"(aaa)」と入力します。

※《サンプル》で結果を確認できます。

⑦《OK》をクリックします。

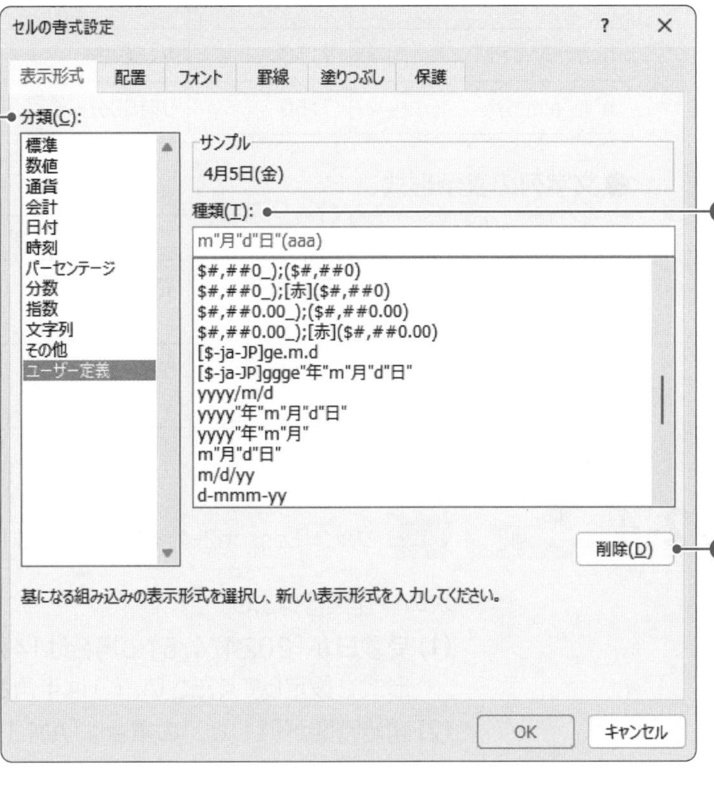

⑧表示形式が設定されます。

	A	B	C	D	E	F	G	H	I
1		ウェブ制作検定試験							
2									
3		受験日	試験会場	開始時間	氏名	リテラシー	デザイン	ディレクション	プログラミング
4		4月5日(金)	飯田橋	11:00	戸田　文	38	41	39	33
5		4月5日(金)	目黒	13:00	渡辺　亜乃音	42	33	39	29
6		4月5日(金)	目黒	13:00	加藤　宇宙	37	33	36	25
7		4月5日(金)	立川	11:00	大石　愛	39	37	41	35
8		4月5日(金)	立川	11:00	和田　早苗	44	36	42	14
9		4月12日(金)	田町	11:00	今井　希星	41	34	34	30
10		4月12日(金)	田町	11:00	上田　繭	36	32	38	11
11		4月12日(金)	田町	11:00	田中　孝一	34	10	32	12
12		4月12日(金)	目黒	13:00	上条　信吾	14	37	29	33
13		4月12日(金)	渋谷	13:00	渡部　なな	41	26	35	28
14		4月19日(金)	渋谷	13:00	島　信一郎	33	29	32	10
15		4月19日(金)	飯田橋	11:00	田村　笑美	38	30	34	32

(2)

①セル範囲**【D4:D48】**を選択します。

②**《ホーム》**タブ→**《数値》**グループの[表示形式ボタン]（表示形式）をクリックします。

③**《セルの書式設定》**ダイアログボックスが表示されます。

④**《表示形式》**タブを選択します。

⑤**《分類》**の一覧から**《ユーザー定義》**を選択します。

⑥**《種類》**に**「AM/PM h:mm」**と入力します。

※PMのあとに半角スペースを入力します。

⑦**《OK》**をクリックします。

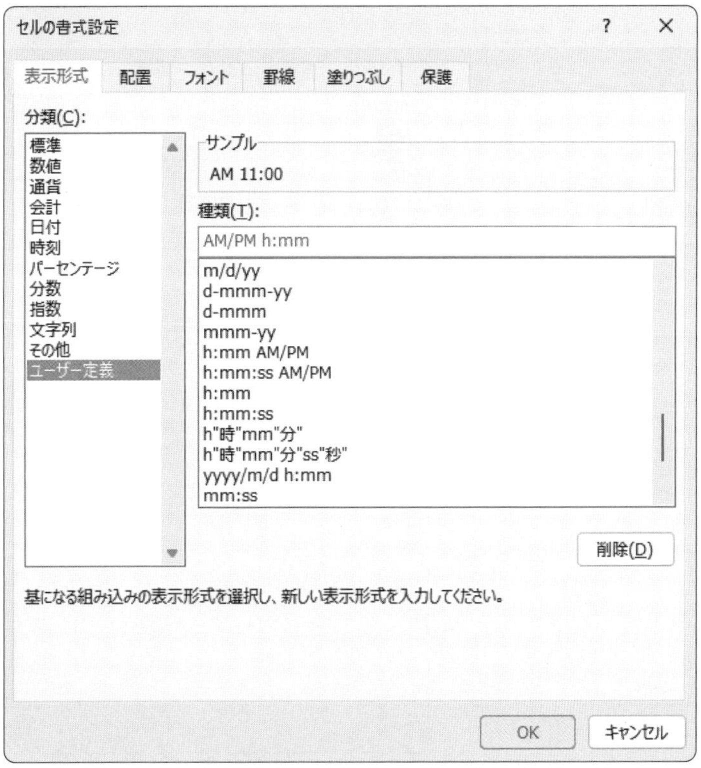

⑧表示形式が設定されます。

	A	B	C	D	E	F	G	H	I
1		ウェブ制作検定試験							
2									
3		受験日	試験会場	開始時間	氏名	リテラシー	デザイン	ディレクション	プログラミング
4		4月5日(金)	飯田橋	AM 11:00	戸田　文	38	41	39	33
5		4月5日(金)	目黒	PM 1:00	渡辺　亜乃音	42	33	39	29
6		4月5日(金)	目黒	PM 1:00	加藤　宇宙	37	33	36	25
7		4月5日(金)	立川	AM 11:00	大石　愛	39	37	41	35
8		4月5日(金)	立川	AM 11:00	和田　早苗	44	36	42	14
9		4月12日(金)	田町	AM 11:00	今井　希星	41	34	34	30
10		4月12日(金)	田町	AM 11:00	上田　繭	36	32	38	11
11		4月12日(金)	田町	AM 11:00	田中　孝一	34	10	32	12
12		4月12日(金)	目黒	PM 1:00	上条　信吾	14	37	29	33

Lesson 2-5

ブック「Lesson2-5」を開いておきましょう。

次の操作を行いましょう。

(1)「東京」「横浜」「千葉」が、「東京支店」「横浜支店」「千葉支店」と表示されるように、表示形式を設定してください。

(2) セル範囲【D5:O14】の数値の単位が「千」になるように、表示形式を設定してください。例えば、「1,000,000」は「1,000」と表示します。

(3)「総計」の数値に会計の表示形式を設定してください。通貨記号は言語の指定のない「¥」を選択し、数値の単位が「千」になるようにします。

Lesson 2-5 Answer

(1)

①セル範囲**【D3:L3】**を選択します。

②**《ホーム》**タブ→**《数値》**グループの(表示形式)をクリックします。

③**《セルの書式設定》**ダイアログボックスが表示されます。

④**《表示形式》**タブを選択します。

⑤**《分類》**の一覧から**《ユーザー定義》**を選択します。

⑥**《種類》**に**「@"支店"」**と入力します。

⑦**《OK》**をクリックします。

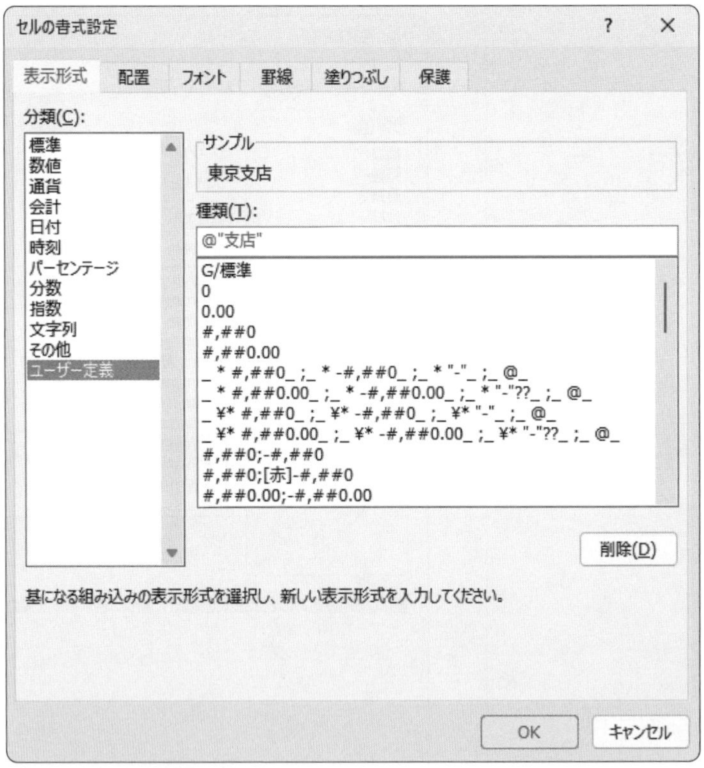

⑧表示形式が設定されます。

	D	E	F	G	H	I	J	K	L	M	N	O
1												
2												
3	東京支店				横浜支店				千葉支店			
4	4月	5月	6月	小計	4月	5月	6月	小計	4月	5月	6月	小計
5	3,200,000	2,600,000	3,560,000	9,360,000	4,100,000	3,000,000	3,500,000	10,600,000	5,800,000	3,650,000	3,500,000	12,950,000
6	2,100,000	1,500,000	2,300,000	5,900,000	2,200,000	2,500,000	2,200,000	6,900,000	3,600,000	3,210,000	2,110,000	8,920,000
7	1,100,000	1,200,000	2,510,000	4,810,000	1,200,000	1,500,000	2,600,000	5,300,000	2,200,000	1,800,000	2,100,000	6,100,000
8	230,000	600,000	620,000	1,450,000	350,000	600,000	600,000	1,550,000	650,000	650,000	550,000	1,850,000
9	6,630,000	5,900,000	8,990,000	21,520,000	7,850,000	7,600,000	8,900,000	24,350,000	12,250,000	9,310,000	8,260,000	29,820,000
10	1,500,000	1,200,000	1,050,000	3,750,000	1,250,000	1,340,000	1,690,000	4,280,000	1,780,000	2,100,000	1,900,000	5,780,000
11	260,000	360,000	230,000	850,000	360,000	310,000	650,000	1,320,000	640,000	1,580,000	1,200,000	3,420,000
12	340,000	240,000	310,000	890,000	590,000	240,000	340,000	1,170,000	510,000	540,000	870,000	1,920,000

(2)

①セル範囲【D5:O14】を選択します。

②《ホーム》タブ→《数値》グループの[表示形式ボタン]（表示形式）をクリックします。

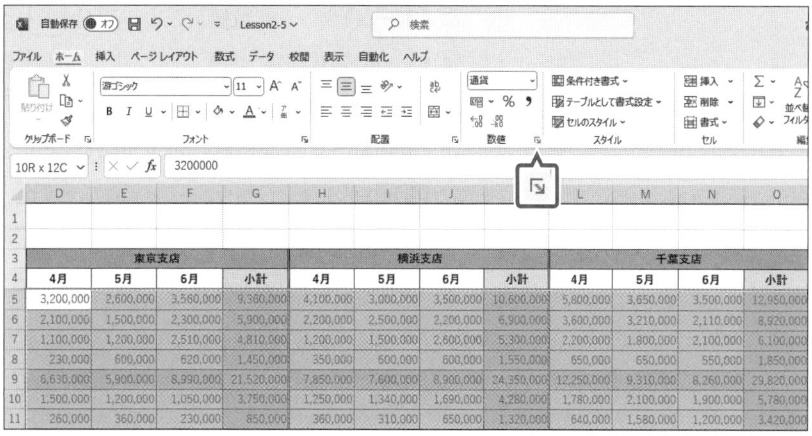

③《セルの書式設定》ダイアログボックスが表示されます。

④《表示形式》タブを選択します。

⑤《分類》の一覧から《ユーザー定義》を選択します。

⑥《種類》に「#,##0,」と入力します。

⑦《OK》をクリックします。

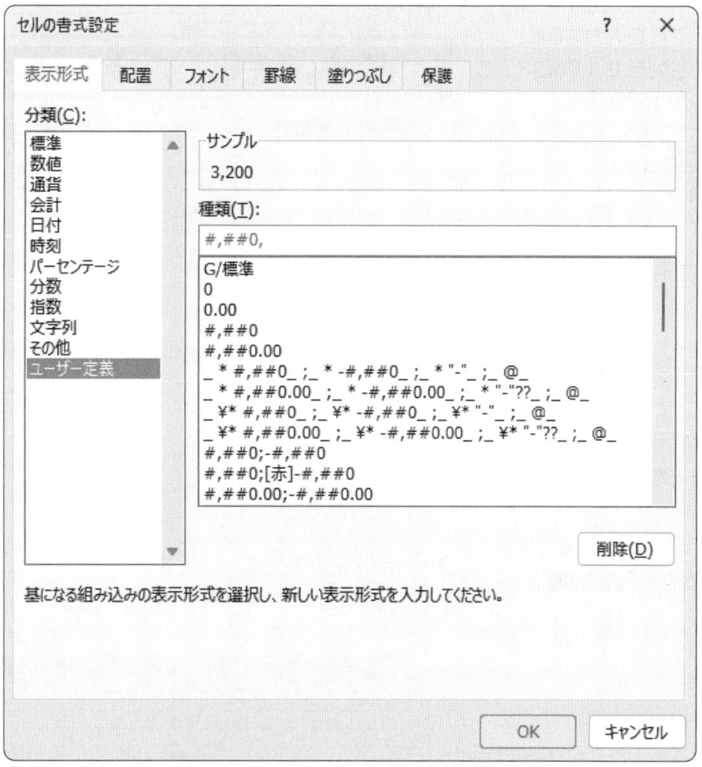

⑧表示形式が設定されます。

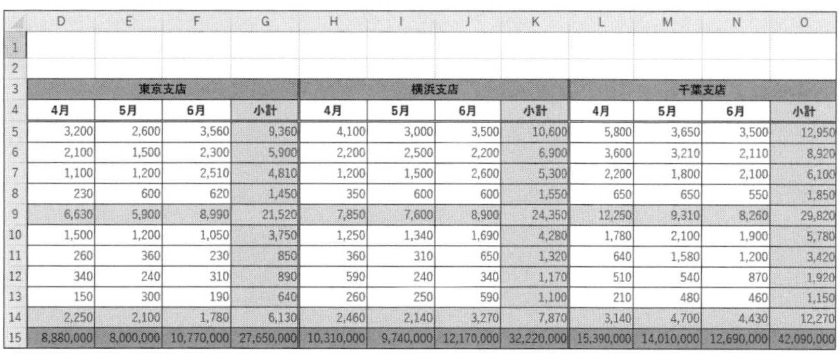

	D	E	F	G	H	I	J	K	L	M	N	O
1												
2												
3	東京支店				横浜支店				千葉支店			
4	4月	5月	6月	小計	4月	5月	6月	小計	4月	5月	6月	小計
5	3,200	2,600	3,560	9,360	4,100	3,000	3,500	10,600	5,800	3,650	3,500	12,950
6	2,100	1,500	2,300	5,900	2,200	2,500	2,200	6,900	3,600	3,210	2,110	8,920
7	1,100	1,200	2,510	4,810	1,200	1,500	2,600	5,300	2,200	1,800	2,100	6,100
8	230	600	620	1,450	350	600	600	1,550	650	650	550	1,850
9	6,630	5,900	8,990	21,520	7,850	7,600	8,900	24,350	12,250	9,310	8,260	29,820
10	1,500	1,200	1,050	3,750	1,250	1,340	1,690	4,280	1,780	2,100	1,900	5,780
11	260	360	230	850	360	310	650	1,320	640	1,580	1,200	3,420
12	340	240	310	890	590	240	340	1,170	510	540	870	1,920
13	150	300	190	640	260	250	590	1,100	210	480	460	1,150
14	2,250	2,100	1,780	6,130	2,460	2,140	3,270	7,870	3,140	4,700	4,430	12,270
15	8,880,000	8,000,000	10,770,000	27,650,000	10,310,000	9,740,000	12,170,000	32,220,000	15,390,000	14,010,000	12,690,000	42,090,000

(3)

①セル範囲【P5:P15】を選択します。

②[Ctrl]を押しながら、セル範囲【D15:O15】を選択します。

③《ホーム》タブ→《数値》グループの[表示形式ボタン]（表示形式）をクリックします。

④《セルの書式設定》ダイアログボックスが表示されます。

⑤《表示形式》タブを選択します。

⑥《分類》の一覧から《会計》を選択します。

⑦《記号》の[∨]をクリックし、一覧から《¥》を選択します。

⑧《分類》の一覧から《ユーザー定義》を選択します。

⑨《種類》に選択した会計の表示形式が表示されていることを確認します。

⑩《種類》の「#,##0」の後ろに「,」を入力します。

※「#,##0」は2か所あります。

⑪《OK》をクリックします。

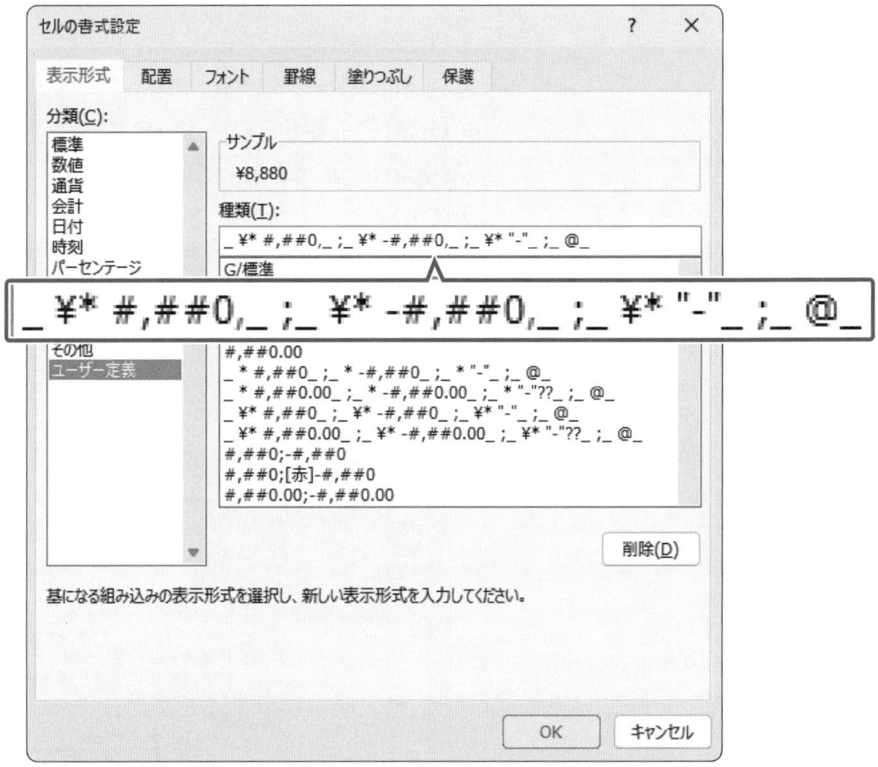

⑫表示形式が設定されます。

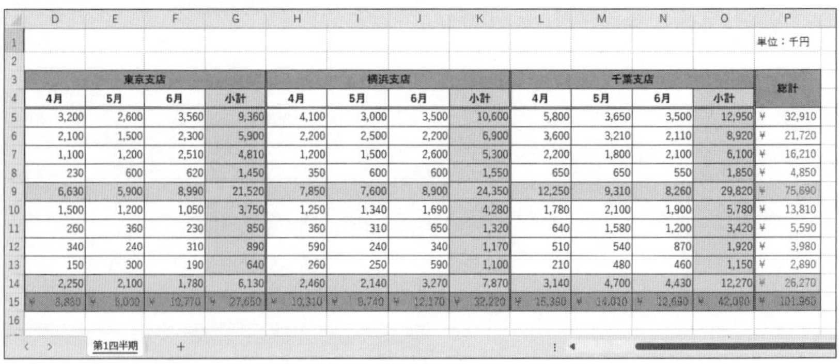

	D	E	F	G	H	I	J	K	L	M	N	O	P
1													単位：千円
2													
3	東京支店				横浜支店				千葉支店				総計
4	4月	5月	6月	小計	4月	5月	6月	小計	4月	5月	6月	小計	
5	3,200	2,600	3,560	9,360	4,100	3,000	3,500	10,600	5,800	3,650	3,500	12,950	¥ 32,910
6	2,100	1,500	2,300	5,900	2,200	2,500	2,200	6,900	3,600	3,210	2,110	8,920	¥ 21,720
7	1,100	1,200	2,510	4,810	1,200	1,500	2,600	5,300	2,200	1,800	2,100	6,100	¥ 16,210
8	230	600	620	1,450	350	600	600	1,550	650	650	550	1,850	¥ 4,850
9	6,630	5,900	8,990	21,520	7,850	7,600	8,900	24,350	12,250	9,310	8,260	29,820	¥ 75,690
10	1,500	1,200	1,050	3,750	1,250	1,340	1,690	4,280	1,780	2,100	1,900	5,780	¥ 13,810
11	260	360	230	850	360	310	650	1,320	640	1,580	1,200	3,420	¥ 5,590
12	340	240	310	890	590	240	340	1,170	510	540	870	1,920	¥ 3,980
13	150	300	190	640	260	250	590	1,100	210	480	460	1,150	¥ 2,890
14	2,250	2,100	1,780	6,130	2,460	2,140	3,270	7,870	3,140	4,700	4,430	12,270	¥ 26,270
15	¥ 8,880	¥ 8,000	¥ 10,770	¥ 27,650	¥ 10,310	¥ 9,740	¥ 12,170	¥ 32,220	¥ 15,390	¥ 14,010	¥ 12,690	¥ 42,090	¥ 101,960
16													

Point

表示形式の書式

ユーザー定義の表示形式は、4つのセクションを「;（セミコロン）」で区切って書式を指定します。セクションの指定を省略する場合は「;」だけ入力します。

書式に「_（アンダーバー）」を入力するとスペースを空けることができます。「*（アスタリスク）」を入力すると、「*」の直後の文字列をセルの幅に合わせて繰り返し表示できます。

正;負;0;文字列
❶ ❷ ❸ ❹

❶正の値

正の数値に設定する表示形式を指定します。

❷負の値

負の数値に設定する表示形式を指定します。

❸「0（ゼロ）」の値

0の数値に設定する表示形式を指定します。

❹文字列

文字列に設定する表示形式を指定します。

2 データの入力規則を設定する

解説

■入力規則の設定

セルに**「入力規則」**を設定しておくと、セルに入力可能なデータを制限したり、入力時にメッセージを表示したりできます。入力効率を上げるだけでなく、入力ミスを防止することもできます。

入力規則では、次のような設定ができます。

●セルを選択したときに、メッセージを表示する

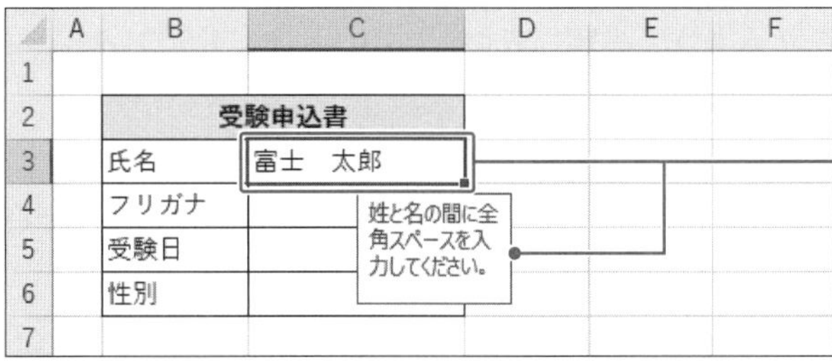

メッセージを表示する

●セルを選択したときに、入力モードを設定する

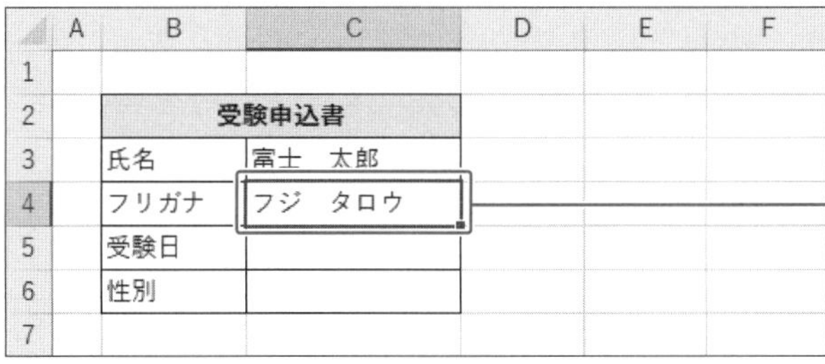

カタカナ入力に切り替える

●ドロップダウンリストを表示する

入力候補のリストを表示する

●入力可能なデータの種類やデータの範囲を限定する

ある期間の日付しか入力できないようにする

●無効なデータが入力されたときに、エラーメッセージを表示する

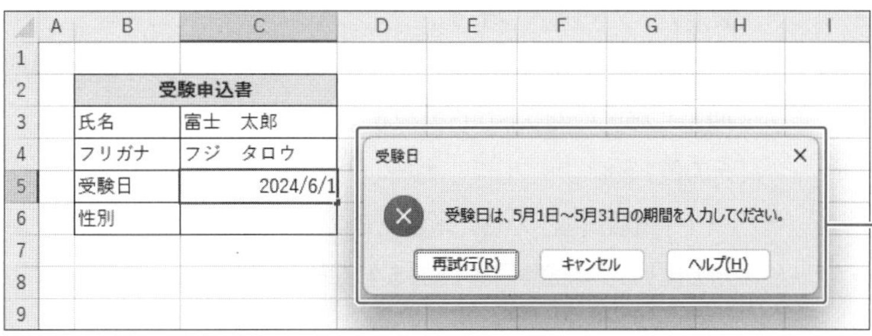

指定期間外の日付が入力されたら、エラーメッセージを表示する

操作 ◆《データ》タブ→《データツール》グループの (データの入力規則)

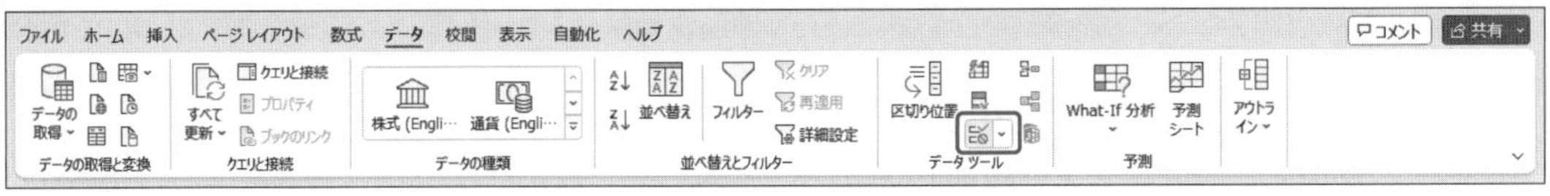

Lesson 2-6

OPEN ブック「Lesson2-6」を開いておきましょう。

次の操作を行いましょう。

(1) シート「試験結果」の「受験日」の列が、ドロップダウンリストから選択して入力できるように設定してください。ドロップダウンリストには、シート「試験日程」のセル範囲【B4:B13】を表示します。

(2) シート「試験結果」の「氏名」の列のセルを選択すると、日本語入力モードが自動的に「オン」になるように入力規則を設定してください。セルを選択したときに「姓と名の間に全角スペースを入力してください。」というメッセージを表示します。

(3) シート「試験結果」のセル範囲【E4:H48】に、「0」から「50」までの整数だけが入力できるように入力規則を設定してください。それ以外のデータが入力された場合には、スタイル「注意」、タイトル「数値エラー」、エラーメッセージ「0から50までの整数を入力してください。」を表示します。

Lesson 2-6 Answer

(1)

①シート**「試験結果」**のセル範囲**【B4:B48】**を選択します。

②**《データ》**タブ→**《データツール》**グループの (データの入力規則)をクリックします。

③**《データの入力規則》**ダイアログボックスが表示されます。

④**《設定》**タブを選択します。

⑤**《入力値の種類》**の をクリックし、一覧から**《リスト》**を選択します。

⑥**《ドロップダウンリストから選択する》**を ✓ にします。

⑦**《元の値》**をクリックして、カーソルを表示します。

⑧シート**「試験日程」**のセル範囲**【B4:B13】**を選択します。

⑨**《元の値》**が**「=試験日程!$B$4:$B$13」**になっていることを確認します。

⑩**《OK》**をクリックします。

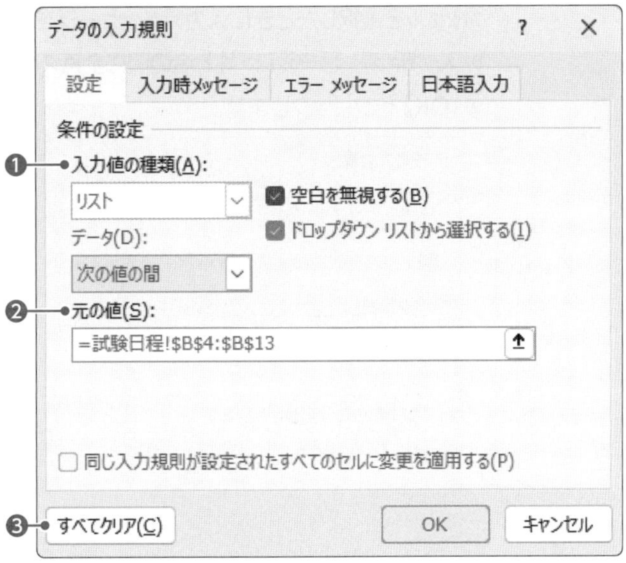

Point

《データの入力規則》の《設定》タブ

❶入力値の種類
セルに入力できる値の種類を選択します。

❷元の値
入力可能なデータのセル範囲や定義された名前を使って指定します。または、データを半角の「,(カンマ)」で区切って直接入力します。

❸すべてクリア
設定した入力規則をすべて削除します。

⑪入力規則が設定されます。

※セル範囲【B4:B48】内にアクティブセルを移動すると、▼が表示され、ドロップダウンリストから選択できることを確認しておきましょう。

(2)

①シート「**試験結果**」のセル範囲【**C4:C48**】を選択します。

②**《データ》**タブ→**《データツール》**グループの(データの入力規則)をクリックします。

③**《データの入力規則》**ダイアログボックスが表示されます。

④**《日本語入力》**タブを選択します。

⑤**《日本語入力》**のをクリックし、一覧から**《オン》**を選択します。

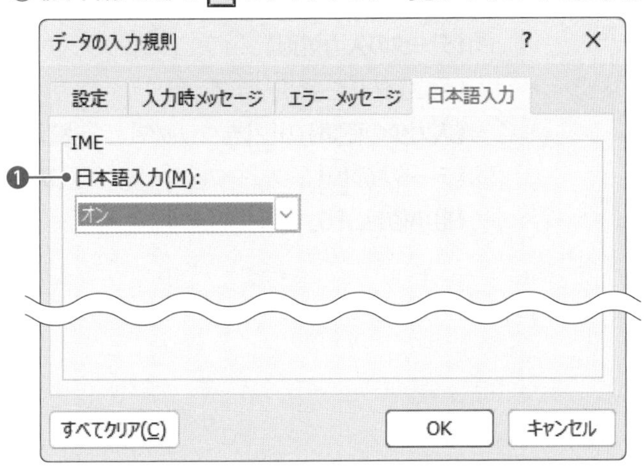

Point

《データの入力規則》の《日本語入力》タブ

❶日本語入力
セルを選択したときの日本語入力モードを選択します。

⑥**《入力時メッセージ》**タブを選択します。

⑦**《セルを選択したときに入力時メッセージを表示する》**を☑にします。

⑧入力時メッセージに**「姓と名の間に全角スペースを入力してください。」**と入力します。

⑨**《OK》**をクリックします。

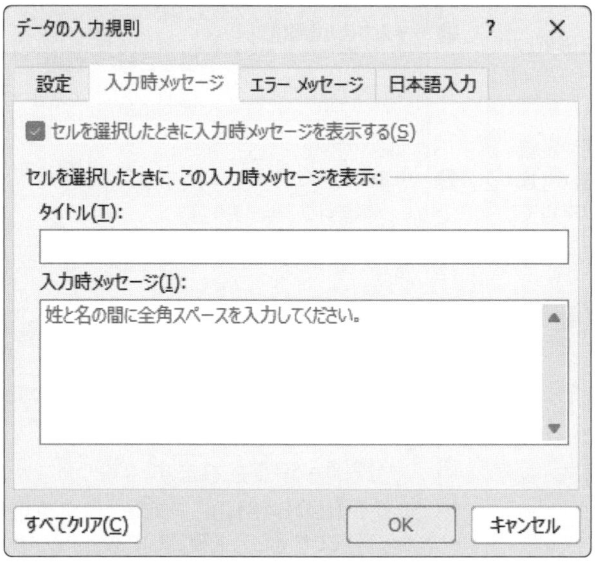

⑩入力規則が設定されます。

※セル範囲【C4:C48】内にアクティブセルを移動すると、日本語入力モードがオンになり、メッセージが表示されることを確認しておきましょう。

(3)

①シート**「試験結果」**のセル範囲**【E4:H48】**を選択します。

②**《データ》**タブ→**《データツール》**グループの[データの入力規則]（データの入力規則）をクリックします。

③**《データの入力規則》**ダイアログボックスが表示されます。

④**《設定》**タブを選択します。

⑤**《入力値の種類》**の[⌄]をクリックし、一覧から**《整数》**を選択します。

⑥**《データ》**の[⌄]をクリックし、一覧から**《次の値の間》**を選択します。

⑦**《最小値》**に**「0」**と入力します。

Point

《データの入力規則》の《設定》タブ

❶入力値の種類
セルに入力できる値の種類を選択します。

❷データ
《入力値の種類》を基準に「次の値以上」「次の値に等しい」などを選択します。

❸最小値・最大値
《入力値の種類》と《データ》を基準に、条件となる範囲を設定します。

Point

《データの入力規則》の《エラーメッセージ》タブ

❶スタイル
エラーメッセージの種類を選択します。

❷タイトル
エラーメッセージのタイトルに表示する文字列を入力します。

❸エラーメッセージ
エラーメッセージに表示する内容を入力します。

Point

エラーメッセージの種類

エラーメッセージには、次のような種類があります。

●（停止）
入力を停止するメッセージです。無効なデータは入力できません。

●（注意）
注意を促すメッセージです。《はい》をクリックすると、無効なデータでも入力できます。

●（情報）
情報を表示するメッセージです。《OK》をクリックすると、無効なデータでも入力できます。

⑧**《最大値》**に**「50」**と入力します。

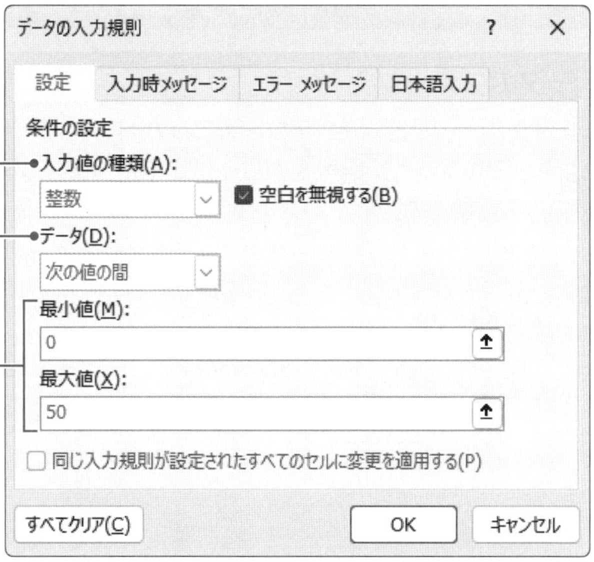

⑨**《エラーメッセージ》**タブを選択します。

⑩**《無効なデータが入力されたらエラーメッセージを表示する》**を☑にします。

⑪**《スタイル》**のをクリックし、一覧から**《注意》**を選択します。

⑫**《タイトル》**に**「数値エラー」**と入力します。

⑬**《エラーメッセージ》**に**「0から50までの整数を入力してください。」**と入力します。

⑭**《OK》**をクリックします。

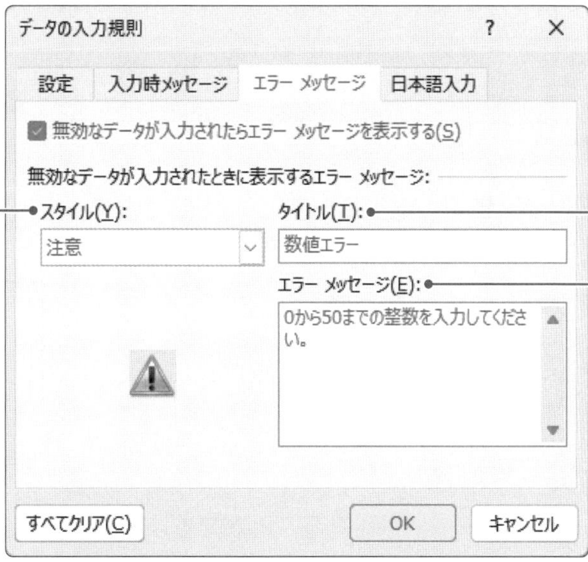

⑮入力規則が設定されます。

※セル範囲【E4:H48】に0から50までの整数以外のデータを入力すると、エラーメッセージが表示されることを確認しておきましょう。

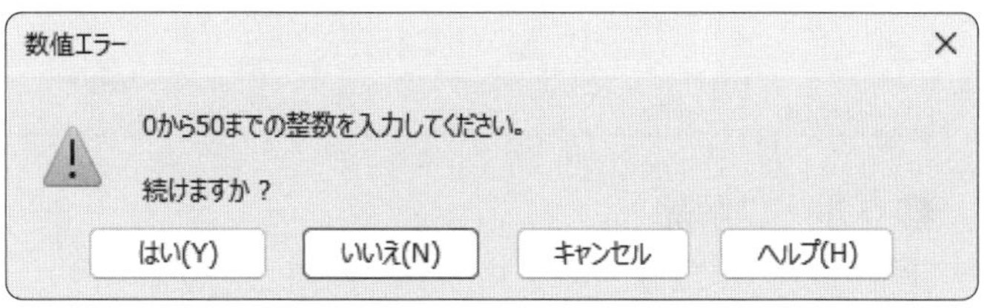

3 データをグループ化する、グループを解除する

解説

■データのグループ化

データをグループ化すると**「アウトライン」**が作成され、各グループにアウトライン記号が表示されます。アウトライン記号をクリックするだけで、グループの詳細データの表示／非表示を簡単に切り替えることができます。

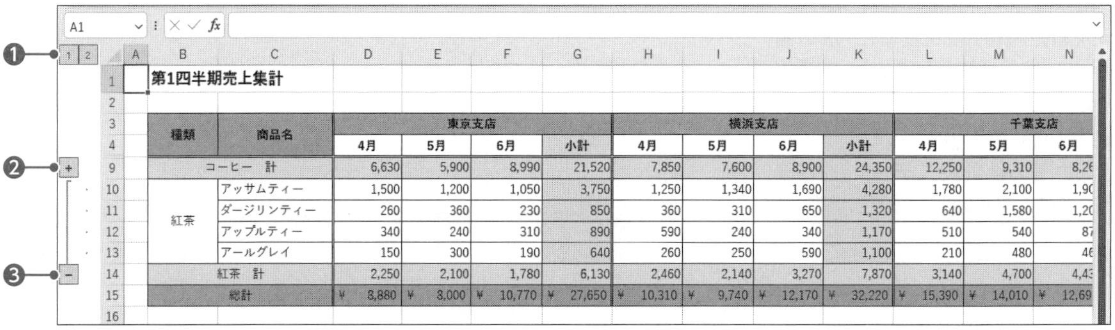

	種類	商品名	東京支店 4月	東京支店 5月	東京支店 6月	東京支店 小計	横浜支店 4月	横浜支店 5月	横浜支店 6月	横浜支店 小計	千葉支店 4月	千葉支店 5月	千葉支店 6月
9	コーヒー　計		6,630	5,900	8,990	21,520	7,850	7,600	8,900	24,350	12,250	9,310	8,26
10	紅茶	アッサムティー	1,500	1,200	1,050	3,750	1,250	1,340	1,690	4,280	1,780	2,100	1,90
11		ダージリンティー	260	360	230	850	360	310	650	1,320	640	1,580	1,20
12		アップルティー	340	240	310	890	590	240	340	1,170	510	540	87
13		アールグレイ	150	300	190	640	260	250	590	1,100	210	480	46
14	紅茶　計		2,250	2,100	1,780	6,130	2,460	2,140	3,270	7,870	3,140	4,700	4,43
15	総計		¥ 8,880	¥ 8,000	¥ 10,770	¥ 27,650	¥ 10,310	¥ 9,740	¥ 12,170	¥ 32,220	¥ 15,390	¥ 14,010	¥ 12,69

❶ 1 2

指定したレベルのデータを表示します。

❷ +

グループの詳細データを表示します。

❸ −

グループの詳細データを非表示にします。

操作 ◆行または列を選択→《データ》タブ→《アウトライン》グループの（グループ化）

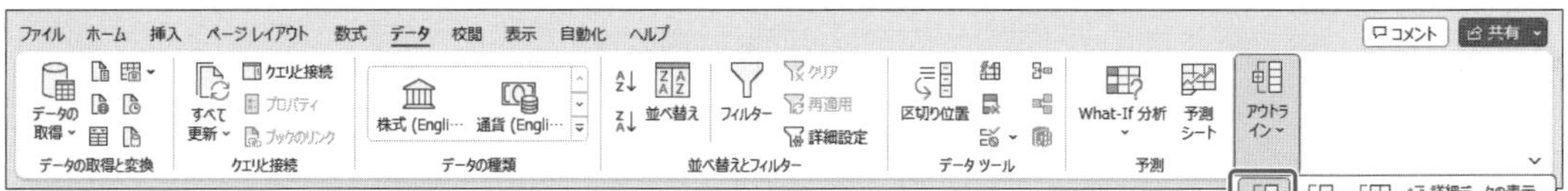

❶グループ化

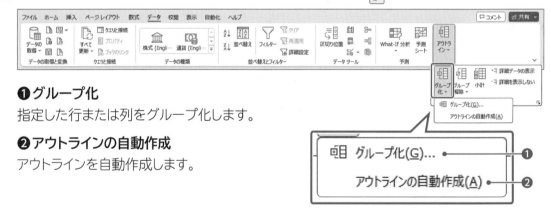

指定した行または列をグループ化します。

❷アウトラインの自動作成

アウトラインを自動作成します。

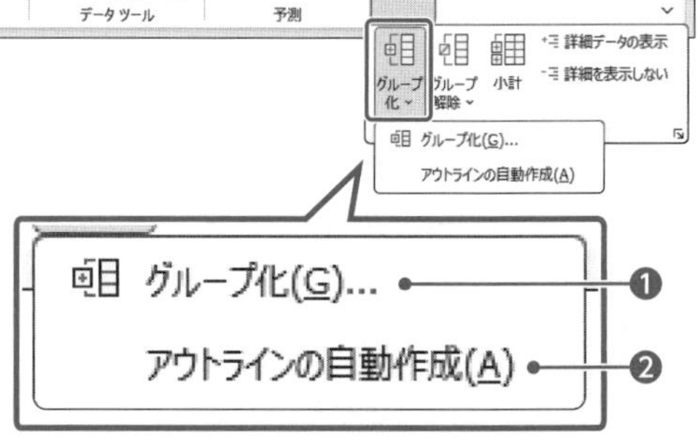

■グループ解除

データのグループは解除することができます。グループを解除する場合は、データの詳細を表示して、解除する行または列の範囲を選択します。

操作 ◆解除する行または列を選択→《データ》タブ→《アウトライン》グループの（グループ解除）

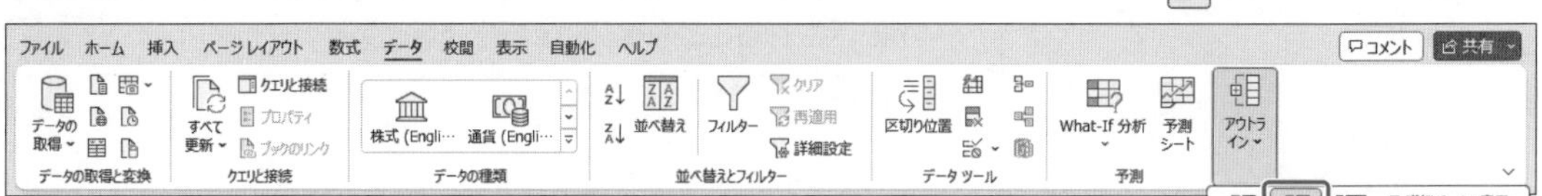

❶グループ解除

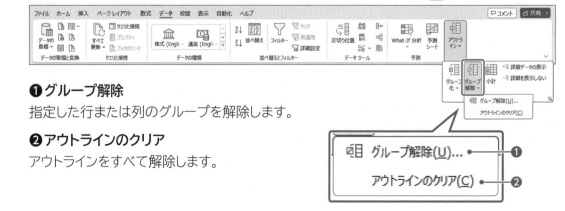

指定した行または列のグループを解除します。

❷アウトラインのクリア

アウトラインをすべて解除します。

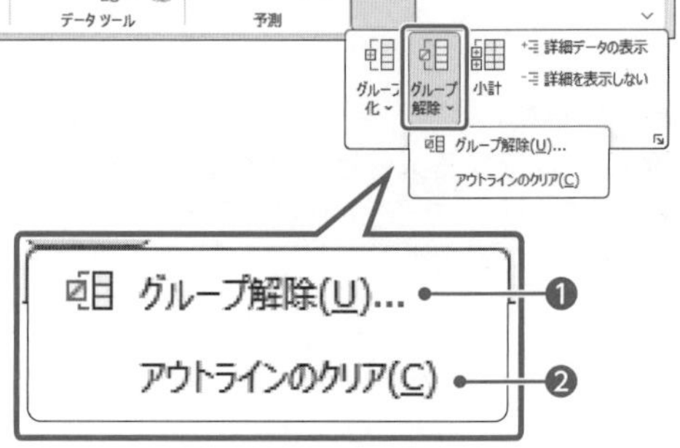

Lesson 2-7

ブック「Lesson2-7」を開いておきましょう。

次の操作を行いましょう。

(1) シート「第1四半期」のすべてのグループの詳細データを表示してください。
次に、表示した詳細データのグループを解除してください。

(2) シート「第1四半期」の各支店の4月～6月のデータを、それぞれグループ化してください。

(3) シート「展示会」に、アウトラインを自動作成してください。

Lesson 2-7 Answer

(1)

①シート**「第1四半期」**の行番号の左上のアウトライン記号 2 をクリックします。

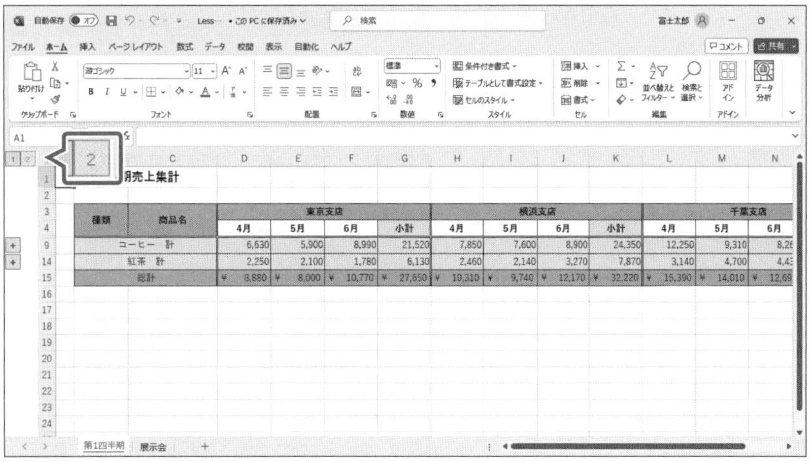

②詳細データが表示されます。

③行番号**【5:13】**を選択します。

④**《データ》**タブ→**《アウトライン》**グループの（グループ解除）をクリックします。

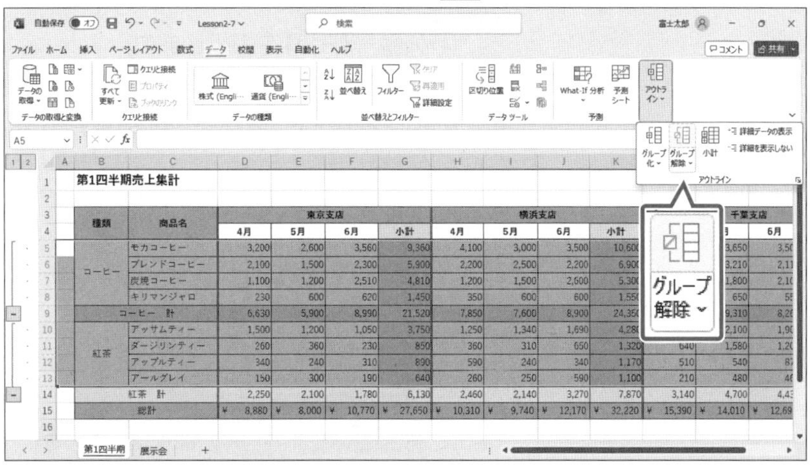

⑤グループが解除されます。

その他の方法

グループ解除

◆《データ》タブ→《アウトライン》グループの（グループ解除）の→《アウトラインのクリア》

(2)

①シート「**第1四半期**」の列番号【**D:F**】を選択します。

②《**データ**》タブ→《**アウトライン**》グループの［グループ化］（グループ化）をクリックします。

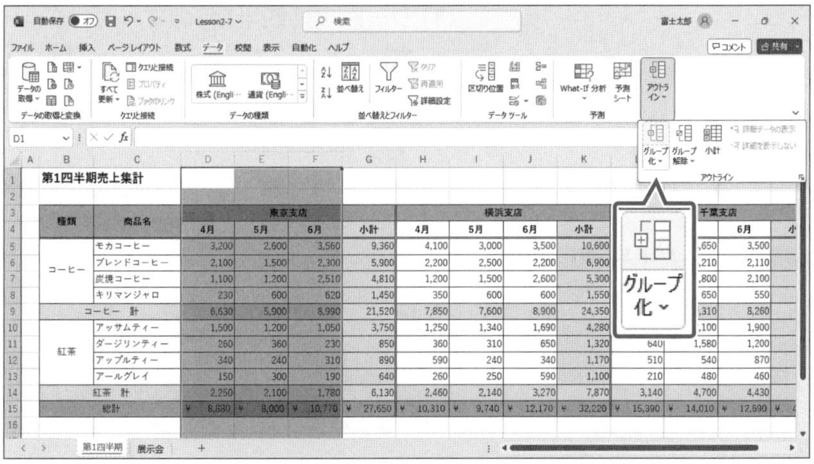

③データがグループ化され、列番号の上にアウトライン記号が表示されます。

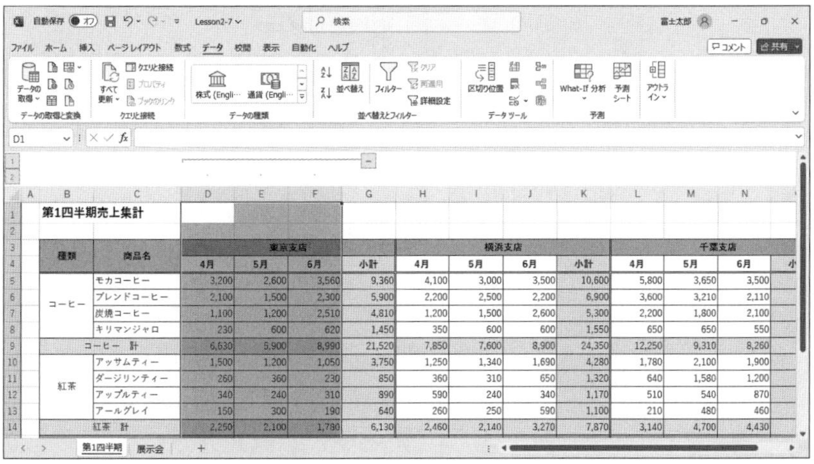

④列番号【**H:J**】を選択します。

⑤［F4］を押します。

⑥データがグループ化され、列番号の上にアウトライン記号が表示されます。

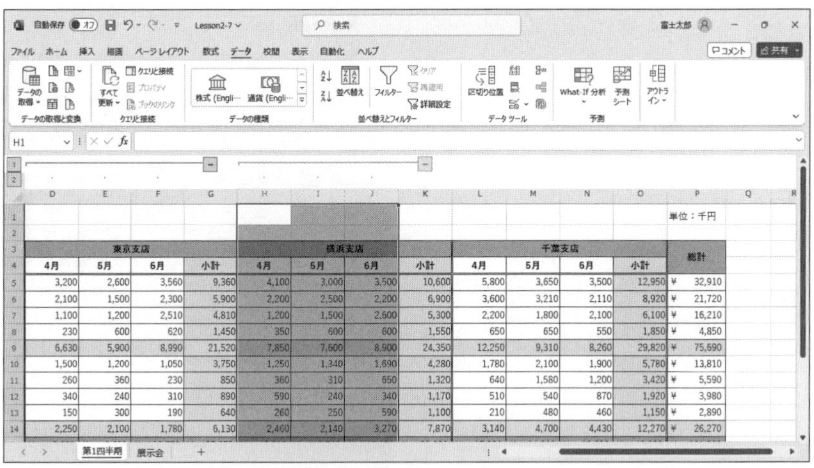

⑦同様に、列番号【L:N】をグループ化します。

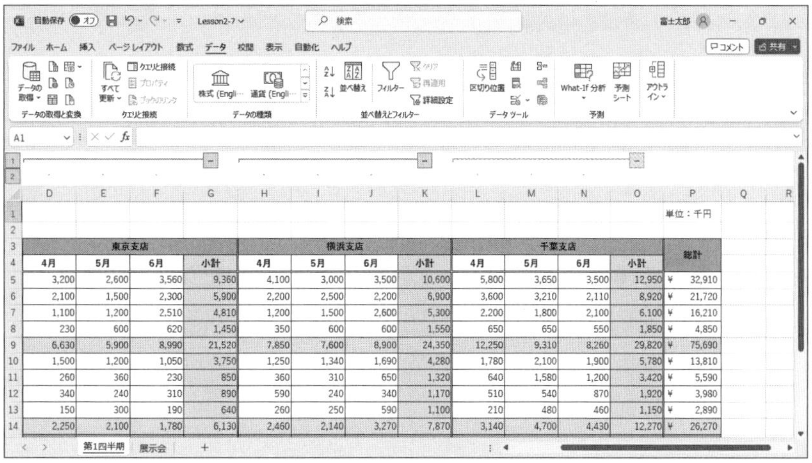

(3)

①シート「**展示会**」を選択します。

②セル【**A1**】が選択されていることを確認します。

※アクティブセルはどこでもかまいません。

③**《データ》**タブ→**《アウトライン》**グループの（グループ化）の[グループ化]→**《アウトラインの自動作成》**をクリックします。

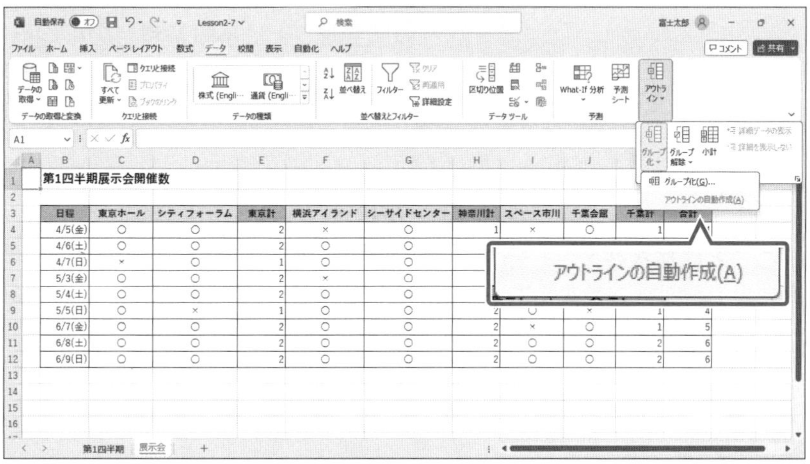

④アウトラインが自動で作成され、列番号の上にアウトライン記号が表示されます。

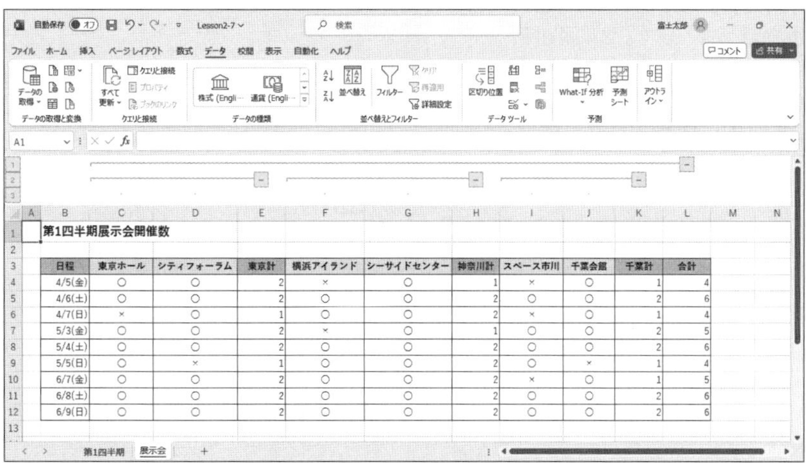

Point

アウトラインの自動作成

表のデータに数式が入力されている小計や合計の行・列がある場合は、表の構造を認識して、アウトラインを自動作成することができます。

Point

アウトラインの自動作成時の注意点

アウトラインを自動作成する場合は、不要なセル範囲を選択していない状態で行います。また、表内を複数の範囲に分けて選択している状態でも自動作成ができません。

Point

アウトラインのクリア

◆《データ》タブ→《アウトライン》グループの（グループ解除）の[グループ解除]→《アウトラインのクリア》

4 小計や合計を挿入してデータを計算する

解説

■小計の挿入

「小計」は、表のデータをグループごとに集計する機能です。小計を使うと、グループごとに集計行が挿入され、合計や個数、平均などを求めることができます。集計行を挿入する前に、表のデータをグループごとに並べ替えておく必要があります。

操作 ◆《データ》タブ→《アウトライン》グループの（小計）

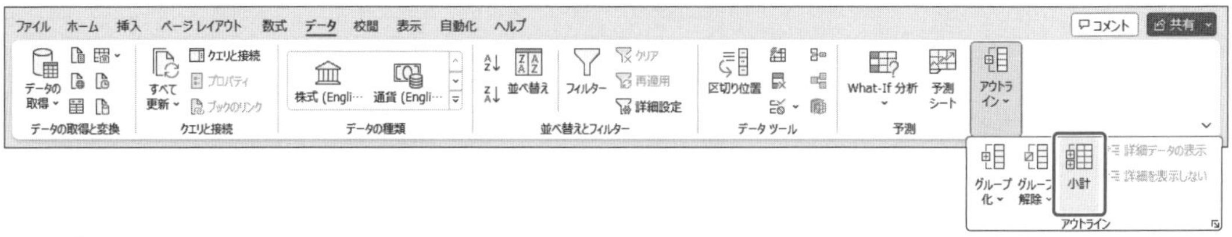

Lesson 2-8

OPEN ブック「Lesson2-8」を開いておきましょう。

次の操作を行いましょう。

(1)「試験会場」を基準に昇順で並べ替えてください。次に、試験会場ごとに受験者数を求める集計行を挿入してください。受験者数は「氏名」のデータの個数を集計します。

(2) 試験会場ごとに各試験科目の平均点を表示する集計行を追加してください。

Lesson 2-8 Answer

Point

グループごとに並べ替え

小計を挿入するには、集計するグループごとに表のレコードを並べ替えておく必要があります。

Point

表のセル範囲の認識

表内の任意のセルを選択して並べ替えや小計を実行すると、自動的にセル範囲が認識されます。セル範囲を正しく認識させるには、表に隣接するセルを空白にしておく必要があります。自動的に認識されない場合は、表全体を選択します。

(1)

①セル**【C3】**を選択します。

※表内のC列のセルであれば、どこでもかまいません。

②**《データ》**タブ→**《並べ替えとフィルター》**グループの（昇順）をクリックします。

③試験会場の昇順に並び替わります。

④セル**【C3】**が選択されていることを確認します。

※表内のセルであれば、どこでもかまいません。

⑤**《データ》**タブ→**《アウトライン》**グループの（小計）をクリックします。

⑥《集計の設定》ダイアログボックスが表示されます。

⑦《グループの基準》の[v]をクリックし、一覧から「**試験会場**」を選択します。

⑧《集計の方法》の[v]をクリックし、一覧から《**個数**》を選択します。

⑨《集計するフィールド》の「**氏名**」を☑にし、「**合計点**」を☐にします。

⑩《**OK**》をクリックします。

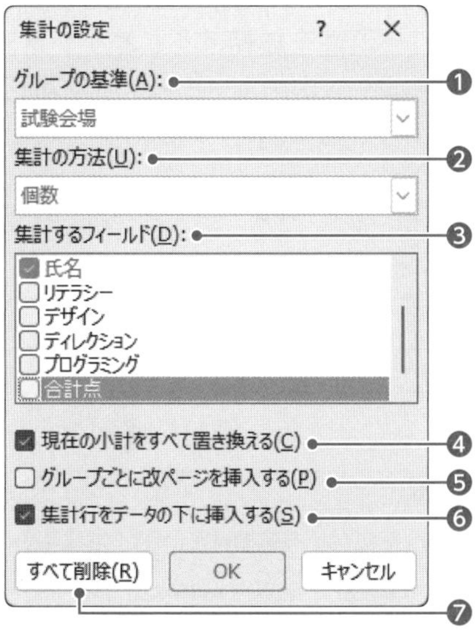

⑪試験会場ごとに集計行が追加され、「**氏名**」のデータの個数が表示されます。

	B	C	D	E	F	G	H	I
1	ウェブ制作検定試験							
2								
3	受験日	試験会場	氏名	リテラシー	デザイン	ディレクション	プログラミング	合計点
4	2024/4/5	飯田橋	戸田　文	38.0	41.0	39.0	33.0	151.0
5	2024/4/19	飯田橋	田村　笑美	38.0	30.0	34.0	32.0	134.0
6	2024/4/19	飯田橋	小松　弘美	28.0	28.0	29.0	29.0	114.0
7	2024/5/3	飯田橋	山田　衛	40.0	30.0	45.0	35.0	150.0
8	2024/5/10	飯田橋	手塚　香織	41.0	33.0	32.0	31.0	137.0
9	2024/5/17	飯田橋	山川　澄香	38.0	31.0	27.0	28.0	124.0
10		飯田橋 個数	6					
11	2024/4/12	渋谷	渡部　なな	41.0	26.0	35.0	28.0	130.0
12	2024/4/19	渋谷	島　信一郎	33.0	29.0	32.0	10.0	104.0

※表の最終行には、全体の合計を表示する集計行「総合計」が追加されます。
※集計行を挿入すると、アウトラインが自動的に作成され、アウトライン記号が表示されます。

(2)

①セル【**C3**】を選択します。
※表内のセルであれば、どこでもかまいません。

②《**データ**》タブ→《**アウトライン**》グループの[小計]（小計）をクリックします。

③《**集計の設定**》ダイアログボックスが表示されます。

④《**グループの基準**》が「**試験会場**」になっていることを確認します。

⑤《**集計の方法**》の[v]をクリックし、一覧から《**平均**》を選択します。

⑥《**集計するフィールド**》の「**氏名**」を☐にし、「**リテラシー**」「**デザイン**」「**ディレクション**」「**プログラミング**」を☑にします。

⑦《**現在の小計をすべて置き換える**》を☐にします。

⑧《**OK**》をクリックします。

⑨試験会場ごとに集計行が追加され、各試験科目の平均点が表示されます。
※スクロールして、試験会場ごとに集計行が追加されたことを確認しておきましょう。

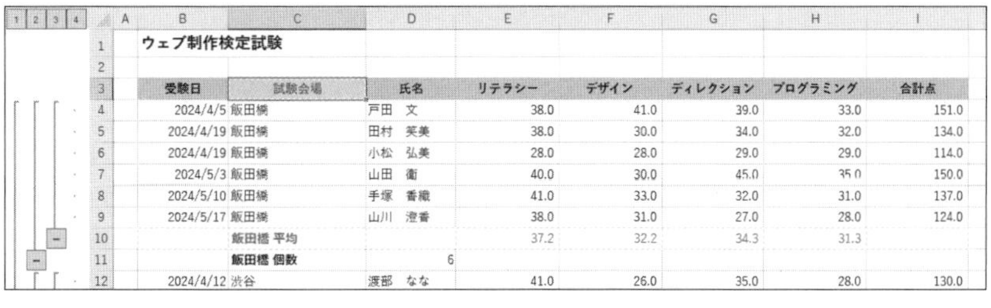

	B	C	D	E	F	G	H	I
1	ウェブ制作検定試験							
2								
3	受験日	試験会場	氏名	リテラシー	デザイン	ディレクション	プログラミング	合計点
4	2024/4/5	飯田橋	戸田　文	38.0	41.0	39.0	33.0	151.0
5	2024/4/19	飯田橋	田村　笑美	38.0	30.0	34.0	32.0	134.0
6	2024/4/19	飯田橋	小松　弘美	28.0	28.0	29.0	29.0	114.0
7	2024/5/3	飯田橋	山田　衛	40.0	30.0	45.0	35.0	150.0
8	2024/5/10	飯田橋	手塚　香織	41.0	33.0	32.0	31.0	137.0
9	2024/5/17	飯田橋	山川　澄香	38.0	31.0	27.0	28.0	124.0
10		飯田橋 平均		37.2	32.2	34.3	31.3	
11		飯田橋 個数	6					
12	2024/4/12	渋谷	渡部　なな	41.0	26.0	35.0	28.0	130.0

Point

《集計の設定》

❶グループの基準
集計の基準になるフィールドを選択します。

❷集計の方法
集計する方法を選択します。

❸集計するフィールド
集計するフィールドを☑にします。

❹現在の小計をすべて置き換える
すでに表に集計行が設定されている場合に使います。
☑にすると、既存の集計行が削除され、新規の集計行に置き換わります。
☐にすると、既存の集計行に新規の集計行が追加されます。

❺グループごとに改ページを挿入する
☑にすると、グループごとに自動的に改ページが挿入されます。

❻集計行をデータの下に挿入する
☑にするとグループの下に、☐にするとグループの上に集計行が挿入されます。

❼すべて削除
集計行を削除して、元の表に戻します。

Point

集計行の数式

集計行のセルには、「SUBTOTAL関数」が自動的に設定されます。

=SUBTOTAL(集計方法,参照)
❶集計方法　❷参照

❶集計方法
集計方法に応じて関数を番号で指定します。
例：
1:AVERAGE(平均)
2:COUNT(数値の個数)
3:COUNTA(個数)
4:MAX(最大値)
5:MIN(最小値)
9:SUM(合計)

❷参照
集計するセル範囲を指定します。

5 重複レコードを削除する

解説

■重複の削除

テーブル内のデータを比較して、重複するレコードを削除できます。例えば、商品コードや社員番号など一意であるべきデータが複数入力されている場合に、重複するレコードを削除できるので、データの一意性を維持することができます。

《重複の削除》ダイアログボックスでは、データが重複しているかどうかを比較する項目を選択することができます。

操作 ◆《テーブルデザイン》タブ→《ツール》グループの 重複の削除 (重複の削除)

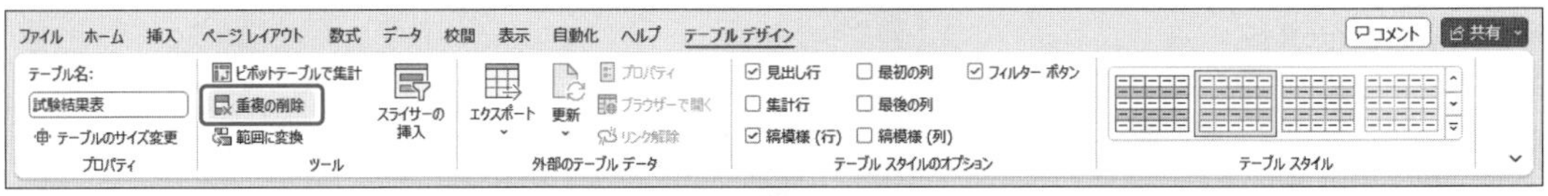

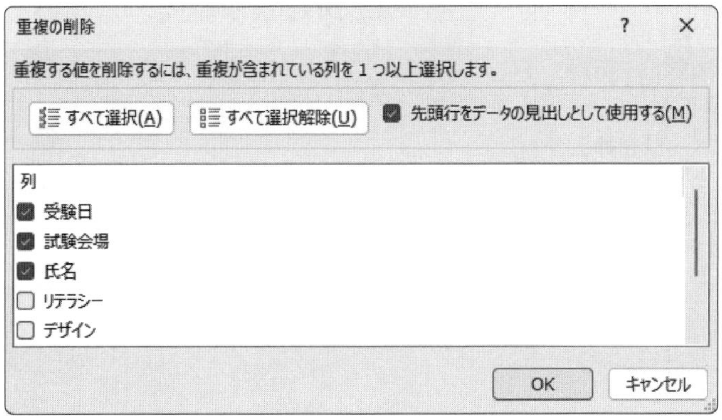

Lesson 2-9

OPEN ブック「Lesson2-9」を開いておきましょう。

次の操作を行いましょう。

(1) テーブルから、「受験日」以外のデータが重複するレコードを削除してください。その他のレコードは削除しないでください。

Lesson 2-9 Answer

(1)

①セル**【B3】**を選択します。

※テーブル内のセルであれば、どこでもかまいません。

②**《テーブルデザイン》**タブ→**《ツール》**グループの 重複の削除 (重複の削除)をクリックします。

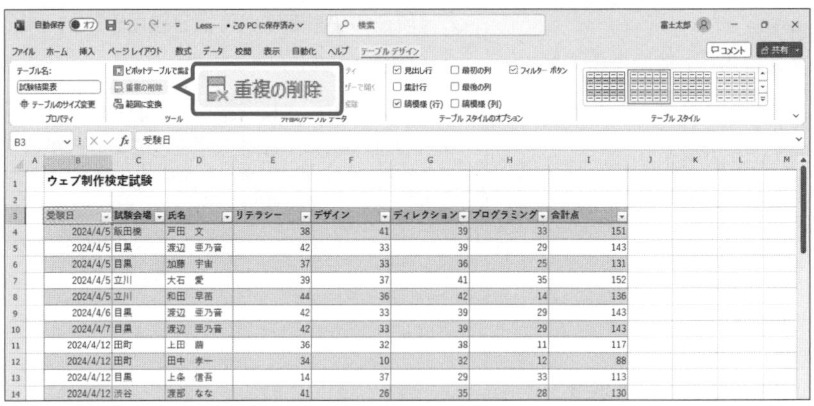

その他の方法

重複の削除

◆《データ》タブ→《データツール》グループの (重複の削除)

③**《重複の削除》**ダイアログボックスが表示されます。

④**《先頭行をデータの見出しとして使用する》**を☑にします。

⑤**「受験日」**を☐にし、それ以外を☑にします。

⑥**《OK》**をクリックします。

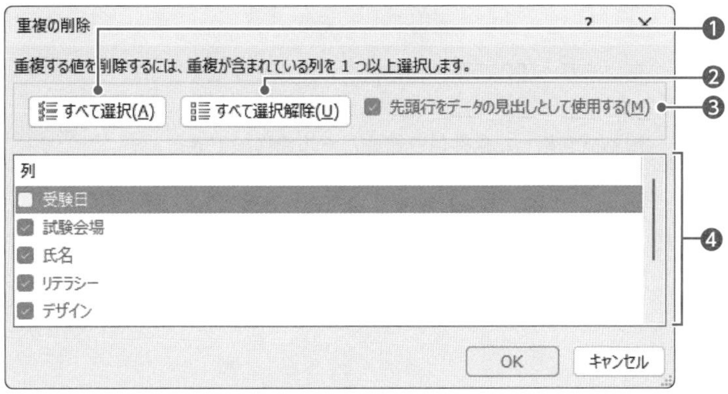

⑦メッセージを確認し、**《OK》**をクリックします。

⑧重複するレコードが削除されます。

※5行目と重複している、9行目と10行目の2件のレコードが削除されます。

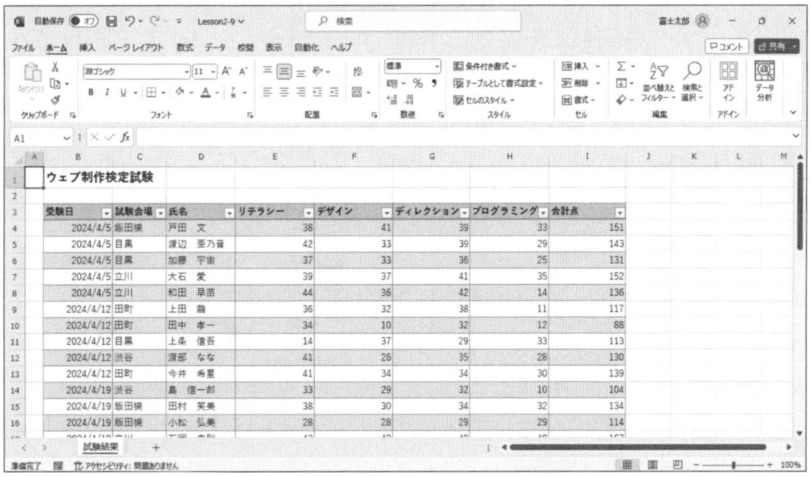

Point

《重複の削除》

❶すべて選択

《列》の一覧がすべて☑になります。

❷すべて選択解除

《列》の一覧がすべて☐になります。

❸先頭行をデータの見出しとして使用する

先頭行が項目名の場合、☑にします。

❹列

重複しているかどうかを比較する列を☑にします。

Point

削除されるレコード

「重複の削除」を使うと、重複しているレコードの中で1番上の行のレコードが残り、その他は削除されます。

出題範囲2　データの管理と書式設定

詳細な条件付き書式やフィルターを適用する

理解度チェック

習得すべき機能	参照Lesson	学習前	学習後	試験直前
■ユーザー設定の条件付き書式ルールを作成できる。	➡Lesson2-10	☑	☑	☑
■数式を使った条件付き書式ルールを作成できる。	➡Lesson2-11 ➡Lesson2-12	☑	☑	☑
■条件付き書式ルールを削除できる。	➡Lesson2-13	☑	☑	☑
■条件付き書式ルールを編集できる。	➡Lesson2-13 ➡Lesson2-14	☑	☑	☑

1 ユーザー設定の条件付き書式ルールを作成する

解説

■条件付き書式の設定

「条件付き書式」を使うと、ルールに基づいてセルに特定の書式を設定したり、数値の大小関係が視覚的にわかるように装飾したりできます。

■ユーザー設定の条件付き書式ルールの作成

条件付き書式に用意されているルールに目的のものがない場合は、ユーザーが独自に新しいルールを作成できます。セルの書式だけでなく、データバーやカラースケール、アイコンセットなどの書式も独自に設定できます。

操作 ◆《ホーム》タブ→《スタイル》グループの 条件付き書式 (条件付き書式)→《新しいルール》

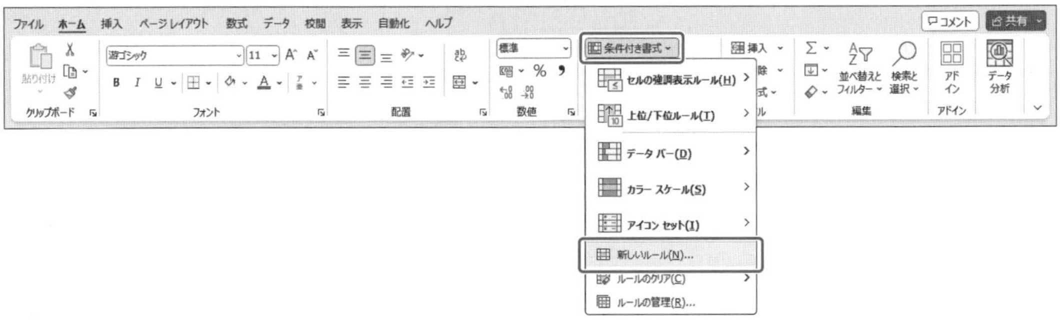

Lesson 2-10

OPEN ブック「Lesson2-10」を開いておきましょう。

次の操作を行いましょう。

(1) 各試験科目の点数が20点以下の場合、セルの文字が標準の色の「赤」で表示されるように設定してください。数値が変更されたら、書式が自動的に更新されるようにします。

(2)「合計点」が平均以上の場合、セルの背景色が任意の薄い緑色で塗りつぶされるように設定してください。数値が変更されたら、書式が自動的に更新されるようにします。

Lesson 2-10 Answer

その他の方法

新しいルール

◆《ホーム》タブ→《スタイル》グループの 条件付き書式 (条件付き書式)→《セルの強調表示ルール》→《その他のルール》

◆《ホーム》タブ→《スタイル》グループの 条件付き書式 (条件付き書式)→《ルールの管理》→《新規ルール》

Point

《新しい書式ルール》

❶ルールの種類を選択してください

ルールの種類を選択します。

「～より大きい」「～より小さい」「～以上」「～以下」「特定の文字列で始まる」などの条件を設定する場合、《指定の値を含むセルだけを書式設定》を選択します。

❷ルールの内容を編集してください

ルールになる条件と条件を満たしている場合の書式を設定します。選択したルールの種類に応じて、表示される項目が異なります。

(1)

①セル範囲【**F4:I48**】を選択します。

②**《ホーム》**タブ→**《スタイル》**グループの 条件付き書式 (条件付き書式)→**《新しいルール》**をクリックします。

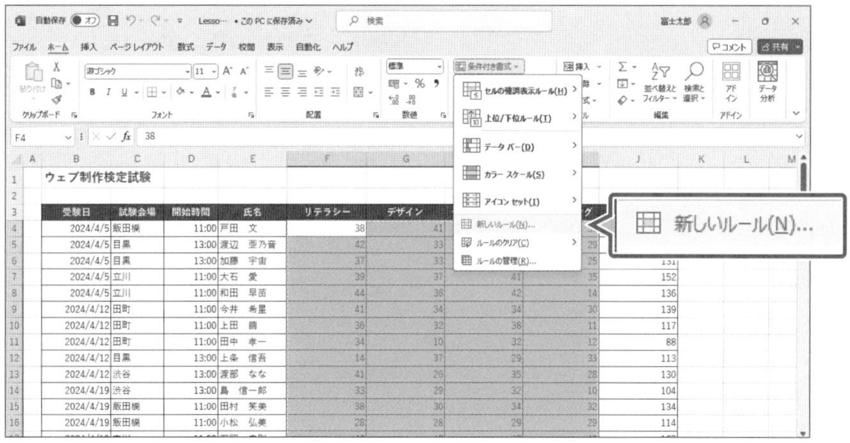

③**《新しい書式ルール》**ダイアログボックスが表示されます。

④**《ルールの種類を選択してください》**の一覧から**《指定の値を含むセルだけを書式設定》**を選択します。

⑤**《次のセルのみを書式設定》**の左のボックスの ∨ をクリックし、一覧から**《セルの値》**を選択します。

⑥左から2番目のボックスの ∨ をクリックし、一覧から**《次の値以下》**を選択します。

⑦右のボックスに「**20**」と入力します。

⑧**《書式》**をクリックします。

⑨《**セルの書式設定**》ダイアログボックスが表示されます。

⑩《**フォント**》タブを選択します。

⑪《**色**》の[v]をクリックし、一覧から《**標準の色**》の《**赤**》を選択します。

※《プレビュー》で結果を確認できます。

⑫《**OK**》をクリックします。

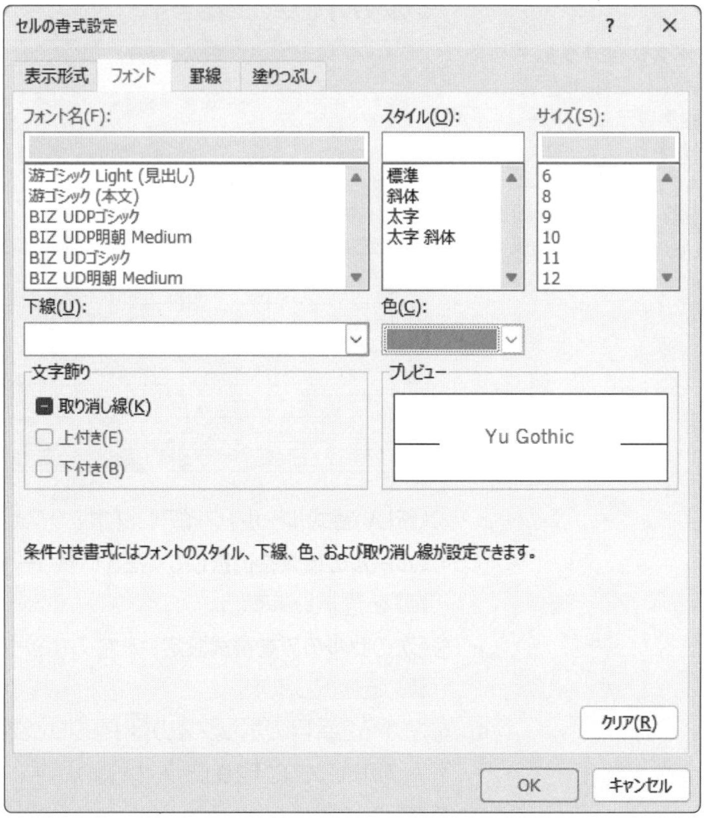

⑬《**新しい書式ルール**》ダイアログボックスに戻ります。

⑭《**OK**》をクリックします。

⑮20点以下のセルに書式が設定されます。

	A	B	C	D	E	F	G	H	I
1		ウェブ制作検定試験							
2									
3		受験日	試験会場	開始時間	氏名	リテラシー	デザイン	ディレクション	プログラミング
4		2024/4/5	飯田橋	11:00	戸田　文	38	41	39	33
5		2024/4/5	目黒	13:00	渡辺　亜乃音	42	33	39	29
6		2024/4/5	目黒	13:00	加藤　宇宙	37	33	36	25
7		2024/4/5	立川	11:00	大石　愛	39	37	41	35
8		2024/4/5	立川	11:00	和田　早苗	44	36	42	14
9		2024/4/12	田町	11:00	今井　希星	41	34	34	30
10		2024/4/12	田町	11:00	上田　繭	36	32	38	11
11		2024/4/12	田町	11:00	田中　孝一	34	10	32	12
12		2024/4/12	目黒	13:00	上条　信吾	14	37	29	33

(2)

①セル範囲【**J4:J48**】を選択します。

②《**ホーム**》タブ→《**スタイル**》グループの[条件付き書式]（条件付き書式）→《**新しいルール**》をクリックします。

③《**新しい書式ルール**》ダイアログボックスが表示されます。

④《**ルールの種類を選択してください**》の一覧から《**平均より上または下の値だけを書式設定**》を選択します。

⑤《**選択範囲の平均値**》の[v]をクリックし、一覧から《**以上**》を選択します。

⑥**《書式》**をクリックします。

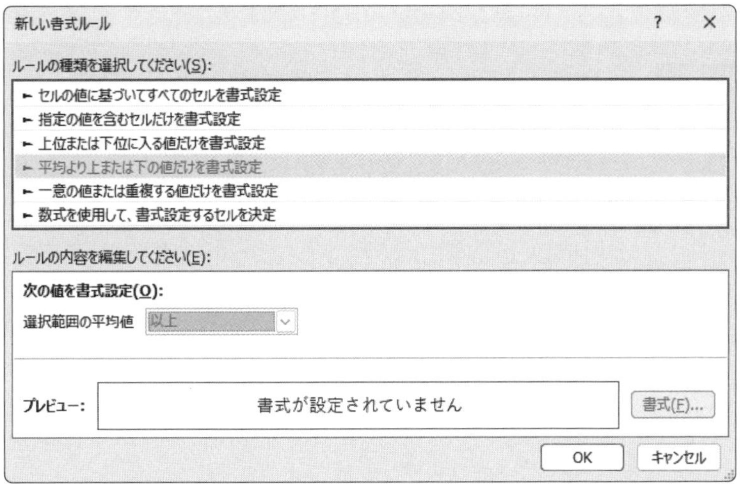

⑦**《セルの書式設定》**ダイアログボックスが表示されます。

⑧**《塗りつぶし》**タブを選択します。

⑨**《背景色》**の一覧から任意の薄い緑色を選択します。

※本書では、最終行の左から5番目の色を選択しています。

※《サンプル》で選択結果を確認できます。

⑩**《OK》**をクリックします。

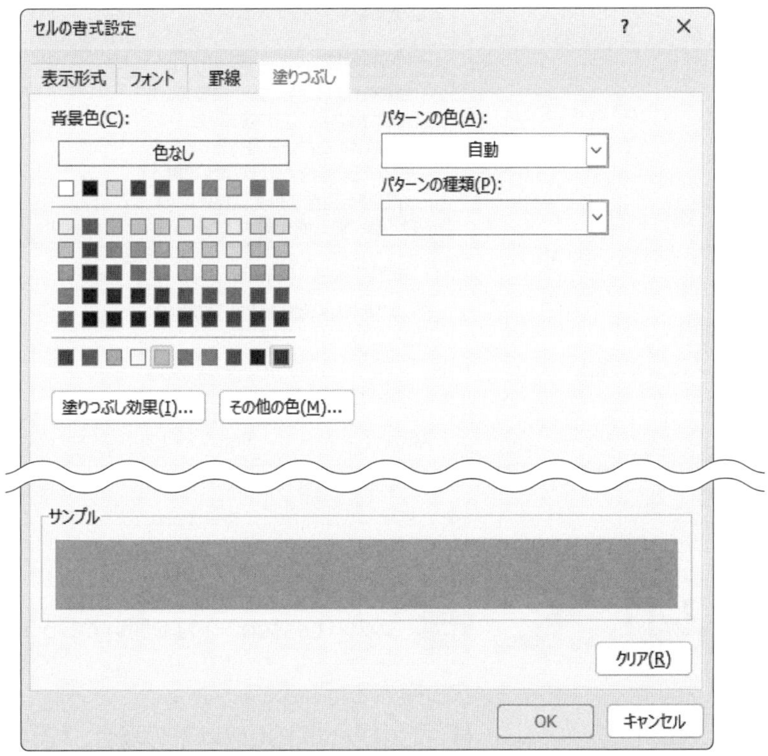

⑪**《新しい書式ルール》**ダイアログボックスに戻ります。

⑫**《OK》**をクリックします。

⑬合計点が平均以上のセルに書式が設定されます。

	A	B	C	D	E	F	G	H	I	J
1		ウェブ制作検定試験								
2										
3		受験日	試験会場	開始時間	氏名	リテラシー	デザイン	ディレクション	プログラミング	合計点
4		2024/4/5	飯田橋	11:00	戸田　文	38	41	39	33	151
5		2024/4/5	目黒	13:00	渡辺　亜乃音	42	33	39	29	143
6		2024/4/5	目黒	13:00	加藤　宇宙	37	33	36	25	131
7		2024/4/5	立川	11:00	大石　愛	39	37	41	35	152
8		2024/4/5	立川	11:00	和田　早苗	44	36	42	14	136
9		2024/4/12	田町	11:00	今井　希星	41	34	34	30	139
10		2024/4/12	田町	11:00	上田　繭	36	32	38	11	117
11		2024/4/12	田町	11:00	田中　孝一	34	10	32	12	88
12		2024/4/12	目黒	13:00	上条　信吾	14	37	29	33	113

Point

新しい色の作成

塗りつぶしの色、文字の色は、用意されているもの以外に、新しい色を作成することができます。新しい色は、RGBなどの値を指定して作成します。

塗りつぶしの色を作成する方法は、次のとおりです。

◆《セルの書式設定》ダイアログボックス→《塗りつぶし》タブ→《その他の色》→《ユーザー設定》タブ

文字の色を作成する方法は、次のとおりです。

◆《セルの書式設定》ダイアログボックス→《フォント》タブ→《色》の▽→《その他の色》→《ユーザー設定》タブ

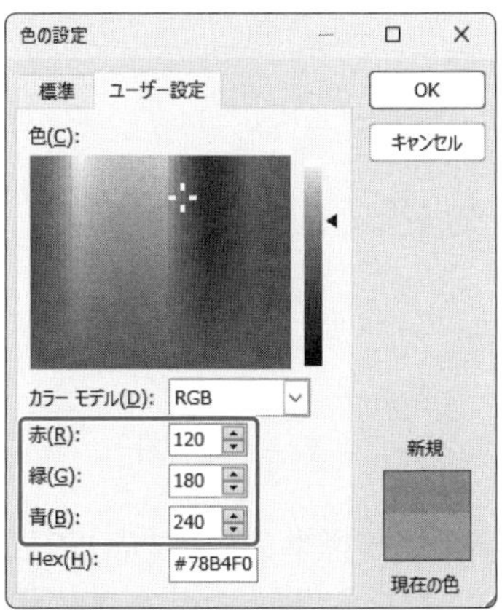

Point

RGB

「RGB」とは、赤(RED)、緑(GREEN)、青(BLUE)の色の割合を表したものです。値は、0から255の範囲で指定します。

2 数式を使った条件付き書式ルールを作成する

解説

■数式を使った条件付き書式ルールの作成

ルールの基準になるセルと書式を設定するセルが異なる場合や、2つのセルを比較して書式を設定する場合は、数式を使ってルールを作成します。
例えば、合計点が150点以上の場合、該当する氏名に背景色を設定したり、売上実績が売上目標以上の場合、該当するレコード全体に太字を設定したりできます。

操作 ◆《ホーム》タブ→《スタイル》グループの［条件付き書式］（条件付き書式）→《新しいルール》→《新しい書式ルール》ダイアログボックスの《数式を使用して、書式設定するセルを決定》

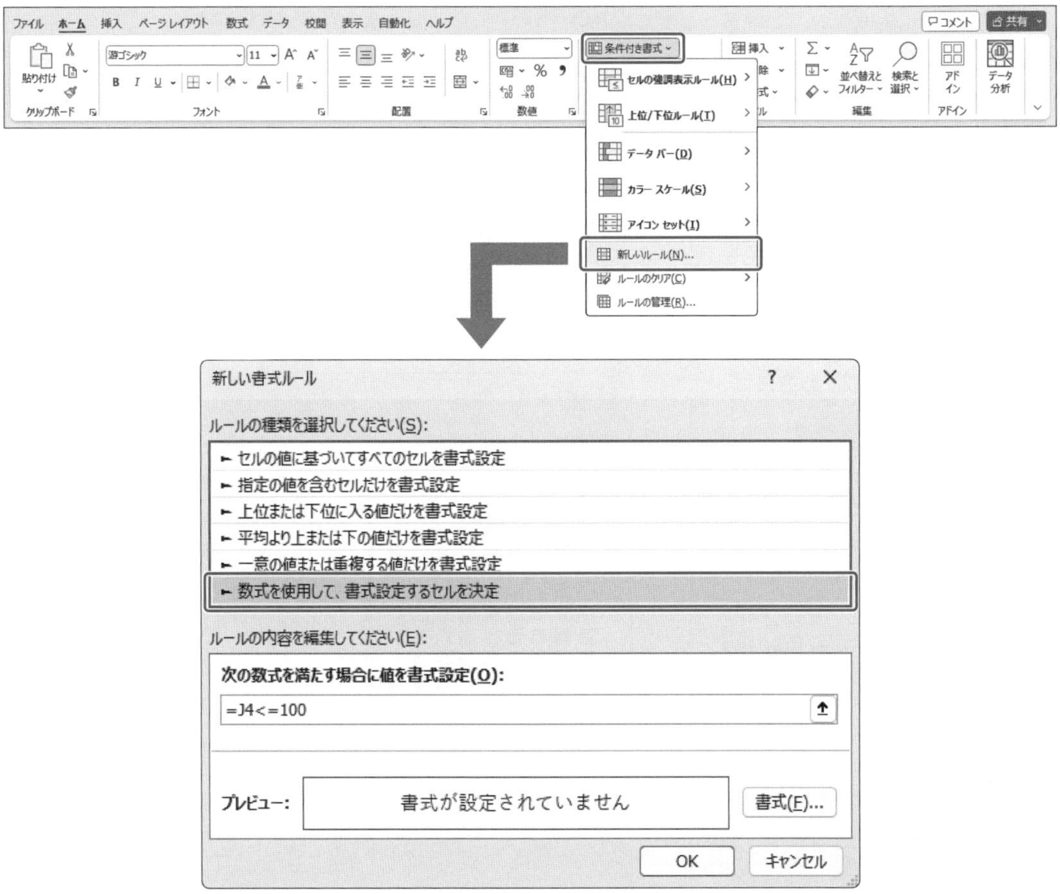

Lesson 2-11

OPEN ブック「Lesson2-11」を開いておきましょう。

次の操作を行いましょう。

(1)「合計点」が100点以下の場合、「氏名」の文字の色が標準の色の「赤」で表示されるように設定してください。数値が変更されたら、書式が自動的に更新されるようにします。

(2)「合計点」が140点以上の場合、レコードの背景色が任意のオレンジ色で塗りつぶされるように設定してください。数値が変更されたら、書式が自動的に更新されるようにします。

Lesson 2-11 Answer

(1)

①セル範囲【E4:E48】を選択します。

	A	B	C	D	E	F	G	H	I	J
1		ウェブ制作検定試験								
2										
3		受験日	試験会場	開始時間	氏名	リテラシー	デザイン	ディレクション	プログラミング	合計点
4		2024/4/5	飯田橋	11:00	戸田　文	38	41	39	33	151
5		2024/4/5	目黒	13:00	渡辺　亜乃音	42	33	39	29	143
6		2024/4/5	目黒	13:00	加藤　宇宙	37	33	36	25	131
7		2024/4/5	立川	11:00	大石　愛	39	37	41	35	152
8		2024/4/5	立川	11:00	和田　早苗	44	36	42	14	136
9		2024/4/12	田町	11:00	今井　希星	41	34	34	30	139
10		2024/4/12	田町	11:00	上田　蘭	36	32	38	11	117
11		2024/4/12	田町	11:00	田中　孝一	34	10	32	12	88
12		2024/4/12	目黒	13:00	上条　信吾	14	37	29	33	113
13		2024/4/12	渋谷	13:00	渡部　なな	41	26	35	28	130

②《**ホーム**》タブ→《**スタイル**》グループの 条件付き書式 (条件付き書式)→《**新しいルール**》をクリックします。

③《**新しい書式ルール**》ダイアログボックスが表示されます。

④《**ルールの種類を選択してください**》の一覧から《**数式を使用して、書式設定するセルを決定**》を選択します。

⑤《**次の数式を満たす場合に値を書式設定**》に「**=J4<=100**」と入力します。

※数式は、選択範囲内のアクティブセルを基準に入力します。

⑥《**書式**》をクリックします。

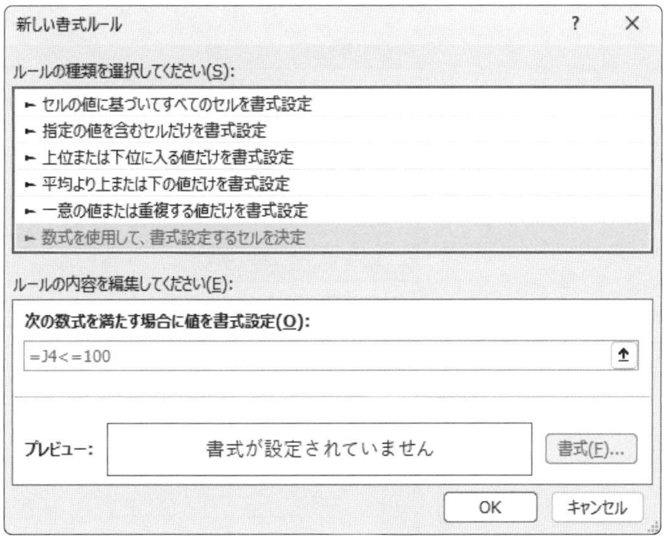

⑦《**セルの書式設定**》ダイアログボックスが表示されます。

⑧《**フォント**》タブを選択します。

⑨《**色**》の ⌄ をクリックし、一覧から《**標準の色**》の《**赤**》を選択します。

⑩《**OK**》をクリックします。

⑪《**新しい書式ルール**》ダイアログボックスに戻ります。

⑫《**OK**》をクリックします。

⑬合計点が100点以下の氏名に書式が設定されます。

	A	B	C	D	E	F	G	H	I	J
1		ウェブ制作検定試験								
2										
3		受験日	試験会場	開始時間	氏名	リテラシー	デザイン	ディレクション	プログラミング	合計点
4		2024/4/5	飯田橋	11:00	戸田　文	38	41	39	33	151
5		2024/4/5	目黒	13:00	渡辺　亜乃音	42	33	39	29	143
6		2024/4/5	目黒	13:00	加藤　宇宙	37	33	36	25	131
7		2024/4/5	立川	11:00	大石　愛	39	37	41	35	152
8		2024/4/5	立川	11:00	和田　早苗	44	36	42	14	136
9		2024/4/12	田町	11:00	今井　希星	41	34	34	30	139
10		2024/4/12	田町	11:00	上田　蘭	36	32	38	11	117
11		2024/4/12	田町	11:00	田中　孝一	34	10	32	12	88
12		2024/4/12	目黒	13:00	上条　信吾	14	37	29	33	113
13		2024/4/12	渋谷	13:00	渡部　なな	41	26	35	28	130

Point

比較演算子

数式で使う比較演算子には、次のようなものがあります。

記号	例	意味
=	A=B	AとBが等しい
<>	A<>B	AとBが等しくない
>=	A>=B	AがB以上
<=	A<=B	AがB以下
>	A>B	AがBより大きい
<	A<B	AがBより小さい

(2)

①セル範囲【B4:J48】を選択します。

②《**ホーム**》タブ→《**スタイル**》グループの 条件付き書式 (条件付き書式)→《**新しいルール**》をクリックします。

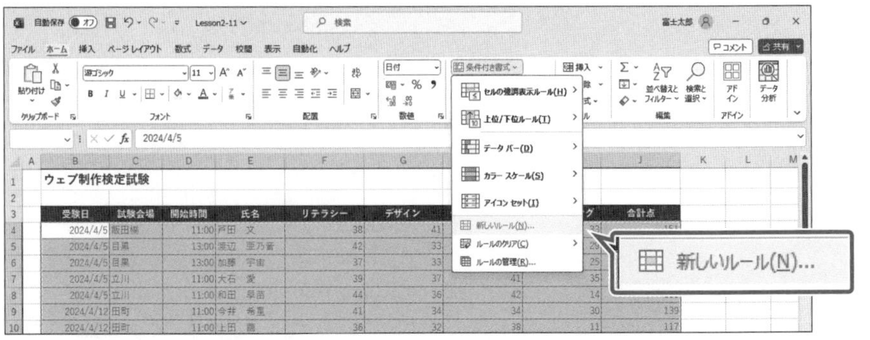

③《**新しい書式ルール**》ダイアログボックスが表示されます。

④《**ルールの種類を選択してください**》の一覧から《**数式を使用して、書式設定するセルを決定**》を選択します。

⑤《**次の数式を満たす場合に値を書式設定**》に「**=$J4>=140**」と入力します。

※ルールの基準となるセル【J4】は、常に同じ列を参照するように複合参照にします。

⑥《**書式**》をクリックします。

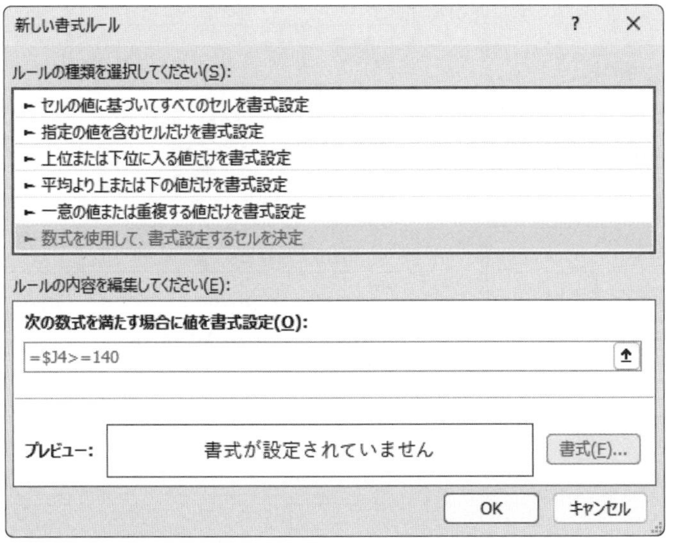

⑦《**セルの書式設定**》ダイアログボックスが表示されます。

⑧《**塗りつぶし**》タブを選択します。

⑨《**背景色**》の一覧から任意のオレンジ色を選択します。

※本書では、最終行の左から3番目の色を選択しています。

⑩《**OK**》をクリックします。

⑪《**新しい書式ルール**》ダイアログボックスに戻ります。

⑫《**OK**》をクリックします。

⑬合計点が140点以上のレコードに書式が設定されます。

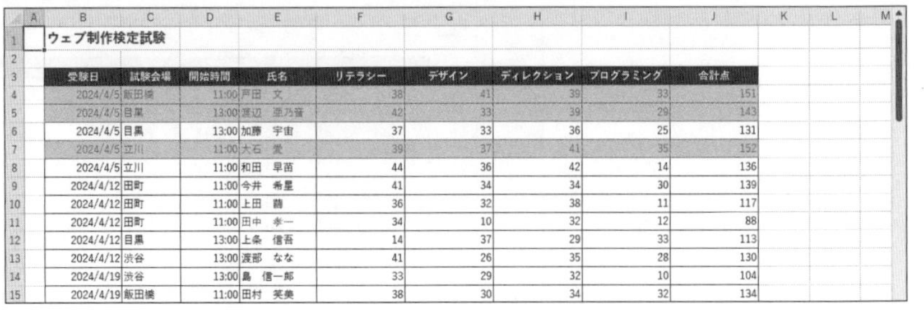

Lesson 2-12

OPEN ブック「Lesson2-12」を開いておきましょう。

次の操作を行いましょう。

(1) 個人の4科目の平均点が35点以上の場合、レコードの文字が斜体、背景色が任意の薄い青色で塗りつぶされるように設定してください。数値が変更されたら、書式が自動的に更新されるようにします。

Lesson 2-12 Answer

(1)

①セル範囲【B4:J48】を選択します。

②《ホーム》タブ→《スタイル》グループの 条件付き書式 （条件付き書式）→《新しいルール》をクリックします。

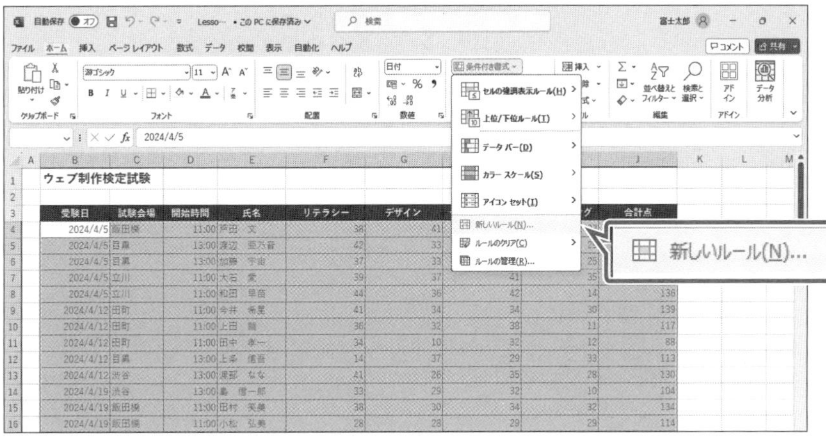

③《新しい書式ルール》ダイアログボックスが表示されます。

④《ルールの種類を選択してください》の一覧から《数式を使用して、書式設定するセルを決定》を選択します。

⑤《次の数式を満たす場合に値を書式設定》に「=AVERAGE($F4:$I4)>=35」と入力します。

※ルールの基準となるセル範囲【F4:I4】は、常に同じ列を参照するように複合参照にします。

⑥《書式》をクリックします。

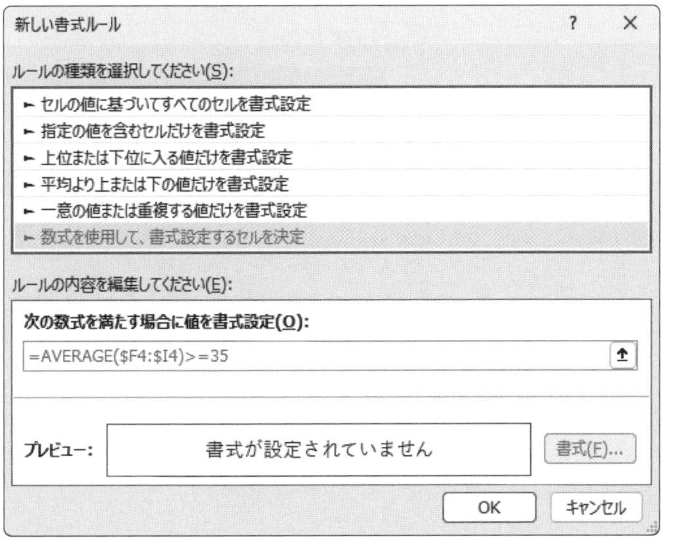

⑦**《セルの書式設定》**ダイアログボックスが表示されます。

⑧**《フォント》**タブを選択します。

⑨**《スタイル》**の一覧から**《斜体》**を選択します。

⑩**《塗りつぶし》**タブを選択します。

⑪背景色の一覧から任意の薄い青色を選択します。
※本書では、最終行の左から7番目の色を選択しています。

⑫**《OK》**をクリックします。

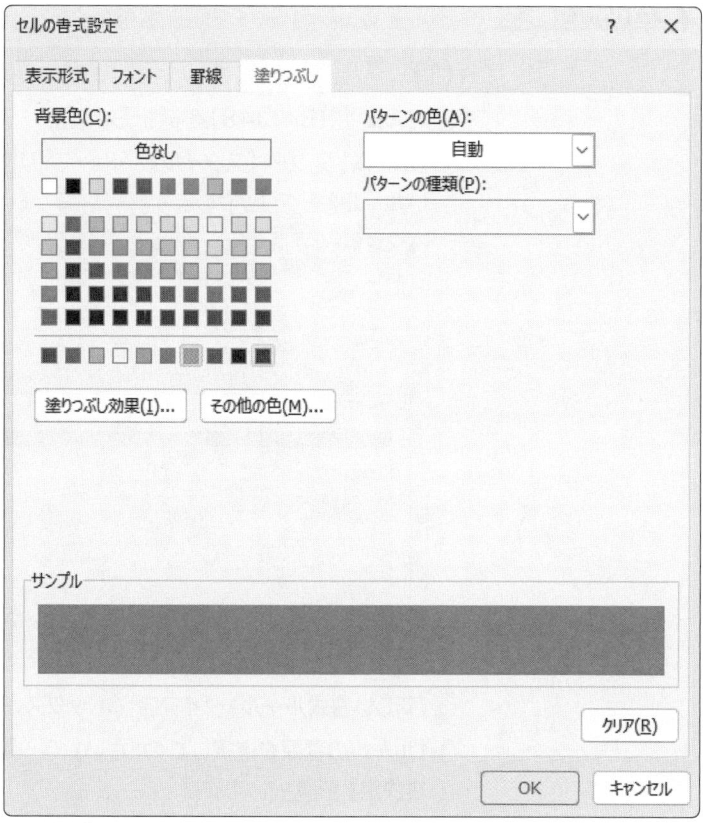

⑬**《新しい書式ルール》**ダイアログボックスに戻ります。

⑭**《OK》**をクリックします。

⑮4科目の平均点が35点以上の人のレコードに書式が設定されます。

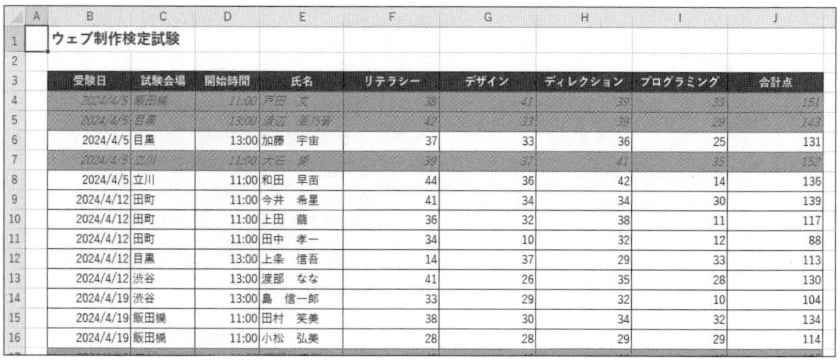

	A	B	C	D	E	F	G	H	I	J
1		ウェブ制作検定試験								
2										
3		受験日	試験会場	開始時間	氏名	リテラシー	デザイン	ディレクション	プログラミング	合計点
4		2024/4/5	飯田橋	11:00	戸田　文	38	41	39	33	151
5		2024/4/5	目黒	13:00	渡辺　亜乃香	42	33	39	29	143
6		2024/4/5	目黒	13:00	加藤　宇宙	37	33	36	25	131
7		2024/4/5	立川	11:00	大石　望	39	37	41	35	152
8		2024/4/5	立川	11:00	和田　早苗	44	36	42	14	136
9		2024/4/12	田町	11:00	今井　希星	41	34	34	30	139
10		2024/4/12	田町	11:00	上田　繭	36	32	38	11	117
11		2024/4/12	田町	11:00	田中　孝一	34	10	32	12	88
12		2024/4/12	目黒	13:00	上条　信吾	14	37	29	33	113
13		2024/4/12	渋谷	13:00	渡部　なな	41	26	35	28	130
14		2024/4/19	渋谷	13:00	島　信一郎	33	29	32	10	104
15		2024/4/19	飯田橋	11:00	田村　笑美	38	30	34	32	134
16		2024/4/19	飯田橋	11:00	小松　弘美	28	28	29	29	114

3 条件付き書式ルールを管理する

解説

■条件付き書式ルールの管理

設定したルールは、あとから条件や書式を変更できます。また、不要になったルールを削除することもできます。

操作 ◆《ホーム》タブ→《スタイル》グループの 条件付き書式 （条件付き書式）→《ルールの管理》

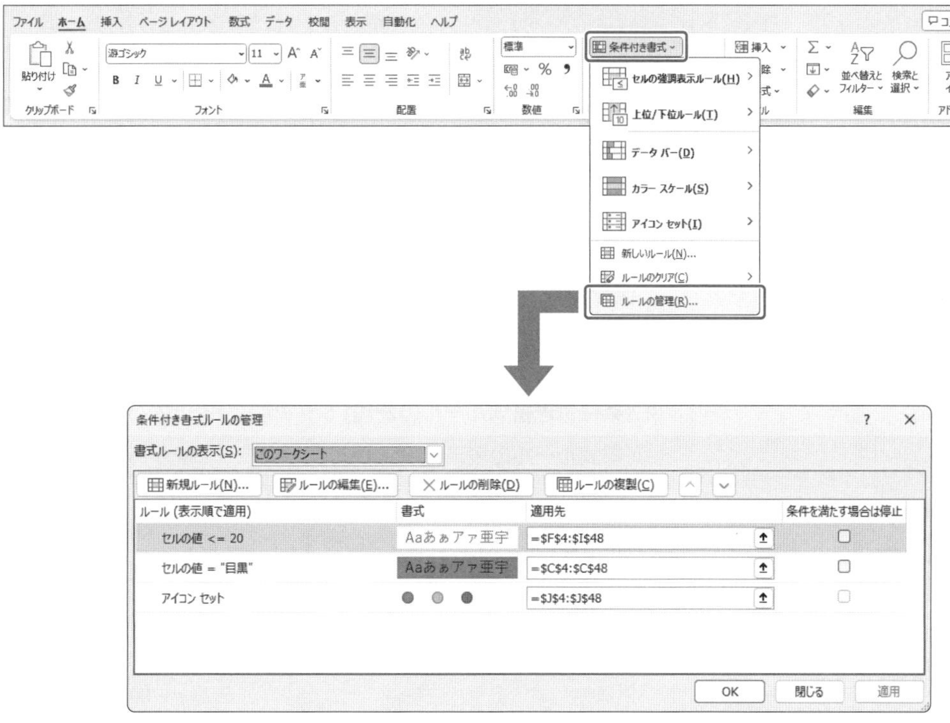

Lesson 2-13

OPEN ブック「Lesson2-13」を開いておきましょう。

次の操作を行いましょう。

(1) ワークシートに設定されている「試験会場が目黒の場合、背景色を緑色に設定」というルールを削除してください。

(2) ワークシートに設定されている「各科目の点数が20点以下の場合、文字の色を赤色に設定」というルールを、「各科目の点数が20点未満の場合、背景色を任意の黄色に設定」というルールに変更してください。

(3) ワークシートに設定されているアイコンセットのルールを、合計点が140点以上の場合は「緑の丸」のアイコン、100点以上の場合は「黄色の丸」のアイコン、100点未満の場合は「ピンクの丸」のアイコンになるように変更してください。

Lesson 2-13 Answer

(1)

①《ホーム》タブ→《スタイル》グループの 条件付き書式 (条件付き書式)→《ルールの管理》をクリックします。

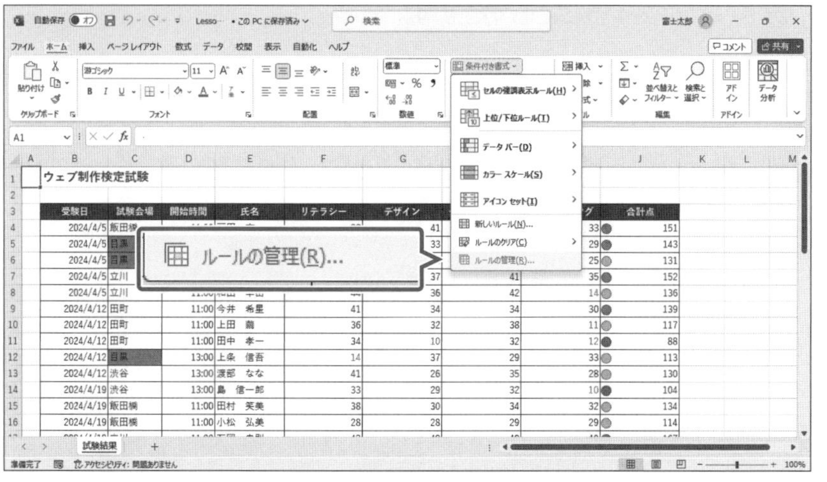

②《条件付き書式ルールの管理》ダイアログボックスが表示されます。

③《書式ルールの表示》の ⌄ をクリックし、一覧から《このワークシート》を選択します。

④一覧から「セルの値="目黒"」を選択します。

⑤《ルールの削除》をクリックします。

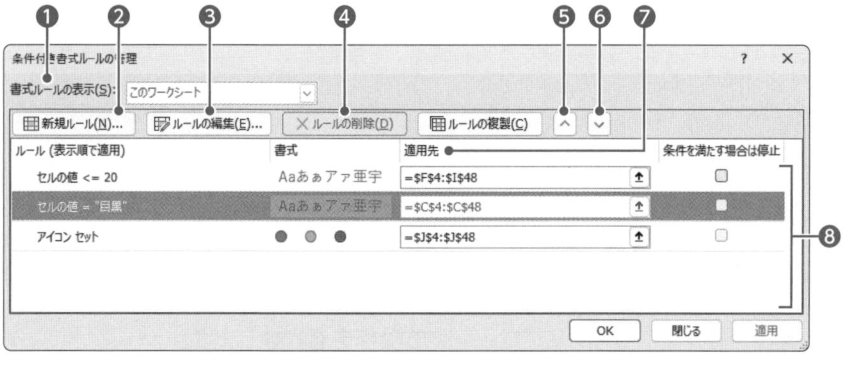

⑥一覧からルールが削除されます。

⑦《OK》をクリックします。

⑧「試験会場」が「目黒」のセルの背景色が消えます。

(2)

①《ホーム》タブ→《スタイル》グループの 条件付き書式 (条件付き書式)→《ルールの管理》をクリックします。

②《条件付き書式ルールの管理》ダイアログボックスが表示されます。

Point

《条件付き書式ルールの管理》

❶書式ルールの表示
選択範囲に設定されているルールを表示するか、ワークシート全体またはテーブルに設定されているルールを表示するかを選択します。
テーブル内のセルを選択している場合は《このテーブル》と表示されます。

❷新規ルール
新しいルールを追加します。

❸ルールの編集
ルールの条件や書式を変更します。

❹ルールの削除
選択したルールを削除します。

❺上へ移動
ルールの優先順位を上げます。

❻下へ移動
ルールの優先順位を下げます。

❼適用先
ルールが適用されているセル、またはセル範囲が表示されます。

❽ルールの一覧
設定しているルールが一覧で表示されます。一覧の中で、上にあるルールは優先順位が高く、下にあるルールは優先順位が低くなります。

Point

ルールをまとめて削除する

◆《ホーム》タブ→《スタイル》グループの 条件付き書式 (条件付き書式)→《ルールのクリア》→《選択したセルからルールをクリア》／《シート全体からルールをクリア》

③《**書式ルールの表示**》の をクリックし、一覧から《**このワークシート**》を選択します。
④一覧から「**セルの値<=20**」を選択します。
⑤《**ルールの編集**》をクリックします。

⑥《**書式ルールの編集**》ダイアログボックスが表示されます。
⑦《**次のセルのみを書式設定**》の中央のボックスの をクリックし、一覧から《**次の値より小さい**》を選択します。
⑧《**書式**》をクリックします。

⑨《**セルの書式設定**》ダイアログボックスが表示されます。
⑩《**フォント**》タブを選択します。
⑪《**色**》の をクリックし、一覧から《**自動**》を選択します。
⑫《**塗りつぶし**》タブを選択します。
⑬《**背景色**》の一覧から任意の黄色を選択します。
※本書では、最終行の左から4番目の色を選択しています。
⑭《**OK**》をクリックします。
⑮《**書式ルールの編集**》ダイアログボックスに戻ります。
⑯《**OK**》をクリックします。
⑰《**条件付き書式ルールの管理**》ダイアログボックスに戻ります。
⑱《**OK**》をクリックします。
⑲編集したルールで書式が設定されます。

	A	B	C	D	E	F	G	H	I	J
1		ウェブ制作検定試験								
2										
3		受験日	試験会場	開始時間	氏名	リテラシー	デザイン	ディレクション	プログラミング	合計点
4		2024/4/5	飯田橋	11:00	戸田　文	38	41	39	33	151
5		2024/4/5	目黒	13:00	渡辺　亜乃音	42	33	39	29	143
6		2024/4/5	目黒	13:00	加藤　宇宙	37	33	36	25	131
7		2024/4/5	立川	11:00	大石　愛	39	37	41	35	152
8		2024/4/5	立川	11:00	和田　早苗	44	36	42	14	136
9		2024/4/12	田町	11:00	今井　希星	41	34	34	30	139
10		2024/4/12	田町	11:00	上田　繭	36	32	38	11	117
11		2024/4/12	田町	11:00	出中　孝一	34	10	32	12	88
12		2024/4/12	目黒	13:00	上条　信吾	14	37	29	33	113

(3)

①《ホーム》タブ→《スタイル》グループの 条件付き書式 (条件付き書式)→《ルールの管理》をクリックします。

②《条件付き書式ルールの管理》ダイアログボックスが表示されます。

③《書式ルールの表示》の ⌵ をクリックし、一覧から《このワークシート》を選択します。

④一覧から《アイコンセット》を選択します。

⑤《ルールの編集》をクリックします。

⑥《書式ルールの編集》ダイアログボックスが表示されます。

⑦《緑の丸》のアイコンの右側のボックスが《>=》になっていることを確認します。

⑧《種類》の ⌵ をクリックし、一覧から《数値》を選択します。

⑨《値》に「140」と入力します。

⑩《黄色の丸》のアイコンの右側のボックスが《>=》になっていることを確認します。

⑪《種類》の ⌵ をクリックし、一覧から《数値》を選択します。

⑫《値》に「100」と入力します。

⑬《輪郭付きの赤い円》のアイコンの ▾ をクリックし、一覧から《ピンクの丸》を選択します。

⑭《ピンクの丸》のアイコンの右側に《値<0》と表示されていることを確認します。

⑮《OK》をクリックします。

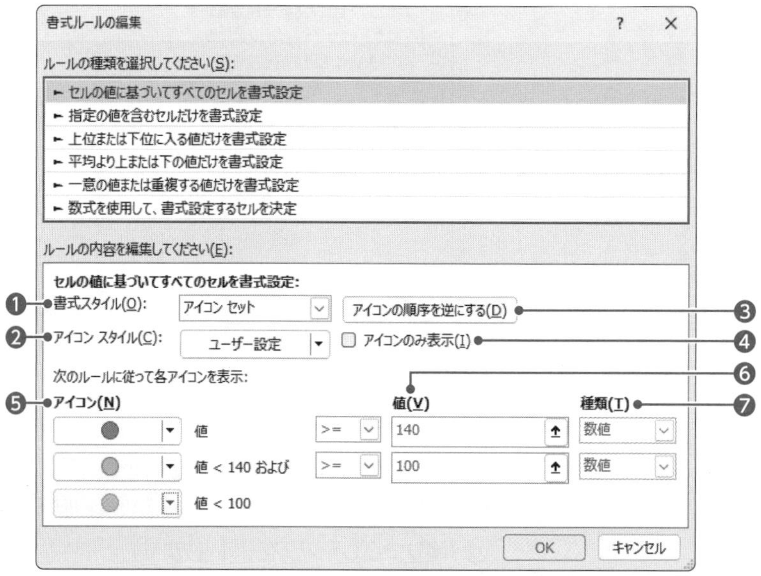

⑯《条件付き書式ルールの管理》ダイアログボックスに戻ります。

⑰《OK》をクリックします。

⑱アイコンセットの表示が変更されます。

ウェブ制作検定試験

受験日	試験会場	開始時間	氏名	リテラシー	デザイン	ディレクション	プログラミング	合計点
2024/4/5	飯田橋	11:00	戸田　文	38	41	39	33	151
2024/4/5	目黒	13:00	渡辺　亜乃音	42	33	39	29	143
2024/4/5	目黒	13:00	加藤　宇宙	37	33	36	25	131
2024/4/5	立川	11:00	大石　愛	39	37	41	35	152
2024/4/5	立川	11:00	和田　早苗	44	36	42	14	136
2024/4/12	田町	11:00	今井　希星	41	34	34	30	139
2024/4/12	田町	11:00	上田　薔	36	32	38	11	117
2024/4/12	田町	11:00	田中　孝一	34	10	32	12	88
2024/4/12	目黒	13:00	上条　信吾	14	37	29	33	113
2024/4/12	渋谷	13:00	渡部　なな	41	26	35	28	130
2024/4/19	渋谷	13:00	島　信一郎	33	29	32	10	104
2024/4/19	飯田橋	11:00	田村　笑美	38	30	34	32	134
2024/4/19	飯田橋	11:00	小松　弘美	28	28	29	29	114

試験結果

Point

アイコンセット

選択したセル範囲内で数値の大小関係を比較して、アイコンの図柄で表示します。

Point

データバー

選択したセル範囲内で数値の大小関係を比較して、バーの長さで表示します。

Point

カラースケール

選択したセル範囲内で数値の大小関係を比較して、段階的に色分けして表示します。

Point

《書式ルールの編集》

❶書式スタイル

設定するスタイルを選択します。カラースケール、データバー、アイコンセットを設定できます。

❷アイコンスタイル

アイコンセットの種類を選択します。

❸アイコンの順序を逆にする

アイコンの順番を逆にします。

❹アイコンのみ表示

セルのデータを非表示にします。

❺アイコン

アイコンの種類を選択します。アイコンを表示しない場合は《セルのアイコンなし》を選択します。

❻値

左の比較演算子と組み合わせて、アイコンに割り当てる値の範囲を設定します。

❼種類

値の種類を選択します。

Lesson 2-14

ブック「Lesson2-14」を開いておきましょう。

次の操作を行いましょう。

(1) 各試験科目の点数のセルに設定されている条件付き書式のルールの優先順位を、次のように変更してください。

優先順位1　「各試験科目の点数が40点以上の場合、背景色を最も濃い水色に設定」

優先順位2　「各試験科目の点数が35点以上の場合、背景色を2番目に濃い水色に設定」

優先順位3　「各試験科目の点数が30点以上の場合、背景色を最も薄い水色に設定」

Lesson 2-14 Answer

Point

ルールの編集の適用先

セルを選択してから《条件付き書式ルールの管理》ダイアログボックスを表示すると、選択したセルに設定されているルールが一覧に表示されます。

ルールを編集すると、一覧の適用先に表示されているセル範囲すべてに変更が反映されます。

(1)

①セル**【F4】**を選択します。

※表内のF列～I列のセルであれば、どこでもかまいません。

②**《ホーム》**タブ→**《スタイル》**グループの 条件付き書式 (条件付き書式)→**《ルールの管理》**をクリックします。

③**《条件付き書式ルールの管理》**ダイアログボックスが表示されます。

④すべてのルールの**《適用先》**が**「=$F$4:$I$48」**になっていることを確認します。

⑤一覧から**「セルの値>=40」**を選択します。

⑥ (上へ移動) をクリックします。

※ルールが1番上に移動します。

⑦一覧から**「セルの値>=35」**を選択します。

⑧ (上へ移動) をクリックします。

※ルールが2番目に移動します。

⑨**《OK》**をクリックします。

⑩ルールの優先順位が変更されます。

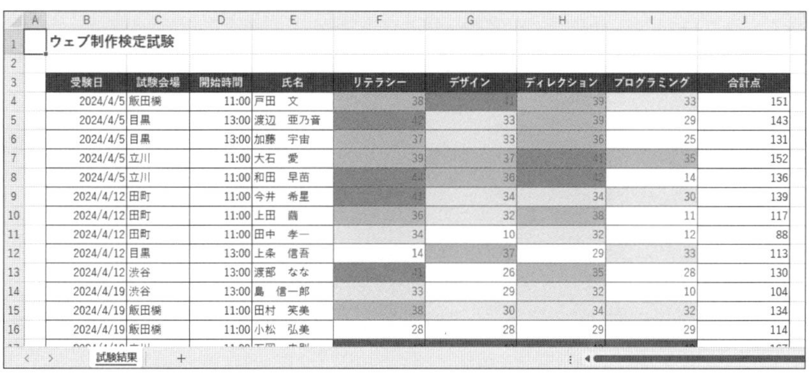

ウェブ制作検定試験

受験日	試験会場	開始時間	氏名	リテラシー	デザイン	ディレクション	プログラミング	合計点
2024/4/5	飯田橋	11:00	戸田　文	38	41	39	33	151
2024/4/5	目黒	13:00	渡辺　亜乃音	42	33	39	29	143
2024/4/5	目黒	13:00	加藤　宇宙	37	33	36	25	131
2024/4/5	立川	11:00	大石　愛	39	37	41	35	152
2024/4/5	立川	11:00	和田　早苗	44	36	42	14	136
2024/4/12	田町	11:00	今井　希星	41	34	34	30	139
2024/4/12	田町	11:00	上田　繭	36	32	38	11	117
2024/4/12	田町	11:00	田中　孝一	34	10	32	12	88
2024/4/12	目黒	13:00	上条　信吾	14	37	29	33	113
2024/4/12	渋谷	13:00	渡部　なな	41	26	35	28	130
2024/4/19	渋谷	13:00	島　信一郎	33	29	32	10	104
2024/4/19	飯田橋	11:00	田村　笑美	38	30	34	32	134
2024/4/19	飯田橋	11:00	小松　弘美	28	28	29	29	114

試験結果

Exercise 確認問題

標準解答 ▶ P.221

Lesson 2-15

OPEN ブック「Lesson2-15」を開いておきましょう。

あなたは、贈答品の売上に関する資料を作成します。
次の操作を行いましょう。

問題(1)	シート「売上一覧」のテーブル「売上一覧」から、「受注日」「商品番号」「数量」が重複するレコードを削除してください。「伝票番号」の小さい方を残します。
問題(2)	シート「売上一覧」の「商品名」と「種別」の列に、フラッシュフィルを使ってデータを入力してください。
問題(3)	シート「売上一覧」の「売上金額」の列に設定されているルールのうち、セルの値の条件が一番小さい条件付き書式のルールを変更してください。セルの背景色が任意の水色で塗りつぶされるように設定します。
問題(4)	シート「社員別売上」の「上期実績」と「下期実績」の平均が「15,000」より小さい場合、「氏名」と「所属」の文字の色が、標準の色の「濃い赤」で表示されるように設定してください。数値が変更されたら、書式が自動的に更新されるようにします。
問題(5)	シート「社員別売上」の渋谷店のデータだけをグループ化してください。並べ替えが必要な場合は、昇順で並べ替えてください。
問題(6)	シート「売上目標」の「東京店」のセル範囲【D4:I4】に、セル【C4】の値から「9%」ずつ増加する連続データを入力してください。
問題(7)	シート「来場者特典」の「日程」の列の日付が、ドロップダウンリストから選択して入力できるように設定してください。ドロップダウンリストは、名前「相談会日程」を参照します。
問題(8)	シート「来場者特典」の各店舗のすべての回に、「RANDARRAY関数」を使って「100」「200」「300」をランダムに表示してください。

出題範囲 3

高度な機能を使用した数式およびマクロの作成

1 関数で論理演算を行う

☑ 理解度チェック

習得すべき機能	参照Lesson	学習前	学習後	試験直前
■ネスト関数を使うことができる。	➡Lesson3-1 ➡Lesson3-2 ➡Lesson3-3	☑	☑	☑
■AND関数を使うことができる。	➡Lesson3-2	☑	☑	☑
■OR関数を使うことができる。	➡Lesson3-3	☑	☑	☑
■NOT関数を使うことができる。	➡Lesson3-3	☑	☑	☑
■IFS関数を使うことができる。	➡Lesson3-4	☑	☑	☑
■SWITCH関数を使うことができる。	➡Lesson3-5	☑	☑	☑
■SUMIF関数を使うことができる。	➡Lesson3-6	☑	☑	☑
■AVERAGEIF関数を使うことができる。	➡Lesson3-7	☑	☑	☑
■COUNTIF関数を使うことができる。	➡Lesson3-8	☑	☑	☑
■SUMIFS関数を使うことができる。	➡Lesson3-9	☑	☑	☑
■AVERAGEIFS関数を使うことができる。	➡Lesson3-10	☑	☑	☑
■COUNTIFS関数を使うことができる。	➡Lesson3-11	☑	☑	☑
■MAXIFS関数を使うことができる。	➡Lesson3-12	☑	☑	☑
■MINIFS関数を使うことができる。	➡Lesson3-12	☑	☑	☑
■LET関数を使うことができる。	➡Lesson3-13	☑	☑	☑

1 ネスト関数を使って論理演算を行う

解説

■関数のネスト

関数の中に、関数を組み込むことを**「関数のネスト」**といいます。関数をネストすると、より複雑な処理を行うことができます。関数のネストは、64レベルまで設定できます。

例：
セル範囲**【D3:E3】**の平均が80より大きければ**「合格」**、そうでなければ**「不合格」**を表示します。

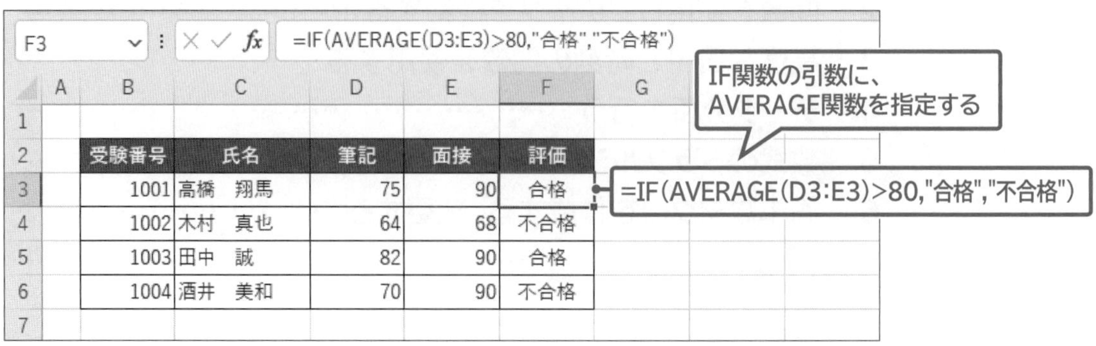
F3 =IF(AVERAGE(D3:E3)>80,"合格","不合格")

受験番号	氏名	筆記	面接	評価
1001	高橋　翔馬	75	90	合格
1002	木村　真也	64	68	不合格
1003	田中　誠	82	90	合格
1004	酒井　美和	70	90	不合格

IF関数の引数に、
AVERAGE関数を指定する
=IF(AVERAGE(D3:E3)>80,"合格","不合格")

■IF関数

指定した条件を満たしている場合と満たしていない場合の結果を表示できます。

> =IF(論理式,値が真の場合,値が偽の場合)
> 　　　　❶　　　　❷　　　　　❸

❶論理式

判断の基準となる数式を指定します。

❷値が真の場合

論理式の結果が真(TRUE)の場合の処理を指定します。

❸値が偽の場合

論理式の結果が偽(FALSE)の場合の処理を指定します。

例:
=IF(E3>=75,"○","×")
セル【E3】が75以上であれば「○」、そうでなければ「×」を表示します。

Lesson 3-1

OPEN ブック「Lesson3-1」を開いておきましょう。

次の操作を行いましょう。

(1)「評価」の列に、個人の「筆記」と「実技」の平均が80点以上の場合は「合格」と表示し、そうでなければ何も表示しないようにする数式を入力してください。

Lesson 3-1 Answer

Point

引数の文字列

引数に文字列を指定する場合は「"(ダブルクォーテーション)」で囲みます。
「"」を続けて入力し、「""」と指定すると、何も表示しないことを意味します。

(1)

①セル**【K4】**に「**=IF(AVERAGE(H4:I4)>=80,"合格","")**」と入力します。

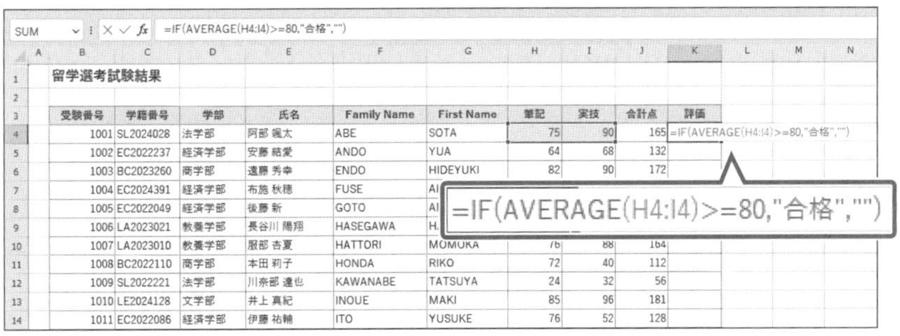

SUM　=IF(AVERAGE(H4:I4)>=80,"合格","")

留学選考試験結果

受験番号	学籍番号	学部	氏名	Family Name	First Name	筆記	実技	合計点	評価
1001	SL2024028	法学部	阿部 颯太	ABE	SOTA	75	90	165	=IF(AVERAGE(H4:I4)>=80,"合格","")
1002	EC2022237	経済学部	安藤 結愛	ANDO	YUA	64	68	132	
1003	BC2023260	商学部	遠藤 秀幸	ENDO	HIDEYUKI	82	90	172	
1004	EC2024391	経済学部	布施 秋穂	FUSE	AI				
1005	EC2022049	経済学部	後藤 新	GOTO	AI				
1006	LA2023021	教養学部	長谷川 陽翔	HASEGAWA	H.				
1007	LA2023010	教養学部	服部 杏夏	HATTORI	MOMOKA	76	88	164	
1008	BC2022110	商学部	本田 莉子	HONDA	RIKO	72	40	112	
1009	SL2022221	法学部	川奈部 達也	KAWANABE	TATSUYA	24	32	56	
1010	LE2024128	文学部	井上 真紀	INOUE	MAKI	85	96	181	
1011	EC2022086	経済学部	伊藤 祐輔	ITO	YUSUKE	76	52	128	

②セル**【K4】**に評価が表示されます。

③セル**【K4】**を選択し、セル右下の■(フィルハンドル)をダブルクリックします。

④数式がコピーされます。

留学選考試験結果

受験番号	学籍番号	学部	氏名	Family Name	First Name	筆記	実技	合計点	評価
1001	SL2024028	法学部	阿部 颯太	ABE	SOTA	75	90	165	合格
1002	EC2022237	経済学部	安藤 結愛	ANDO	YUA	64	68	132	
1003	BC2023260	商学部	遠藤 秀幸	ENDO	HIDEYUKI	82	90	172	合格
1004	EC2024391	経済学部	布施 秋穂	FUSE	AKIHO	80	52	132	
1005	EC2022049	経済学部	後藤 新	GOTO	ARATA	60	52	112	
1006	LA2023021	教養学部	長谷川 陽翔	HASEGAWA	HARUTO	36	44	80	
1007	LA2023010	教養学部	服部 杏夏	HATTORI	MOMOKA	76	88	164	合格
1008	BC2022110	商学部	本田 莉子	HONDA	RIKO	72	40	112	
1009	SL2022221	法学部	川奈部 達也	KAWANABE	TATSUYA	24	32	56	
1010	LE2024128	文学部	井上 真紀	INOUE	MAKI	85	96	181	合格
1011	EC2022086	経済学部	伊藤 祐輔	ITO	YUSUKE	76	52	128	

2 AND、OR、NOT関数を使って論理演算を行う

解説

■AND関数

指定した複数の論理式をすべて満たす場合は真（TRUE）を返し、そうでない場合は偽（FALSE）を返します。
IF関数にAND関数を組み合わせると、複数の条件をすべて満たす場合の条件を設定できます。

＝AND（**論理式1，論理式2，･･･**）

例：
＝AND（C3>=40,D3>=40）
セル【**C3**】が40以上、かつ、セル【**D3**】が40以上であれば「**TRUE**」、そうでなければ「**FALSE**」を返します。

例：
＝IF（AND（C3>=40,D3>=40），"○"，"×"）
セル【**C3**】が40以上、かつ、セル【**D3**】が40以上であれば「**○**」、そうでなければ「**×**」を表示します。

■OR関数

指定した複数の論理式のうち、少なくとも1つを満たしている場合は真（TRUE）を返し、そうでない場合は偽（FALSE）を返します。
IF関数にOR関数を組み合わせると、複数の条件のうち少なくとも1つを満たす場合の条件を設定できます。

＝OR（**論理式1，論理式2，･･･**）

例：
＝OR（C3>=40,D3>=40）
セル【**C3**】が40以上、またはセル【**D3**】が40以上であれば「**TRUE**」、そうでなければ「**FALSE**」を返します。

例：
＝IF（OR（C3>=40,D3>=40），"○"，"×"）
セル【**C3**】が40以上、またはセル【**D3**】が40以上であれば「**○**」、そうでなければ「**×**」を表示します。

■NOT関数

指定した論理式を満たしていない場合は真（TRUE）を返し、そうでない場合は偽（FALSE）を返します。
IF関数にNOT関数を組み合わせると、「**～以外**」「**～を除く**」のように、ある特定の値と等しくない場合の条件を設定できます。

＝NOT（**論理式**）

例：
＝NOT（E2="りんご"）
セル【**E2**】が「**りんご**」以外であれば「**TRUE**」、「**りんご**」であれば「**FALSE**」を返します。

例：
＝IF（NOT（E2="りんご"），"購入する"，"購入しない"）
セル【**E2**】が「**りんご**」以外であれば「**購入する**」、「**りんご**」であれば「**購入しない**」を表示します。

Lesson 3-2

OPEN ブック「Lesson3-2」を開いておきましょう。

次の操作を行いましょう。

(1)「入会キャンペーン割引金額」の列に、「入会日」が2024年4月5日から2024年4月12日までの期間であれば、割引金額「¥−3,000」を表示し、それ以外の期間であれば「¥0」を表示する数式を入力してください。「割引対象」の期間や「割引金額」はセルを参照します。

Lesson 3-2 Answer

(1)

①セル**【G8】**に**「=IF(AND(E8>=$C$3,E8<=$E$3),$F$3,0)」**と入力します。

※数式をコピーするため、セル【C3】、【E3】、【F3】は常に同じセルを参照するように絶対参照にします。

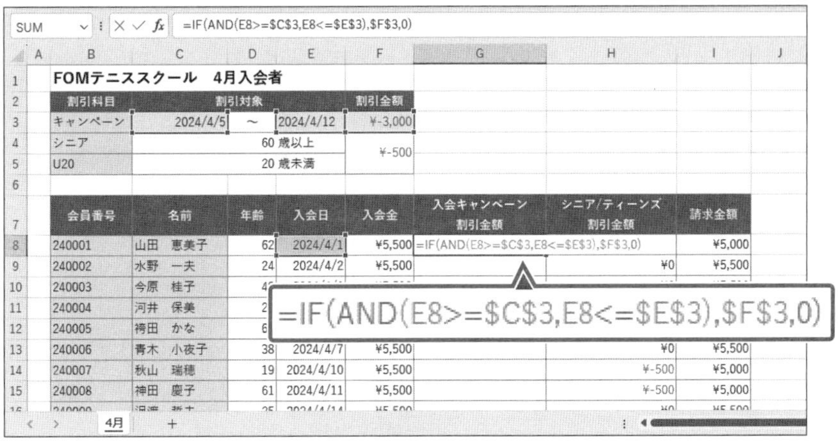

②セル**【G8】**に入会キャンペーン割引金額が表示されます。

※「入会キャンペーン割引金額」の列には、表示形式が設定されています。

③セル**【G8】**を選択し、セル右下の■（フィルハンドル）をダブルクリックします。

④数式がコピーされます。

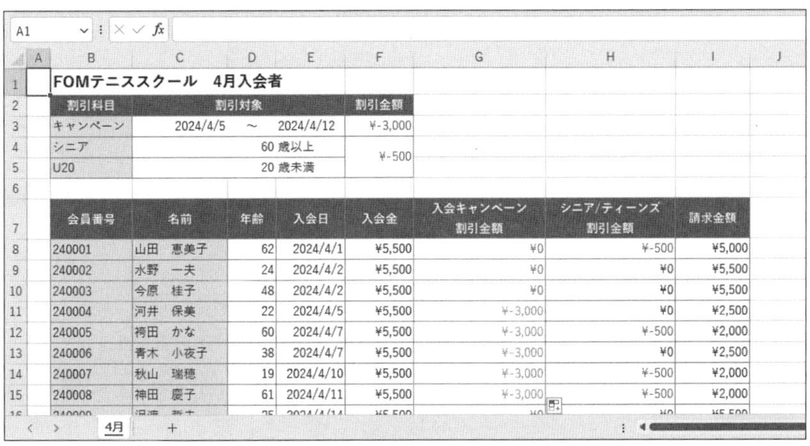

Lesson 3-3

OPEN ブック「Lesson3-3」を開いておきましょう。

次の操作を行いましょう。

(1) IF関数とOR関数を使って、「スケジュール表」の列に、「利用枚数」が5枚未満、または「残り枚数」が10枚以上の場合は「送付」、そうでなければ何も表示しないように数式を入力してください。条件はセル【D3】と【D4】を参照します。

(2) IF関数、NOT関数、OR関数を使って、「クラス案内」の列に、「クラス」がビギナー、またはミドル以外の場合は「送付」、そうでなければ何も表示しないように数式を入力してください。条件はセル【D5】と【E5】を参照します。

Lesson 3-3 Answer

(1)

①セル【**H8**】に「**=IF(OR(F8<$D$3,G8>=$D$4),"送付","")**」と入力します。

※数式をコピーするため、セル【D3】と【D4】は常に同じセルを参照するように絶対参照にします。

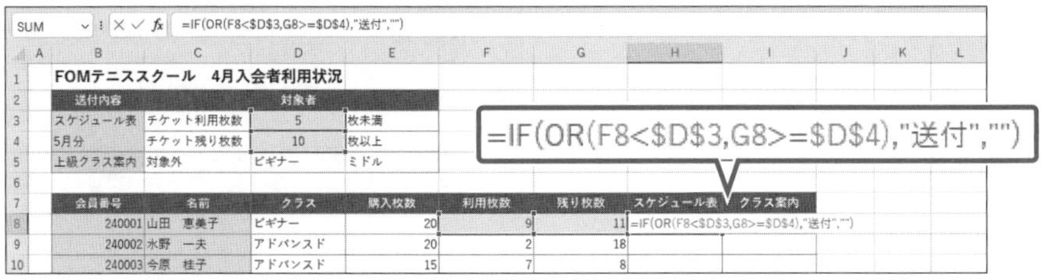

②セル【**H8**】に結果が表示されます。

③セル【**H8**】を選択し、セル右下の■（フィルハンドル）をダブルクリックします。

④数式がコピーされます。

(2)

①セル【**I8**】に「**=IF(NOT(OR(D8=$D$5,D8=$E$5)),"送付","")**」と入力します。

※数式をコピーするため、セル【D5】と【E5】は常に同じセルを参照するように絶対参照にします。

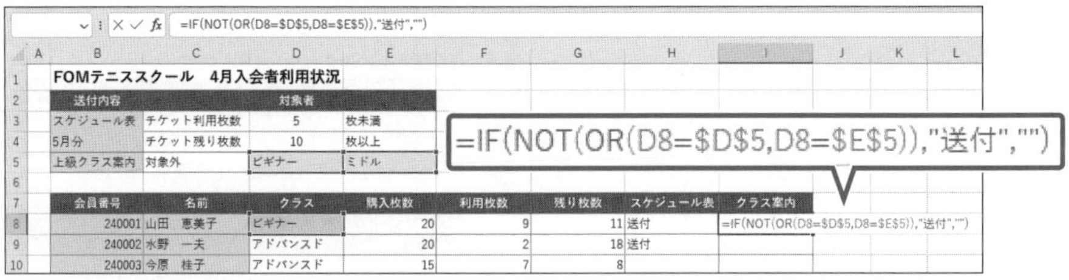

②セル【**I8**】に結果が表示されます。

※セル【I8】には何も表示されません。

③セル【**I8**】を選択し、セル右下の■（フィルハンドル）をダブルクリックします。

④数式がコピーされます。

	B	C	D	E	F	G	H	I
1	FOMテニススクール　4月入会者利用状況							
2	送付内容		対象者					
3	スケジュール表	チケット利用枚数	5	枚未満				
4	5月分	チケット残り枚数	10	枚以上				
5	上級クラス案内	対象外	ビギナー	ミドル				
6								
7	会員番号	名前	クラス	購入枚数	利用枚数	残り枚数	スケジュール表	クラス案内
8	240001	山田　恵美子	ビギナー	20	9	11	送付	
9	240002	水野　一夫	アドバンスド	20	2	18	送付	送付
10	240003	今原　桂子	アドバンスド	15	7	8		送付
11	240004	河井　保美	ミドル	10	8	2		
12	240005	袴田　かな	ビギナー	16	5	11	送付	
13	240006	青木　小夜子	エキスパート	10	6	4		送付
14	240007	秋山　瑞穂	アドバンスド	12	7	5		送付
15	240008	神田　慶子	ビギナー	15	6	9		

3 IFS、SWITCH関数を使って論理演算を行う

解説

■IFS関数

複数の条件を順番に判断し、条件に応じた結果を表示できます。

=IFS(論理式1,値が真の場合1,論理式2,値が真の場合2,･･･,TRUE,当てはまらなかった場合)
❶ ❷ ❸ ❹ ❺ ❻

❶論理式1
判断の基準となる1つ目の条件を数式で指定します。

❷値が真の場合1
1つ目の論理式が真(TRUE)の場合の処理を指定します。

❸論理式2
判断の基準となる2つ目の条件を数式で指定します。

❹値が真の場合2
2つ目の論理式が真(TRUE)の場合の処理を指定します。

❺TRUE
論理式にTRUEを指定すると、すべての論理式に当てはまらなかった場合を指定できます。

❻当てはまらなかった場合
すべての論理式に当てはまらなかった場合の処理を指定します。

例：
=IFS(A1>=8000,"A",A1>=6000,"B",A1>4000,"C",TRUE,"E")
セル【A1】が8000以上であれば「A」、6000以上であれば「B」、4000より大きければ「C」、どれにも当てはまらなければ「E」を表示します。

■SWITCH関数

複数の値を検索し、一致した値に対応する結果を表示できます。値の中に検索値で指定した値と一致するものがない場合は、既定の結果を表示します。
値には、数値や文字列などを指定できます。

=SWITCH(式,値1,結果1,値2,結果2,･･･,既定の結果)
❶ ❷ ❸ ❹ ❺ ❻

❶式
検索対象のコードや値、または入力されたセルを指定します。

❷値1
式と比較する1つ目の値を指定します。

❸結果1
式が「**値1**」に一致した場合の処理を指定します。

❹値2
式と比較する2つ目の値を指定します。

❺結果2
式が「**値2**」に一致した場合の処理を指定します。

❻既定の結果
式がすべての値に一致しなかった場合の処理を指定します。
※省略できます。省略すると、エラー値「#N/A」が返されます。

例：
=SWITCH(B5,"A","日帰出張","B","宿泊出張","区分を入力")
セル【B5】が「**A**」であれば「**日帰出張**」、「**B**」であれば「**宿泊出張**」、それ以外は「**区分を入力**」を表示します。

Lesson 3-4

ブック「Lesson3-4」を開いておきましょう。

次の操作を行いましょう。

(1) 「評価」の列に、次の条件に基づいて評価を表示する数式を入力してください。「合計点」が160以上であれば「A」、130以上であれば「B」、100以上であれば「C」、どれにも当てはまらなければ「E」を表示します。

Lesson 3-4 Answer

Point

論理式の順序

論理式1の条件が真（TRUE）になると論理式2以降は判断されません。そのため、論理式と真の場合の組み合わせは判断する順に記述します。

(1)

①セル【H4】に「**=IFS(G4>=160,"A",G4>=130,"B",G4>=100,"C",TRUE,"E")**」と入力します。

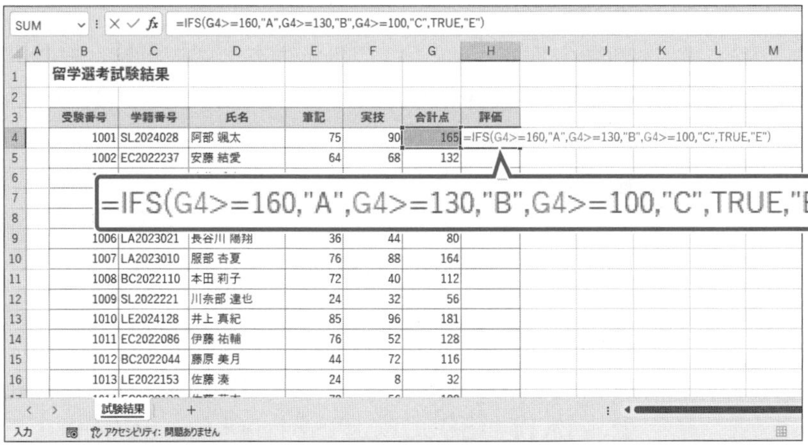

②セル【H4】に評価が表示されます。

③セル【H4】を選択し、セル右下の■（フィルハンドル）をダブルクリックします。

④数式がコピーされます。

留学選考試験結果

受験番号	学籍番号	氏名	筆記	実技	合計点	評価
1001	SL2024028	阿部 颯太	75	90	165	A
1002	EC2022237	安藤 結愛	64	68	132	B
1003	BC2023260	遠藤 秀幸	82	90	172	A
1004	EC2024391	布施 秋穂	80	52	132	B
1005	EC2022049	後藤 新	60	52	112	C
1006	LA2023021	長谷川 陽翔	36	44	80	E
1007	LA2023010	服部 杏夏	76	88	164	A
1008	BC2022110	本田 莉子	72	40	112	C
1009	SL2022221	川奈部 達也	24	32	56	E
1010	LE2024128	井上 真紀	85	96	181	A
1011	EC2022086	伊藤 祐輔	76	52	128	C
1012	BC2022044	藤原 美月	44	72	116	C
1013	LE2022153	佐藤 湊	24	8	32	E

Lesson 3-5

OPEN ブック「Lesson3-5」を開いておきましょう。

次の操作を行いましょう。

(1)「学部」の列に、学部名を表示する数式を入力してください。
「学籍番号」の最初の2文字が「LE」であれば「文学部」、「SL」であれば「法学部」、「EC」であれば「経済学部」、「BC」であれば「商学部」、それ以外は「通信制」を表示します。

Lesson 3-5 Answer

(1)

①セル**【D4】**に「**=SWITCH(LEFT(C4,2),"LE","文学部","SL","法学部","EC","経済学部","BC","商学部","通信制")**」と入力します。

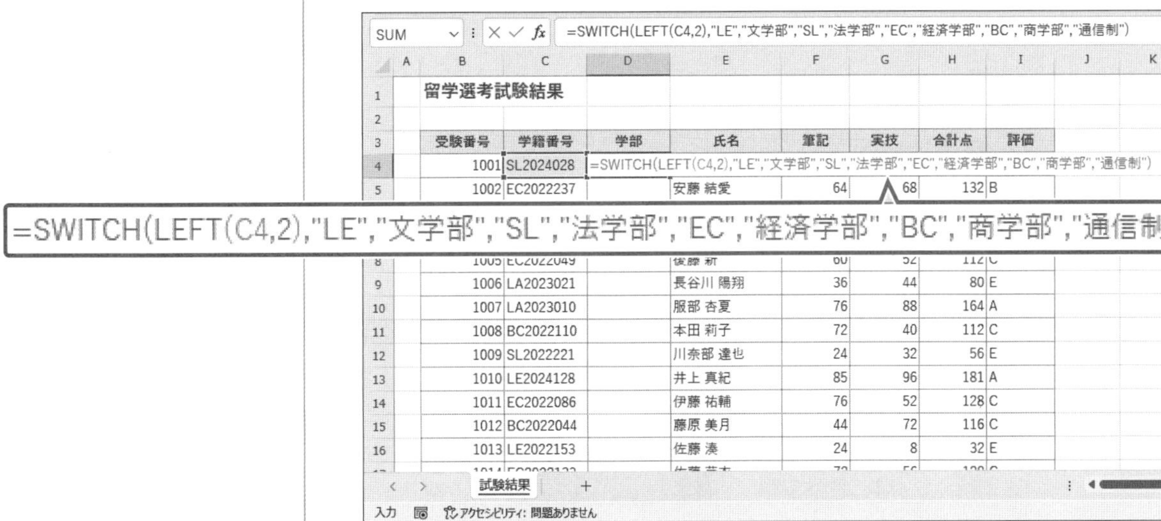

②セル**【D4】**に学部が表示されます。

③セル**【D4】**を選択し、セル右下の■(フィルハンドル)をダブルクリックします。

④数式がコピーされます。

4　SUMIF、AVERAGEIF、COUNTIF関数を使って論理演算を行う

解説

■SUMIF関数

指定した範囲内で検索条件を満たしているセルと同じ行または列にある、合計範囲内のセルの合計を求めることができます。

=SUMIF（範囲, 検索条件, 合計範囲）
　　　　　❶　　　❷　　　　❸

❶範囲

検索の対象となるセル範囲を指定します。

❷検索条件

検索条件を文字列またはセル、数値、数式で指定します。「">15"」のように比較演算子を使って指定することもできます。

※条件にはワイルドカード文字が使えます。

❸合計範囲

合計を求めるセル範囲を指定します。

※省略できます。省略すると、❶の範囲が対象になります。

例：

セル範囲【B3:B9】から「りんご」を検索し、対応するセル範囲【C3:C9】の数値を合計します。

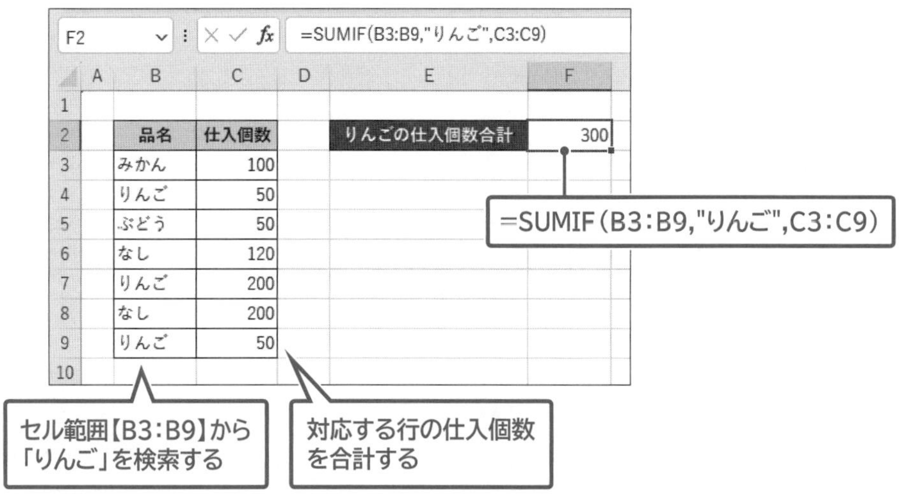

例：

セル範囲【C2:I2】から「りんご」を検索し、対応するセル範囲【C3:I3】の数値を合計します。

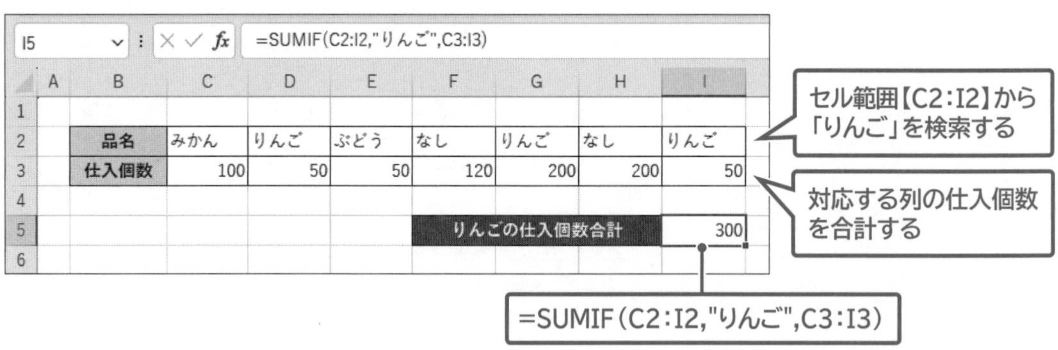

■AVERAGEIF関数

指定した範囲内で条件を満たしているセルと同じ行または列にある、平均対象範囲内のセルの平均を求めることができます。

=AVERAGEIF（範囲, 条件, 平均対象範囲）
❶ ❷ ❸

❶範囲

検索の対象となるセル範囲を指定します。

❷条件

条件を文字列またはセル、数値、数式で指定します。「">15"」のように比較演算子を使って指定することもできます。

※条件にはワイルドカード文字が使えます。

❸平均対象範囲

平均を求めるセル範囲を指定します。

※省略できます。省略すると、❶の範囲が対象になります。

例：

セル範囲【B3:B9】から「りんご」を検索し、対応するセル範囲【C3:C9】の数値を平均します。

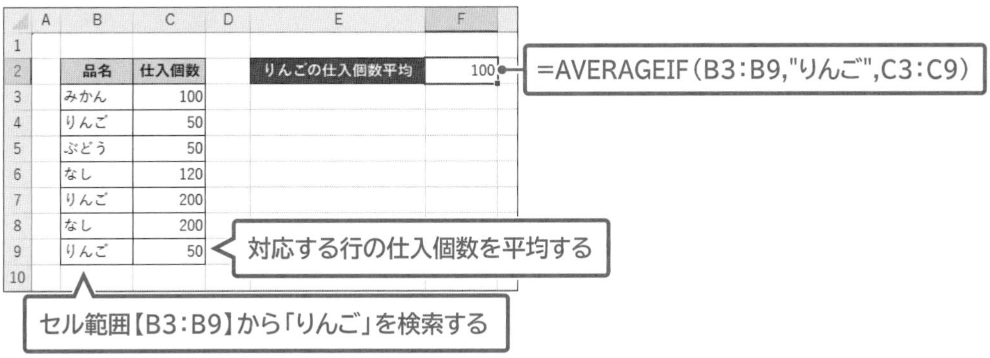

■COUNTIF関数

指定した範囲内で検索条件を満たしているセルの個数を求めることができます。

=COUNTIF（範囲, 検索条件）
❶ ❷

❶範囲

検索の対象となるセル範囲を指定します。

❷検索条件

検索条件を文字列またはセル、数値、数式で指定します。「">15"」のように比較演算子を使って指定することもできます

※条件にはワイルドカード文字が使えます。

例：

セル範囲【B3:B9】から「りんご」を検索し、「りんご」のデータの個数を求めます。

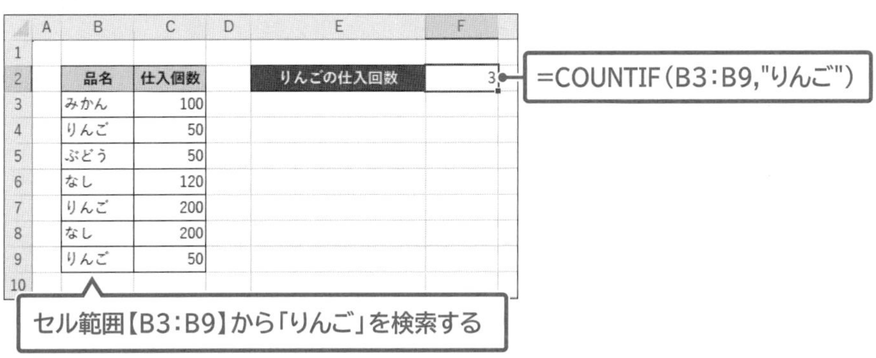

Lesson 3-6

OPEN ブック「Lesson3-6」を開いておきましょう。

次の操作を行いましょう。

(1) 「売上金額合計」に地区別の売上金額の合計を表示する数式を入力してください。数式には、定義された名前「地区」と「売上金額」を使います。

Lesson 3-6 Answer

Point

名前の範囲

名前ボックスの⌄をクリックすると、定義されている名前が一覧で表示されます。一覧から名前を選択すると、対応するセル範囲が選択され、範囲を確認できます。

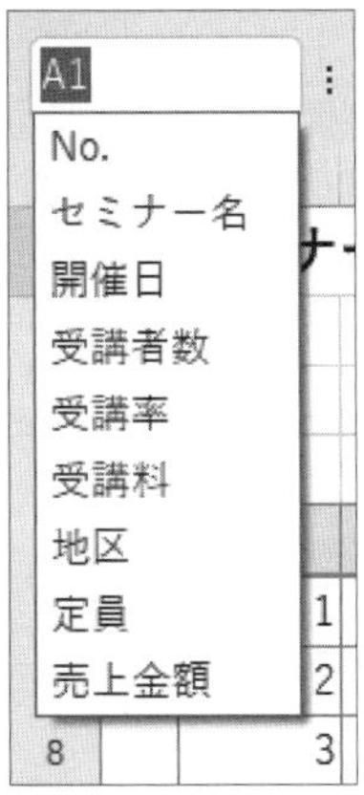

Point

名前の指定

名前が定義された範囲を選択すると、数式に名前が表示されます。

例：

セル範囲【B3:B7】に名前「品名」、セル範囲【C3:C7】に名前「仕入個数」と定義されている場合

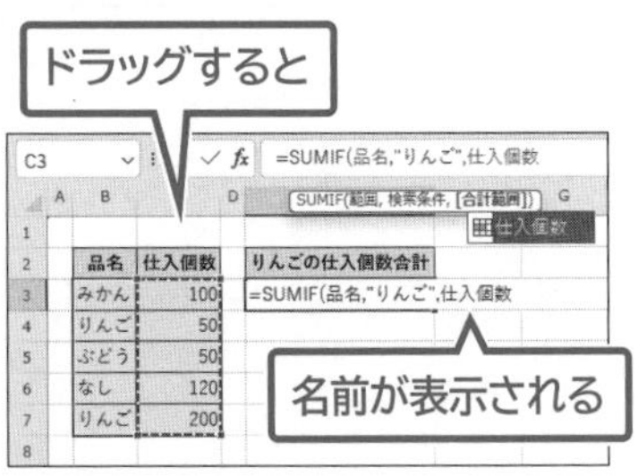

Point

ワイルドカード文字

ワイルドカード文字を使って検索条件を指定すると、部分的に等しい文字列を検索できます。

ワイルドカード文字の「*（アスタリスク）」は任意の文字列、「?（疑問符）」は任意の1文字を意味します。

※「*」や「?」を検索する場合は、「~*」のように「~（チルダ）」を付けます。

(1)

①セル【G3】に「=SUMIF(」と入力します。

②《数式》タブ→《定義された名前》グループの［数式で使用］（数式で使用）→《地区》をクリックします。

※「地区」と直接入力してもかまいません。

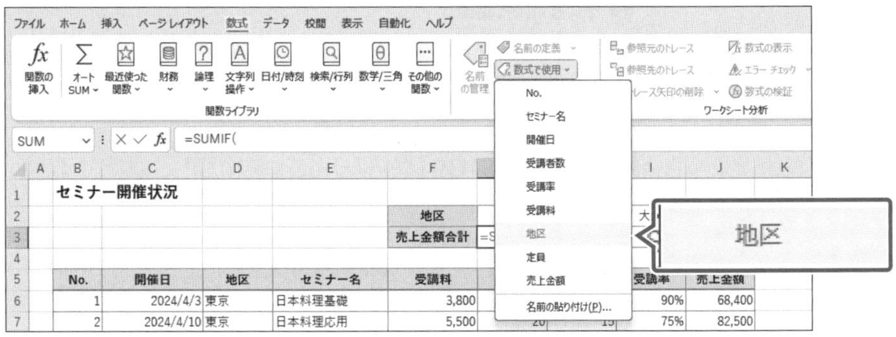

③「=SUMIF(地区」と表示されます。

④続けて「,G2,」と入力します。

⑤《数式》タブ→《定義された名前》グループの［数式で使用］（数式で使用）→《売上金額》をクリックします。

※「売上金額」と直接入力してもかまいません。

⑥「=SUMIF(地区,G2,売上金額」と表示されます。

⑦続けて「)」を入力します。

⑧数式バーに「=SUMIF(地区,G2,売上金額)」と表示されていることを確認します。

⑨［Enter］を押します。

⑩セル【G3】に東京の売上金額の合計が表示されます。

⑪セル【G3】を選択し、セル右下の■（フィルハンドル）をセル【J3】までドラッグします。

⑫数式がコピーされます。

Lesson 3-7

OPEN ブック「Lesson3-7」を開いておきましょう。

次の操作を行いましょう。

(1) 「売上金額平均」に地区別の売上金額の平均を表示する数式を入力してください。数式には、定義された名前「地区」と「売上金額」を使います。

Lesson 3-7 Answer

(1)

①セル**【G3】**に**「=AVERAGEIF(」**と入力します。

②**《数式》**タブ→**《定義された名前》**グループの［数式で使用］(数式で使用)→**《地区》**をクリックします。

※「地区」と直接入力してもかまいません。

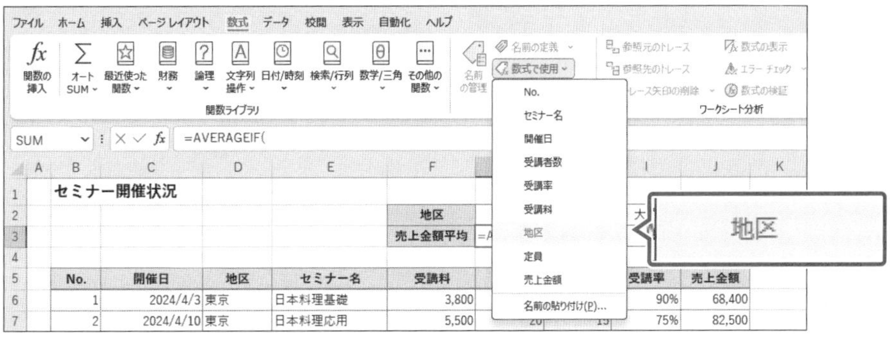

③**「=AVERAGEIF(地区」**と表示されます。

④続けて**「,G2,」**と入力します。

⑤**《数式》**タブ→**《定義された名前》**グループの［数式で使用］(数式で使用)→**《売上金額》**をクリックします。

※「売上金額」と直接入力してもかまいません。

⑥**「=AVERAGEIF(地区,G2,売上金額」**と表示されます。

⑦続けて**「)」**を入力します。

⑧数式バーに**「=AVERAGEIF(地区,G2,売上金額)」**と表示されていることを確認します。

G3
=AVERAGEIF(地区,G2,売上金額)
=AVERAGEIF(地区,G2,売上金額)
セミナー開催状況
地区 東京 名古屋 大阪 福岡
売上金額平均 =AVERAGEIF(地区,G2,売上金額)
No. 開催日 地区 セミナー名 受講料 定員 受講者数 受講率 売上金額
1 2024/4/3 東京 日本料理基礎 3,800 20 18 90% 68,400
2 2024/4/10 東京 日本料理応用 5,500 20 15 75% 82,500
3 2024/4/4 大阪 日本料理基礎 3,800 15 13 87% 49,400
4 2024/4/8 東京 洋菓子専門 3,500 20 14 70% 49,000

⑨ Enter を押します。

⑩セル**【G3】**に東京の売上金額の平均が表示されます。

⑪セル**【G3】**を選択し、セル右下の■(フィルハンドル)をセル**【J3】**までドラッグします。

⑫数式がコピーされます。

セミナー開催状況
地区 東京 名古屋 大阪 福岡
売上金額平均 65,550 35,100 47,286 24,350
No. 開催日 地区 セミナー名 受講料 定員 受講者数 受講率 売上金額
1 2024/4/3 東京 日本料理基礎 3,800 20 18 90% 68,400
2 2024/4/10 東京 日本料理応用 5,500 20 15 75% 82,500
3 2024/4/4 大阪 日本料理基礎 3,800 15 13 87% 49,400
4 2024/4/8 東京 洋菓子専門 3,500 20 14 70% 49,000

Lesson 3-8

ブック「Lesson3-8」を開いておきましょう。

次の操作を行いましょう。

(1)「開催回数」に地区別のセミナーの開催回数を表示する数式を入力してください。数式には、定義された名前「地区」を使います。

Lesson 3-8 Answer

(1)

①セル**【G3】**に**「=COUNTIF(」**と入力します。

②**《数式》**タブ→**《定義された名前》**グループの［数式で使用］(数式で使用)→**《地区》**をクリックします。

※「地区」と直接入力してもかまいません。

=COUNTIF(
地区

③**「=COUNTIF(地区」**と表示されます。

④続けて**「,G2)」**と入力します。

⑤数式バーに**「=COUNTIF(地区,G2)」**と表示されていることを確認します。

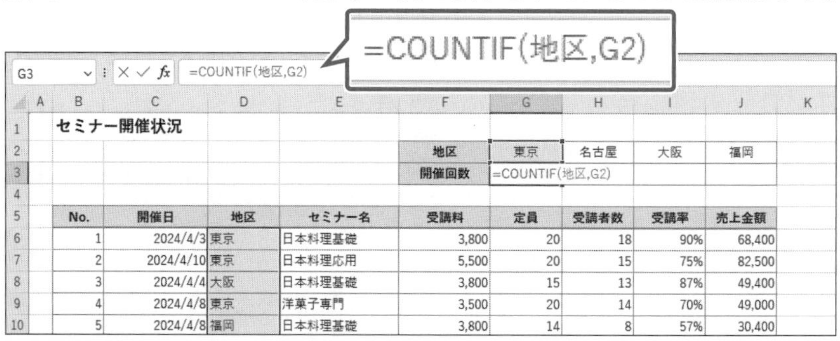
=COUNTIF(地区,G2)

⑥［Enter］を押します。

⑦セル**【G3】**に東京の開催回数が表示されます。

⑧セル**【G3】**を選択し、セル右下の■(フィルハンドル)をセル**【J3】**までドラッグします。

⑨数式がコピーされます。

5 SUMIFS、AVERAGEIFS、COUNTIFS関数を使って論理演算を行う

解説

■SUMIFS関数

複数の条件をすべて満たす場合、対応するセル範囲の値の合計を求めることができます。

＝SUMIFS（合計対象範囲❶, 条件範囲1❷, 条件1❸, 条件範囲2❹, 条件2❺, ･･･）

❶合計対象範囲

複数の条件をすべて満たす場合に、合計するセル範囲を指定します。

❷条件範囲1

1つ目の条件によって検索するセル範囲を指定します。

❸条件1

1つ目の条件を文字列またはセル、数値、数式で指定します。**「">15"」**のように比較演算子を使って指定することもできます。

❹条件範囲2

2つ目の条件によって検索するセル範囲を指定します。

❺条件2

2つ目の条件を指定します。

例：

セル範囲**【C3：C9】**から**「りんご」**、セル範囲**【D3：D9】**から**「青森」**を検索し、両方に対応するセル範囲**【E3：E9】**の数値を合計します。

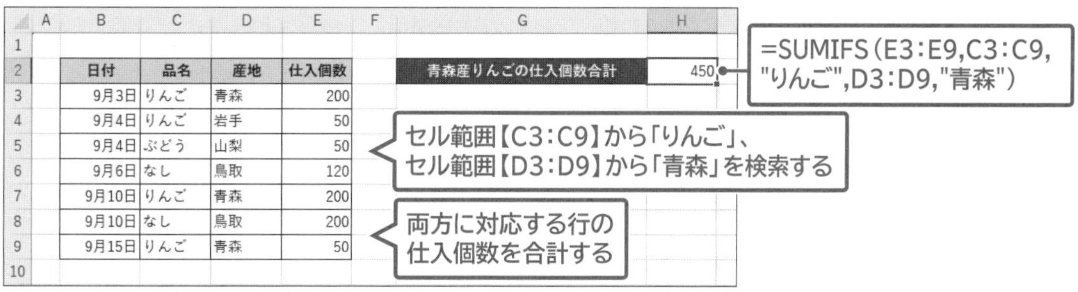

	A	B	C	D	E	F	G	H
1								
2		日付	品名	産地	仕入個数		青森産りんごの仕入個数合計	450
3		9月3日	りんご	青森	200			
4		9月4日	りんご	岩手	50			
5		9月4日	ぶどう	山梨	50			
6		9月6日	なし	鳥取	120			
7		9月10日	りんご	青森	200			
8		9月10日	なし	鳥取	200			
9		9月15日	りんご	青森	50			
10								

=SUMIFS(E3:E9,C3:C9,"りんご",D3:D9,"青森")
セル範囲【C3:C9】から「りんご」、セル範囲【D3:D9】から「青森」を検索する
両方に対応する行の仕入個数を合計する

■AVERAGEIFS関数

複数の条件をすべて満たす場合、対応するセル範囲の値の平均を求めることができます。

＝AVERAGEIFS（平均対象範囲❶, 条件範囲1❷, 条件1❸, 条件範囲2❹, 条件2❺, ･･･）

❶平均対象範囲

複数の条件をすべて満たす場合に、平均を求めるセル範囲を指定します。

❷条件範囲1

1つ目の条件によって検索するセル範囲を指定します。

❸条件1

1つ目の条件を文字列またはセル、数値、数式で指定します。**「">15"」**のように比較演算子を使って指定することもできます。

❹条件範囲2

2つ目の条件によって検索するセル範囲を指定します。

❺条件2

2つ目の条件を指定します。

例：
セル範囲【C3：C9】から「りんご」、セル範囲【D3：D9】から「青森」を検索し、両方に対応するセル範囲【E3：E9】の数値の平均を求めます。

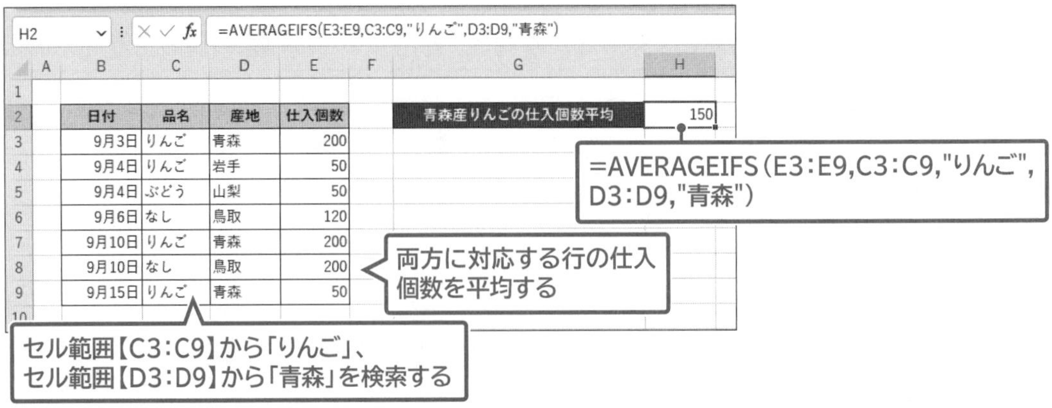

■COUNTIFS関数

複数の検索条件をすべて満たすデータの個数を求めることができます。

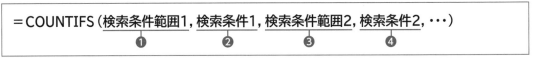

＝COUNTIFS（検索条件範囲1，検索条件1，検索条件範囲2，検索条件2，･･･）
　　　　　　　❶　　　　　　❷　　　　　　❸　　　　　　❹

❶検索条件範囲1

1つ目の検索条件によって検索するセル範囲を指定します。

❷検索条件1

1つ目の検索条件を文字列またはセル、数値、数式で指定します。「">15"」のように比較演算子を使って指定することもできます。

❸検索条件範囲2

2つ目の検索条件によって検索するセル範囲を指定します。

❹検索条件2

2つ目の検索条件を指定します。

例：
セル範囲【C3：C9】から「りんご」、セル範囲【D3：D9】から「青森」を検索し、両方に対応するデータの個数を求めます。

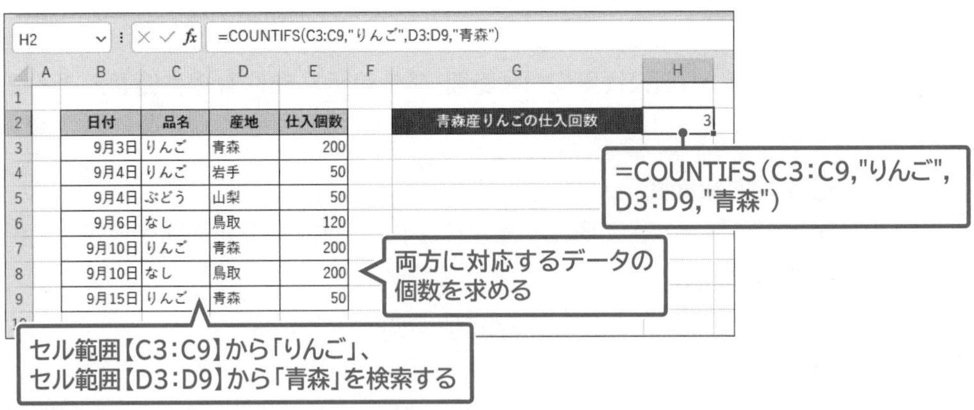

Lesson 3-9

OPEN ブック「Lesson3-9」を開いておきましょう。

次の操作を行いましょう。

(1) シート「受講者数」の「受講者数」の列に、月別の受講者数の合計を表示する数式を入力してください。受講者数はシート「開催状況」をもとに合計します。検索条件はシート「受講者数」の「開始日」と「終了日」、範囲はテーブルの列見出しを使用して指定します。数式は、条件が変更されたり、テーブルのデータが追加されたりした場合でも再計算されるようにします。

(2) シート「開催状況」のセル【J3】に、条件に一致する売上金額の合計を表示する数式を入力してください。条件はセル【H3】と【I3】を参照し、範囲はテーブルの列見出しを使用して指定します。数式は、条件が変更されたり、テーブルのデータが追加されたりした場合でも再計算されるようにします。

Lesson 3-9 Answer

Point

構造化参照

数式の参照にテーブル内のセルを指定すると、テーブル名と列見出しの組み合わせで表示されます。この組み合わせを「構造化参照」といいます。

Point

テーブルの指定

関数の引数にテーブル全体を選択すると「テーブル名」、列を選択すると「テーブル名[列見出し]」で表示されます。同じテーブル内のセルを参照すると、テーブル名は省略されて「@」と列見出しで数式に入力されます。別のテーブルのセルを参照すると、テーブル名と列見出しが数式に入力されます。

Point

テーブルのデータ範囲の選択

テーブル全体の選択

◆テーブルの左上角の外枠をポイント→マウスポインターの形が↘に変わったらクリック

列の選択

◆テーブルの列見出しの上側をポイント→マウスポインターの形が⬇に変わったらクリック

行の選択

◆テーブルの行の左側をポイント→マウスポインターの形が➡に変わったらクリック

(1)

①シート**「受講者数」**のセル**【E4】**に**「=SUMIFS(」**と入力します。

②シート**「開催状況」**のセル範囲**【H6:H45】**を選択します。

※「受講者数」の列見出しの上側をポイントし、マウスポインターの形が⬇に変わったらクリックして選択します。

③**「=SUMIFS(開催状況[受講者数]」**と表示されます。

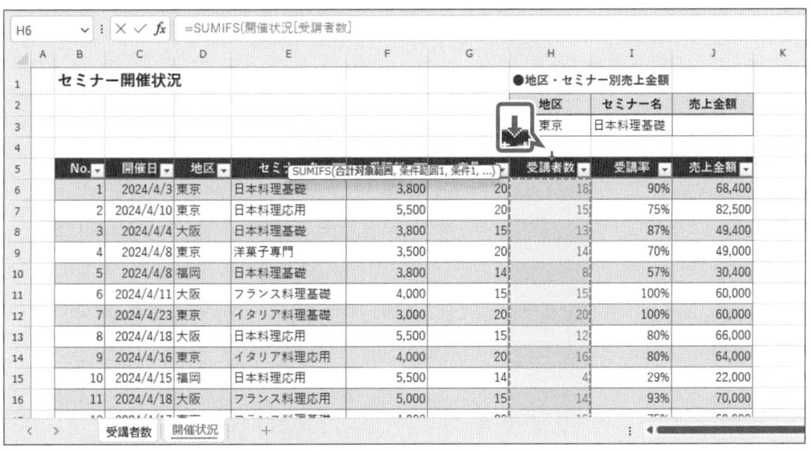

④続けて**「,」**を入力します。

⑤シート**「開催状況」**のセル範囲**【C6:C45】**を選択します。

※「開催日」の列見出しの上側をポイントし、マウスポインターの形が⬇に変わったらクリックして選択します。

⑥**「=SUMIFS(開催状況[受講者数],開催状況[開催日]」**と表示されます。

Point

範囲の自動拡張

テーブルは最終行にレコードを追加すると自動的にテーブルサイズが変更されます。テーブルが関数の引数に指定されている場合は、引数の範囲も自動的に拡張されます。

⑦続けて「**,**」を入力します。

⑧シート「**受講者数**」のセル【**C4**】を選択します。

⑨「**=SUMIFS(開催状況[受講者数],開催状況[開催日],[@開始日]**」と表示されます。

⑩続けて「**,**」を入力します。

⑪シート「**開催状況**」のセル範囲【**C6:C45**】を選択します。

⑫「**=SUMIFS(開催状況[受講者数],開催状況[開催日],[@開始日],開催状況[開催日]**」と表示されます。

⑬続けて「**,**」を入力します。

⑭シート「**受講者数**」のセル【**D4**】を選択します。

⑮「**=SUMIFS(開催状況[受講者数],開催状況[開催日],[@開始日],開催状況[開催日],[@終了日]**」と表示されます。

⑯続けて「**)**」を入力します。

⑰数式バーに「**=SUMIFS(開催状況[受講者数],開催状況[開催日],[@開始日],開催状況[開催日],[@終了日])**」と表示されていることを確認します。

=SUMIFS(開催状況[受講者数],開催状況[開催日],[@開始日],開催状況[開催日],[@終了日])

⑱ Enter を押します。

⑲受講者数が表示されます。

※フィールド内の残りのセルにも自動的に数式が作成されます。

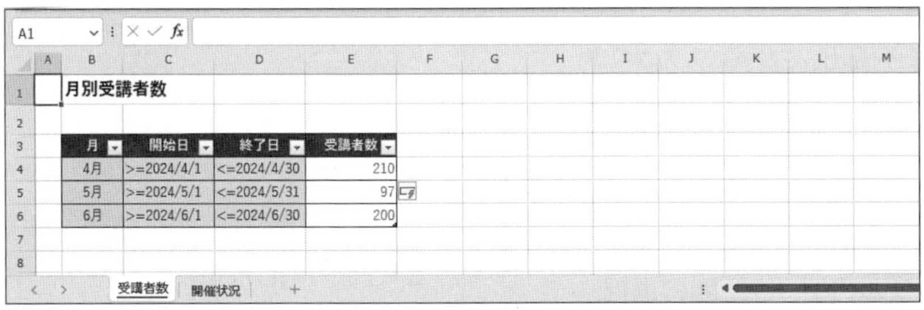

(2)

①シート「**開催状況**」のセル【**J3**】に「**=SUMIFS(開催状況[売上金額],開催状況[地区],H3,開催状況[セミナー名],I3)**」と入力します。

※「開催状況[売上金額]」「開催状況[地区]」「開催状況[セミナー名]」は、テーブルの列見出しの上側をポイントし、マウスポインターの形が⬇に変わったらクリックして指定します。

②セル【**J3**】に「**東京**」の「**日本料理基礎**」の売上金額の合計が表示されます。

=SUMIFS(開催状況[売上金額],開催状況[地区],H3,開催状況[セミナー名],I3)

Lesson 3-10

ブック「Lesson3-10」を開いておきましょう。

次の操作を行いましょう。

(1) セル【I3】に、条件に一致する平均点を表示する数式を入力してください。条件はセル【G3】と【H3】を参照し、範囲はテーブルの列見出しを使用して指定します。数式は、条件が変更されたり、テーブルのデータが追加されたりした場合でも再計算されるようにします。

Lesson 3-10 Answer

Point

テーブルスタイルのオプション

「テーブルスタイルのオプション」を使うと、フィルターボタンや縞模様などの表示／非表示を切り替えることができます。

◆《テーブルデザイン》タブ→《テーブルスタイルのオプション》グループ

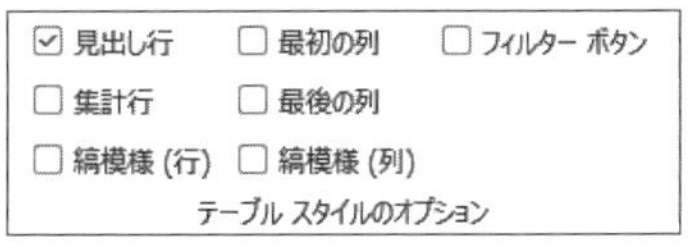

(1)

①セル【I3】に「**=AVERAGEIFS(試験結果[合計点],試験結果[学年],G3,試験結果[学部],H3)**」と入力します。

※「試験結果[合計点]」「試験結果[学年]」「試験結果[学部]」は、テーブルの列見出しの上側をポイントし、マウスポインターの形が⬇に変わったらクリックして指定します。

②セル【I3】に「**1学年**」の「**文学部**」の平均点が表示されます。

=AVERAGEIFS(試験結果[合計点],試験結果[学年],G3,試験結果[学部],H3)

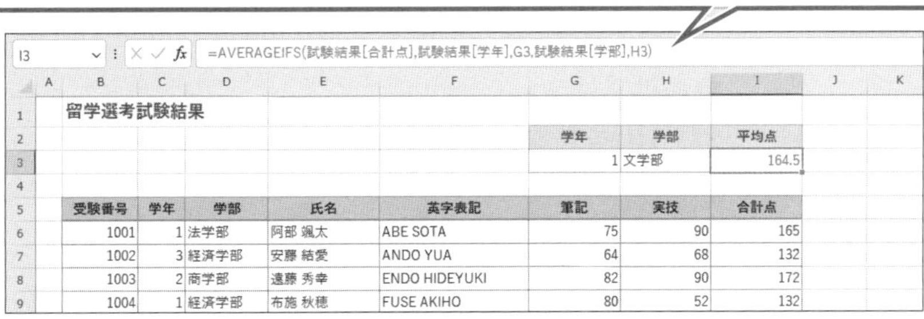

I3 =AVERAGEIFS(試験結果[合計点],試験結果[学年],G3,試験結果[学部],H3)

	A	B	C	D	E	F	G	H	I	J	K
1		留学選考試験結果									
2							学年	学部	平均点		
3							1	文学部	164.5		
4											
5		受験番号	学年	学部	氏名	英字表記	筆記	実技	合計点		
6		1001	1	法学部	阿部 颯太	ABE SOTA	75	90	165		
7		1002	3	経済学部	安藤 結愛	ANDO YUA	64	68	132		
8		1003	2	商学部	遠藤 秀幸	ENDO HIDEYUKI	82	90	172		
9		1004	1	経済学部	布施 秋穂	FUSE AKIHO	80	52	132		

Lesson 3-11

ブック「Lesson3-11」を開いておきましょう。

次の操作を行いましょう。

(1) セル【I3】に、条件に一致する人数を表示する数式を入力してください。条件はセル【G3】と【H3】を参照し、範囲はテーブルの列見出しを使用して指定します。数式は、条件が変更されたり、テーブルのデータが追加されたりした場合でも再計算されるようにします。

Lesson 3-11 Answer

(1)

①セル【I3】に「**=COUNTIFS(試験結果[学年],G3,試験結果[学部],H3)**」と入力します。

※「試験結果[学年]」「試験結果[学部]」は、テーブルの列見出しの上側をポイントし、マウスポインターの形が⬇に変わったらクリックして指定します。

②セル【I3】に「**3学年**」の「**文学部**」の人数が表示されます。

=COUNTIFS(試験結果[学年],G3,試験結果[学部],H3)

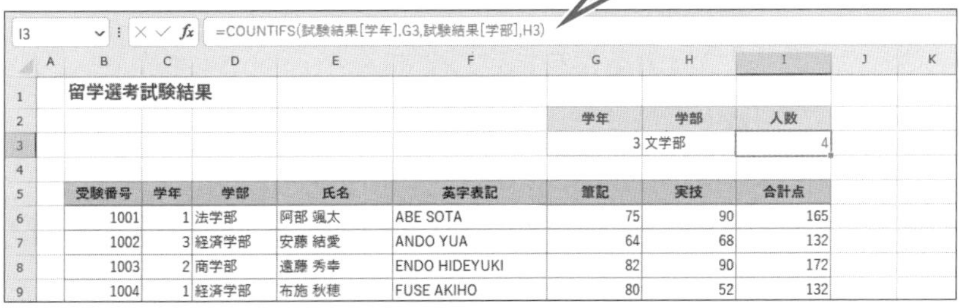

I3 =COUNTIFS(試験結果[学年],G3,試験結果[学部],H3)

	A	B	C	D	E	F	G	H	I	J	K
1		留学選考試験結果									
2							学年	学部	人数		
3							3	文学部	4		
4											
5		受験番号	学年	学部	氏名	英字表記	筆記	実技	合計点		
6		1001	1	法学部	阿部 颯太	ABE SOTA	75	90	165		
7		1002	3	経済学部	安藤 結愛	ANDO YUA	64	68	132		
8		1003	2	商学部	遠藤 秀幸	ENDO HIDEYUKI	82	90	172		
9		1004	1	経済学部	布施 秋穂	FUSE AKIHO	80	52	132		

6 MAXIFS、MINIFS関数を使って論理演算を行う

解説

■MAXIFS関数

複数の条件をすべて満たすセルの最大値を求めることができます。

=MAXIFS（最大範囲, 条件範囲1, 条件1, 条件範囲2, 条件2, …）
❶最大範囲 ❷条件範囲1 ❸条件1 ❹条件範囲2 ❺条件2

❶最大範囲

最大値を求めるセル範囲を指定します。

❷条件範囲1

1つ目の条件によって検索するセル範囲を指定します。

❸条件1

1つ目の条件を文字列またはセル、数値、数式で指定します。「"<20"」のように比較演算子を使って指定することもできます。

❹条件範囲2

2つ目の条件によって検索するセル範囲を指定します。

❺条件2

2つ目の条件を指定します。

例：
=MAXIFS（F3:F6,D3:D6,"大阪",E3:E6,"学生"）

セル範囲【D3:D6】から「大阪」、セル範囲【E3:E6】から「学生」を検索し、両方に対応するセル範囲【F3:F6】の最大値を表示します。

■MINIFS関数

複数の条件をすべて満たすセルの最小値を求めることができます。

=MINIFS（最小範囲, 条件範囲1, 条件1, 条件範囲2, 条件2, …）
❶最小範囲 ❷条件範囲1 ❸条件1 ❹条件範囲2 ❺条件2

❶最小範囲

最小値を求めるセル範囲を指定します。

❷条件範囲1

1つ目の条件によって検索するセル範囲を指定します。

❸条件1

1つ目の条件を文字列またはセル、数値、数式で指定します。「"<20"」のように比較演算子を使って指定することもできます。

❹条件範囲2

2つ目の条件によって検索するセル範囲を指定します。

❺条件2

2つ目の条件を指定します。

例：
=MINIFS（F3:F6,D3:D6,"大阪",E3:E6,"学生"）

セル範囲【D3:D6】から「大阪」、セル範囲【E3:E6】から「学生」を検索し、両方に対応するセル範囲【F3:F6】の最小値を表示します。

Lesson 3-12

OPEN ブック「Lesson3-12」を開いておきましょう。

次の操作を行いましょう。

(1) セル【I3】に、東京地区の日本料理基礎セミナーの最大売上金額を表示する数式を入力してください。条件はセル【G3】と【H3】を参照し、範囲はテーブルの列見出しを使用して指定します。数式は、条件が変更されたり、テーブルのデータが追加されたりした場合でも再計算されるようにします。

(2) セル【J3】に、東京地区の日本料理基礎セミナーの最小売上金額を表示する数式を入力してください。条件はセル【G3】と【H3】を参照し、範囲はテーブルの列見出しを使用して指定します。数式は、条件が変更されたり、テーブルのデータが追加されたりした場合でも再計算されるようにします。

Lesson 3-12 Answer

(1)

①セル**【I3】**に「**=MAXIFS(開催状況[売上金額],開催状況[地区],G3,開催状況[セミナー名],H3)**」と入力します。

※「開催状況[売上金額]」「開催状況[地区]」「開催状況[セミナー名]」は、テーブルの列見出しの上側をポイントし、マウスポインターの形が⬇に変わったらクリックして指定します。

②セル**【I3】**に東京地区の日本料理基礎セミナーの最大売上金額が表示されます。

=MAXIFS(開催状況[売上金額],開催状況[地区],G3,開催状況[セミナー名],H3)

セミナー開催状況

地区	セミナー名	最大売上金額	最小売上金額
東京	日本料理基礎	76,000	

No.	開催日	地区	セミナー名	受講料	定員	受講者数	受講率	売上金額
1	2024/4/3	東京	日本料理基礎	3,800	20	18	90%	68,400
2	2024/4/10	東京	日本料理応用	5,500	20	15	75%	82,500
3	2024/4/4	大阪	日本料理基礎	3,800	15	13	87%	49,400
4	2024/4/8	東京	洋菓子専門	3,500	20	14	70%	49,000
5	2024/4/8	福岡	日本料理基礎	3,800	14	8	57%	30,400
6	2024/4/11	大阪	フランス料理基礎	4,000	15	15	100%	60,000
7	2024/4/23	東京	イタリア料理基礎	3,000	20	20	100%	60,000
8	2024/4/18	大阪	日本料理応用	5,500	15	12	80%	66,000
9	2024/4/16	東京	イタリア料理応用	4,000	20	16	80%	64,000
10	2024/4/15	福岡	日本料理応用	5,500	14	4	29%	22,000

(2)

①セル**【J3】**に「**=MINIFS(開催状況[売上金額],開催状況[地区],G3,開催状況[セミナー名],H3)**」と入力します。

※「開催状況[売上金額]」「開催状況[地区]」「開催状況[セミナー名]」は、テーブルの列見出しの上側をポイントし、マウスポインターの形が⬇に変わったらクリックして指定します。

②セル**【J3】**に東京地区の日本料理基礎セミナーの最小売上金額が表示されます。

=MINIFS(開催状況[売上金額],開催状況[地区],G3,開催状況[セミナー名],H3)

セミナー開催状況

地区	セミナー名	最大売上金額	最小売上金額
東京	日本料理基礎	76,000	68,400

No.	開催日	地区	セミナー名	受講料	定員	受講者数	受講率	売上金額
1	2024/4/3	東京	日本料理基礎	3,800	20	18	90%	68,400
2	2024/4/10	東京	日本料理応用	5,500	20	15	75%	82,500
3	2024/4/4	大阪	日本料理基礎	3,800	15	13	87%	49,400
4	2024/4/8	東京	洋菓子専門	3,500	20	14	70%	49,000
5	2024/4/8	福岡	日本料理基礎	3,800	14	8	57%	30,400
6	2024/4/11	大阪	フランス料理基礎	4,000	15	15	100%	60,000
7	2024/4/23	東京	イタリア料理基礎	3,000	20	20	100%	60,000
8	2024/4/18	大阪	日本料理応用	5,500	15	12	80%	66,000
9	2024/4/16	東京	イタリア料理応用	4,000	20	16	80%	64,000
10	2024/4/15	福岡	日本料理応用	5,500	14	4	29%	22,000

7 LET関数を使って論理演算を行う

解説

■LET関数

LET関数を使うと、LET関数内で使用する数式やセルなどに名前を付けることができます。1つの数式の中で同じ数式やセルを繰り返し使う場合に、数式やセルにわかりやすい名前を付けて使用すると、数式が簡略化され、あとから見やすくなります。

※定義した名前は、LET関数以外の場所で使用することはできません。

＝LET（名前1, 名前値1, 名前2, 名前値2, ･･･, 計算）
❶ ❷ ❸ ❹ ❺

❶名前1

割り当てる1つ目の名前を定義します。

※名前は文字で始まる必要があります。

❷名前値1

❶で割り当てた名前に関連付ける数式、数値、セルを指定します。

❸名前2

割り当てる2つ目の名前を定義します。

※名前は文字で始まる必要があります。

❹名前値2

❸で割り当てた名前に関連付ける数式、数値、セルを指定します。

❺計算

❶や❸で割り当てた名前を使用した計算式を入力します。

例：

「AVERAGE（$C$3：$C$6）」に**「平均」**と名前を付けて、IFS関数内で繰り返し使用します。

	A	B	C	D	E	F	G	H
1								
2		氏名	点数	評価		評価基準		
3		高橋　翔馬	78	B		A	平均点より15点以上高い点数	
4		木村　真也	81	A		B	平均点より10点以上高い点数	
5		田中　誠	64	C		C	平均点以上の点数	
6		酒井　美和	30	D		D	それ以外の点数	
7								
8								

=LET(平均,AVERAGE($C$3:$C$6),IFS(C3>=平均+15,"A",C3>=平均+10,"B",C3>=平均,"C",TRUE,"D"))

Lesson 3-13

OPEN ブック「Lesson3-13」を開いておきましょう。

次の操作を行いましょう。

(1) 「合否」の列に、個人の各試験の合計点が250点以上、かつ、平均点が70点以上、かつ、最低点が50点以上の場合は「合格」、そうでない場合は「不合格」と表示する数式を入力してください。
個人の得点のセル範囲【G4:I4】に「得点」と名前を割り当てます。さらに「得点」の合計点に「合計」、平均点に「平均」、最低点に「最低」と名前を割り当てて数式内で使用します。

Lesson 3-13 Answer

(1)

①セル【J4】に「**=LET(得点,G4:I4,合計,SUM(得点),平均,AVERAGE(得点),最低,MIN(得点),IF(AND(合計>=250,平均>=70,最低>=50),"合格","不合格"))**」と入力します。

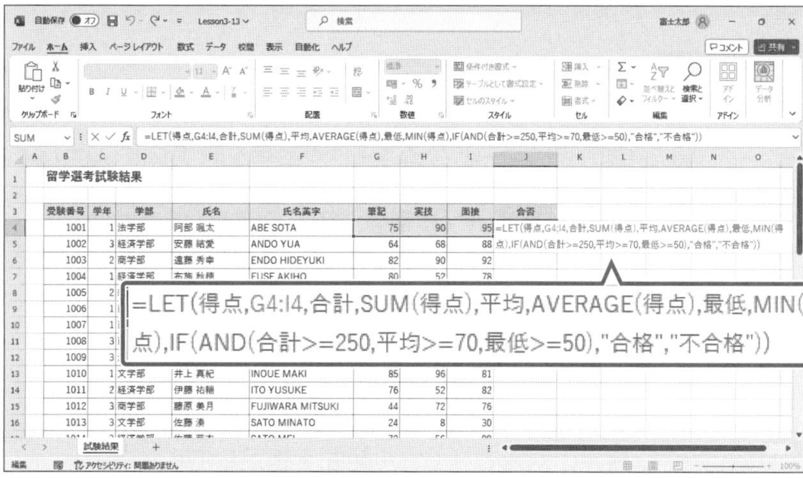
=LET(得点,G4:I4,合計,SUM(得点),平均,AVERAGE(得点),最低,MIN(得点),IF(AND(合計>=250,平均>=70,最低>=50),"合格","不合格"))

②セル【J4】に合否が表示されます。

③セル【J4】を選択し、セル右下の■(フィルハンドル)をダブルクリックします。

④数式がコピーされます。

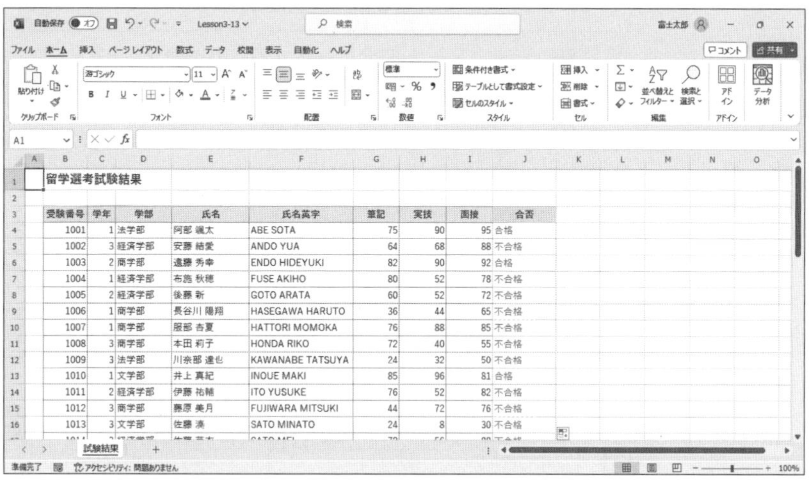

2 関数を使用してデータを検索する

理解度チェック

習得すべき機能	参照Lesson	学習前	学習後	試験直前
■VLOOKUP関数を使うことができる。	➡Lesson3-14			
■HLOOKUP関数を使うことができる。	➡Lesson3-15			
■XLOOKUP関数を使うことができる。	➡Lesson3-16			
■MATCH関数を使うことができる。	➡Lesson3-17 ➡Lesson3-18			
■INDEX関数を使うことができる。	➡Lesson3-18			

1 VLOOKUP、HLOOKUP関数を使ってデータを検索する

解説

■VLOOKUP関数

キーとなるコードや番号を参照表の範囲から検索し、対応する値を表示します。参照表は左端の列にキーとなるコードや番号を縦方向に入力しておく必要があります。

=VLOOKUP（検索値, 範囲, 列番号, 検索方法）
❶ ❷ ❸ ❹

❶検索値

検索対象のコード、番号またはセルを指定します。

❷範囲

検索の対象となるセル範囲を指定します。

❸列番号

検索範囲の左から何番目の列を参照するかを指定します。

❹検索方法

「**FALSE**」または「**TRUE**」を指定します。

FALSE	完全に一致するものを検索します。
TRUEまたは省略	検索値が見つからない場合、検索値未満で最も近い値を検索します。 ※検索値は昇順に並べておく必要があります。

例：

セル範囲【**J3:L6**】の左端の列から商品コードを検索し、対応する商品名と単価を表示します。

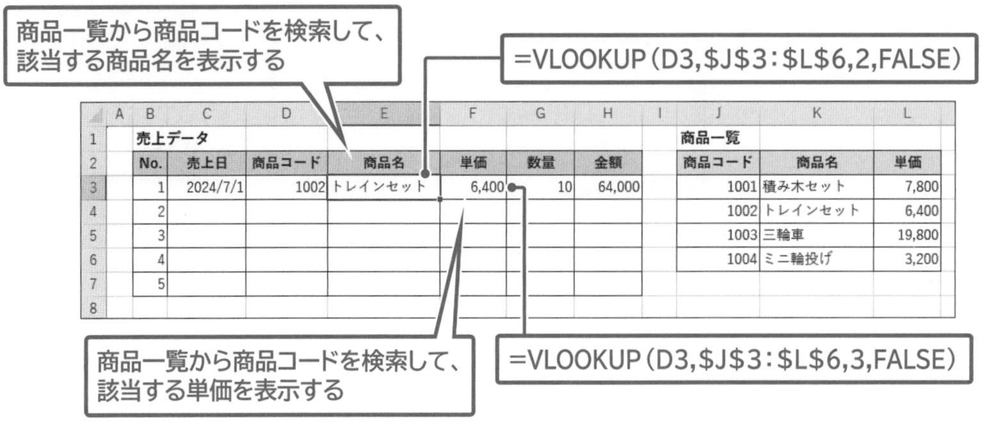
商品一覧から商品コードを検索して、該当する商品名を表示する
=VLOOKUP（D3,$J$3:$L$6,2,FALSE）
売上データ
No. 売上日 商品コード 商品名 単価 数量 金額
1 2024/7/1 1002 トレインセット 6,400 10 64,000
商品一覧
商品コード 商品名 単価
1001 積み木セット 7,800
1002 トレインセット 6,400
1003 三輪車 19,800
1004 ミニ輪投げ 3,200
商品一覧から商品コードを検索して、該当する単価を表示する
=VLOOKUP（D3,$J$3:$L$6,3,FALSE）

■HLOOKUP関数

キーとなるコードや番号を参照表の範囲から検索し、対応する値を表示します。参照表は上端の列にキーとなるコードや番号を横方向に入力しておく必要があります。

＝HLOOKUP（**検索値**,**範囲**,**行番号**,**検索方法**）
　　　　　　　　❶　　❷　　❸　　　❹

❶検索値

検索対象のコード、番号またはセルを指定します。

❷範囲

検索の対象となるセル範囲を指定します。

❸行番号

検索範囲の上から何番目の行を参照するかを指定します。

❹検索方法

「**FALSE**」または「**TRUE**」を指定します。

FALSE	完全に一致するものを検索します。
TRUEまたは省略	検索値が見つからない場合、検索値未満で最も近い値を検索します。 ※検索値は昇順に並べておく必要があります。

例：

セル範囲【**K2:N4**】の上端の行から商品コードを検索し、対応する商品名と単価を表示します。

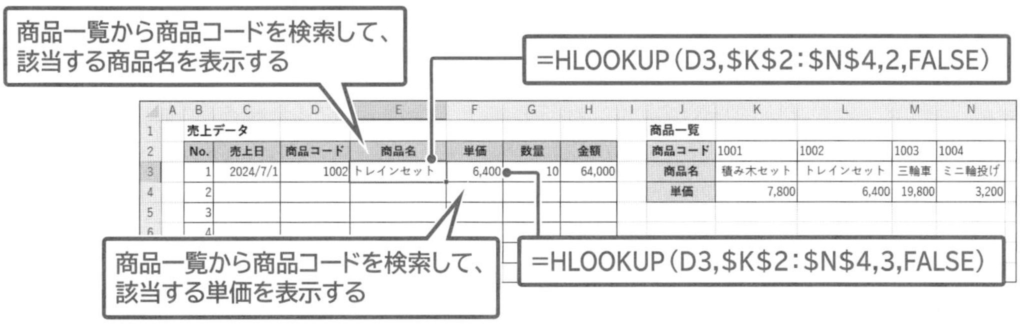

商品一覧から商品コードを検索して、該当する商品名を表示する
=HLOOKUP(D3,$K$2:$N$4,2,FALSE)
商品一覧から商品コードを検索して、該当する単価を表示する
=HLOOKUP(D3,$K$2:$N$4,3,FALSE)

Lesson 3-14

OPEN ブック「Lesson3-14」を開いておきましょう。

次の操作を行いましょう。

(1)「商品名」の列に、「商品コード」と一致する「商品名」を表示する数式を入力してください。次に、「単価」の列に、「商品コード」と一致する「単価」を表示する数式を入力してください。「商品名」と「単価」は「商品一覧」の表を検索します。

Lesson 3-14 Answer

(1)

①セル【**E4**】に「**=VLOOKUP(D4,$J$4:$L$14,2,FALSE)**」と入力します。

※数式をコピーするため、セル範囲【J4:L14】は常に同じ範囲を参照するように絶対参照にします。

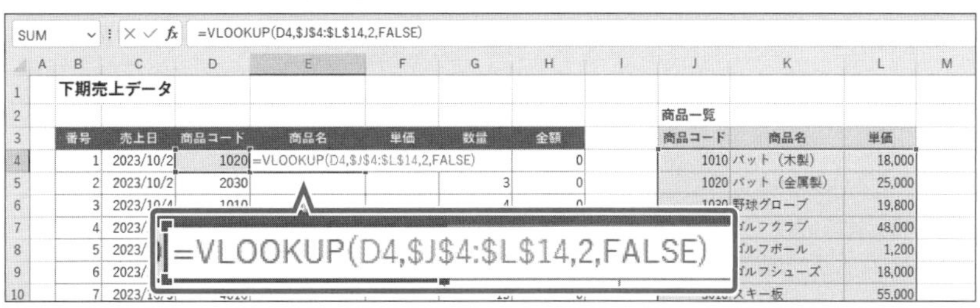

=VLOOKUP(D4,$J$4:$L$14,2,FALSE)

②セル【E4】に商品コードに対応する商品名が表示されます。

③セル【F4】に「=VLOOKUP(D4,$J$4:$L$14,3,FALSE)」と入力します。

※数式をコピーするため、セル範囲【J4:L14】は常に同じ範囲を参照するように絶対参照にします。

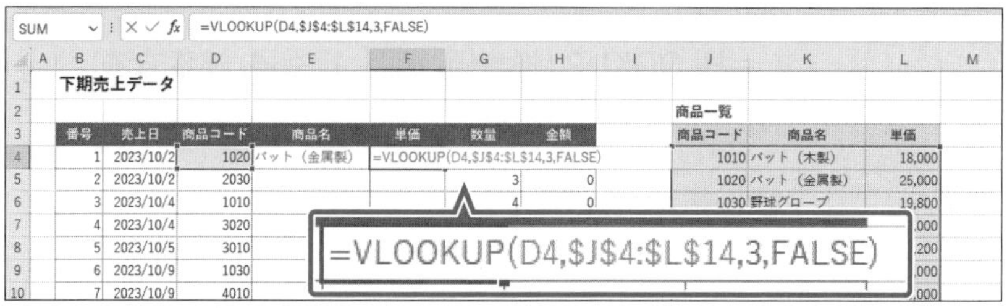

④セル【F4】に商品コードに対応する単価が表示されます。

※「単価」の列には、表示形式が設定されています。

⑤セル範囲【E4:F4】を選択し、セル範囲右下の■（フィルハンドル）をダブルクリックします。

⑥数式がコピーされます。

Lesson 3-15

ブック「Lesson3-15」を開いておきましょう。

次の操作を行いましょう。

(1)「評価」の列に、評価基準の表を検索して「合計点」に対応する「評価」を表示する数式を入力してください。「基準点」の「0」は0以上60未満、「60」は60以上120未満、「120」は120以上160未満、「160」は160以上を意味します。

Lesson 3-15 Answer

Point

TRUEの指定

引数に「TRUE」を指定すると、データが一致しない場合に検索値未満で最も近い値を検索します。「TRUE」を指定する場合は、左端列または上端列のデータを昇順に並べておく必要があります。

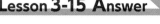

レッスン数	割引率
0	0%
100	5%
150	10%
200	15%

200以上
150以上200未満
100以上150未満
0以上100未満

※検索値が0未満の場合は、エラー表示「#N/A」になります。

(1)

①セル【H4】に「=HLOOKUP(G4,$K$3:$N$4,2,TRUE)」と入力します。

※数式をコピーするため、セル範囲【K3:N4】は常に同じ範囲を参照するように絶対参照にします。

※TRUEは省略できます。

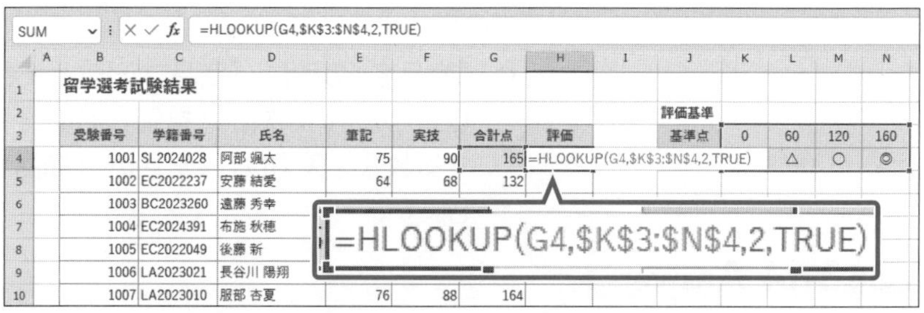

②セル【H4】に基準点に対応する評価が表示されます。

③セル【H4】を選択し、セル右下の■（フィルハンドル）をダブルクリックします。

④数式がコピーされます。

2　XLOOKUP関数を使ってデータを検索する

解説

■XLOOKUP関数

XLOOKUP関数を使うと、指定した範囲から該当するコードや番号、文字列などのデータを検索し、対応するデータを表示できます。VLOOKUP関数やHLOOKUP関数と違って、検索範囲が左端や上端にある必要はありません。

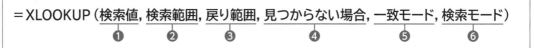

＝XLOOKUP（検索値，検索範囲，戻り範囲，見つからない場合，一致モード，検索モード）
❶ ❷ ❸ ❹ ❺ ❻

❶検索値

検索対象のコード、番号またはセルを指定します。

❷検索範囲

検索の対象となるセル範囲を指定します。

❸戻り範囲

検索値に対応するセル範囲を指定します。❷と同じ行数と列数のセル範囲を指定します。

❹見つからない場合

検索値が見つからない場合に返す値を指定します。

※省略できます。省略すると、エラー「#N/A」を返します。

❺一致モード

検索値の一致の種類を指定します。

種類	説明
0または省略	完全に一致するものを検索します。検索値が見つからない場合、エラー「#N/A」を返します。
−1	完全に一致するものを検索します。検索値が見つからない場合、次に小さいデータを返します。
1	完全に一致するものを検索します。検索値が見つからない場合、次に大きいデータを返します。
2	ワイルドカード文字を使って検索します。

※「-1」「1」を指定して完全に一致するものがない場合、近似値を含めて検索します。「検索範囲」を並べ替えておく必要はありません。

❻検索モード

検索の種類を指定します。

種類	説明
1または省略	検索範囲の先頭から末尾へ向かって検索します。
−1	検索範囲の末尾から先頭へ向かって検索します。
2	昇順で並べ替えられた検索範囲を使用して検索します。大量のデータを高速に検索する必要がある場合に使います。並べ替えられていない場合、無効となります。
−2	降順で並べ替えられた検索範囲を使用して検索します。大量のデータを高速に検索する必要がある場合に使います。並べ替えられていない場合、無効となります。

■XLOOKUP関数の利点

VLOOKUP関数やHLOOKUP関数と比較すると、次のような利点があります。

●検索するデータの位置を、自由に指定できる

検索するコードや番号などは、範囲の左端または上端に限らず、自由に指定できます。

●データを取り出す範囲を簡単に指定できる

データを取り出すセル範囲を直接指定できるため、行や列の番号の数え間違いを防げます。また、検索範囲に行や列を挿入しても、式を修正する必要はありません。

●既定で完全に一致する値を検索できる

VLOOKUP関数やHLOOKUP関数では、完全に一致する値を検索する場合、検索方法に**「FALSE」**を指定します。XLOOKUP関数では、完全に一致する値の検索が既定になっているため効率的です。

●検索値が見つからない場合に表示するデータを指定できる

ほかの関数を組み合わせなくても、検索値が見つからない場合の処理を指定できます。

●1つの数式で複数の結果を表示できる

VLOOKUP関数やHLOOKUP関数では、複数のセルに結果を表示する場合、数式を入力後、コピーします。XLOOKUP関数は、スピルに対応しているため、一度に複数のセルに結果を表示できます。テーブル内ではエラー**「#スピル!」**が表示され、結果が正しく表示されません。

例：

検索値から、商品一覧を参照して検索結果を表示します。

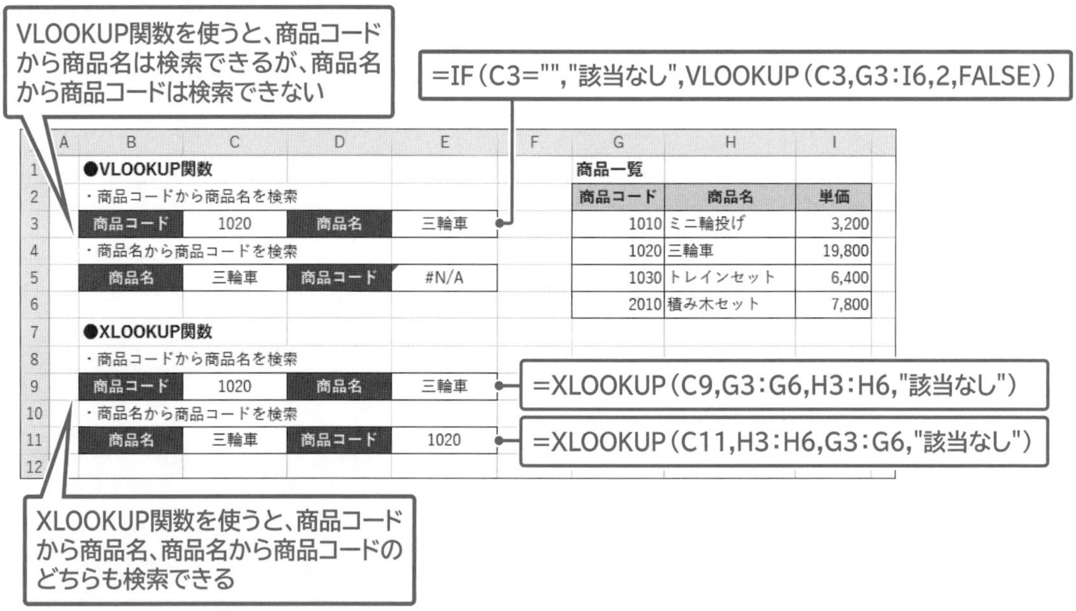

Lesson 3-16

OPEN ブック「Lesson3-16」を開いておきましょう。

次の操作を行いましょう。

(1) シート「売上明細」の「単価」の列に、「商品コード」と一致する「単価」を表示する数式を入力してください。「単価」はシート「商品一覧」のテーブルを検索し、該当するデータが無い場合は「未登録」を表示します。検索範囲はテーブルの列見出しを使用して指定します。数式は、値が変更されたり、テーブルにデータが追加されたりした場合でも再計算されるようにします。

(1)

①シート「**売上明細**」のセル【**F4**】に「**=XLOOKUP([@商品コード],**」と入力します。

※「[@商品コード]」は、セル【E4】を選択して指定します。

②シート「**商品一覧**」のセル範囲【**B4:B14**】を選択します。

※「商品コード」の列見出しの上側をポイントし、マウスポインターの形が⬇に変わったらクリックして選択します。

③「**=XLOOKUP([@商品コード],商品一覧[商品コード]**」と表示されます。

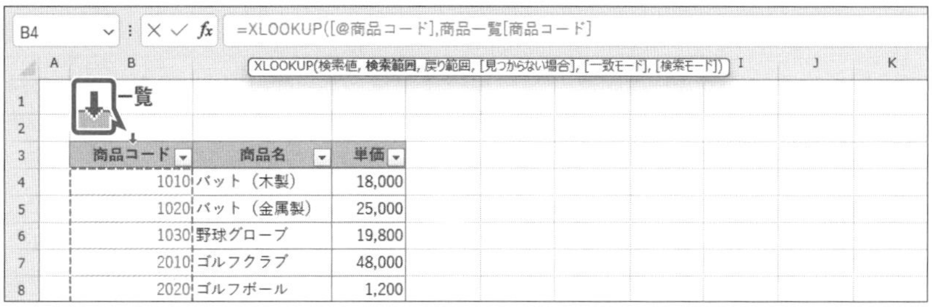

④続けて「**,**」を入力します。

⑤シート「**商品一覧**」のセル範囲【**D4:D14**】を選択します。

※「単価」の列見出しの上側をポイントし、マウスポインターの形が⬇に変わったらクリックして選択します。

⑥「**=XLOOKUP([@商品コード],商品一覧[商品コード],商品一覧[単価]**」と表示されます。

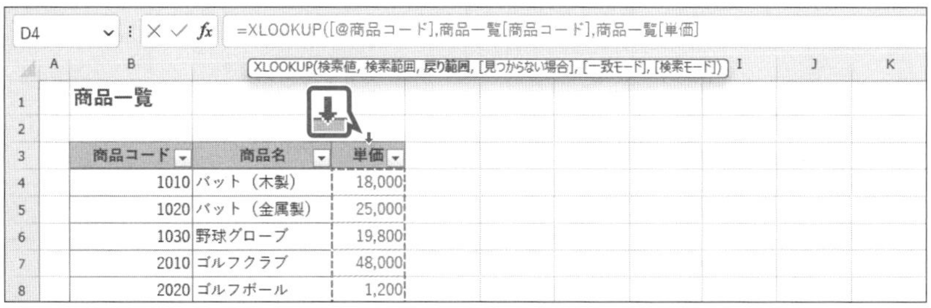

⑦続けて「**,"未登録")**」と入力します。

⑧数式バーに「**=XLOOKUP([@商品コード],商品一覧[商品コード],商品一覧[単価],"未登録")**」と表示されていることを確認します。

⑨ Enter を押します。

⑩商品コードに対応する単価が表示されます。

※フィールド内の残りのセルにも自動的に数式が作成されます。

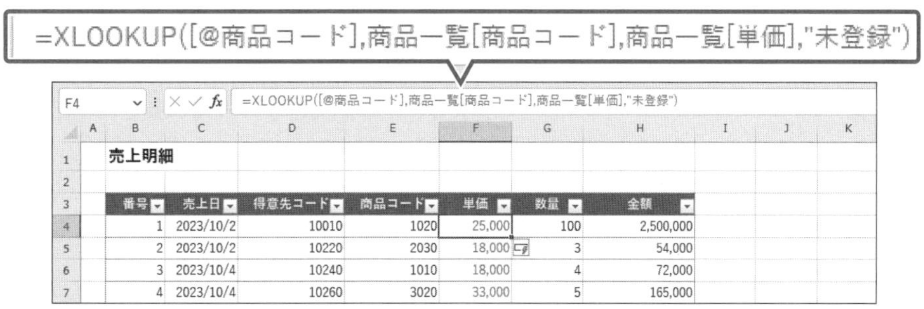

3 MATCH関数を使ってデータを検索する

解説

■MATCH関数

検査範囲でデータを検索して、範囲内での位置を表す数値を求めることができます。

=MATCH（**検査値**, **検査範囲**, **照合の種類**）
❶ ❷ ❸

❶検査値

検索する値またはセルを指定します。

❷検査範囲

検索の対象となるセル範囲を1行または1列で指定します。

❸照合の種類

検索の種類を指定します。

種類	説明
1または省略	検査値が見つからない場合、検査値以下の最大値を参照します。 ※検査範囲は昇順に並べておく必要があります。
0	完全に一致するものを検索します。
-1	検査値が見つからない場合、検査値以上の最小値を参照します。 ※検査範囲は降順に並べておく必要があります。

例：

セル範囲【**F3:F5**】から点数を検索し、範囲内で上から何番目にあるかを表示します。

	A	B	C	D	E	F	G	H	I
1									
2		氏名	点数	理解度		獲得点数		理解度	
3		高橋　翔馬	100	3		0	～69点	1	
4		木村　真也	68	1		70	～89点	2	
5		田中　誠	82	2		90	点以上	3	
6		酒井　美和	91	3					
7									

=MATCH(C3,$F$3:$F$5)

検査値以下の最大値を検索する

Lesson 3-17

OPEN ブック「Lesson3-17」を開いておきましょう。

次の操作を行いましょう。

(1) セル【D7】に、「種類」を「●印刷料金表」から検索して、範囲内での相対的な位置を表示する数式を入力してください。

(2) セル【E7】に、「注文数」を「●印刷料金表」から検索して、範囲内での相対的な位置を表示する数式を入力してください。「●印刷料金表」の「注文数」の「500」は401～500まで、「400」は301～400まで、「300」は201～300まで、「200」は101～200まで、「100」は0～100までを意味します。

Lesson 3-17 Answer

(1)

①セル【**D7**】に「**=MATCH(B7,H4:H14,0)**」と入力します。

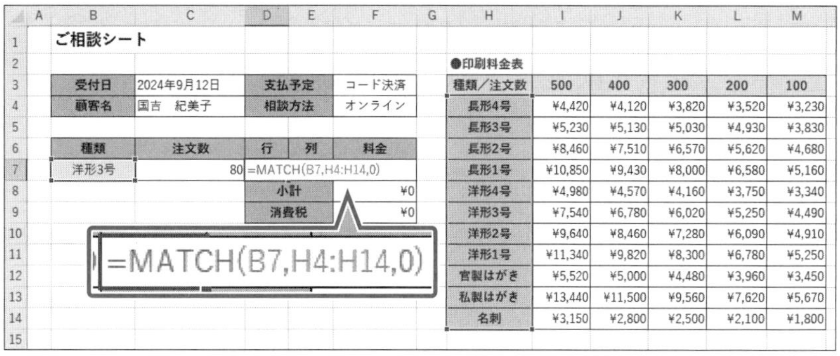

②セル【**D7**】に、種類が「**洋形3号**」の範囲内での上からの位置が表示されます。

(2)

①セル【**E7**】に「**=MATCH(C7,I3:M3,-1)**」と入力します。

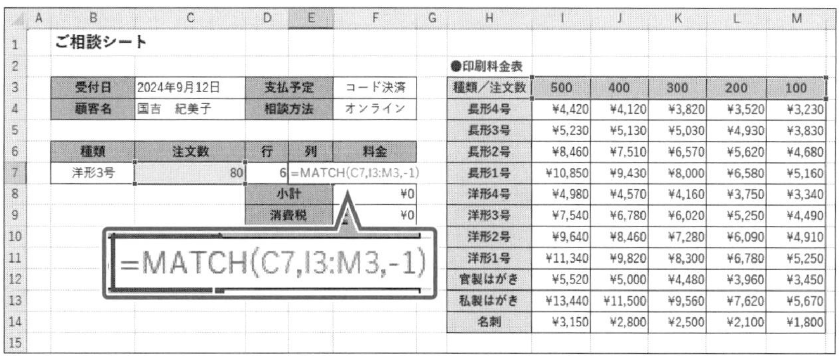

②セル【**E7**】に、注文数が「**80**」の範囲内での左からの位置が表示されます。

4 INDEX関数を使ってデータを検索する

解説

■INDEX関数

指定した範囲の行と列の交点のデータを表示します。

=INDEX（配列, 行番号, 列番号）
❶配列 ❷行番号 ❸列番号

❶配列

取り出すデータが入力されているセル範囲を指定します。

❷行番号

❶で指定したセル範囲の上から何行目を取り出すのかを数値またはセルで指定します。

❸列番号

❶で指定したセル範囲の左から何列目を取り出すのかを数値またはセルで指定します。

※省略できます。省略した場合、必ず行番号を指定する必要があります。

例：

セル範囲【C8:E11】の上から2行目、左から2列目の交点のデータを表示します。

	A	B	C	D	E	F	G
1		合否ボーダーライン					
2		試験科目	Excel	2	行目		
3		区分	2級	2	列目		
4		合格最低点		175			
5							
6		入試区分別合格最低点					
7		科目／級	1級	2級	3級		
8		Access	158	124	118		
9		Excel	186	175	158		
10		PowerPoint	175	158	124		
11		Word	134	118	105		
12							

=INDEX（C8:E11,D2,D3）

セル範囲【C8:E11】の上から2行目と左から2列目の交点のデータを検索する

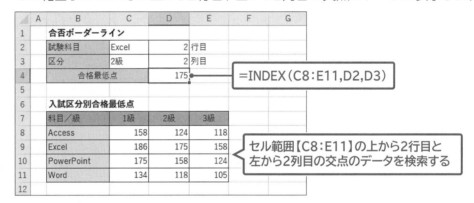

■INDEX関数とMATCH関数の組み合わせ

INDEX関数の行番号や列番号の引数に、MATCH関数を組み合わせると、表内に行や列の位置の欄を作成しなくても、1つの数式で計算結果を求めることができます。

例：

売上明細の価格の列に、商品一覧から商品コードと一致する価格を表示します。

=INDEX（$K$3:$K$7,MATCH（C3,$I$3:$I$7））

	A	B	C	D	E	F	G	H	I	J	K
1		売上明細							商品一覧		
2		売上日	商品コード	商品名	価格	数量	売上金額		商品コード	商品名	価格
3		5月1日	A001	炊飯器	59,800	2	119,600		A001	炊飯器	59,800
4		5月1日	A002	洗濯機	128,000	1	128,000		A002	洗濯機	128,000
5		5月2日	A003	電子レンジ	13,000	2	26,000		A003	電子レンジ	13,000
6		5月2日	A004	パソコン	140,000	1	140,000		A004	パソコン	140,000
7		5月2日	A005	タブレット	68,000	3	204,000		A005	タブレット	68,000
8		5月3日	A001	炊飯器	59,800	1	59,800				
9		5月3日	A005	タブレット	68,000	1	68,000				
10											

セル範囲【I3:I7】から商品コードが一致する行を検索する

セル範囲【K3:K7】からMATCH関数で求めた行のデータを検索する

Lesson 3-18

ブック「Lesson3-18」を開いておきましょう。

次の操作を行いましょう。

(1) シート「相談受付（1）」のセル【F7】に、「種類」と「注文数」に対応する「料金」を表示する数式を入力してください。セル【D7】と【E7】には、「●印刷料金表」に対応する「種類」の行位置、「注文数」の列位置を表示する数式が入力されています。

(2) INDEX関数とMATCH関数を使って、シート「相談受付（2）」のセル【D9】に、「種類」と「注文数」に対応する「料金」を表示する数式を入力してください。「種類」と「注文数」に対応する「料金」は、「●印刷料金表」を検索して求めます。

Lesson 3-18 Answer

(1)

①シート「**相談受付（1）**」のセル【**F7**】に「**=INDEX(I4:M14,D7,E7)**」と入力します。

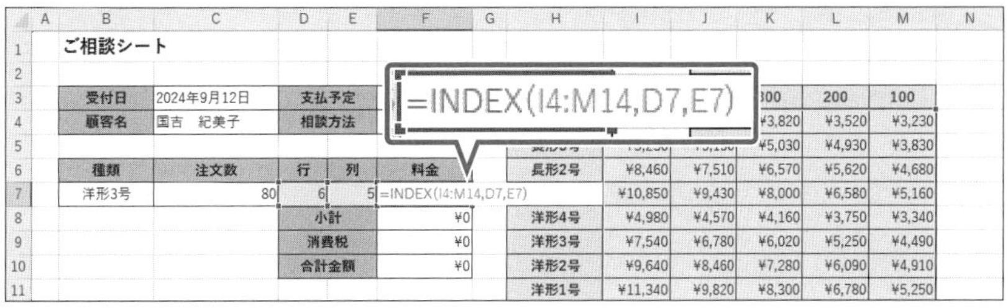

②セル【**F7**】に料金が表示されます。

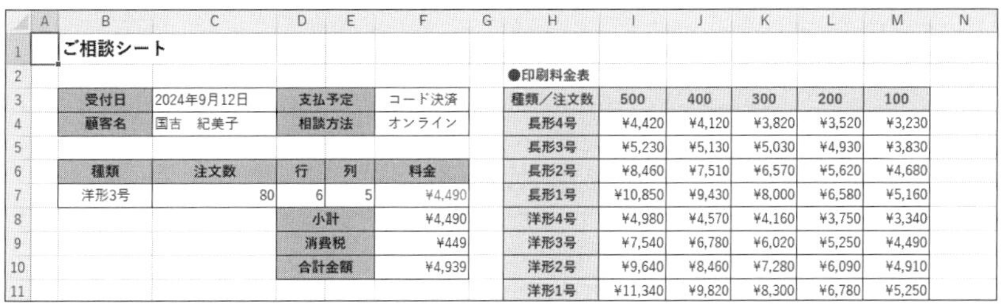

(2)

①シート「**相談受付（2）**」のセル【**D9**】に「**=INDEX(G4:K14,MATCH(B9,F4:F14,0),MATCH(C9,G3:K3,-1))**」と入力します。

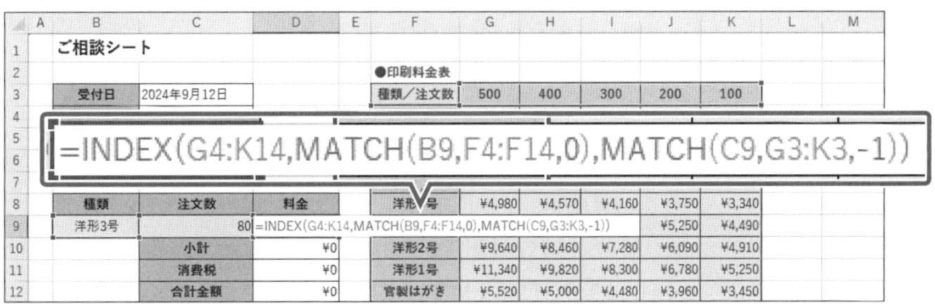

②セル【**D9**】に料金が表示されます。

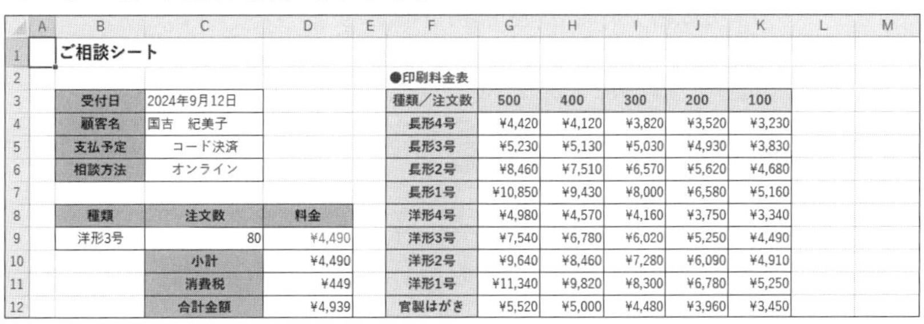

3 高度な日付と時刻の関数を使用する

理解度チェック 習得すべき機能	参照Lesson	学習前	学習後	試験直前
■NOW関数を使うことができる。	➡Lesson3-19	☑	☑	☑
■TODAY関数を使うことができる。	➡Lesson3-20	☑	☑	☑
■WEEKDAY関数を使うことができる。	➡Lesson3-21	☑	☑	☑
■WORKDAY関数を使うことができる。	➡Lesson3-22	☑	☑	☑

1 NOW、TODAY関数を使って日付や時刻を参照する

解説

■NOW関数

現在の日付と時刻を表示します。

```
=NOW()
```

※引数は指定しません。

例：

=NOW()→2024/4/1 12:34

現在の日付と時刻を表示します。

※自動的に表示形式がユーザー定義になります。

■TODAY関数

本日の日付を表示します。

```
=TODAY()
```

※引数は指定しません。

例：

=TODAY()→2024/4/1

本日の日付を表示します。

※自動的に表示形式が日付になります。

■シリアル値

NOW関数やTODAY関数を使って本日の日付を入力すると、表示形式が自動的に設定されます。実際にセルに格納されているのは**「シリアル値」**です。

日付のシリアル値は、1900年1月1日を**「1」**として1日ごとに1加算します。**「2024年4月1日」**は**「1900年1月1日」**から45383日目になるので、シリアル値は**「45383」**になります。

時刻のシリアル値は、**「1日（24時間）」**を**「1」**として、12：00は**「12÷24=0.5」**のように小数点以下の数値で表されます。

Lesson 3-19

OPEN ブック「Lesson3-19」を開いておきましょう。

次の操作を行いましょう。

(1) セル【E1】に、現在の日時を表示する数式を入力してください。

Lesson 3-19 Answer

Point

日付や時刻の更新

日付や時刻は、セルの値が変更されたり、手動で再計算を実行したりするなど、ワークシート全体の再計算が行われると更新されます。[F9]を押して更新することもできます。

(1)

①セル【E1】に「=NOW()」と入力します。

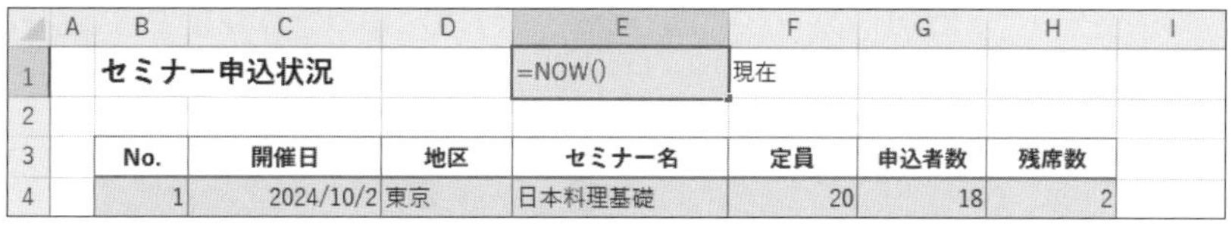

	A	B	C	D	E	F	G	H	I
1		セミナー申込状況			=NOW()	現在			
2									
3		No.	開催日	地区	セミナー名	定員	申込者数	残席数	
4		1	2024/10/2	東京	日本料理基礎	20	18	2	

②セル【E1】に現在の日付と時刻が表示されます。

※本書では、本日の日付を「2024年5月1日」としています。

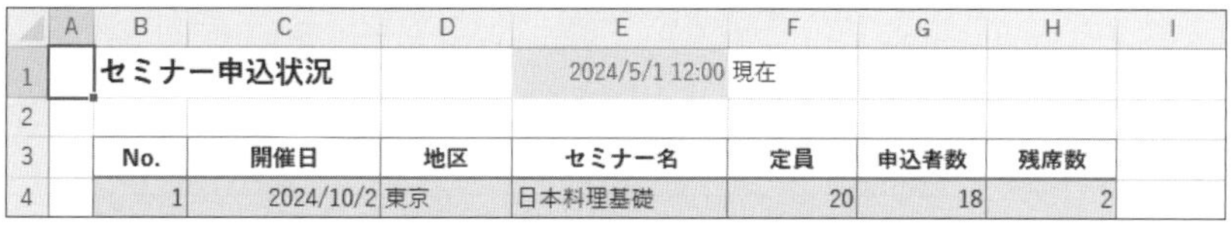

	A	B	C	D	E	F	G	H	I
1		セミナー申込状況			2024/5/1 12:00	現在			
2									
3		No.	開催日	地区	セミナー名	定員	申込者数	残席数	
4		1	2024/10/2	東京	日本料理基礎	20	18	2	

Lesson 3-20

OPEN ブック「Lesson3-20」を開いておきましょう。

次の操作を行いましょう。

(1) 表の最終行に次のデータを入力してください。

開催日	地区	セミナー名	受講料	定員	受講者数
(本日の日付)	東京	タイ料理	3800	20	20

※「開催日」には、実習している本日の日付を入力してください。本書では、本日の日付を「2024年5月1日」としています。

(2) TODAY関数を使って、セル【G2】に本日より前に終了したセミナーの回数を表示する数式を入力してください。

Hint

「本日より前」という条件は、比較演算子と文字列演算子を使って「"<"&TODAY()」と指定します。

Lesson 3-20 Answer

Point

YEAR関数・MONTH関数・DAY関数

●YEAR関数

1900～9999までの整数で日付に対応する「年」を表示します。

=YEAR(シリアル値)

例：

=YEAR("2024/5/1") →2024

※日付を指定する場合は「"(ダブルクォーテーション)」で囲みます。

●MONTH関数

1～12までの整数で日付に対応する「月」を表示します。

=MONTH(シリアル値)

例：

=MONTH("2024/5/1") →5

●DAY関数

1～31までの整数で日付に対応する「日」を表示します。

=DAY(シリアル値)

例：

=DAY("2024/5/1") →1

(1)(2)

①セル【B78】に本日の日付を入力します。

②続けて、セル範囲【C78:G78】にデータを入力します。

※「売上金額」は自動で表示されます。

③セル【G2】に「=COUNTIF(B5:B78,"<"&TODAY())」と入力します。

セミナー開催一覧
終了セミナー数
=COUNTIF(B5:B78,"<"&TODAY())
開催日
地区
2024/4/3 東京
2024/4/10 東京
2024/4/4 大阪 日本料理基礎 3,800 15 13 49,400
2024/4/8 東京 洋菓子専門 3,500 20 14 49,000
2024/4/8 福岡 日本料理基礎 3,800 14 8 30,400
2024/4/11 大阪 フランス料理基礎 4,000 15 15 60,000
=COUNTIF(B5:B78,"<"&TODAY())

④セル【G2】に開催回数が表示されます。

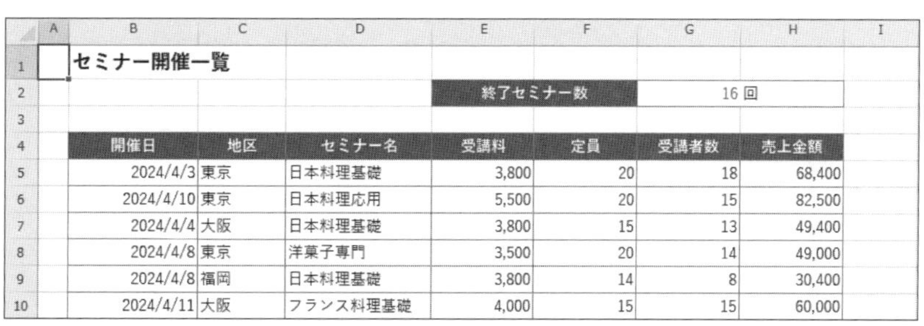

	A	B	C	D	E	F	G	H	I
1		セミナー開催一覧							
2					終了セミナー数		16 回		
3									
4		開催日	地区	セミナー名	受講料	定員	受講者数	売上金額	
5		2024/4/3	東京	日本料理基礎	3,800	20	18	68,400	
6		2024/4/10	東京	日本料理応用	5,500	20	15	82,500	
7		2024/4/4	大阪	日本料理基礎	3,800	15	13	49,400	
8		2024/4/8	東京	洋菓子専門	3,500	20	14	49,000	
9		2024/4/8	福岡	日本料理基礎	3,800	14	8	30,400	
10		2024/4/11	大阪	フランス料理基礎	4,000	15	15	60,000	

2　WEEKDAY関数を使って日にちを計算する

解説

■WEEKDAY関数

日付に対応する曜日を1～7または0～6の整数で返します。

＝WEEKDAY（シリアル値, 種類）
❶ シリアル値　❷ 種類

❶シリアル値

日付、または日付が入力されているセルを指定します。

❷種類

曜日の基準になる種類を指定します。

種類	指定した種類に対応する曜日の番号						
	日	月	火	水	木	金	土
1または省略	1	2	3	4	5	6	7
2	7	1	2	3	4	5	6
3	6	0	1	2	3	4	5

例1：
＝WEEKDAY（"2024/4/1",2）→1

※日付を指定する場合は「"（ダブルクォーテーション）」で囲みます。

例2：
種類**「2」**に対応する曜日の番号が6より小さい（月～金）の場合は**「平日」**、そうでない（土、日）の場合は**「休日」**を表示します。

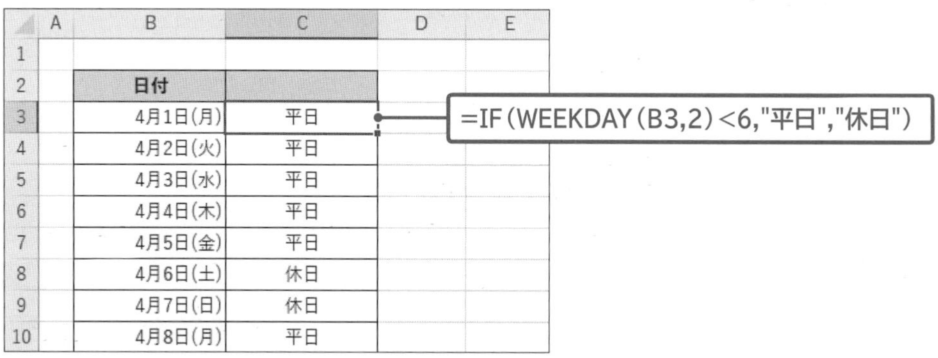

A
B
C
D
E
日付
4月1日(月)　平日
4月2日(火)　平日
4月3日(水)　平日
4月4日(木)　平日
4月5日(金)　平日
4月6日(土)　休日
4月7日(日)　休日
4月8日(月)　平日
=IF（WEEKDAY（B3,2）<6,"平日","休日"）

Lesson 3-21

ブック「Lesson3-21」を開いておきましょう。

次の操作を行いましょう。

(1) IF関数を使って、「文化センター」の列の月曜日に対応するセルと、「北駅前センター」の列の水曜日に対応するセルに「休館日」と表示し、そうでなければ何も表示しないようにする数式を入力してください。曜日の種類は月曜日を「1」とします。

(1)

①セル【C4】に「=IF(WEEKDAY($B4,2)=1,"休館日","")」と入力します。
※数式をコピーするため、セル【B4】は常に同じ列を参照するように複合参照にします。

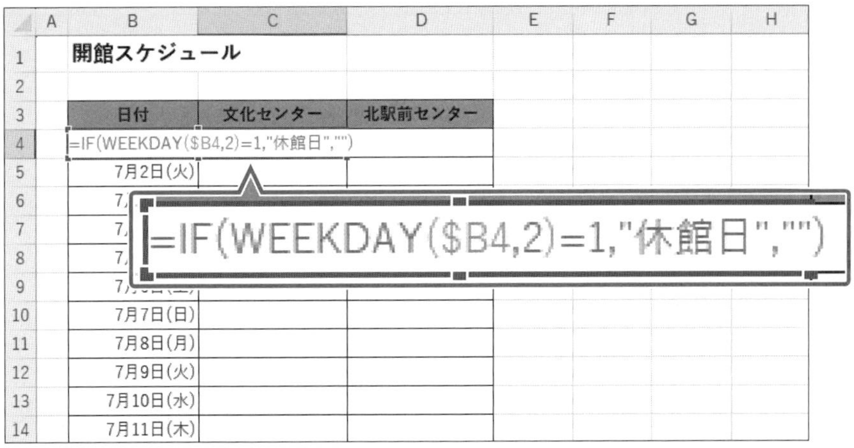

開館スケジュール
日付
文化センター
北駅前センター
=IF(WEEKDAY($B4,2)=1,"休館日","")
7月2日(火)
7月7日(日)
7月8日(月)
7月9日(火)
7月10日(水)
7月11日(木)
=IF(WEEKDAY($B4,2)=1,"休館日","")

②セル【C4】に「**休館日**」と表示されます。
③セル【C4】を選択し、セル右下の■(フィルハンドル)をセル【D4】までドラッグします。
④セル【D4】を「=IF(WEEKDAY($B4,2)=3,"休館日","")」に修正します。
※セル【D4】には何も表示されません。

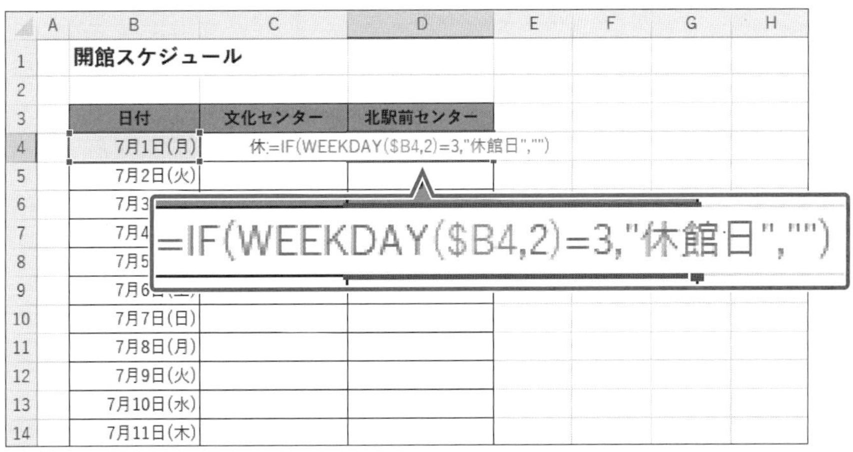

⑤セル範囲【C4:D4】を選択し、セル範囲右下の■(フィルハンドル)をダブルクリックします。
⑥数式がコピーされます。

開館スケジュール
日付
文化センター
北駅前センター
7月1日(月) 休館日
7月2日(火)
7月3日(水) 休館日
7月4日(木)
7月5日(金)
7月6日(土)
7月7日(日)
7月8日(月) 休館日
7月9日(火)
7月10日(水) 休館日
7月11日(木)

3　WORKDAY関数を使って日にちを計算する

解説

■WORKDAY関数

土日や祝日を除いて、開始日から指定した経過日数の日付を求めることができます。

=WORKDAY(**開始日**, **日数**, **祭日**)
❶ ❷ ❸

❶開始日

開始日、または開始日が入力されているセルを指定します。

❷日数

経過日数を指定します。

❸祭日

計算から除く祝日や休業日を、日付やセル範囲で指定します。
※省略できます。省略すると、土日を除いた日付が求められます。

例：
注文日から、土日、祝日を除いた3日後の日付を表示します。

	A	B	C	D	E	F	G
1					祝日一覧		
2		注文日	2024年5月1日		日付	祝日	
3		納品日	2024年5月8日		2024/1/1	元日	
4			※納品は3営業日後		2024/1/8	成人の日	
5					2024/2/11	建国記念の日	
6					2024/2/12	休日	
7					2024/2/23	天皇誕生日	
8					2024/3/20	春分の日	
9					2024/4/29	昭和の日	
10					2024/5/3	憲法記念日	
11					2024/5/4	みどりの日	
12					2024/5/5	こどもの日	
13					2024/5/6	休日	
14					2024/7/15	海の日	
15					2024/8/11	山の日	
16					2024/8/12	休日	
17					2024/9/16	敬老の日	
18					2024/9/22	秋分の日	
19					2024/9/23	休日	
20					2024/10/14	スポーツの日	
21					2024/11/3	文化の日	
22					2024/11/4	休日	
23					2024/11/23	勤労感謝の日	
24							

=WORKDAY(C2,3,E3:E23)

祝休日はセル範囲【E3:E23】を参照する

Lesson 3-22

OPEN　ブック「Lesson3-22」を開いておきましょう。

次の操作を行いましょう。

(1) シート「請求書」のセル【C8】に、発行日から10営業日後の支払期限を表示する数式を入力してください。土日および祝休日は営業日から除外します。発行日はシート「請求書」のセル【F3】、祝休日は定義された名前「休業日」をそれぞれ参照します。

(1)

①シート「**請求書**」のセル【**C8**】に「**=WORKDAY(F3,10,**」と入力します。

②《**数式**》タブ→《**定義された名前**》グループの 数式で使用 (数式で使用)→《**休業日**》をクリックします。

※「休業日」と直接入力してもかまいません。

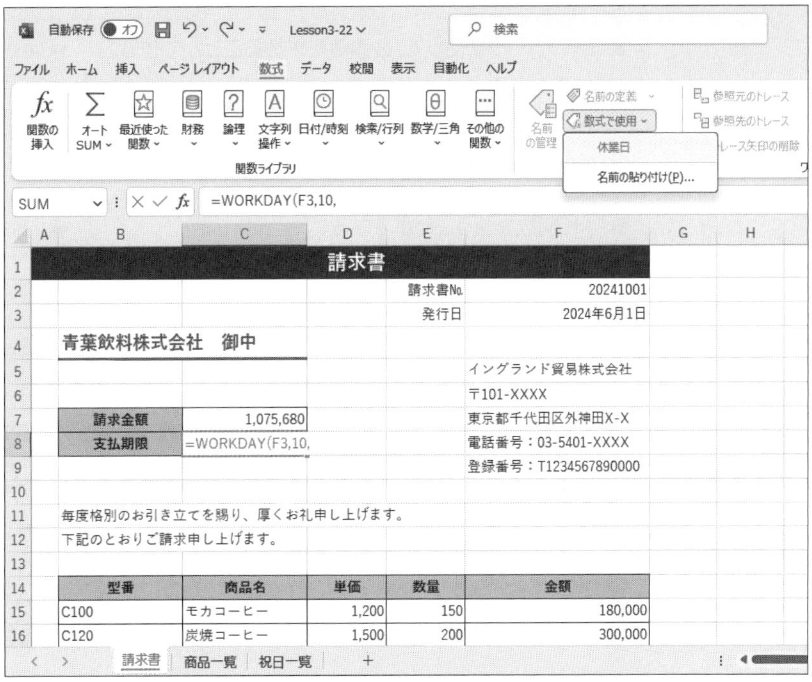

③「**=WORKDAY(F3,10,休業日**」と表示されます。

④続けて「**)**」を入力します。

⑤数式バーに「**=WORKDAY(F3,10,休業日)**」と表示されていることを確認します。

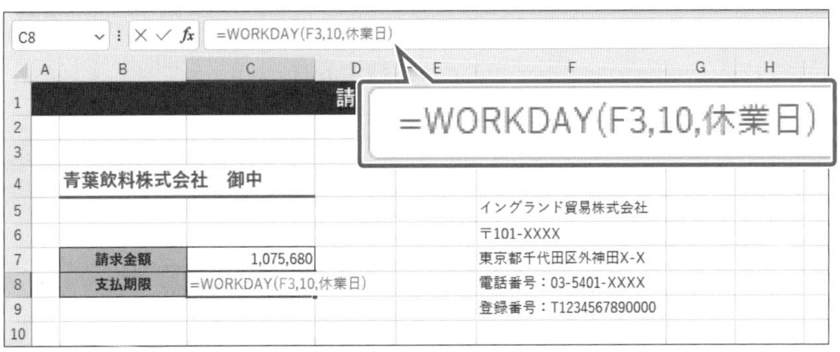

⑥ Enter を押します。

⑦セル【**C8**】に発行日から10営業日後の日付が表示されます。

※セル【C8】には、表示形式が設定されています。

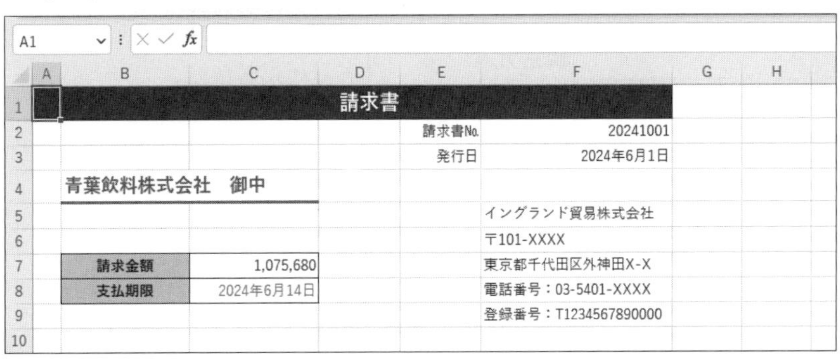

4　データ分析を行う

出題範囲3　高度な機能を使用した数式およびマクロの作成

理解度チェック

習得すべき機能	参照Lesson	学習前	学習後	試験直前
■データを統合できる。	➡Lesson3-23 ➡Lesson3-24	☑	☑	☑
■ゴールシークを使って、最適値を求めることができる。	➡Lesson3-25	☑	☑	☑
■シナリオを作成できる。	➡Lesson3-26	☑	☑	☑
■NPER関数を使うことができる。	➡Lesson3-27	☑	☑	☑
■PMT関数を使うことができる。	➡Lesson3-28	☑	☑	☑
■FILTER関数を使うことができる。	➡Lesson3-29	☑	☑	☑
■SORTBY関数を使うことができる。	➡Lesson3-30	☑	☑	☑

1　統合を使って複数のセル範囲のデータを集計する

解説

■データの統合

異なるブックやワークシートの情報を1つにまとめることを**「統合」**といいます。
統合には、**「位置を基準にした統合」**と**「項目を基準にした統合」**があります。

●位置を基準にした統合

統合するワークシートの項目名の数や並びなどの位置が一致している場合、位置を基準に統合します。

項目名の数や並びが同じ

統合元A

日本	満足	普通	不満	合計
20代	36	33	18	87
30代	45	32	21	98
40代	28			
50代	9			
合計	118			

統合元B

中国	満足	普通	不満	合計
20代	8	22	15	45
30代	6	18	12	36
40代	8			
50代	10			
合計	32			

統合元C

アメリカ	満足	普通	不満	合計
20代	6	12	15	33
30代	21	28	10	59
40代	28	14	8	50
50代	13	25	11	49
合計	68	79	44	191

統合先

まとめ	満足	普通	不満	合計
20代	50	67	48	165
30代	72	78	43	193
40代	64	56	39	159
50代	32	50	32	114
合計	218	251	162	631

●項目を基準にした統合

統合するワークシートの項目名の数や並びなどの位置が一致していない場合、項目を基準に統合します。

項目名の数や並びが異なる

統合元A

日本	満足	普通	少し不満	不満	合計
20代	36	33	12	18	99
30代	45	32	18	21	116
40代	28				
50代	9				
60代	10				
合計	128				

統合元B

中国	満足	普通	不満	合計
20代	7	23	17	47
30代	12	16	12	40
40代				
50代				
60代				
70代				
合計				

統合元C

アメリカ	満足	普通	不満	無回答	合計
50代	20	50	15	2	87
40代	28	44	16	3	91
30代	15	30	8	0	53
20代	6	28	11	5	50
合計	69	152	50	10	281

統合先

まとめ	満足	普通	少し不満	不満	無回答	合計
20代	49	84	12	46	5	196
30代	72	78	18	41	0	209
40代	65	79	13	35	3	195
50代	39	84	8	30	2	163
60代	21	30	6	23		80
70代	5	7		6		18
合計	251	362	57	181	10	861

操作 ◆《データ》タブ→《データツール》グループの ［統合アイコン］ (統合)

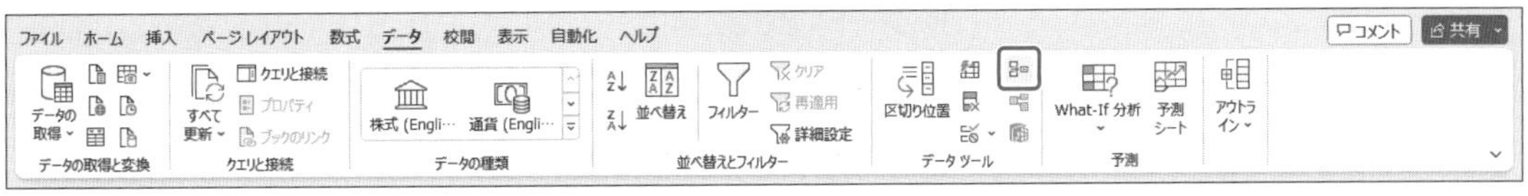

Lesson 3-23

OPEN ブック「Lesson3-23」を開いておきましょう。

次の操作を行いましょう。

(1) シート「2021年度」「2022年度」「2023年度」の3つの表を統合して、売上平均を求める表を作成してください。シート「平均」のセル【C4】を開始位置として作成します。

Lesson 3-23 Answer

(1)

①シート**「平均」**のセル**【C4】**を選択します。

②**《データ》**タブ→**《データツール》**グループの ［統合アイコン］ (統合)をクリックします。

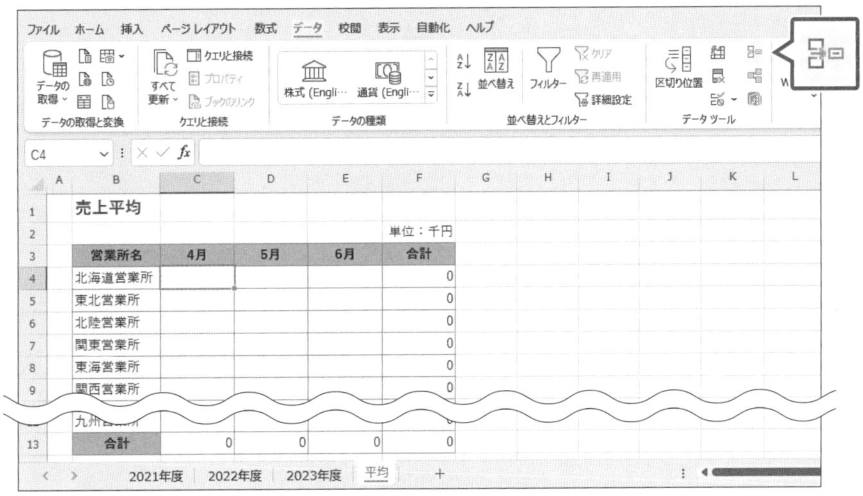

③**《統合の設定》**ダイアログボックスが表示されます。

④**《集計の方法》**の ［∨］ をクリックし、一覧から**《平均》**を選択します。

⑤**《統合元範囲》**をクリックして、カーソルを表示します。

⑥シート**「2021年度」**のセル範囲**【C4:E12】**を選択します。

⑦**《統合元範囲》**が**「'2021年度'!$C$4:$E$12」**になっていることを確認します。

⑧**《追加》**をクリックします。

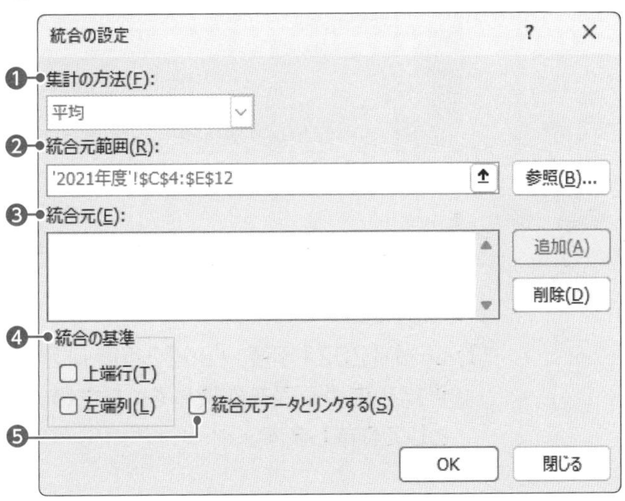

Point

《統合の設定》

❶集計の方法
集計の方法を選択します。

❷統合元範囲
統合元のセル範囲を設定します。
位置を基準にした統合では、項目名を含めません。
項目を基準にした統合では、項目名を含めます。

❸統合元
統合元のセル範囲が一覧で表示されます。

❹統合の基準
位置を基準にした統合では、《上端行》と《左端列》を□にします。
項目を基準にした統合では、項目が上端行か左端列かによって、《上端行》や《左端列》を☑にします。

❺統合元データとリンクする
☑にすると、統合元と統合先にリンクが設定されます。

⑨**《統合元》**に**「'2021年度'!$C$4:$E$12」**が追加されます。
⑩シート**「2022年度」**のセル範囲**【C5:E13】**を選択します。
⑪**《統合元範囲》**が**「'2022年度'!$C$5:$E$13」**になっていることを確認します。
⑫**《追加》**をクリックします。
⑬**《統合元》**に**「'2022年度'!$C$5:$E$13」**が追加されます。
⑭シート**「2023年度」**のセル範囲**【C6:E14】**を選択します。
⑮**《統合元範囲》**が**「'2023年度'!$C$6:$E$14」**になっていることを確認します。
⑯**《追加》**をクリックします。
⑰**《統合元》**に**「'2023年度'!$C$6:$E$14」**が追加されます。
⑱**《上端行》**を☐にします。
⑲**《左端列》**を☐にします。
⑳**《OK》**をクリックします。

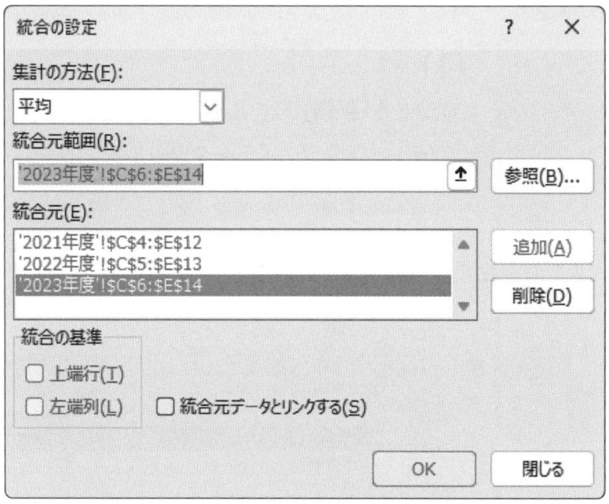

㉑2021年度から2023年度までの表が統合され、平均が表示されます。
※売上平均の表には、表示形式が設定されています。

売上平均				
				単位：千円
営業所名	4月	5月	6月	合計
北海道営業所	983	1,050	1,000	3,033
東北営業所	750	883	967	2,600
北陸営業所	883	1,017	900	2,800
関東営業所	3,017	2,900	2,500	8,417
東海営業所	2,433	1,900	2,067	6,400
関西営業所	2,383	1,950	2,467	6,800
中国営業所	1,683	1,333	1,233	4,250
四国営業所	1,000	1,017	950	2,967
九州営業所	1,850	1,300	1,333	4,483
合計	14,983	13,350	13,417	41,750

Lesson 3-24

OPEN ブック「Lesson3-24」を開いておきましょう。

次の操作を行いましょう。

(1) シート「2021年度」「2022年度」「2023年度」の3つの表を統合して、売上平均を求める表を作成してください。シート「平均」のセル【B3】を開始位置として作成します。

(1)

①シート「**平均**」のセル【**B3**】を選択します。
②《**データ**》タブ→《**データツール**》グループの（統合）をクリックします。
③《**統合の設定**》ダイアログボックスが表示されます。
④《**集計の方法**》のをクリックし、一覧から《**平均**》を選択します。
⑤《**統合元範囲**》をクリックして、カーソルを表示します。
⑥シート「**2021年度**」のセル範囲【**B3:F10**】を選択します。
⑦《**統合元範囲**》が「**'2021年度'!$B$3:$F$10**」になっていることを確認します。
⑧《**追加**》をクリックします。
⑨《**統合元**》に「**'2021年度'!$B$3:$F$10**」が追加されます。
⑩シート「**2022年度**」のセル範囲【**B4:F12**】を選択します。
⑪《**統合元範囲**》が「**'2022年度'!$B$4:$F$12**」になっていることを確認します。
⑫《**追加**》をクリックします。
⑬《**統合元**》に「**'2022年度'!$B$4:$F$12**」が追加されます。
⑭シート「**2023年度**」のセル範囲【**B5:F15**】を選択します。
⑮《**統合元範囲**》が「**'2023年度'!$B$5:$F$15**」になっていることを確認します。
⑯《**追加**》をクリックします。
⑰《**統合元**》に「**'2023年度'!$B$5:$F$15**」が追加されます。
⑱《**上端行**》を☑にします。
⑲《**左端列**》を☑にします。
⑳《**OK**》をクリックします。

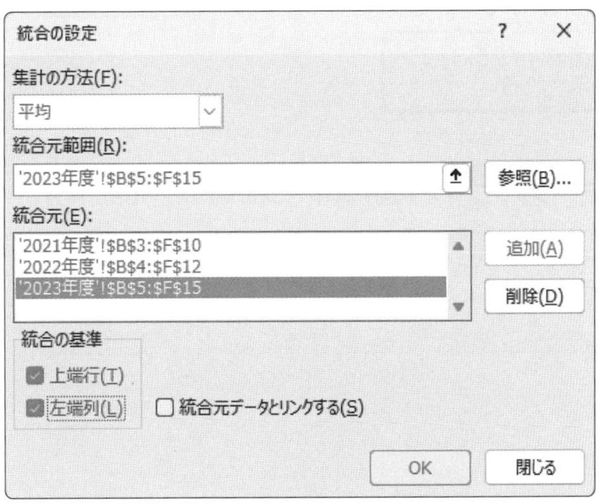

㉑2021年度から2023年度までの表が統合され、平均が表示されます。
※列幅を調整しておきましょう。

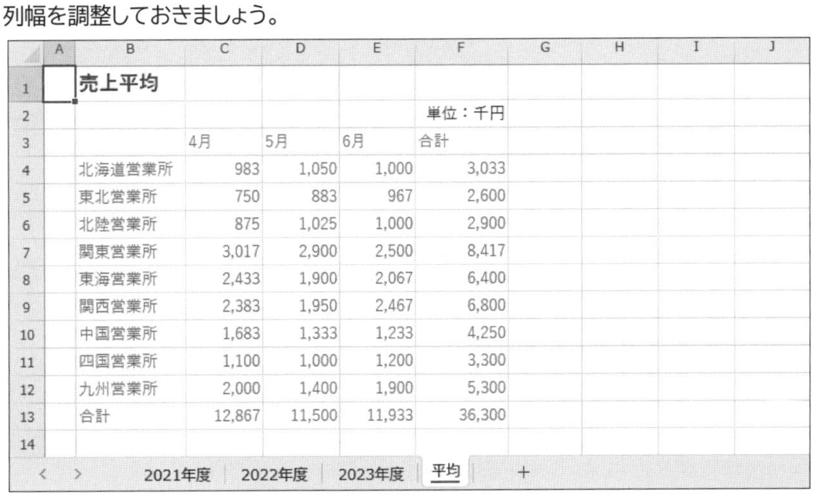

	A	B	C	D	E	F
1		売上平均				
2						単位：千円
3			4月	5月	6月	合計
4		北海道営業所	983	1,050	1,000	3,033
5		東北営業所	750	883	967	2,600
6		北陸営業所	875	1,025	1,000	2,900
7		関東営業所	3,017	2,900	2,500	8,417
8		東海営業所	2,433	1,900	2,067	6,400
9		関西営業所	2,383	1,950	2,467	6,800
10		中国営業所	1,683	1,333	1,233	4,250
11		四国営業所	1,100	1,000	1,200	3,300
12		九州営業所	2,000	1,400	1,900	5,300
13		合計	12,867	11,500	11,933	36,300
14						

2 ゴールシークやシナリオの登録と管理を使って、What-If分析を実行する

解説

■ゴールシーク

「ゴールシーク」とは、数式の計算結果（目標値）を先に指定して、その結果を得るために任意のセルを変化させて最適な数値を導き出す機能です。

例：
賃料合計を**「¥3,000,000」**にするには、家賃をいくらにしたら良いかを表示します。

変化させるセル（C4）

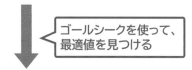

区分	賃料単価	貸出数	合計
家賃		28	¥0
駐車場	¥15,000	20	¥300,000
駐輪場	¥1,000	30	¥30,000
賃料合計			¥330,000

数式入力セル（¥330,000）

ゴールシークを使って、最適値を見つける

区分	賃料単価	貸出数	合計
家賃	¥95,357	28	¥2,670,000
駐車場	¥15,000	20	¥300,000
駐輪場	¥1,000	30	¥30,000
賃料合計			¥3,000,000

最適値=¥95,357が表示される

目標値=¥3,000,000が表示される

操作 ◆《データ》タブ→《予測》グループの（What-If分析）→《ゴールシーク》

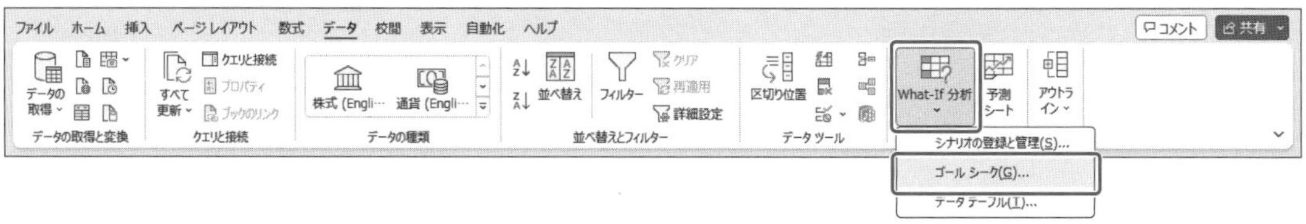

Lesson 3-25

OPEN ブック「Lesson3-25」を開いておきましょう。

次の操作を行いましょう。

(1)「賃料合計」の目標値を「3,000,000」とし、ゴールシークを使ってセル【C4】に最適な数値を表示してください。

(1)

①《データ》タブ→《予測》グループの (What-If分析)→《ゴールシーク》をクリックします。

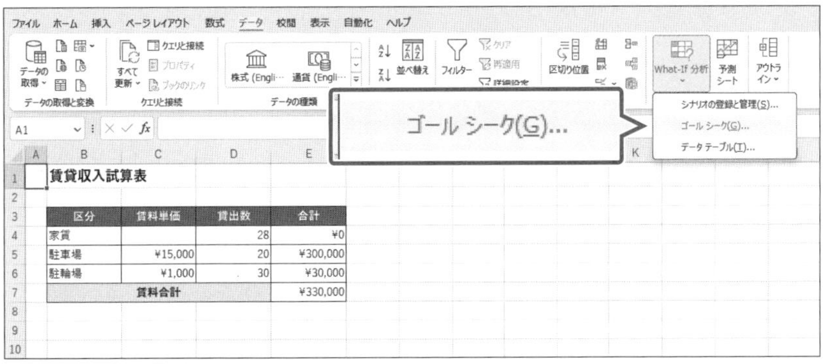

②《ゴールシーク》ダイアログボックスが表示されます。
③《数式入力セル》の値が選択されていることを確認します。
④セル【E7】を選択します。
⑤《数式入力セル》が「$E$7」になっていることを確認します。
⑥《目標値》に「3000000」と入力します。
⑦《変化させるセル》をクリックして、カーソルを表示します。
⑧セル【C4】を選択します。
⑨《変化させるセル》が「$C$4」になっていることを確認します。
⑩《OK》をクリックします。

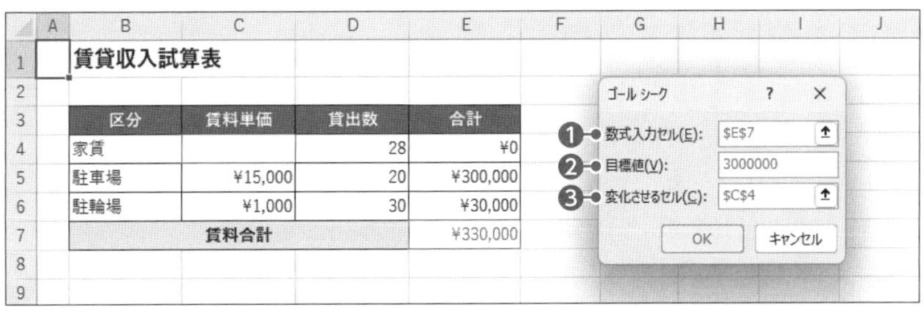

⑪《ゴールシーク》ダイアログボックスが表示されます。
⑫メッセージを確認し、《OK》をクリックします。

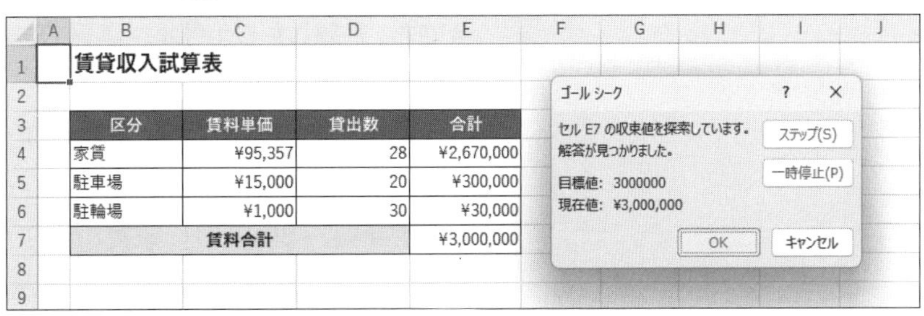

⑬最適な数値が表示されます。

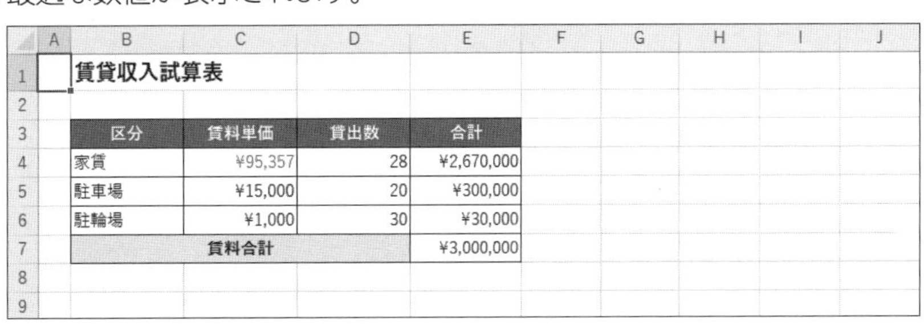

Point

《ゴールシーク》

❶数式入力セル
目標値を求める数式が入力されているセルを設定します。

❷目標値
❶の計算結果の目標値を入力します。

❸変化させるセル
値を変化させるセルを設定します。

解説　■シナリオの登録と管理

「シナリオ」とは、値の組み合わせのことです。ワークシートの複数のセルに順番に値を代入して、数式の計算結果を比較することができます。

例：
2つのマンションの年間支出額を比較します。

シナリオ名「物件A」

区分	単価	回数	合計
更新料	¥150,000	1	¥150,000
家賃	¥80,000	12	¥960,000
共益費	¥6,000	12	¥72,000
駐車場	¥15,000	12	¥180,000
合計			¥1,362,000

シナリオ名「物件B」

区分	単価	回数	合計
更新料	¥180,000	1	¥180,000
家賃	¥75,000	12	¥900,000
共益費	¥5,000	12	¥60,000
駐車場	¥13,000	12	¥156,000
合計			¥1,296,000

操作　◆《データ》タブ→《予測》グループの（What-If分析）→《シナリオの登録と管理》

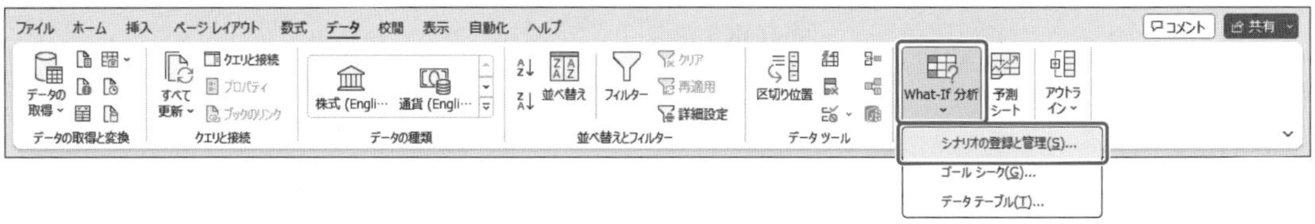

Lesson 3-26

OPEN　ブック「Lesson3-26」を開いておきましょう。

次の操作を行いましょう。

(1) 次のような2つのシナリオを登録してください。ワークシートが保護された場合でも、登録したシナリオが変更できるようにします。

　シナリオ名「物件A」

　　更新料「150,000」、家賃「80,000」、共益費「6,000」、駐車場「15,000」

　シナリオ名「物件B」

　　更新料「180,000」、家賃「75,000」、共益費「5,000」、駐車場「13,000」

(2) 登録した2つのシナリオを順番に表示してください。

(3) 登録した2つのシナリオをもとに、セル【E8】の「合計」を比較するシナリオ情報レポートを作成してください。

(1)

①《データ》タブ→《予測》グループの（What-If分析）→《シナリオの登録と管理》をクリックします。

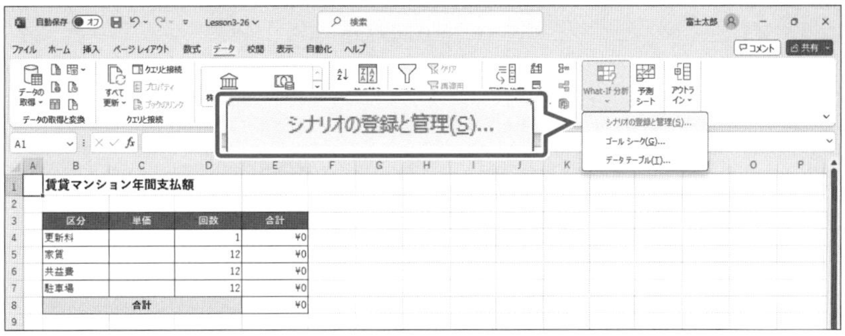

②《シナリオの登録と管理》ダイアログボックスが表示されます。

③《追加》をクリックします。

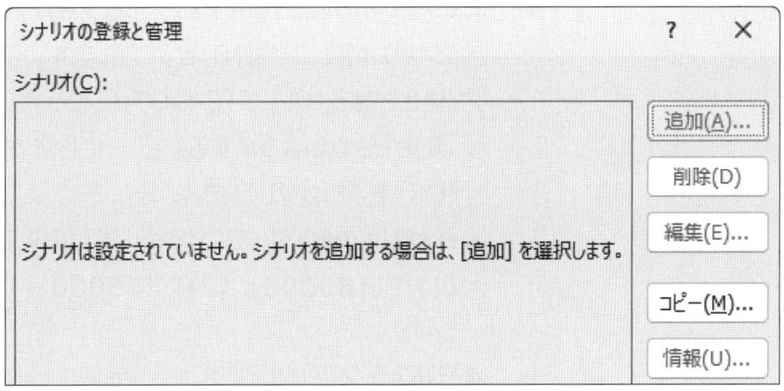

④《シナリオの追加》ダイアログボックスが表示されます。

⑤《シナリオ名》に「物件A」と入力します。

⑥《変化させるセル》の値を選択します。

⑦セル範囲【C4:C7】を選択します。

⑧《変化させるセル》が「$C$4:$C$7」になっていることを確認します。

※ダイアログボックス名が《シナリオの編集》ダイアログボックスになります。

⑨《変更できないようにする》を□にします。

⑩《OK》をクリックします。

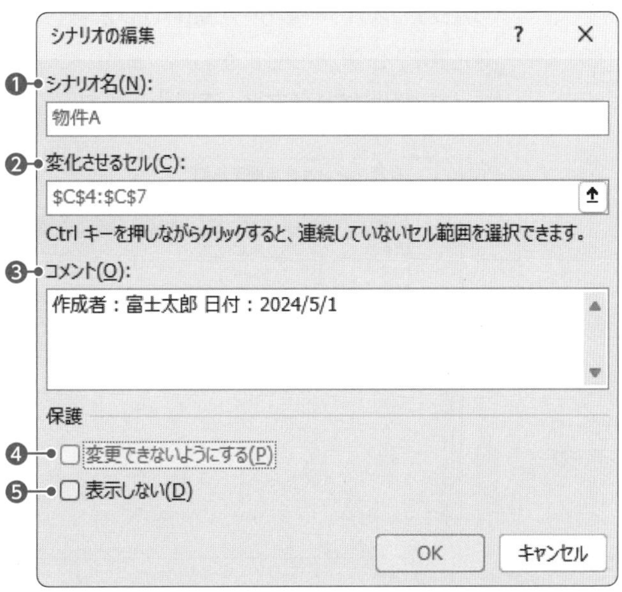

Point

《シナリオの編集》

❶シナリオ名
シナリオ名を入力します。

❷変化させるセル
値を変化させるセルを設定します。

❸コメント
シナリオの説明を入力します。自動的に作成者と日付が表示されます。

❹変更できないようにする
☑にすると、ワークシートが保護されているときに、登録したシナリオを編集できません。

❺表示しない
☑にすると、シートが保護されているときに、登録されているシナリオが表示されません。

⑪**《シナリオの値》**ダイアログボックスが表示されます。

⑫**《1》**に**「150000」**、**《2》**に**「80000」**、**《3》**に**「6000」**、**《4》**に**「15000」**と入力します。

⑬**《追加》**をクリックします。

※続けて、シナリオを登録します。

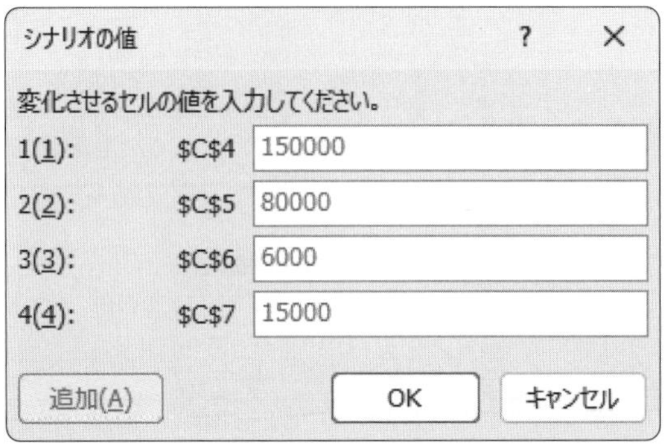

⑭物件Aのシナリオが登録されます。

⑮**《シナリオの追加》**ダイアログボックスが表示されます。

⑯**《シナリオ名》**に**「物件B」**と入力します。

⑰**《変化させるセル》**が**「C4:C7」**になっていることを確認します。

⑱**《変更できないようにする》**を☐にします。

⑲**《OK》**をクリックします。

⑳**《シナリオの値》**ダイアログボックスが表示されます。

㉑**《1》**に**「180000」**、**《2》**に**「75000」**、**《3》**に**「5000」**、**《4》**に**「13000」**と入力します。

㉒**《OK》**をクリックします。

㉓物件Bのシナリオが登録されます。

㉔**《シナリオの登録と管理》**ダイアログボックスに戻ります。

㉕**《閉じる》**をクリックします。

(2)

①**《データ》**タブ→**《予測》**グループの（What-If分析）→**《シナリオの登録と管理》**をクリックします。

②**《シナリオの登録と管理》**ダイアログボックスが表示されます。

③**《シナリオ》**の一覧から**「物件A」**を選択します。

④**《表示》**をクリックします。

⑤セル範囲**【C4:C7】**に値が代入され、計算結果が表示されます。

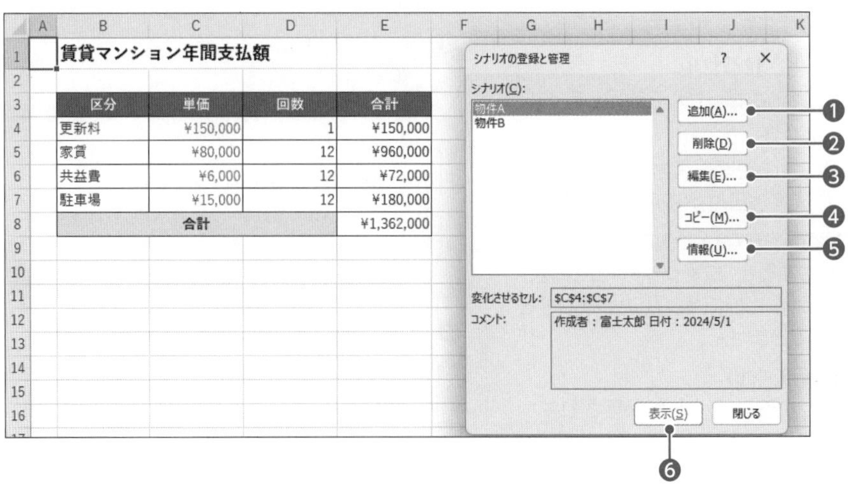

Point

《シナリオの登録と管理》

❶追加
シナリオを登録します。

❷削除
シナリオを削除します。

❸編集
シナリオを編集します。

❹コピー
別のブックや別のワークシートのシナリオをコピーして結合します。

❺情報
複数のシナリオの結果を別のワークシートに表示したり、ピボットテーブルとして表示したりします。

❻表示
登録したシナリオの値をワークシートに表示します。

⑥同様に、シナリオ**「物件B」**を表示します。
⑦**《閉じる》**をクリックします。

(3)

①**《データ》**タブ→**《予測》**グループの (What-If分析)→**《シナリオの登録と管理》**をクリックします。
②**《シナリオの登録と管理》**ダイアログボックスが表示されます。
③**《情報》**をクリックします。
④**《シナリオの情報》**ダイアログボックスが表示されます。
⑤**《シナリオの情報》**を◉にします。
⑥**《結果を出力するセル》**が**「E8」**になっていることを確認します。
⑦**《OK》**をクリックします。

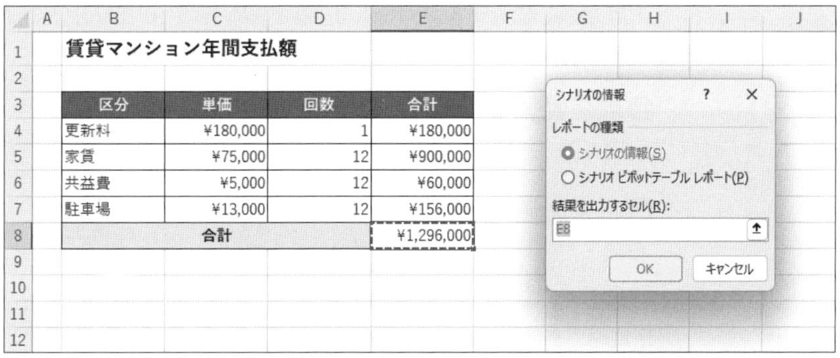

⑧新しいシート**「シナリオ情報」**にシナリオ情報レポートが作成されます。

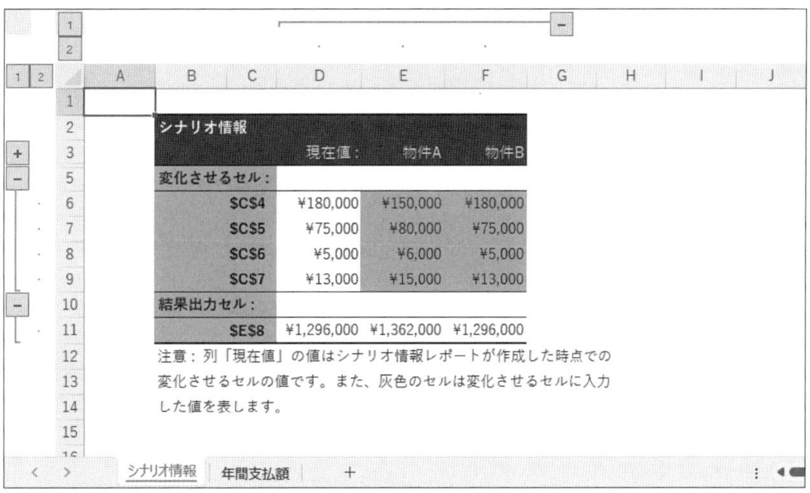

3 NPER関数を使ってデータを予測する

解説

■NPER関数

指定された利率と金額で定期的な返済（ローン）や貯蓄をする場合、目標金額に到達するまでの返済回数や預入回数を求めます。

=NPER（**利率**, **定期支払額**, **現在価値**, **将来価値**, **支払期日**）
❶ ❷ ❸ ❹ ❺

❶利率

一定の利率の数値またはセルを指定します。

❷定期支払額

定期的な返済金額や預入金額を数値またはセルで指定します。

※❶と❷は、時間の単位を一致させます。

❸現在価値

返済（ローン）の場合は借入金、貯蓄の場合は頭金の数値またはセルを指定します。

❹将来価値

返済（ローン）の場合は支払いが終わったあとの残高、貯蓄の場合は最終的な目標金額の数値またはセルを指定します。ローンを完済する場合は**「0」**を指定します。

※省略できます。省略すると、「0」を指定したこととなります。

❺支払期日

返済する期日、または預入する期日を指定します。期末の場合は**「0」**、期首の場合は**「1」**を指定します。

※省略できます。省略すると、「0」を指定したこととなります。

例：

=NPER（0.05/12,−5000,100000）

10万円を年利5%で借り入れ、毎月5,000円ずつ返済していく場合の返済回数を求めます。

※年利を月利に換算するため、12で割ります。

Lesson 3-27

OPEN ブック「Lesson3-27」を開いておきましょう。

Hint

小数点以下を切り上げるには、ROUNDUP関数を使います。

次の操作を行いましょう。

(1) 「借入金」と「毎月の返済金額」に対する返済回数を求める数式を入力してください。返済回数は、小数点以下第1位で切り上げて表示します。年利、毎月の返済金額、借入金、支払日の値が変更された場合でも、再計算されるようにします。

Lesson 3-27 Answer

Point

ROUNDUP関数

数値を指定した桁数で切り上げます。

=ROUNDUP(数値,桁数)

例：
=ROUNDUP(1234.56,1)
→1234.6
=ROUNDUP(1234.56,0)
→1235
=ROUNDUP(1234.56,-1)
→1240

(1)

①セル【D7】に「=ROUNDUP(NPER($D$2/12,D$6,$C7,0,$D$3),0)」と入力します。

※年利を月利に換算するため、12で割ります。

※数式をコピーするため、セル【D2】と【D3】は常に同じセルを参照するように絶対参照、セル【D6】は常に同じ行を、セル【C7】は常に同じ列を参照するように複合参照にします。

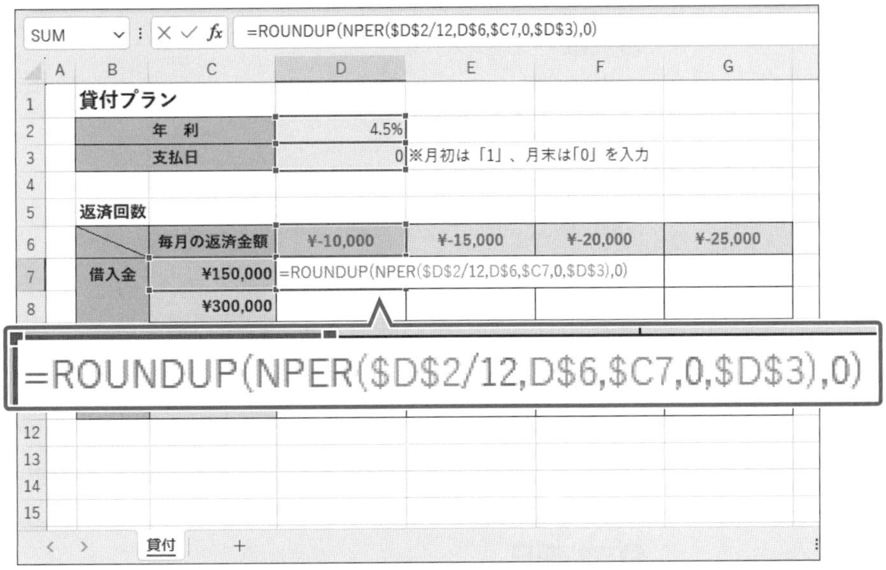

②セル【D7】に返済回数が表示されます。

③セル【D7】を選択し、セル右下の■（フィルハンドル）をダブルクリックします。

④セル範囲【D7:D11】を選択し、セル範囲右下の■（フィルハンドル）をセル【G11】までドラッグします。

⑤数式がコピーされます。

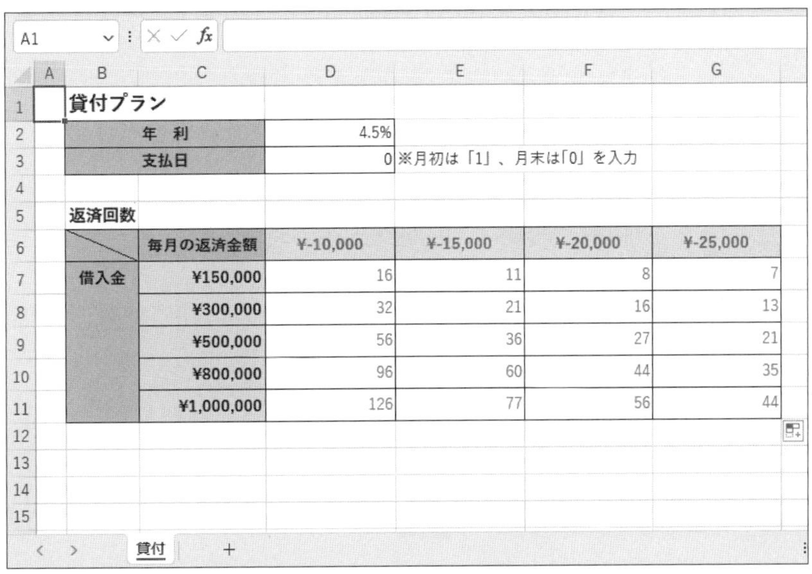

	毎月の返済金額	¥-10,000	¥-15,000	¥-20,000	¥-25,000
借入金	¥150,000	16	11	8	7
	¥300,000	32	21	16	13
	¥500,000	56	36	27	21
	¥800,000	96	60	44	35
	¥1,000,000	126	77	56	44

4 PMT関数を使って財務データを計算する

解説

■PMT関数

指定された利率と期間で定期的な返済（ローン）や貯蓄をする場合の定期支払額を求めます。

＝PMT（利率, 期間, 現在価値, 将来価値, 支払期日）
❶ 利率　❷ 期間　❸ 現在価値　❹ 将来価値　❺ 支払期日

❶利率

一定の利率の数値またはセルを指定します。

❷期間

返済回数や預入回数を数値またはセルで指定します。

※❶と❷は、時間の単位を一致させます。

❸現在価値

返済（ローン）の場合は借入金、貯蓄の場合は頭金の数値またはセルを指定します。

❹将来価値

返済（ローン）の場合は支払いが終わったあとの残高、貯蓄の場合は最終的な目標金額の数値またはセルを指定します。ローンを完済する場合は**「0」**を指定します。

※省略できます。省略すると、「0」を指定したこととなります。

❺支払期日

返済する期日、または預入する期日を指定します。期末の場合は**「0」**、期首の場合は**「1」**を指定します。

※省略できます。省略すると、「0」を指定したこととなります。

例：

＝PMT（0.05/12,12,100000）

10万円を年利5%で借り入れ、1年間（12か月）で返済する場合の毎月の返済金額を求めます。

※年利を月利に換算するため、12で割ります。

■利率と期間

利率と期間は、定期支払額の時間の単位と一致させます。定期支払額が月払いのときは、利率を月利、期間を月数で指定します。

利率が年利のときは**「年利÷12」**で月利に換算し、期間が年数のときは**「年数×12」**で月数に換算します。

Lesson 3-28

OPEN ブック「Lesson3-28」を開いておきましょう。

次の操作を行いましょう。

(1) 毎月の返済金額を算出して、「返済金額」の表を完成させる数式を入力してください。年利、支払日、借入金、返済期間の値が変更された場合でも、再計算されるようにします。

Hint

セル範囲【C7:C13】の返済期間には、「0"か月"」の表示形式が設定されています。

(1)

①セル【D7】に「=PMT($C$2/12,$C7,D$6,0,$C$3)」と入力します。

※年利を月利に換算するため、12で割ります。

※数式をコピーするため、セル【C2】と【C3】は常に同じセルを参照するよう絶対参照、セル【C7】は常に同じ列を、セル【D6】は常に同じ行を参照するように複合参照にします。

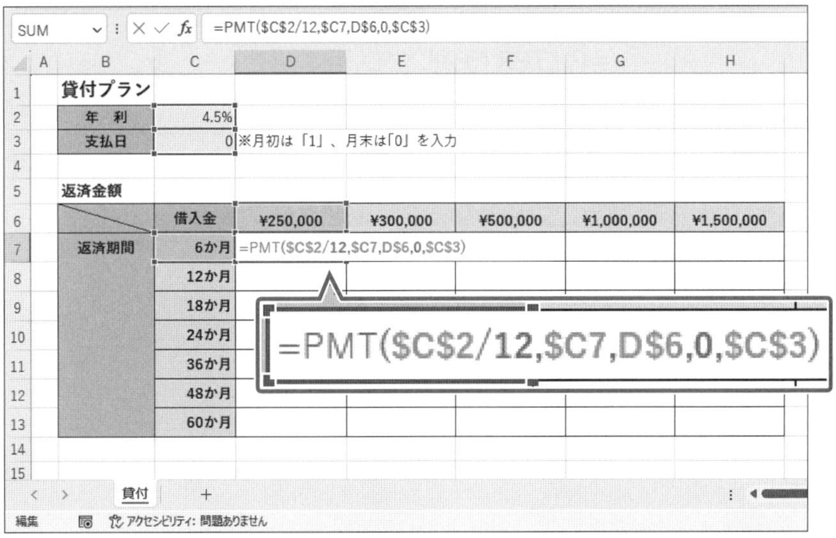

Point

財務関数の符号

財務関数では、受取分(手元に入る金額)は「+(プラス)」、支払分(手元から出る金額)は「－(マイナス)」で表示されます。

②セル【D7】に返済金額が表示されます。

※PMT関数を入力すると、表示形式が自動的に通貨に設定され、「－(マイナス)」の値は赤字で表示されます。

③セル【D7】を選択し、セル右下の■(フィルハンドル)をダブルクリックします。

④セル範囲【D7:D13】を選択し、セル範囲右下の■(フィルハンドル)をセル【H13】までドラッグします。

⑤数式がコピーされます。

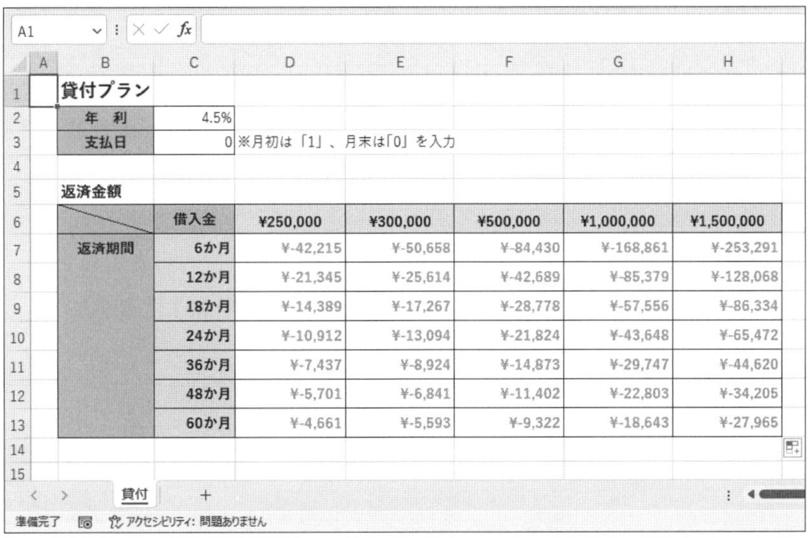

5 FILTER関数を使ってデータを抽出する

解説

■FILTER関数

FILTER関数を使うと、リストから条件に合うデータを抽出して表示できます。Excelのフィルターと同様の機能ですが、抽出したデータを元の表とは別の場所に表示できる点で異なります。関数を入力したセルを開始位置としてスピルで結果が表示されます。

=FILTER(配列, 含む, 空の場合)
❶ 配列　❷ 含む　❸ 空の場合

❶配列

抽出の対象となるセル範囲を指定します。

❷含む

抽出する条件を数式で指定します。

❸空の場合

該当するデータがない場合に返す値を指定します。

※省略できます。省略すると、該当するデータがない場合は、エラー「#CALC!」を返します。

例：

セル範囲【B3:D11】から部署名が**「第1営業部」**のデータをすべて抽出します。該当者がいない場合は、**「該当者なし」**を表示します。

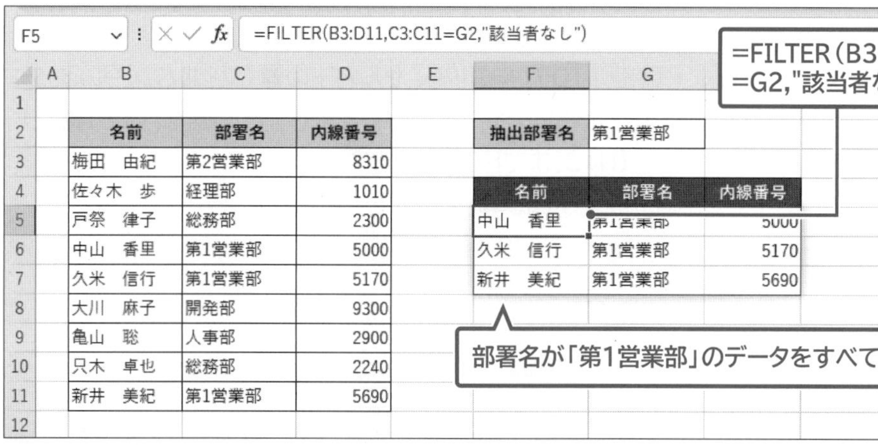

名前	部署名	内線番号
梅田　由紀	第2営業部	8310
佐々木　歩	経理部	1010
戸祭　律子	総務部	2300
中山　香里	第1営業部	5000
久米　信行	第1営業部	5170
大川　麻子	開発部	9300
亀山　聡	人事部	2900
只木　卓也	総務部	2240
新井　美紀	第1営業部	5690

名前	部署名	内線番号
中山　香里	第1営業部	5000
久米　信行	第1営業部	5170
新井　美紀	第1営業部	5690

例：

セル範囲【B3:B11】から部署名が**「第1営業部」**の名前を抽出します。該当者がいない場合は、**「該当者なし」**を表示します。

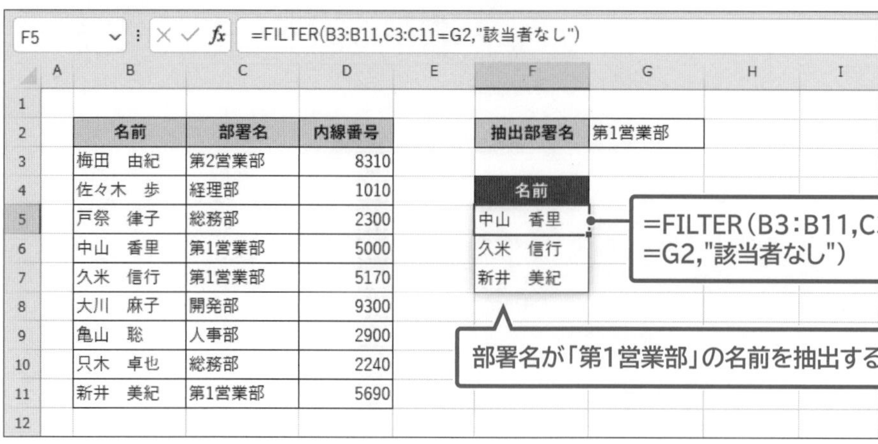

名前	部署名	内線番号
梅田　由紀	第2営業部	8310
佐々木　歩	経理部	1010
戸祭　律子	総務部	2300
中山　香里	第1営業部	5000
久米　信行	第1営業部	5170
大川　麻子	開発部	9300
亀山　聡	人事部	2900
只木　卓也	総務部	2240
新井　美紀	第1営業部	5690

名前
中山　香里
久米　信行
新井　美紀

Lesson 3-29

ブック「Lesson3-29」を開いておきましょう。

次の操作を行いましょう。

(1) セル【J7】に、「セミナー申込状況」の表から「地区」が「名古屋」のデータをすべて抽出する数式を入力してください。該当するデータがない場合は、何も表示しないようにします。セル【K3】の条件が変更された場合でも、再計算されるようにします。

Lesson 3-29 Answer

Point

複数の条件の指定

FILTER関数の引数「含む」で複数の条件を指定する場合は、論理式を「*(アスタリスク)」でつなぎます。どれか1つを満たす場合は、論理式を「+(プラス)」でつなぎます。

例：

```
=FILTER(B4:H36,(D4:D36
="東京")*(G4:G36>=
15),"")
```

セル範囲【B4:H36】から地区が「東京」、かつ申込者数が「15」以上のデータを抽出します。該当するデータがない場合は何も表示しません。

```
=FILTER(B4:H36,(D4:D36
="東京")+(G4:G36>=
15),"")
```

セル範囲【B4:H36】から地区が「東京」、または申込者数が「15」以上のデータを抽出します。該当するデータがない場合は何も表示しません。

(1)

①セル**【J7】**に**「=FILTER(B4:H36,D4:D36=K3,"")」**と入力します。

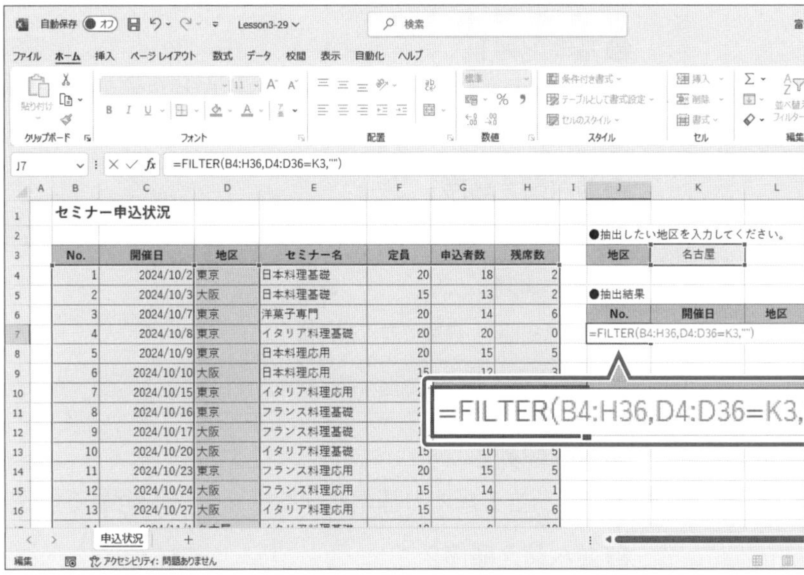

②地区が**「名古屋」**のセミナーの申込状況が表示されます。

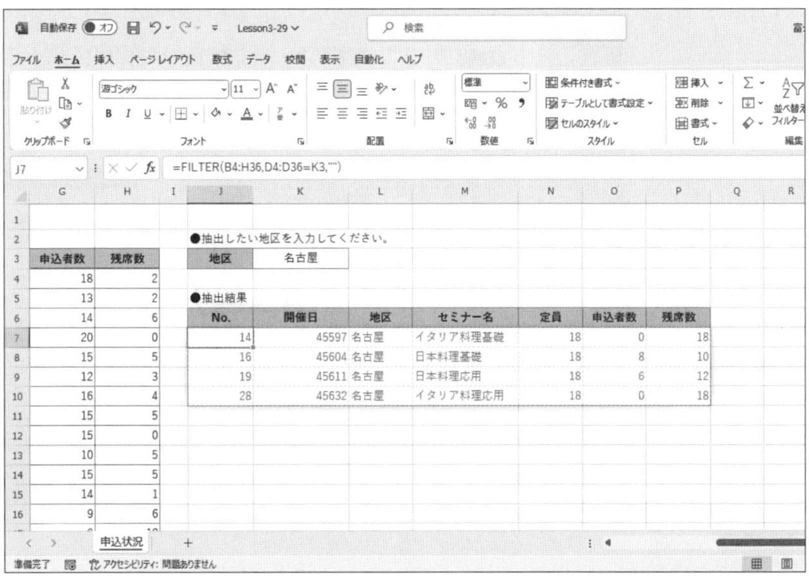

6 SORTBY関数を使ってデータを並べ替える

解説

■SORTBY関数

SORTBY関数を使うと、表を1つ以上のキーを基準に昇順や降順に並べ替え、元の表とは別の場所に結果を表示できます。関数を入力したセルを開始位置としてスピルで結果が表示されます。

=SORTBY(配列, 基準配列1, 並べ替え順序1, 基準配列2, 並べ替え順序2, ･･･)
　　　　❶　　　❷　　　　　❸　　　　　　❹　　　　　❺

❶配列

並べ替えの対象となるセル範囲を指定します。

❷基準配列1

1つ目の並べ替えの基準となるキーをセル範囲で指定します。❶と同じサイズのセル範囲を指定します。

❸並べ替え順序1

1つ目の並べ替えの順序を指定します。日本語は、文字コード順になります。

並べ替え順序	説明
1または省略	昇順で並べ替えます。
-1	降順で並べ替えます。

❹基準配列2

2つ目の並べ替えの基準となるキーをセル範囲で指定します。

❺並べ替え順序2

2つ目の並べ替えの順序を指定します。

例：

部署コードの昇順で並べ替え、部署コードが同じ場合は社員コードの昇順で並べ替えます。

H3　=SORTBY(B3:F11,B3:B11,1,D3:D11,1)

部署コード	部署名	社員コード	名前	内線番号
202	第2営業部	1006	梅田　由紀	9300
103	経理部	1007	佐々木　歩	1010
101	総務部	1003	戸祭　律子	2900
201	第1営業部	1004	中山　香里	2300
201	第1営業部	1002	久米　信行	2240
103	開発部	1009	大川　麻子	5000
102	人事部	1008	亀山　聡	5170
101	総務部	1005	只木　卓也	5690
201	第1営業部	1001	新井　美紀	8310

部署コード	部署名	社員コード	名前	内線番号
101	総務部	1003	戸祭　律子	2900
101	総務部	1005	只木　卓也	5690
102	人事部	1008	亀山　聡	5170
103	経理部	1007	佐々木　歩	1010
103	開発部	1009	大川　麻子	5000
201	第1営業部	1001	新井　美紀	8310
201	第1営業部	1002	久米　信行	2240
201	第1営業部	1004	中山　香里	2300
202	第2営業部	1006	梅田　由紀	9300

=SORTBY(B3:F11,B3:B11,1,D3:D11,1)

Lesson 3-30

ブック「Lesson3-30」を開いておきましょう。

次の操作を行いましょう。

(1) セル【J4】に、「セミナー申込状況」の表のデータを並べ替えて表示する数式を入力してください。「申込者数」の降順に並べ替え、「申込者数」が同じ場合は「定員」の降順に並べ替えます。

Lesson 3-30 Answer

(1)

①セル【J4】に「=SORTBY(B4:H36,G4:G36,-1,F4:F36,-1)」と入力します。

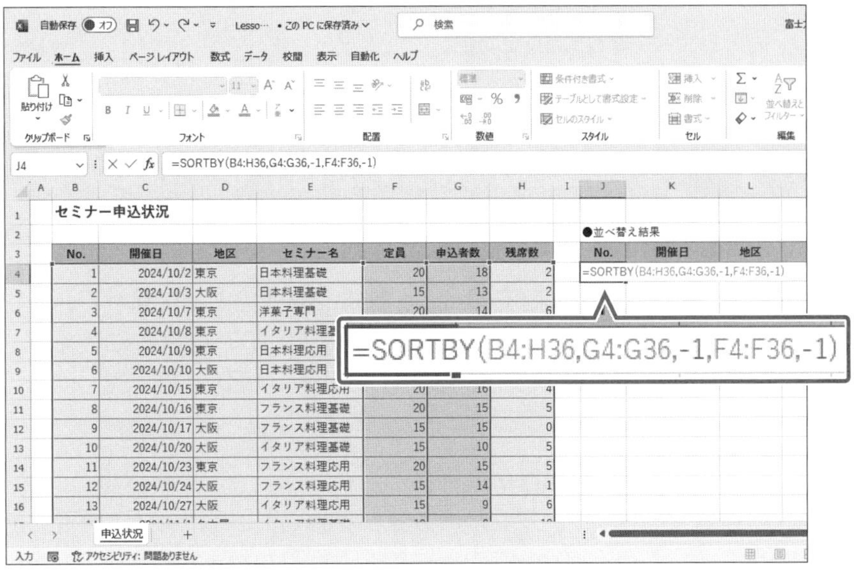

②表のデータが並び替わります。

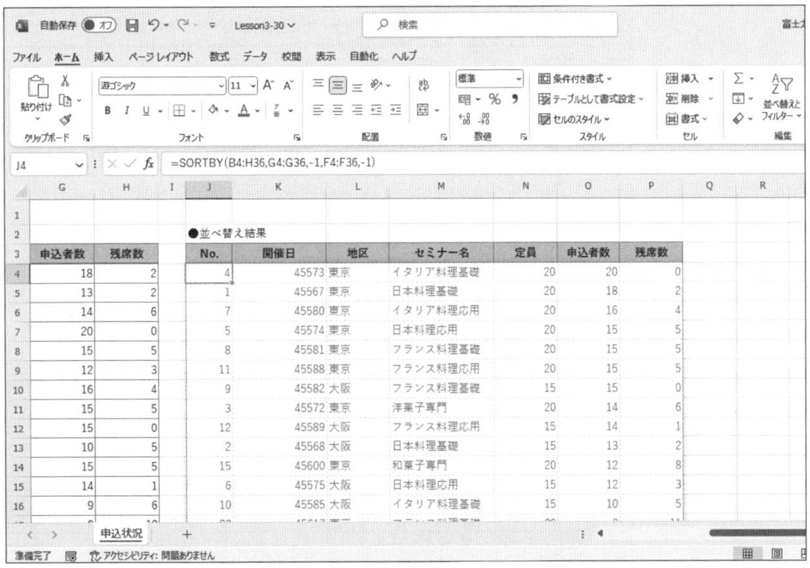

5 出題範囲3　高度な機能を使用した数式およびマクロの作成
数式のトラブルシューティングを行う

☑ 理解度チェック

習得すべき機能	参照Lesson	学習前	学習後	試験直前
■数式の参照元や参照先をトレースできる。	➡Lesson3-31	☑	☑	☑
■ウォッチウィンドウを利用できる。	➡Lesson3-32	☑	☑	☑
■数式のエラーをチェックし、対処できる。	➡Lesson3-33	☑	☑	☑
■エラーチェックルールを設定できる。	➡Lesson3-34	☑	☑	☑
■数式を検証できる。	➡Lesson3-35	☑	☑	☑

1 参照元、参照先をトレースする

解説

■トレース

「トレース」を使うと、数式と数式のもとになっているセルの参照関係を確認できます。参照元や参照先のセルをトレース矢印で視覚的に表示できるため、数式が正しいセルを参照しているかを確認したり、エラーの原因を調べたりするのに便利です。

■参照元のトレース

アクティブセルの数式が参照しているセル（参照元）を検出します。参照元からアクティブセルに向かってトレース矢印が引かれます。

支店	第1四半期	第2四半期	第3四半期	第4四半期	年間合計
北海道支店	49,200	42,800	41,800	39,600	173,400
東北支店	130,800	112,800	128,500	96,500	468,600
関東支店	311,500	287,500	288,500	159,600	1,047,100
合計	491,500	443,100	458,800	295,700	1,689,100

■参照先のトレース

アクティブセルを参照している数式（参照先）を検出します。アクティブセルから参照先に向かってトレース矢印が引かれます。

支店	第1四半期	第2四半期	第3四半期	第4四半期	年間合計
北海道支店	49,200	42,800	41,800	39,600	173,400
東北支店	130,800	112,800	128,500	96,500	468,600
関東支店	311,500	287,500	288,500	159,600	1,047,100
合計	491,500	443,100	458,800	295,700	1,689,100

操作 ◆《数式》タブ→《ワークシート分析》グループの［参照元のトレース］（参照元のトレース）／［参照先のトレース］（参照先のトレース）

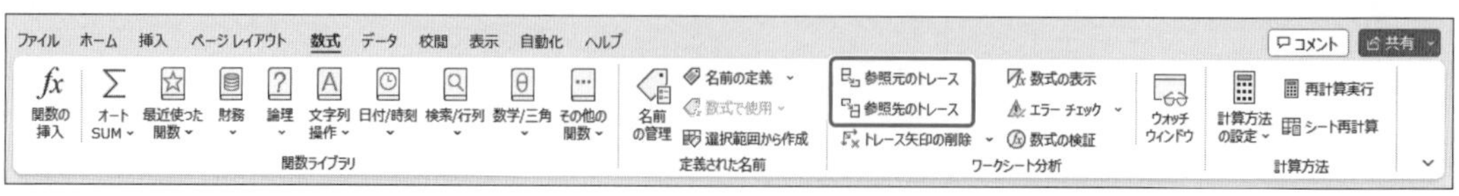

Lesson 3-31

OPEN ブック「Lesson3-31」を開いておきましょう。

Hint

トレース矢印を削除するには、《数式》タブ→《ワークシート分析》グループの［トレース矢印の削除］(すべてのトレース矢印を削除)を使います。

次の操作を行いましょう。

(1) セル【H18】のすべての参照元をトレースしてください。

(2) トレース矢印をすべて削除してください。

(3) セル【D4】のすべての参照先をトレースしてください。

Lesson 3-31 Answer

(1)

①セル**【H18】**を選択します。

②**《数式》**タブ→**《ワークシート分析》**グループの［参照元のトレース］(参照元のトレース)を3回クリックします。

※新しいトレース矢印が表示されなくなるまで繰り返しクリックします。

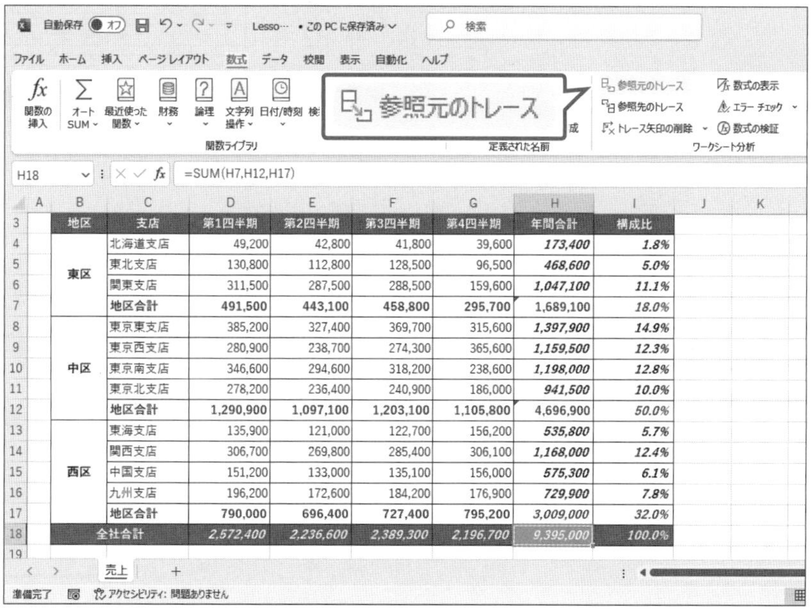

③トレース矢印が表示されます。

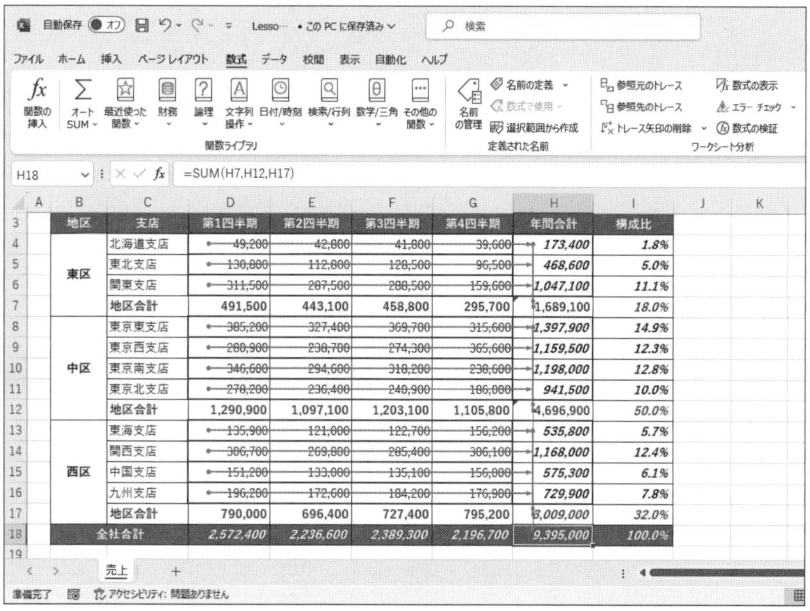

(2)

①《**数式**》タブ→《**ワークシート分析**》グループの［トレース矢印の削除］（すべてのトレース矢印を削除）をクリックします。

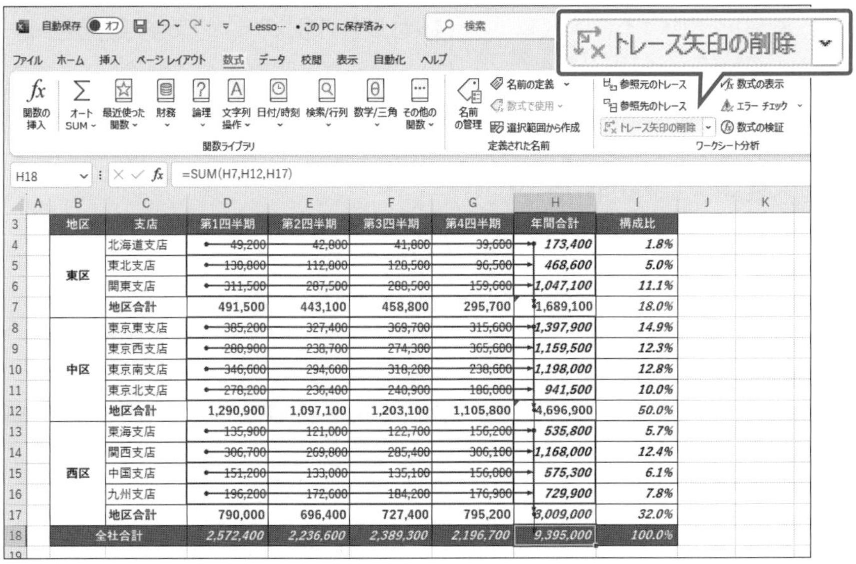

②すべてのトレース矢印が削除されます。

(3)

①セル【**D4**】を選択します。

②《**数式**》タブ→《**ワークシート分析**》グループの［参照先のトレース］（参照先のトレース）を4回クリックします。

※新しいトレース矢印が表示されなくなるまで繰り返しクリックします。

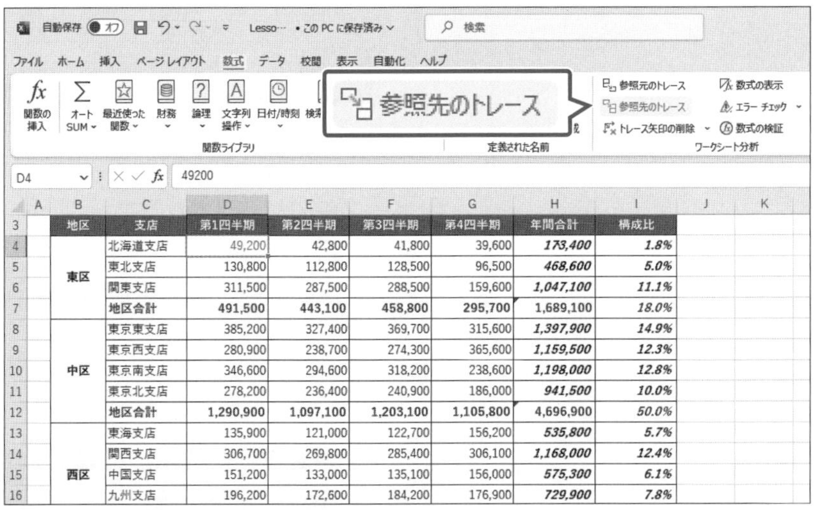

③トレース矢印が表示されます。

2 ウォッチウィンドウを使ってセルや数式をウォッチする

解説 ■ウォッチウィンドウ

「ウォッチウィンドウ」を使うと、指定したセルの値や数式を表示できます。
ウィンドウ内に表示されていないセルの結果を参照できるので、スクロールしなければ表示できない大きな表の集計セルや、異なるワークシートに入力された数式や計算結果などを確認する場合に便利です。

操作 ◆《数式》タブ→《ワークシート分析》グループの（ウォッチウィンドウ）

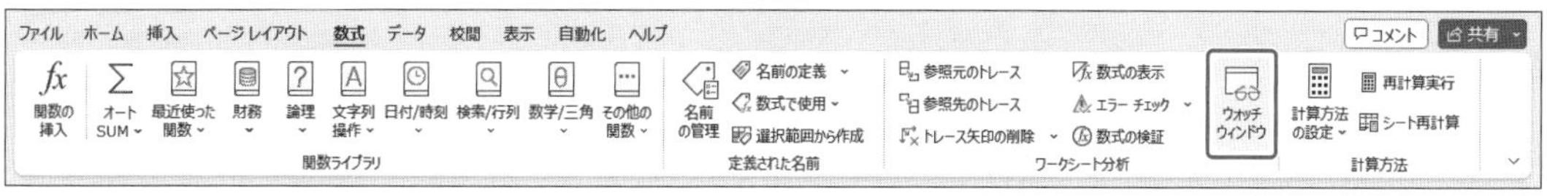

Lesson 3-32

OPEN ブック「Lesson3-32」を開いておきましょう。

次の操作を行いましょう。

(1) シート「集計」のセル範囲【D4:D5】の「合格者数」と「不合格者数」をウォッチウィンドウに表示してください。次に、シート「試験結果」のセル【K3】に「70」、セル【K4】に「75」と入力し、ウォッチウィンドウ内の計算結果を確認してください。

Lesson 3-32 Answer

(1)

①**《数式》**タブ→**《ワークシート分析》**グループの（ウォッチウィンドウ）をクリックします。

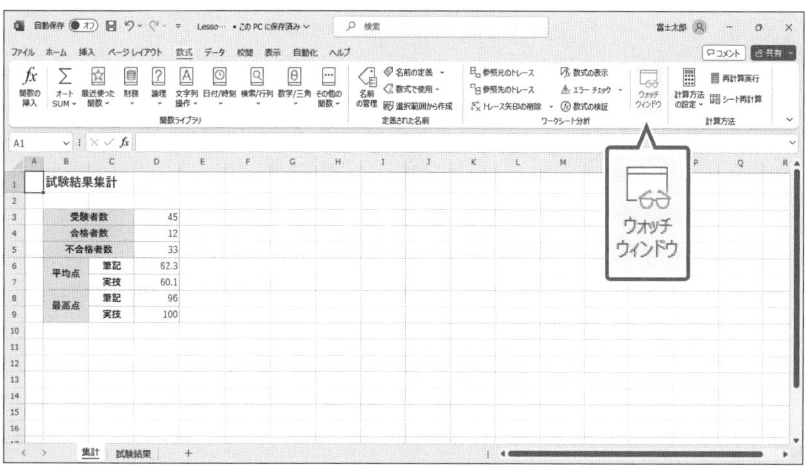

Point

《ウォッチウィンドウ》

❶ウォッチ式の追加
数式が入力されているセルを追加します。

❷ウォッチ式の削除
追加したセルを削除します。

②**《ウォッチウィンドウ》**が表示されます。

③**《ウォッチ式の追加》**をクリックします。

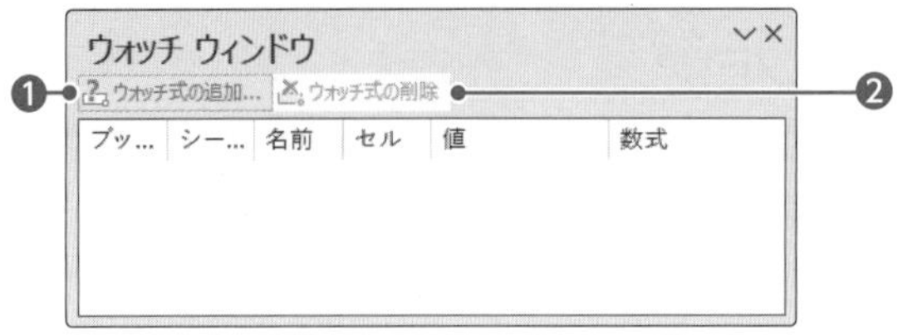

④**《ウォッチ式の追加》**ダイアログボックスが表示されます。

⑤シート**「集計」**のセル範囲**【D4:D5】**を選択します。

⑥**《値をウォッチするセル範囲を選択してください》**が**「=集計!$D$4:$D$5」**になっていることを確認します。

⑦**《追加》**をクリックします。

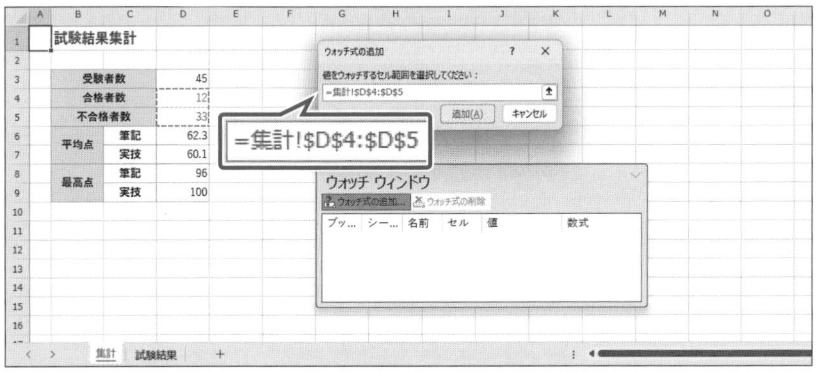

⑧**《ウォッチウィンドウ》**にセル**【D4】**とセル**【D5】**の値が追加されます。

※《ウォッチウィンドウ》のサイズや列幅を調整しておきましょう。

⑨シート**「試験結果」**のセル**【K3】**に**「70」**、セル**【K4】**に**「75」**と入力します。

⑩**《ウォッチウィンドウ》**の**《値》**が変化します。

※《ウォッチウィンドウ》を閉じておきましょう。

3 エラーチェックルールを使って数式をチェックする

解説

■エラーインジケーターとエラーチェックオプション

数式にエラーがある可能性のある場合、数式を入力したセルに（エラーインジケーター）が表示されます。エラーインジケーターが表示されているセルを選択すると（エラーチェックオプション）が表示されます。（エラーチェックオプション）をポイントすると、エラーの内容を確認できます。クリックすると、エラーの対処方法を選択できます。

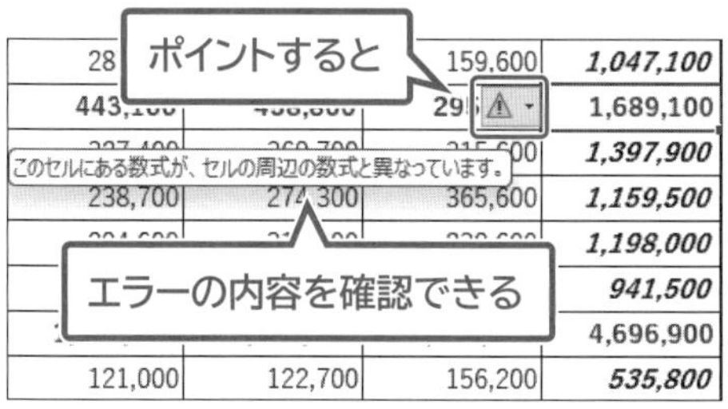

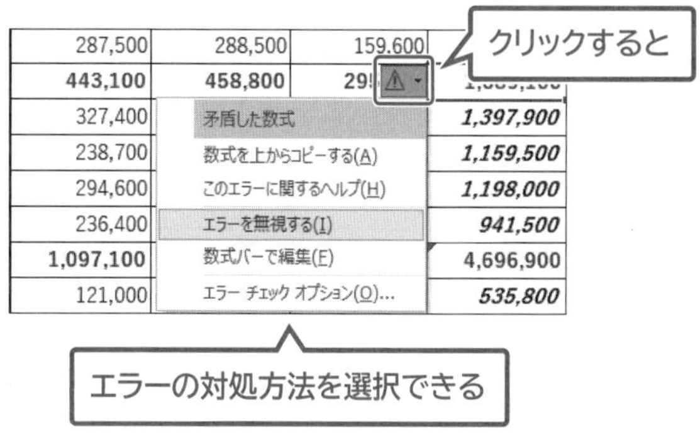

■エラーチェック

「エラーチェック」を使うと、ワークシート上のエラーが含まれるセルを探すことができます。エラーの内容を表示したり、エラーに対処したりすることもできます。

操作 ◆《数式》タブ→《ワークシート分析》グループの（エラーチェック）

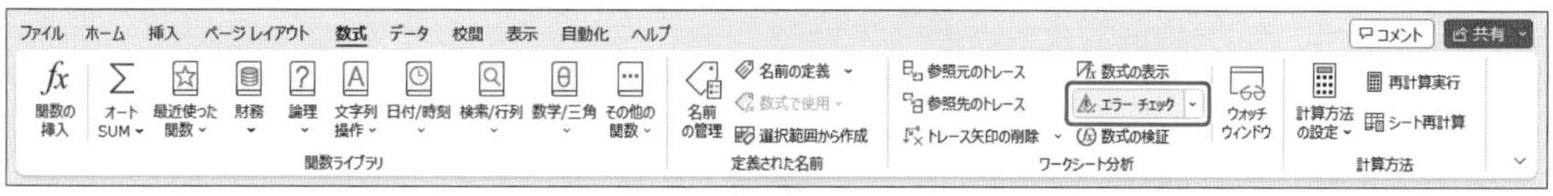

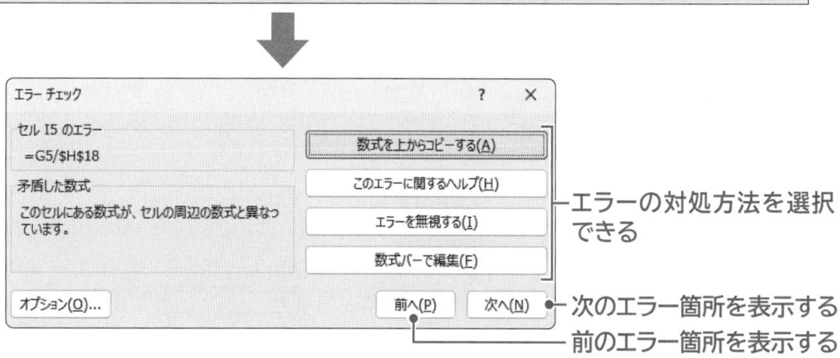

■エラーのトレース

数式の結果としてエラー値が表示されている場合、そのセルを選択して**「エラーのトレース」**を実行すると、数式の参照元となっているセルに向かってトレース矢印が引かれます。数式のエラーの原因を見つけやすくなります。

操作 ◆《数式》タブ→《ワークシート分析》グループの（エラーチェック）の→《エラーのトレース》

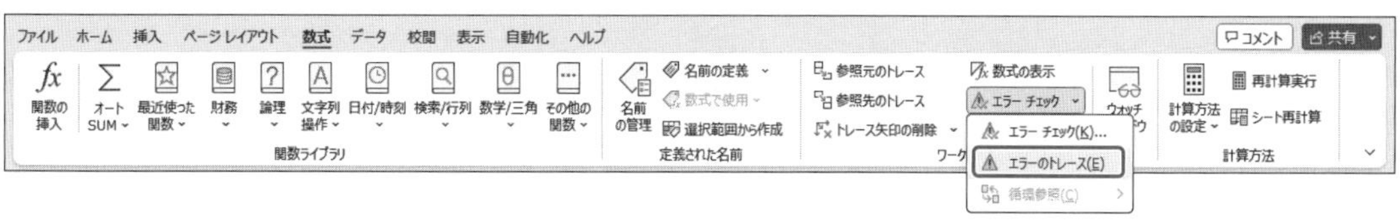

■エラー値

数式がエラーのとき、計算結果としてエラー値が表示されます。

エラー値	説明
#DIV/0!	0または空白を除数にしている。
#N/A	必要な値が入力されていない。
#NAME?	認識できない文字列が使用されている。
#NUM!	引数が不適切であるか、計算結果が処理できない値である。
#NULL!	参照演算子「：(コロン)」や「,(カンマ)」などが不適切であるか、指定したセル範囲が存在しない。
#REF!	セル参照が無効である。
#VALUE!	引数が不適切である。
#CALC!	使用しているExcelでサポートされていない処理が発生している。
#スピル!	スピル範囲にデータが入力されているか、結合セルが含まれている。または、テーブル内で使用している。

■エラーチェックルールの設定

Excelが自動的に行うエラーチェックは、**「エラーチェックルール」**をもとに行われます。ユーザーが設定を変更することもできます。

操作 ◆《ファイル》タブ→《オプション》→《数式》→《エラーチェックルール》

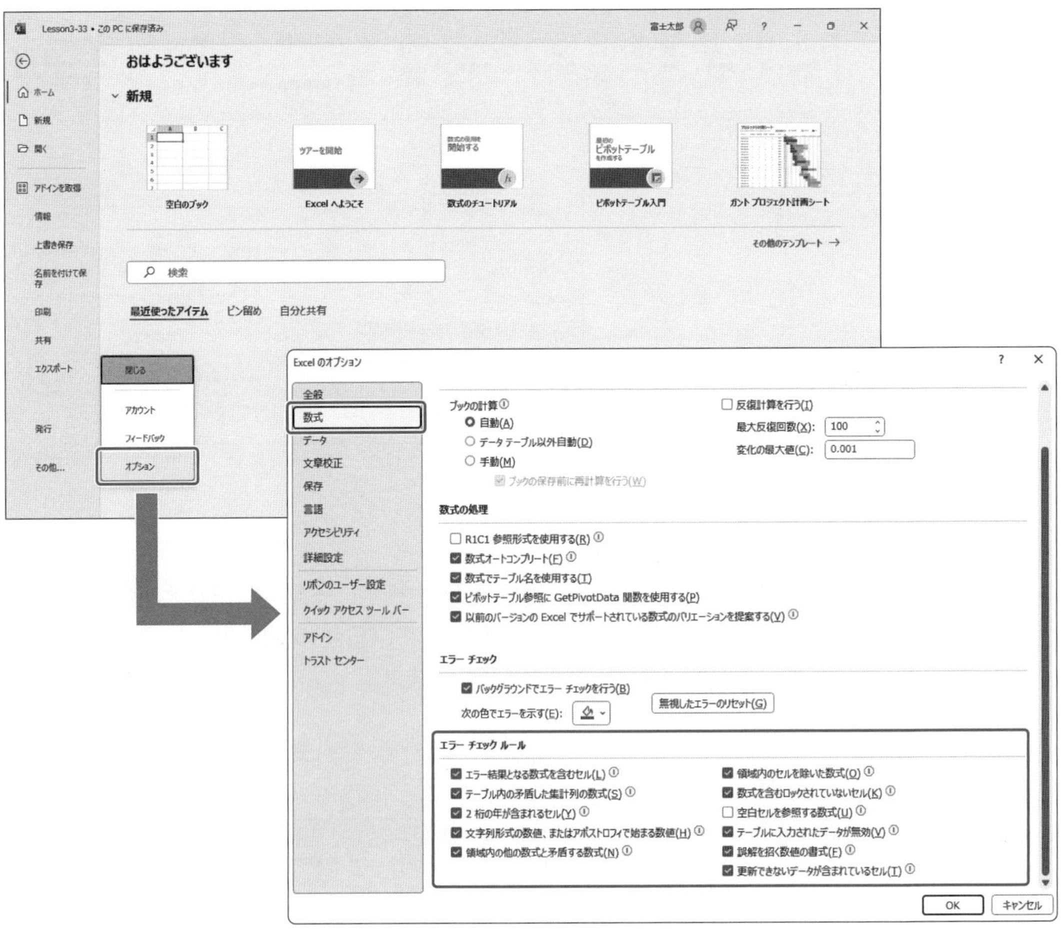

Lesson 3-33

OPEN ブック「Lesson3-33」を開いておきましょう。

次の操作を行いましょう。

(1) エラーチェックオプションを使って、セル【H7】、セル【H12】のエラーの内容を確認してください。次に、エラーを無視してください。

(2) エラーが含まれるセルをチェックしてください。次に、エラー内容を確認し、数式を上からコピーして修正してください。

Lesson 3-33 Answer

(1)

①セル**【H7】**を選択します。

② (エラーチェックオプション)をポイントして、エラーの内容を確認します。

※ をポイントすると、 になります。

③ (エラーチェックオプション)をクリックします。

④**《エラーを無視する》**をクリックします。

⑤セル**【H7】**のエラーインジケーターが消えます。

⑥同様に、セル**【H12】**のエラーの内容を確認し、エラーを無視します。

売上集計表

地区	支店	第1四半期	第2四半期	第3四半期	第4四半期	年間合計	構成比
東区	北海道支店	49,200	42,800	41,800	39,600	173,400	1.8%
	東北支店	130,800	112,800	128,500	96,500	468,600	1.0%
	関東支店	311,500	287,500	288,500	159,600	1,047,100	11.1%
	地区合計	491,500	443,100	458,800	295,700	1,689,100	18.0%
中区	東京東支店	385,200	327,400	369,700	315,600	1,397,900	14.9%
	東京西支店	280,900	238,700	274,300	365,600	1,159,500	12.3%
	東京南支店	346,600	294,600	318,200	238,600	1,198,000	12.8%
	東京北支店	278,200	236,400	240,900	186,000	941,500	10.0%
	地区合計	1,290,900	1,097,100	1,203,100	1,105,800	4,696,900	50.0%
西区	東海支店	135,900	121,000	122,700	156,200	535,800	5.7%
	関西支店	306,700	269,800	285,400	306,100	1,168,000	12.4%
	中国支店	151,200	133,000	135,100	156,000	575,300	6.1%

(2)

①《数式》タブ→《ワークシート分析》グループの エラー チェック (エラーチェック)をクリックします。

	地区	支店	第1四半期	第2四半期	第3四半期	第4四半期	年間合計	構成比
1	売上集計表							
4	東区	北海道支店	49,200	42,800	41,800	39,600	173,400	1.8%
5		東北支店	130,800	112,800	128,500	96,500	468,600	1.0%
6		関東支店	311,500	287,500	288,500	159,600	1,047,100	11.1%
7		地区合計	491,500	443,100	458,800	295,700	1,689,100	18.0%
8	中区	東京東支店	385,200	327,400	369,700	315,600	1,397,900	14.9%
9		東京西支店	280,900	238,700	274,300	365,600	1,159,500	12.3%
10		東京南支店	346,600	294,600	318,200	238,600	1,198,000	12.8%
11		東京北支店	278,200	236,400	240,900	186,000	941,500	10.0%
12		地区合計	1,290,900	1,097,100	1,203,100	1,105,800	4,696,900	50.0%

②《エラーチェック》ダイアログボックスが表示されます。

③エラーチェックの結果を確認します。

※セル【I5】の数式のエラーの内容が表示されます。

④セル【I5】が選択されていることを確認します。

⑤《数式を上からコピーする》をクリックします。

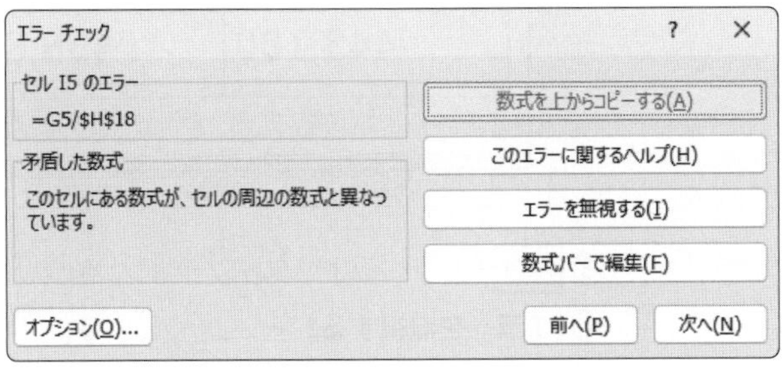

⑥メッセージを確認し、《OK》をクリックします。

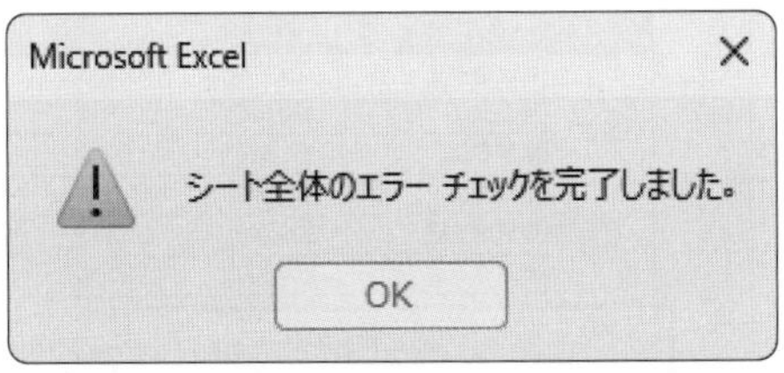

⑦セル【I5】のエラーが修正されます。

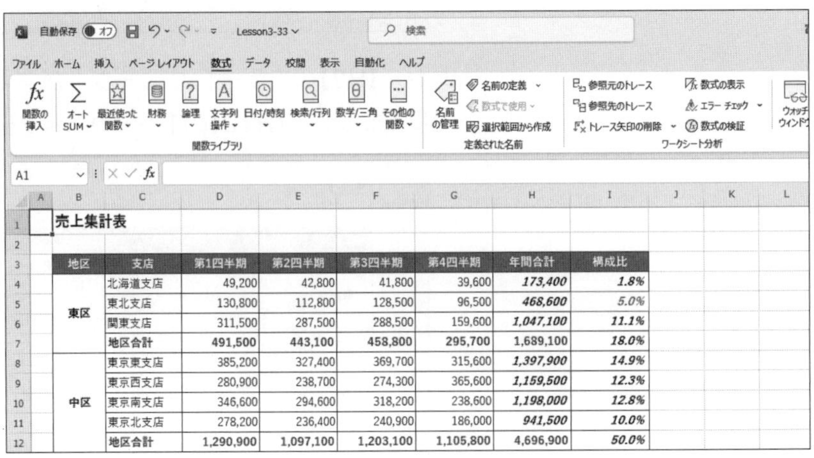

	地区	支店	第1四半期	第2四半期	第3四半期	第4四半期	年間合計	構成比
1	売上集計表							
4	東区	北海道支店	49,200	42,800	41,800	39,600	173,400	1.8%
5		東北支店	130,800	112,800	128,500	96,500	468,600	5.0%
6		関東支店	311,500	287,500	288,500	159,600	1,047,100	11.1%
7		地区合計	491,500	443,100	458,800	295,700	1,689,100	18.0%
8	中区	東京東支店	385,200	327,400	369,700	315,600	1,397,900	14.9%
9		東京西支店	280,900	238,700	274,300	365,600	1,159,500	12.3%
10		東京南支店	346,600	294,600	318,200	238,600	1,198,000	12.8%
11		東京北支店	278,200	236,400	240,900	186,000	941,500	10.0%
12		地区合計	1,290,900	1,097,100	1,203,100	1,105,800	4,696,900	50.0%

Point

エラーチェックの再開

エラーチェック中に、ワークシート上のセルを選択すると、エラーチェックが中断され《再開》が表示されます。《再開》をクリックすると、エラーチェックが再開されます。

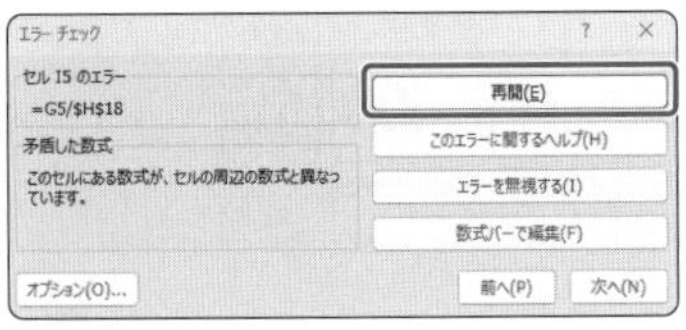

Lesson 3-34

OPEN ブック「Lesson3-34」を開いておきましょう。

次の操作を行いましょう。

(1) 隣接するセルと異なる数式が入力されている場合でも、エラーチェックしないようにExcelの設定を変更してください。

Lesson 3-34 Answer

(1)

①セル**【H7】**とセル**【H12】**にエラーインジケーターが表示されていることを確認します。

②**《ファイル》**タブを選択します。

③**《オプション》**をクリックします。

④**《Excelのオプション》**ダイアログボックスが表示されます。

⑤左側の一覧から**《数式》**を選択します。

⑥**《エラーチェックルール》**の**《領域内の他の数式と矛盾する数式》**を☐にします。

⑦**《OK》**をクリックします。

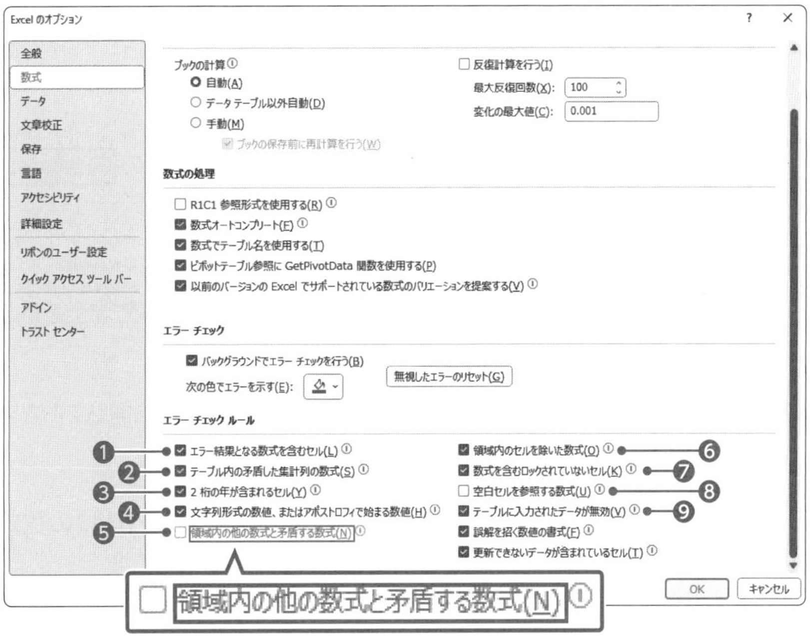

⑧エラーインジケーターが消えます。

売上集計表

地区	支店	第1四半期	第2四半期	第3四半期	第4四半期	年間合計	構成比
東区	北海道支店	49,200	42,800	41,800	39,600	173,400	1.8%
	東北支店	130,800	112,800	128,500	96,500	468,600	5.0%
	関東支店	311,500	287,500	288,500	159,600	1,047,100	11.1%
	地区合計	491,500	443,100	458,800	295,700	1,689,100	18.0%
中区	東京東支店	385,200	327,400	369,700	315,600	1,397,900	14.9%
	東京西支店	280,900	238,700	274,300	365,600	1,159,500	12.3%
	東京南支店	346,600	294,600	318,200	238,600	1,198,000	12.8%
	東京北支店	278,200	236,400	240,900	186,000	941,500	10.0%
	地区合計	1,290,900	1,097,100	1,203,100	1,105,800	4,696,900	50.0%
西区	東海支店	135,900	121,000	122,700	156,200	535,800	5.7%
	関西支店	306,700	269,800	285,400	306,100	1,168,000	12.4%
	中国支店	151,200	133,000	135,100	156,000	575,300	6.1%
	九州支店	196,200	172,600	184,200	176,900	729,900	7.8%

※《エラーチェックルール》の《領域内の他の数式と矛盾する数式》を☑にし、エラーチェックルールを元に戻しておきましょう。

Point

《エラーチェックルール》

❶**エラー結果となる数式を含むセル**
計算結果のエラーをチェックします。

❷**テーブル内の矛盾した集計列の数式**
テーブル内の矛盾する数式や値をチェックします。

❸**2桁の年が含まれるセル**
文字列として保存されている西暦2桁の日付をチェックします。

❹**文字列形式の数値、またはアポストロフィで始まる数値**
文字列として保存されている数値や、「'（アポストロフィ）」で始まる数値をチェックします。

❺**領域内の他の数式と矛盾する数式**
隣接するセルと異なる数式をチェックします。

❻**領域内のセルを除いた数式**
隣接するセルを参照していない数式をチェックします。

❼**数式を含むロックされていないセル**
数式が入力されていて、ロックが解除されているセルをチェックします。

❽**空白セルを参照する数式**
空白のセルを参照している数式をチェックします。

❾**テーブルに入力されたデータが無効**
テーブルのフィールドのデータの種類と異なる値が含まれているかどうかをチェックします。

4　数式を検証する

解説

■数式の検証

「数式の検証」を使うと、計算結果が導かれるまでの過程を段階的に表示できます。複雑にネストされた数式などでエラーが起きた場合に、数式内のどこに誤りがあるのかを見つけるのに便利です。

	A	B	C	D	E	F	G
1		成績一覧表					
2							
3		氏名	一般常識	小論文	合計	合否	
4		山川　良樹	88	80	168	合格	
5		市原　宗助	58	80	138	不合格	
6		山口　桃子	89	92	181	合格	
7		北川　翔太	94	75	169	合格	

数式の検証を使って、数式の計算過程を表示する

=IF(E4>=140,"合格","不合格")

↓

=IF(168>=140,"合格","不合格")

↓

=IF(TRUE,"合格","不合格")

↓

=　合格

計算過程がわかる

結果

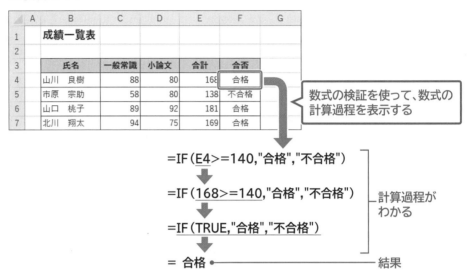

操作　◆《数式》タブ→《ワークシート分析》グループの［数式の検証］（数式の検証）

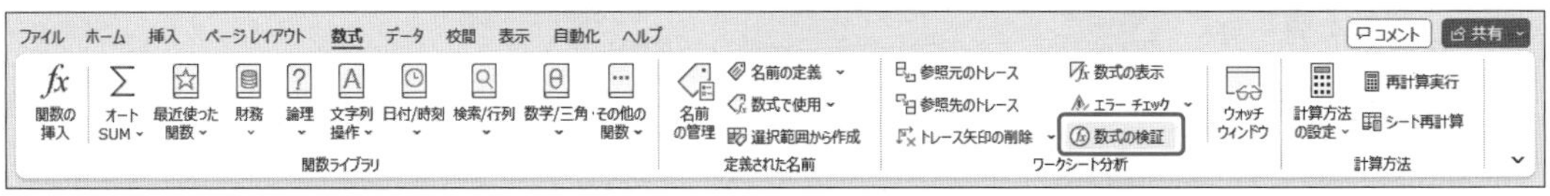

Lesson 3-35

ブック「Lesson3-35」を開いておきましょう。

次の操作を行いましょう。

(1) シート「試験結果」のセル【H4】の数式を検証し、数式の計算過程を確認してください。

Lesson 3-35 Answer

(1)

①シート**「試験結果」**のセル**【H4】**を選択します。

②**《数式》**タブ→**《ワークシート分析》**グループの［数式の検証］（数式の検証）をクリックします。

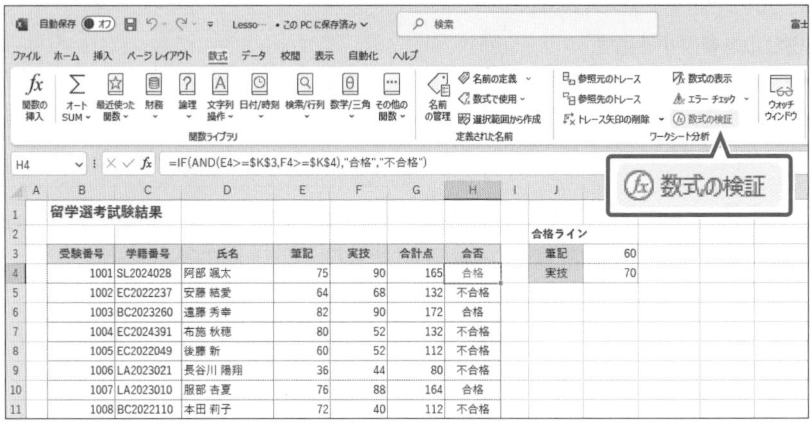

③《**数式の計算**》ダイアログボックスが表示されます。

④《**検証**》の数式が「**=IF(AND(E4>=$K$3,F4>=$K$4),"合格","不合格")**」になっていることを確認します。

⑤《**検証**》をクリックします。

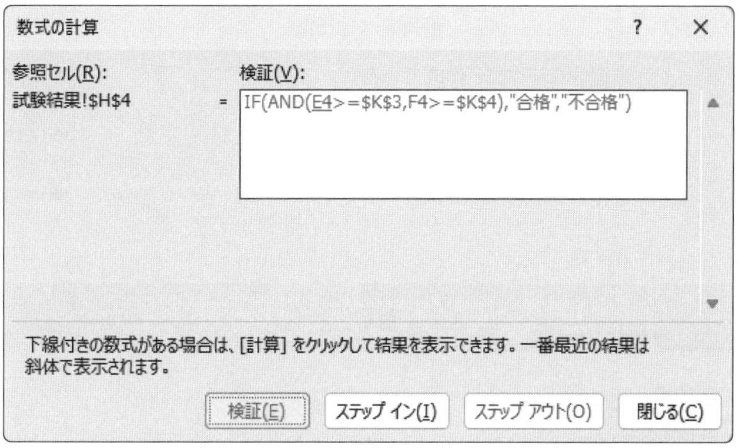

⑥下線の部分に値が代入され、《**検証**》の数式が「**=IF(AND(75>=$K$3,F4>=$K$4),"合格","不合格")**」になっていることを確認します。

⑦《**検証**》をクリックします。

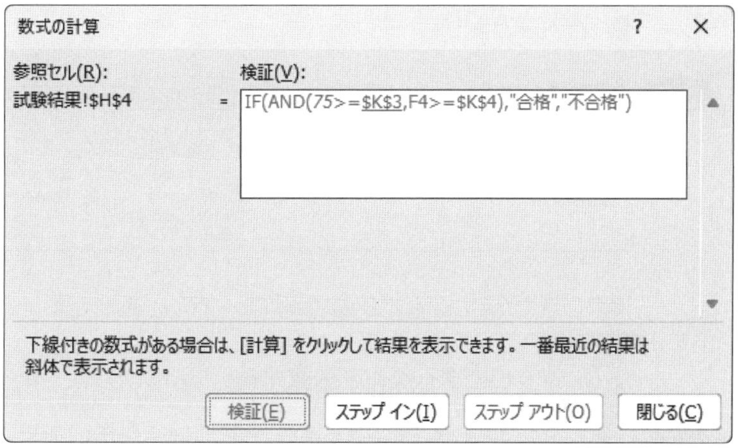

⑧下線の部分に値が代入され、《**検証**》の数式が「**=IF(AND(75>=60,F4>=$K$4),"合格","不合格")**」になっていることを確認します。

⑨結果が表示されるまで《**検証**》をクリックし、数式の計算過程を確認します。

⑩《**閉じる**》をクリックします。

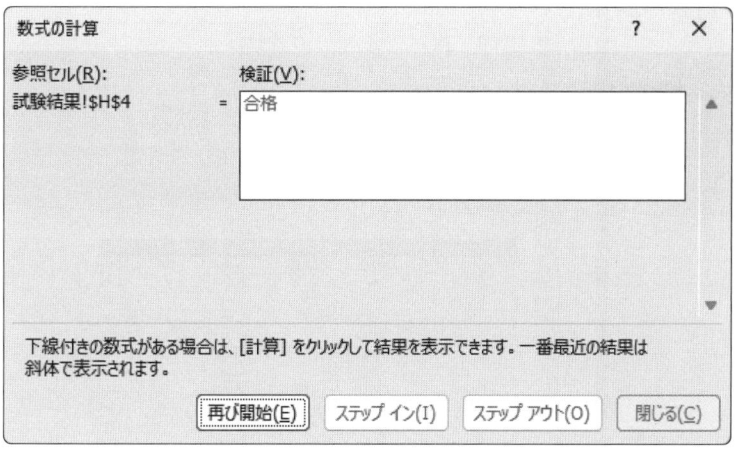

6 出題範囲3　高度な機能を使用した数式およびマクロの作成
簡単なマクロを作成する、変更する

☑ 理解度チェック

習得すべき機能	参照Lesson	学習前	学習後	試験直前
■簡単なマクロを作成できる。	➡Lesson3-36	☑	☑	☑
■マクロを実行できる。	➡Lesson3-36	☑	☑	☑
■マクロを編集できる。	➡Lesson3-37	☑	☑	☑

1 簡単なマクロを記録する

解説

■マクロ

「マクロ」とは、一連の操作を記録しておき、記録した操作を簡単に実行できるようにしたものです。よく使う操作をマクロにしておくと、同じ操作を繰り返す必要がなく、作業時間を節約できます。

■マクロの記録

操作 ◆《開発》タブ→《コード》グループの マクロの記録（マクロの記録）／ 記録終了（記録終了）

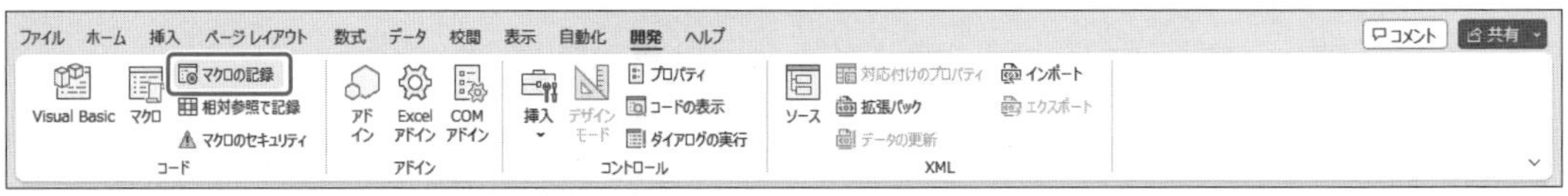

マクロを記録する基本的な手順は、次のとおりです。

① マクロにする操作を確認する

マクロの記録を開始する前に、マクロにする操作を確認します。

② マクロの記録を開始する

マクロの記録を開始するには、《開発》タブ→《コード》グループの マクロの記録（マクロの記録）を使います。

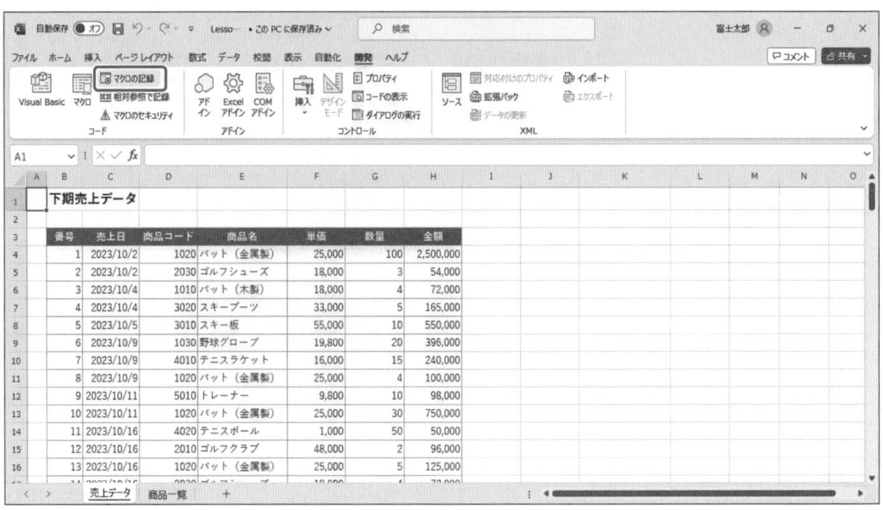

③ マクロに記録する操作を行う

マクロの記録を開始すると、終了するまでの操作が記録されます。
コマンドの実行やセルの選択、キーボードからの入力などが記録の対象になります。

④ マクロの記録を終了する

マクロの記録を終了するには、《開発》タブ→《コード》グループの［記録終了］（記録終了）を使います。

■マクロの実行

マクロを実行すると、記録した一連の操作が実行されます。

操作 ◆《開発》タブ→《コード》グループの［マクロ］（マクロの表示）→実行するマクロを選択→《実行》

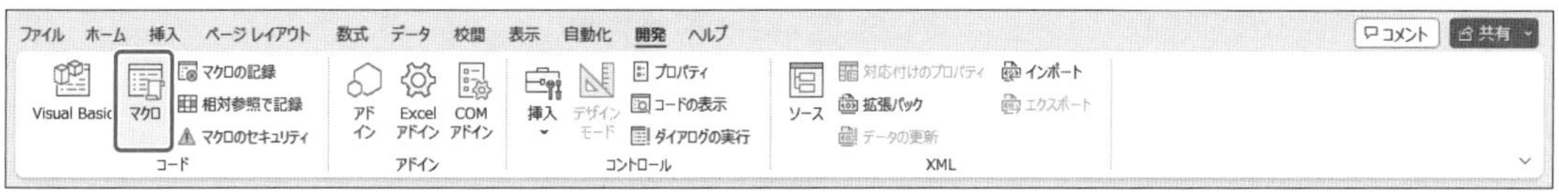

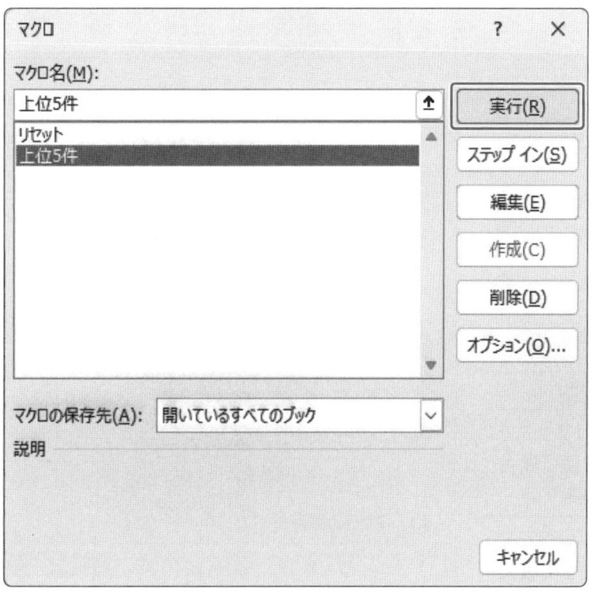

Lesson 3-36

OPEN ブック「Lesson3-36」を開いておきましょう。

次の操作を行いましょう。

(1) 次の動作をするマクロ「上位5件」を作業中のブックに作成してください。
　動作1　シート「売上データ」の表を、「金額」を基準に降順で並べ替え
　動作2　「金額」が上位5件のデータの背景色を「ゴールド、アクセント4、白+基本色60%」に設定
　動作3　アクティブセルをセル【A1】にする

(2) 次の動作をするマクロ「リセット」を作業中のブックに作成してください。
　動作1　シート「売上データ」の表の上位5件のデータの背景色を「塗りつぶしなし」に設定
　動作2　「番号」を基準に昇順で並べ替え
　動作3　アクティブセルをセル【A1】にする

(3) マクロ「上位5件」を実行してください。次に、マクロ「リセット」を実行してください。

Lesson 3-36 Answer

その他の方法

マクロの記録開始

◆《表示》タブ→《マクロ》グループの（マクロの表示）の→《マクロの記録》

◆ステータスバーの

Point

《マクロの記録》

❶マクロ名
マクロ名を入力します。

❷ショートカットキー
キー操作でマクロを実行できるようにします。割り当てるキーのアルファベットを入力します。

❸マクロの保存先
マクロの保存先を選択します。

保存先	説明
個人用マクロブック	すべてのブックでマクロを使う場合に選択します。
新しいブック	新しいブックでマクロを使う場合に選択します。
作業中のブック	現在作業しているブックでマクロを使う場合に選択します。

❹説明
マクロの説明を入力します。

(1)

①**《開発》**タブ→**《コード》**グループの マクロの記録（マクロの記録）をクリックします。
※《開発》タブが表示されていない場合は、表示しておきましょう。

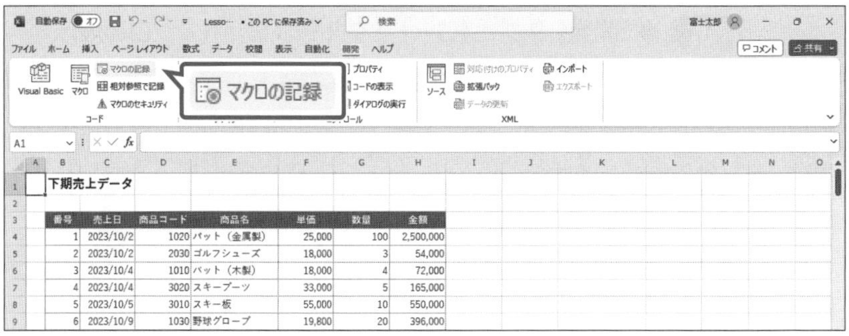

②**《マクロの記録》**ダイアログボックスが表示されます。
③**《マクロ名》**に**「上位5件」**と入力します。
④**《マクロの保存先》**の をクリックし、一覧から**《作業中のブック》**を選択します。
⑤**《OK》**をクリックします。

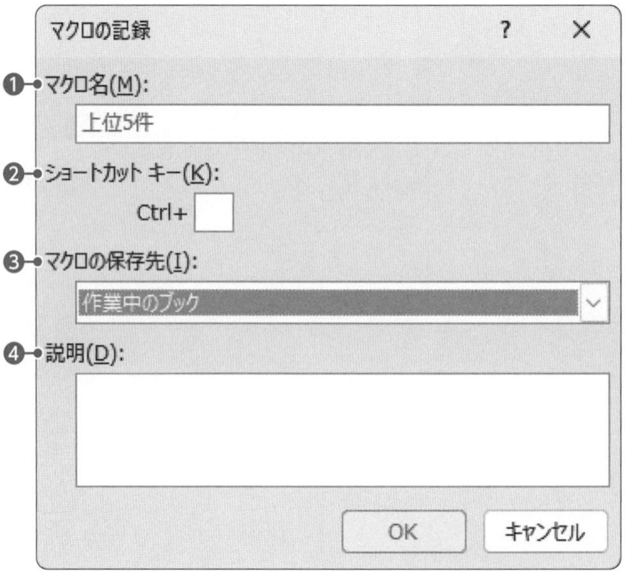

Point

マクロ名

マクロ名を付けるときの注意点は、次のとおりです。

- 先頭は文字列を使う
- 2文字目以降は文字列、数値、「_(アンダーバー)」を使うことができる
- スペースは使うことができない

Point

絶対参照と相対参照

マクロでセルを記録する方法には、「絶対参照」で特定のセルを記録する方法と、「相対参照」で相対的なセルの位置関係で記録する方法があります。

初期の設定では、絶対参照で記録されます。相対参照で記録する場合は、相対参照に切り替えてからマクロを記録します。

◆《開発》タブ→《コード》グループの 相対参照で記録 (相対参照で記録)

その他の方法

マクロの記録終了

◆《表示》タブ→《マクロ》グループの (マクロの表示)の →《記録終了》

◆ステータスバーの □

⑥マクロの記録が開始されます。

⑦シート**「売上データ」**のシート見出しを選択します。

⑧セル**【H3】**を選択します。

※表内のH列のセルであればどこでもかまいません。

⑨**《データ》**タブ→**《並べ替えとフィルター》**グループの (降順)をクリックします。

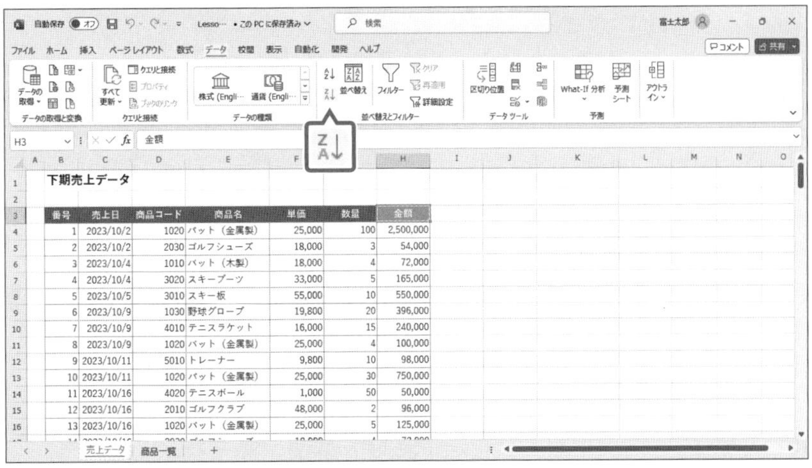

⑩セル範囲**【B4:H8】**を選択します。

⑪**《ホーム》**タブ→**《フォント》**グループの (塗りつぶしの色)の →**《テーマの色》**の**《ゴールド、アクセント4、白+基本色60%》**をクリックします。

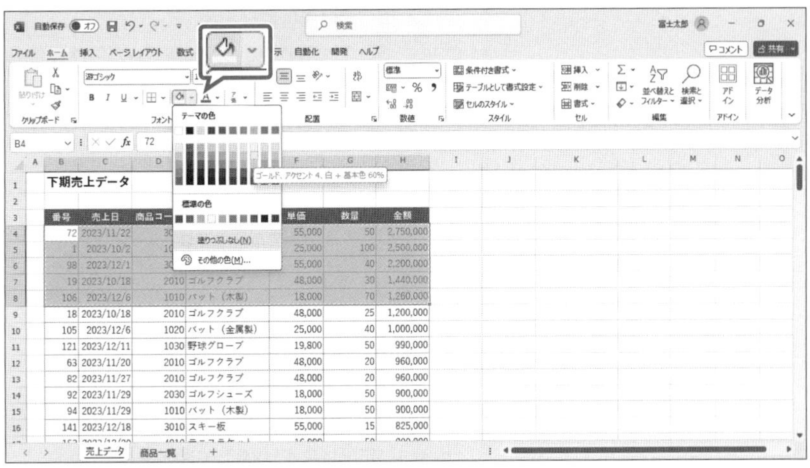

⑫セル**【A1】**を選択します。

⑬**《開発》**タブ→**《コード》**グループの □記録終了 (記録終了)をクリックします。

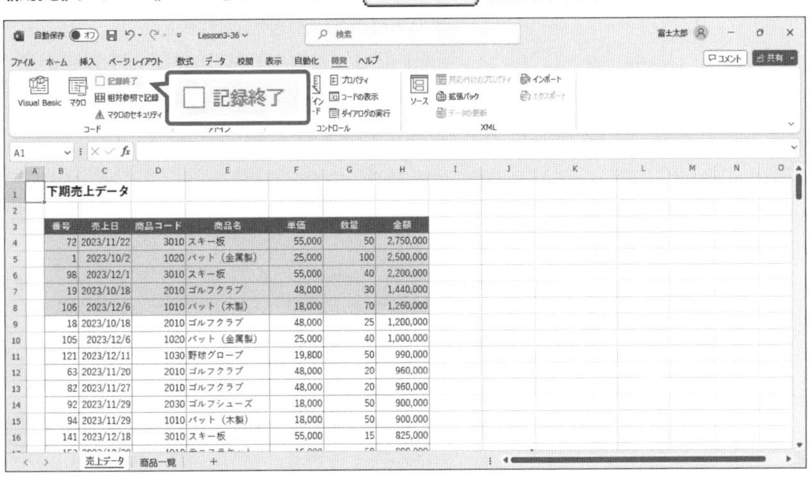

⑭マクロの記録が終了します。

(2)

①《開発》タブ→《コード》グループの マクロの記録 （マクロの記録）をクリックします。

②《マクロの記録》ダイアログボックスが表示されます。

③《マクロ名》に「リセット」と入力します。

④《マクロの保存先》の ⌵ をクリックし、一覧から《作業中のブック》を選択します。

⑤《OK》をクリックします。

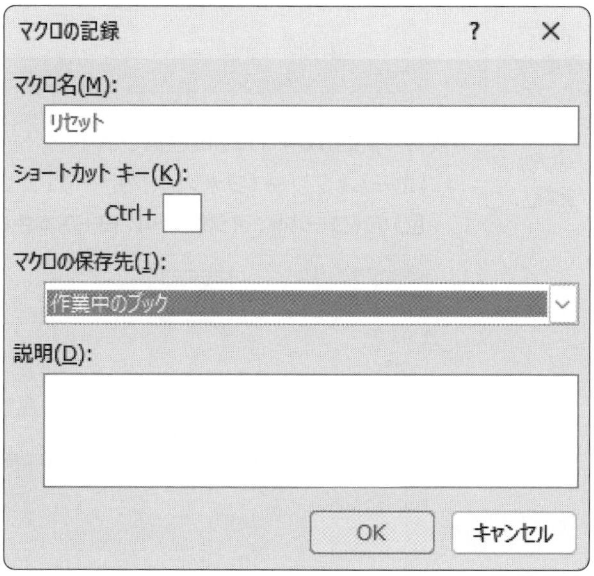

⑥マクロの記録が開始されます。

⑦シート「売上データ」のシート見出しを選択します。

⑧セル範囲【B4:H8】を選択します。

⑨《ホーム》タブ→《フォント》グループの （塗りつぶしの色）の ⌄ →《塗りつぶしなし》をクリックします。

⑩セル【B3】を選択します。

※表内のB列のセルであればどこでもかまいません。

⑪《データ》タブ→《並べ替えとフィルター》グループの （昇順）をクリックします。

⑫セル【A1】を選択します。

⑬《開発》タブ→《コード》グループの □記録終了 （記録終了）をクリックします。

⑭マクロの記録が終了します。

その他の方法

マクロの表示

◆《表示》タブ→《マクロ》グループの（マクロの表示）

◆ Alt + F8

Point

《マクロ》

❶**実行**
選択したマクロを実行します。

❷**編集**
選択したマクロをVBAで編集します。クリックすると、《Microsoft Visual Basic for Applications》ウィンドウが表示されます。

❸**作成**
新しいマクロをVBAで作成します。《マクロ名》にマクロ名を入力して《作成》をクリックします。

❹**削除**
選択したマクロを削除します。

❺**マクロの保存先**
マクロの保存先を設定します。

Point

マクロを含むブックの保存

マクロを含むブックは「マクロ有効ブック」として保存する必要があります。マクロ有効ブックとして保存すると、拡張子は「.xlsm」になります。

◆《ファイル》タブ→《エクスポート》→《ファイルの種類の変更》→《ブックファイルの種類》の《マクロ有効ブック》→《名前を付けて保存》

(3)

①**《開発》**タブ→**《コード》**グループの（マクロの表示）をクリックします。

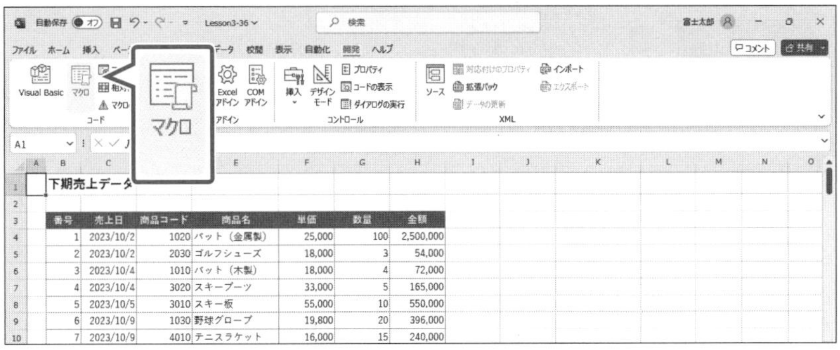

②**《マクロ》**ダイアログボックスが表示されます。

③**《マクロ名》**の一覧から**「上位5件」**を選択します。

④**《実行》**をクリックします。

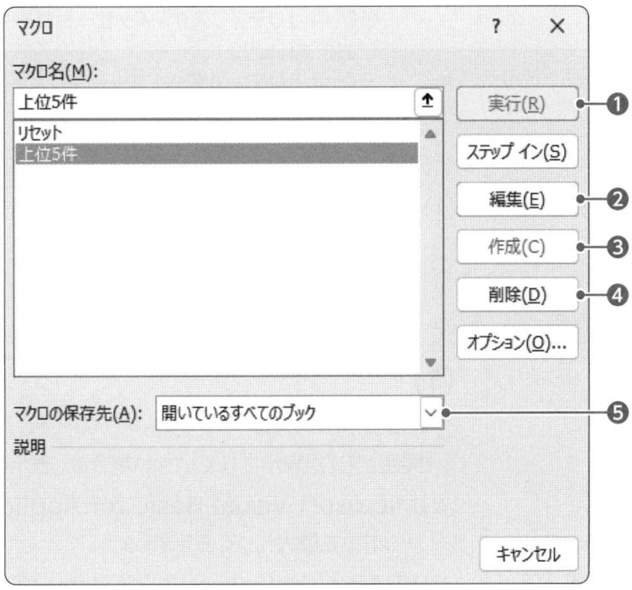

⑤マクロ**「上位5件」**が実行されます。

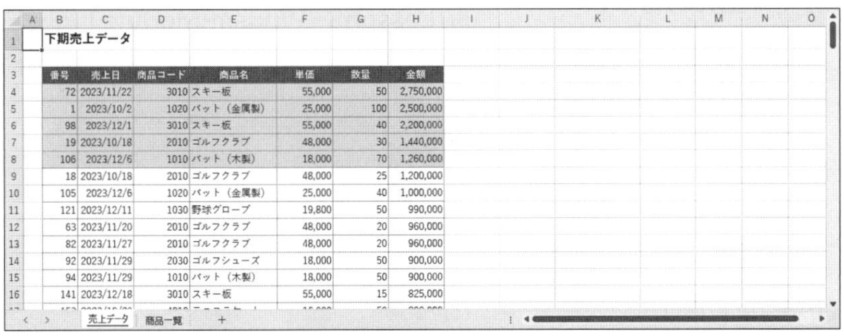

⑥同様に、マクロ**「リセット」**を実行します。

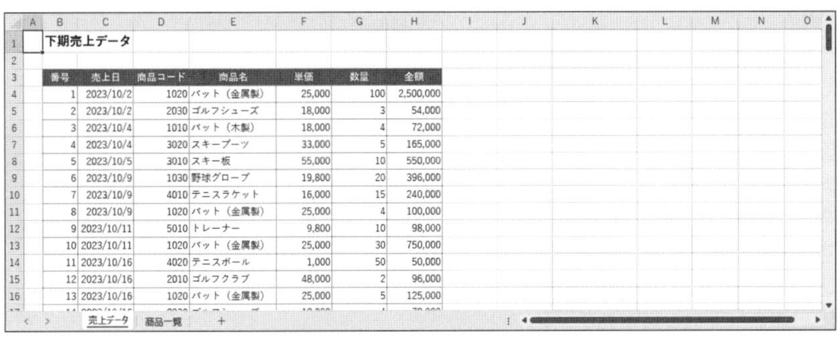

2 簡単なマクロを編集する

解説

■マクロの編集

マクロ名や記録されている操作内容を変更するには、「VBA（Visual Basic for Applications）」といわれるプログラム言語を使って、マクロのコードを編集します。

操作 ◆《開発》タブ→《コード》グループの (Visual Basic)

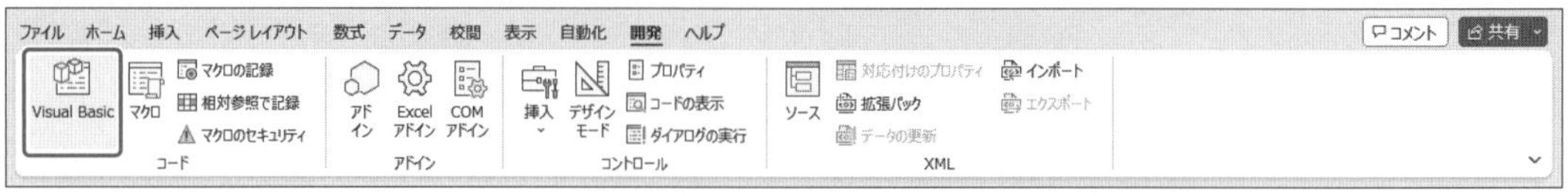

Lesson 3-37

OPEN ブック「Lesson3-37」を開いておきましょう。

※《セキュリティリスク》メッセージバーが表示された場合は、セキュリティを許可しておきましょう。

※《セキュリティの警告》メッセージバーが表示された場合は、《コンテンツの有効化》をクリックしておきましょう。

Hint

このLessonのブックにはマクロが作成されています。

次の操作を行いましょう。

(1) マクロ「上位5件」のマクロ名を「トップ5」に変更し、最後にセル【A1】が選択されて終了するように編集してください。

Lesson 3-37 Answer

Point

《Microsoft Visual Basic for Applications》ウィンドウ

❶プロジェクトエクスプローラー

ブックを構成する要素を階層的に管理するウィンドウです。「Microsoft Excel Objects」には、現在起動中のブックやブック内のワークシートが表示されます。「標準モジュール」には、記録したマクロのコードが「Module（モジュール）」単位で表示されます。

❷プロパティウィンドウ

プロジェクトエクスプローラーで選択した要素のプロパティ（属性）を設定できます。

❸コードウィンドウ

記録したマクロのコードが表示される領域です。コードウィンドウでコードの入力や編集ができます。ブックに複数のマクロがある場合は、マクロとマクロの間に「区分線」が表示されます。「Sub」から「End Sub」までが1つのマクロです。「Sub」と「()」の間に記述されている文字列がマクロ名になります。

(1)

①**《開発》**タブ→**《コード》**グループの (Visual Basic) をクリックします。

※《開発》タブが表示されていない場合は、表示しておきましょう。

②**《Microsoft Visual Basic for Applications》**ウィンドウが表示されます。

※ウィンドウを最大化しておきましょう。

③**「VBAProject（Lesson3-37.xlsm）」**の**《標準モジュール》**の **+** をクリックします。

④**「Module1」**をダブルクリックします。

⑤**《Lesson3-37.xlsm-Module1（コード）》**ウィンドウが表示されます。

⑥マクロ**「上位5件」**のコードが表示されます。

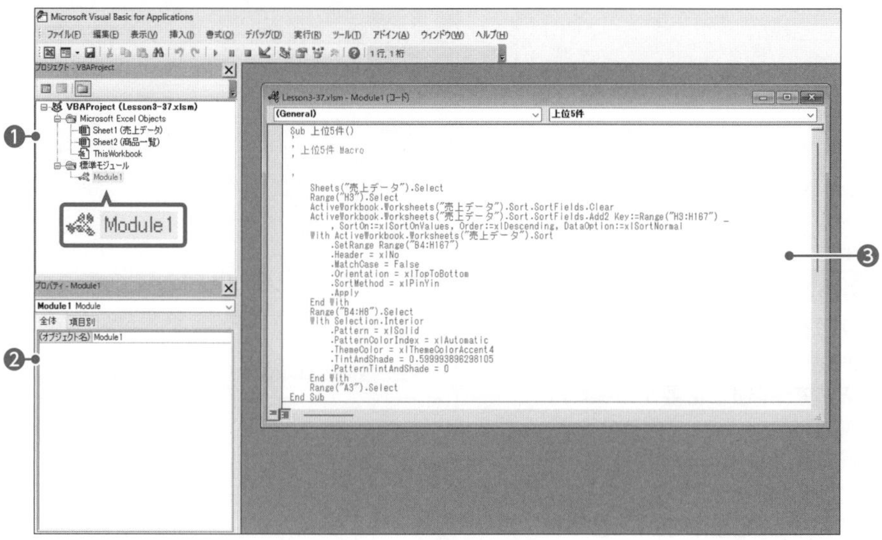

その他の方法

VBAによるマクロの編集

◆《表示》タブ→《マクロ》グループの(マクロの表示)→編集するマクロを選択→《編集》

◆ Alt + F11

⑦**「Sub 上位5件()」**を**「Sub トップ5()」**に修正します。

※「Sub」のあとの半角スペースは削除しないようにします。

※マクロ名の下にある「'上位5件　Macro」はコメント行です。マクロの実行には関係ありません。

⑧**「End Sub」**の1行上に**「Range("A3").Select」**が記述されていることを確認します。

※「End Sub」はマクロの終了を意味します。

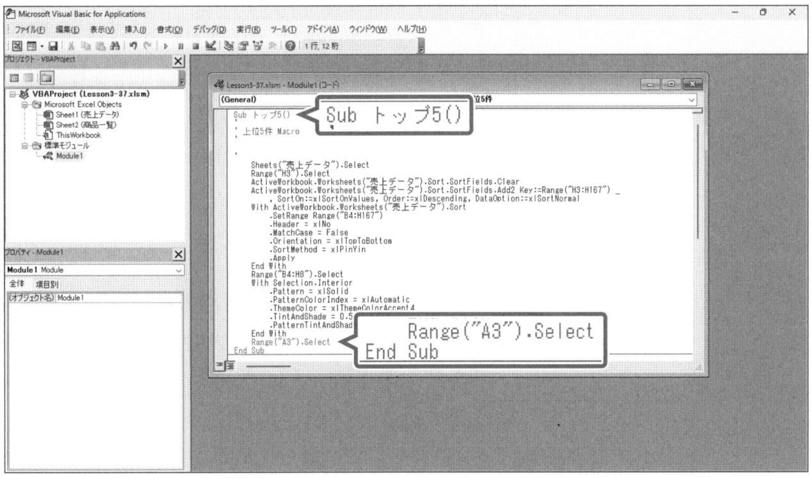

⑨**「Range("A1").Select」**に修正します。

⑩**《Microsoft Visual Basic for Applications》**ウィンドウの ✕ (閉じる)をクリックします。

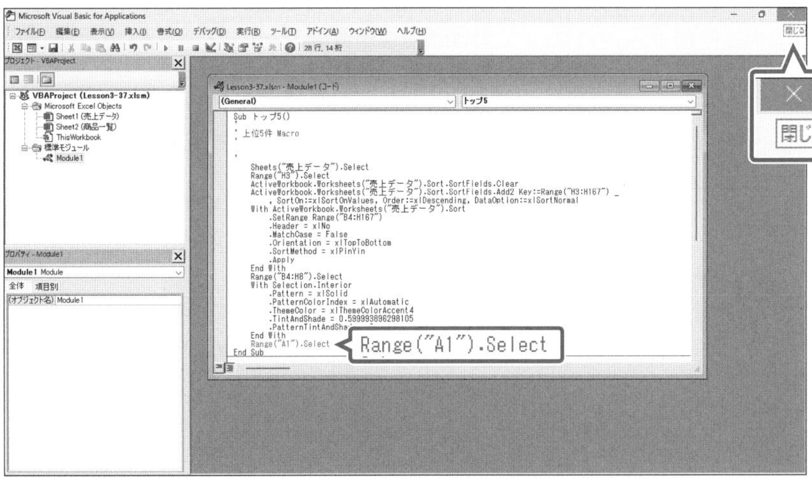

※《開発》タブ→《コード》グループの(マクロの表示)をクリックして、マクロ名が変更されていることを確認しておきましょう。

※マクロ「トップ5」を実行して、セル【A1】がアクティブセルになって終了することを確認しておきましょう。

Exercise 確認問題

標準解答 ▶ P.224

Lesson 3-38

OPEN ブック「Lesson3-38」を開いておきましょう。

※《セキュリティリスク》メッセージバーが表示された場合は、ブックを閉じてファイルのセキュリティを許可しておきましょう。

※《セキュリティの警告》メッセージバーが表示された場合は、《コンテンツの有効化》をクリックしておきましょう。

あなたは、バトンクラブの大会記録や成績管理表などを作成します。
次の操作を行いましょう。

問題(1)	シート「大会記録」の「大会名」の列に、「大会ID」に対応する大会名を表示する数式を入力してください。大会名は「大会情報」の表を検索します。大会IDの「10010～10013」は「全日本選手権」、「10020～10023」は「全日本ジュニア選手権」、「10030～10033」は「インターナショナル大会」を表示します。
問題(2)	シート「大会記録」のテーブル「大会記録」からセル【J8】に入力されているチームの出場大会名と順位を、セル【J9】を開始位置として抽出する数式を入力してください。セル【J8】のチーム名が変更された場合でも、再計算されるようにします。
問題(3)	シート「成績管理」の「出場回数」の列に、過去に出場した回数を表示する数式を入力してください。回数は、シート「大会記録」のテーブル「大会記録」の「チームID」を参照します。
問題(4)	シート「成績管理」のセル【K6】に、セル【K4】と【K5】の2つの条件を満たすチームの最大入賞回数を表示する数式を入力してください。
問題(5)	シート「成績管理」のセル【K10】に、セル【K9】の都道府県の優勝回数を表示する数式を入力してください。セル【K9】の都道府県が変更された場合でも、再計算されるようにします。
問題(6)	シート「成績管理」の「チーム数」の列に、セル【K13】の入賞回数以上のチーム数を都道府県ごとに表示する数式を入力してください。セル【K13】の入賞回数が変更された場合でも、再計算されるようにします。 Hint 「セル【K13】の入賞回数以上」という条件は、比較演算子とセル番地を結合し「">="&$K$13」と指定します。
問題(7)	シート「成績管理」のセル【N4】に、テーブル「チーム成績」のチーム名を並べ替えて表示する数式を入力してください。「出場回数」が多い順に並べ替え、「出場回数」が同じ場合は、「入賞回数」の多い順に並べ替えます。
問題(8)	シート「経費」の大会見積を変化させるシナリオを登録してください。シナリオ名「200」、広告宣伝費「100,000」、人件費「500,000」、その他「100,000」とします。ワークシートが保護された場合でも、登録したシナリオが変更できるようにします。次に、登録したシナリオを表示してください。
問題(9)	シート「経費」の収入合計の目標値が「2,000,000」となるように、セル【F4】に最適な数値を表示してください。
問題(10)	マクロ「経費」のマクロ名を「経費印刷」、「PrintTitleRows」の値を「$1：$1」、「ActiveSheet.PageSetup.PrintArea」の値を「$B$1：$H$9」に変更してください。

出題範囲 4

高度な機能を使用したグラフやテーブルの管理

1 高度な機能を使用したグラフを作成する、変更する

理解度チェック

習得すべき機能	参照Lesson	学習前	学習後	試験直前
■2軸グラフを作成できる。	➡Lesson4-1	☑	☑	☑
■ヒストグラムを作成できる。	➡Lesson4-2	☑	☑	☑
■パレート図を作成できる。	➡Lesson4-2	☑	☑	☑
■箱ひげ図を作成できる。	➡Lesson4-3	☑	☑	☑
■サンバーストを作成できる。	➡Lesson4-4	☑	☑	☑
■じょうごグラフを作成できる。	➡Lesson4-5	☑	☑	☑
■ウォーターフォール図を作成できる。	➡Lesson4-6	☑	☑	☑

1 2軸グラフを作成する

解説

■2軸グラフの作成

1つのグラフ内に異なる種類のグラフを組み合わせて表示したものを**「複合グラフ」**といいます。また、複合グラフを主軸（左または下側）と第2軸（右または上側）を使った**「2軸グラフ」**にすると、データの数値に大きな開きがあるグラフや、単位が異なるデータを扱ったグラフを見やすくすることができます。

操作 ◆《挿入》タブ→《グラフ》グループの（複合グラフの挿入）

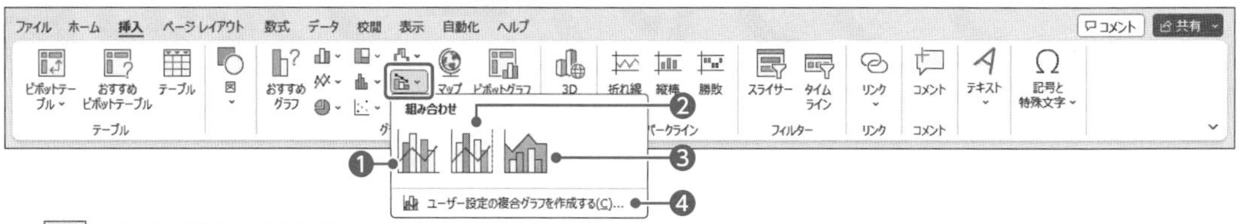

❶（集合縦棒－折れ線）
集合縦棒グラフと折れ線グラフの複合グラフを作成します。

❷（集合縦棒－第2軸の折れ線）
主軸と第2軸を使って、集合縦棒グラフと折れ線グラフの複合グラフを作成します。

❸（積み上げ面－集合縦棒）
積み上げ面グラフと集合縦棒グラフの複合グラフを作成します。

❹ユーザー設定の複合グラフを作成する
ユーザーがグラフの種類や軸を設定して複合グラフを作成します。

Lesson 4-1

OPEN ブック「Lesson4-1」を開いておきましょう。

次の操作を行いましょう。

(1) 売上の推移を集合縦棒グラフ、予算達成率の推移をマーカー付き折れ線グラフで表した複合グラフを作成してください。売上を主軸、予算達成率を第2軸にします。

(2) グラフをセル範囲【B8：F17】に配置してください。

(3) グラフタイトルを削除してください。

(4) 主軸の最小値を「100,000」、最大値を「200,000」、主目盛単位を「20,000」に設定してください。

(1)

①セル範囲【B3:F3】を選択します。

②Ctrlを押しながら、セル範囲【B5:F6】を選択します。

※Ctrlを使うと、離れた場所にあるセル範囲を選択できます。

③**《挿入》**タブ→**《グラフ》**グループの（複合グラフの挿入）→**《ユーザー設定の複合グラフを作成する》**をクリックします。

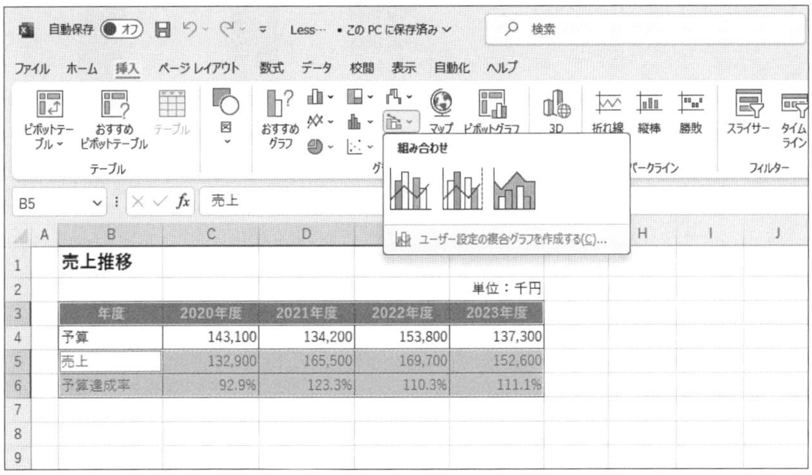

④**《グラフの挿入》**ダイアログボックスが表示されます。

⑤**《すべてのグラフ》**タブを選択します。

⑥**「売上」**の**《グラフの種類》**のをクリックし、一覧から**《縦棒》**の**《集合縦棒》**を選択します。

⑦**「予算達成率」**の**《グラフの種類》**のをクリックし、一覧から**《折れ線》**の**《マーカー付き折れ線》**を選択します。

⑧**「予算達成率」**の**《第2軸》**を☑にします。

⑨**《OK》**をクリックします。

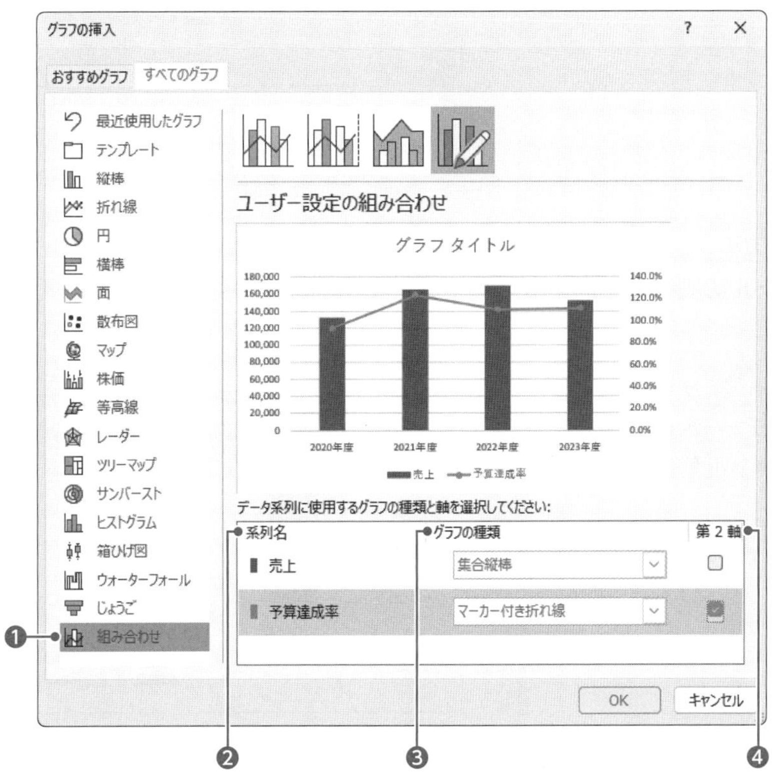

Point

《グラフの挿入》の《すべてのグラフ》タブ

❶組み合わせ
複合グラフを作成します。

❷系列名
選択したセル範囲から自動的に認識して、データ系列の名称が表示されます。

❸グラフの種類
データ系列を表すグラフの種類を選択します。

❹第2軸
主軸にするデータ系列は□、第2軸にするデータ系列は☑にします。

Point

複合グラフの種類の変更

◆グラフを選択→《グラフのデザイン》タブ→《種類》グループの（グラフの種類の変更）

⑩複合グラフが作成されます。

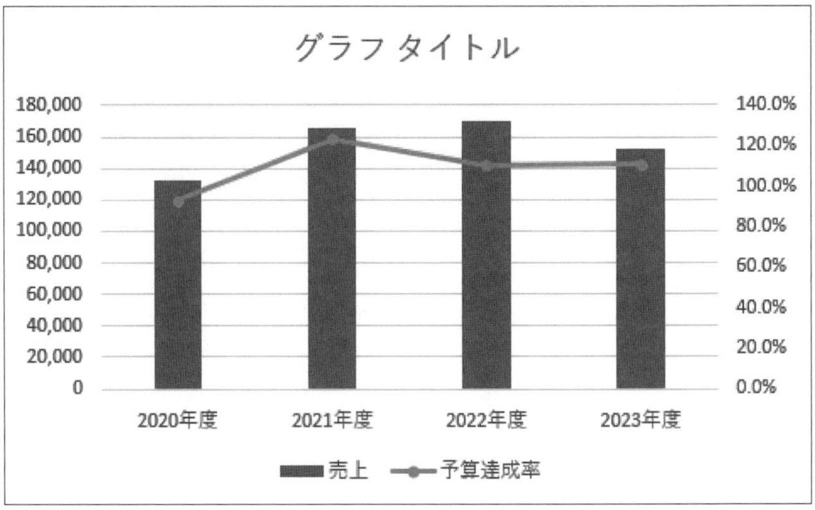

(2)

①グラフの枠線をポイントし、マウスポインターの形がに変わったら、ドラッグして移動します。（左上位置の目安：セル【B8】）

②グラフの右下の○（ハンドル）をポイントし、マウスポインターの形がに変わったら、ドラッグしてサイズを変更します。（右下位置の目安：セル【F17】）

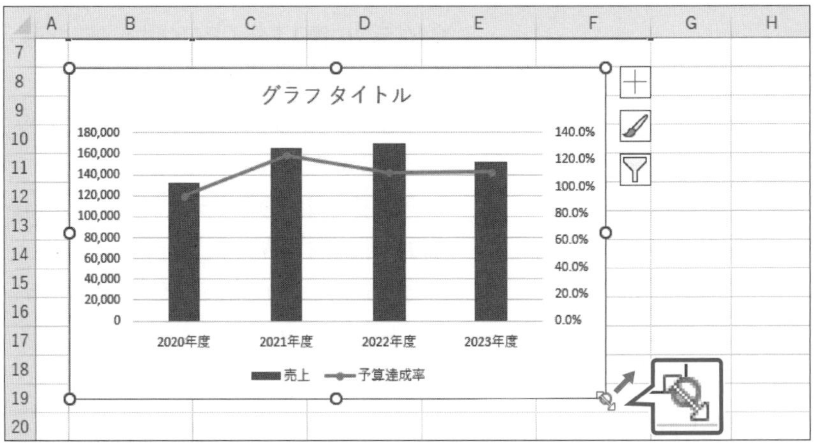

(3)

①グラフタイトルを選択します。

②【Delete】を押します。

③グラフタイトルが削除されます。

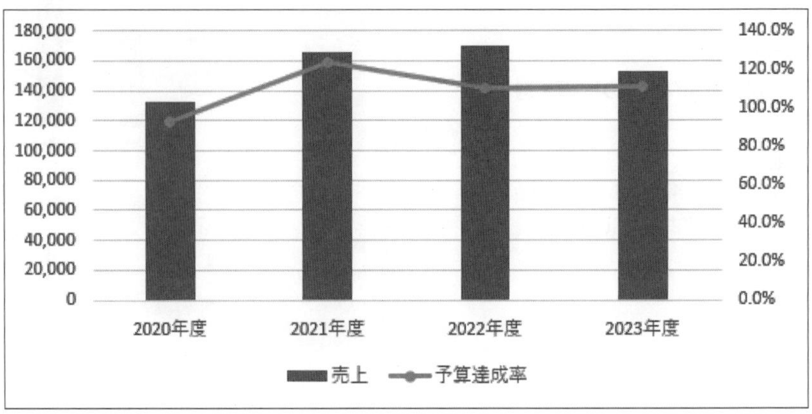

その他の方法

グラフタイトルの削除

◆グラフを選択→《グラフのデザイン》タブ→《グラフのレイアウト》グループの（グラフ要素を追加）→《グラフタイトル》→《なし》

◆グラフタイトルを右クリック→《削除》

◆ショートカットツールの（グラフ要素）→《□グラフタイトル》

その他の方法

軸の書式設定

◆グラフを選択→《グラフのデザイン》タブ→《グラフのレイアウト》グループの（グラフ要素を追加）→《軸》→《その他の軸オプション》→《軸のオプション》

◆グラフを選択→ショートカットツールの（グラフ要素）→《軸》の → 《その他のオプション》→《軸のオプション》

Point

《軸のオプション》

❶最小値
軸の最小値を設定します。

❷最大値
軸の最大値を設定します。

❸主
主目盛の間隔を設定します。

❹補助
補助目盛の間隔を設定します。
※補助目盛を表示している場合に使います。

❺リセット
ユーザーが設定した値をリセットし、初期の値に戻します。

Point

補助目盛の表示

◆グラフを選択→《グラフのデザイン》タブ→《グラフのレイアウト》グループの（グラフ要素を追加）→《目盛線》

(4)

①主軸を右クリックします。
②**《軸の書式設定》**をクリックします。

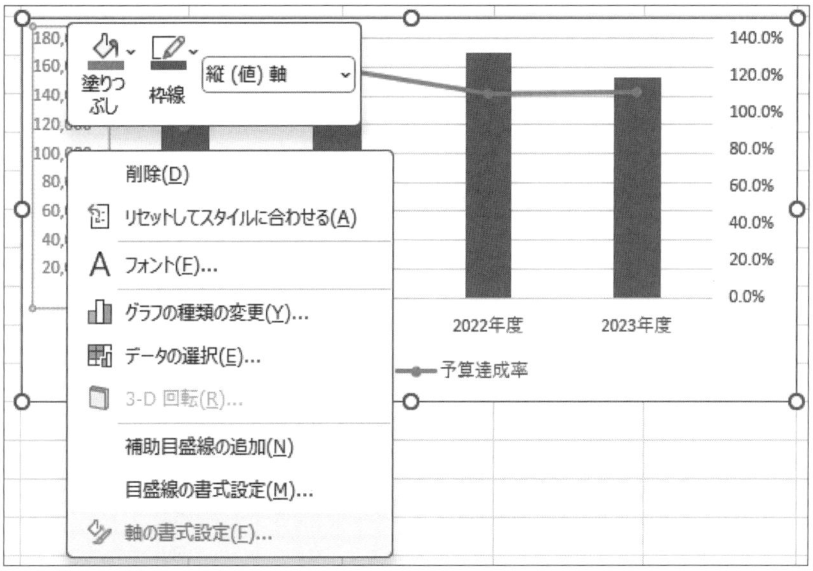

③**《軸の書式設定》**作業ウィンドウが表示されます。
④**《軸のオプション》**の（軸のオプション）をクリックします。
⑤**《軸のオプション》**の詳細が表示されていることを確認します。
※表示されていない場合は、《軸のオプション》をクリックします。
⑥**《最小値》**に「**100000**」と入力します。
⑦**《最大値》**に「**200000**」と入力します。
⑧**《主》**に「**20000**」と入力します。

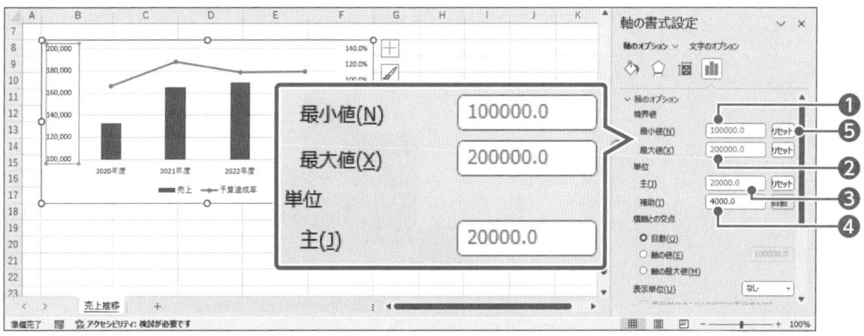

⑨主軸の最小値と最大値、目盛単位が設定されます。

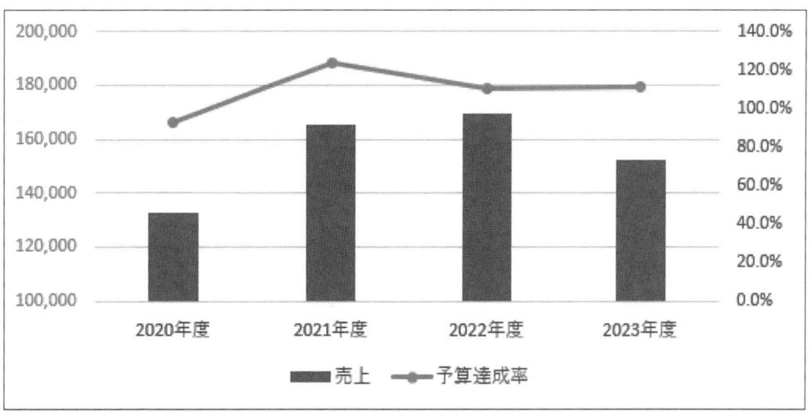

※《軸の書式設定》作業ウィンドウを閉じておきましょう。

2 ヒストグラム、箱ひげ図を作成する

解説

■ヒストグラム

「ヒストグラム」は**「度数分布図」**とも呼ばれ、データのばらつきを表すグラフです。データをいくつかの範囲に分けて、範囲ごとのデータの個数を表示します。人口や成績表など、データのばらつきを視覚的にとらえることができます。

受験番号	学籍番号	氏名	点数
1001	SL2024028	阿部 颯太	79
1002	EC2022237	安藤 結愛	70
1003	BC2023260	遠藤 秀幸	68
1004	EC2024391	布施 秋穂	64
1005	EC2022049	後藤 新	59
1006	LA2023021	長谷川 陽翔	74
1007	LA2023010	服部 杏夏	64
1008	BC2022110	本田 莉子	60
1009	SL2022221	川奈部 達也	48
1010	LE2024128	井上 真紀	38

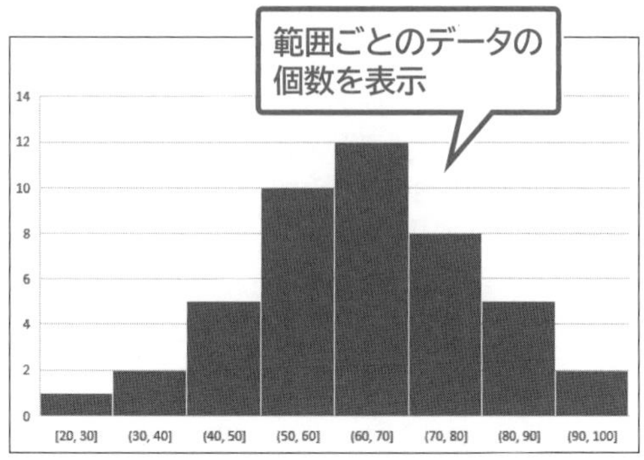

■軸のオプション

ヒストグラムの縦棒の範囲や数などは自動的に決まりますが、変更する場合は**「軸のオプション」**を使います。

●ビンの幅を「10」に設定した場合

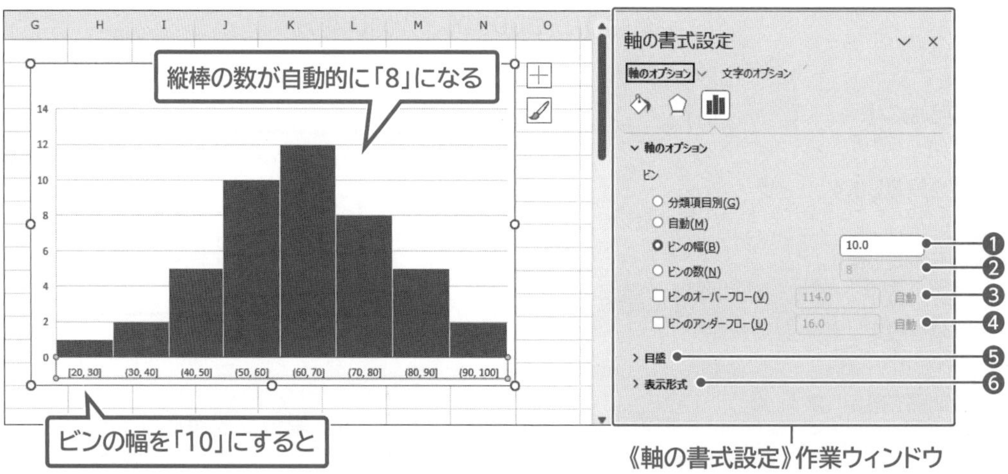

❶ビンの幅
縦棒の範囲を設定します。ビンの幅に応じてビンの数は自動的に決まります。

❷ビンの数
縦棒の数を設定します。ビンの数に応じてビンの幅は自動的に決まります。

❸ビンのオーバーフロー
ビンの範囲の最大値を設定します。設定した値より大きいデータを1つの範囲にまとめます。

❹ビンのアンダーフロー
ビンの範囲の最小値を設定します。設定した値以下のデータを1つの範囲にまとめます。

❺目盛
目盛や補助目盛の種類を設定します。

❻表示形式
軸の表示形式を設定します。

●ビンのオーバーフローを「90」、ビンのアンダーフローを「30」に設定した場合

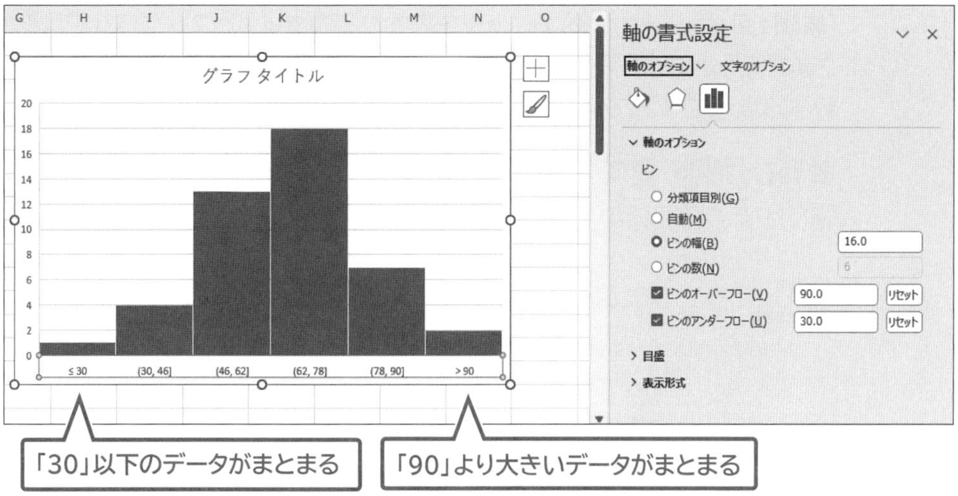

■パレート図

「パレート図」は、データを数値の大きい順に並べた棒グラフと、データの累積比率を折れ線グラフで表した複合グラフです。製品に対するクレームや製品不良、損失金額などの問題点を効率よく解決するための分析によく使われます。例えば、返品理由に占める割合の多い製品不良をなくせば、返品数が減るといったことをグラフから読み取ることができます。

No.	返品理由	返品件数
1	傷	50
2	キャスター不良	38
3	歪み	20
4	強度不足	8
5	色ムラ	6

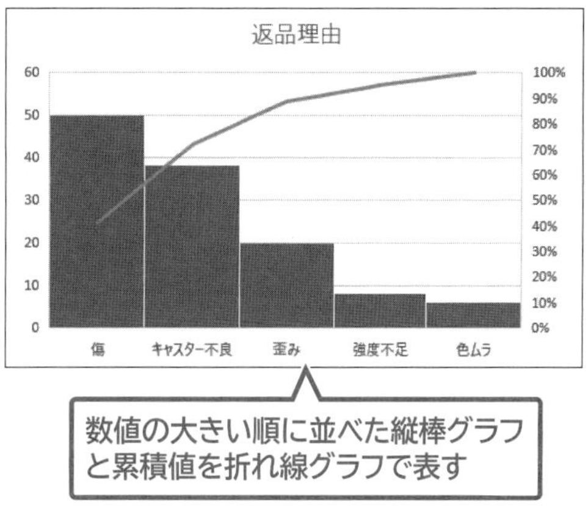

操作 ◆《挿入》タブ→《グラフ》グループの（統計グラフの挿入）

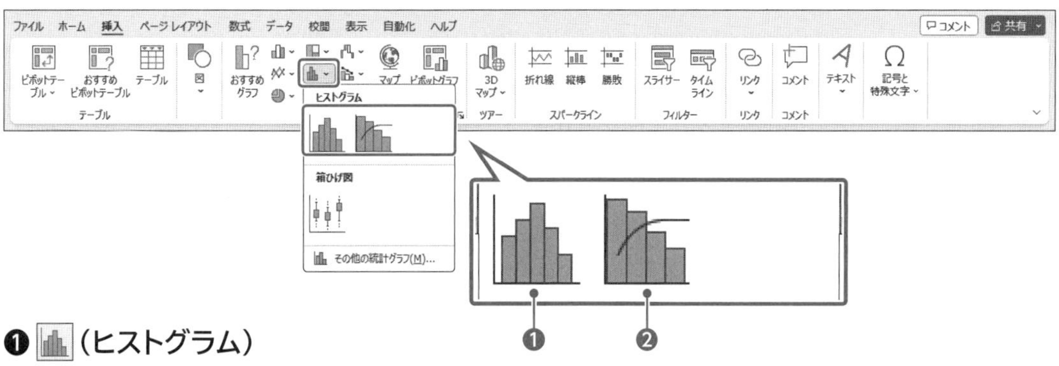

❶ （ヒストグラム）
ヒストグラムを作成します。

❷ （パレート図）
パレート図を作成します。

■箱ひげ図

「箱ひげ図」は、データのばらつきを表すグラフです。ヒストグラムでは1つの項目しか表示できませんが、箱ひげ図では複数の項目を1つのグラフで表示できるので、複数のデータを比較する場合に便利です。

■箱ひげ図の構成要素

箱ひげ図の各要素の名称は、次のとおりです。

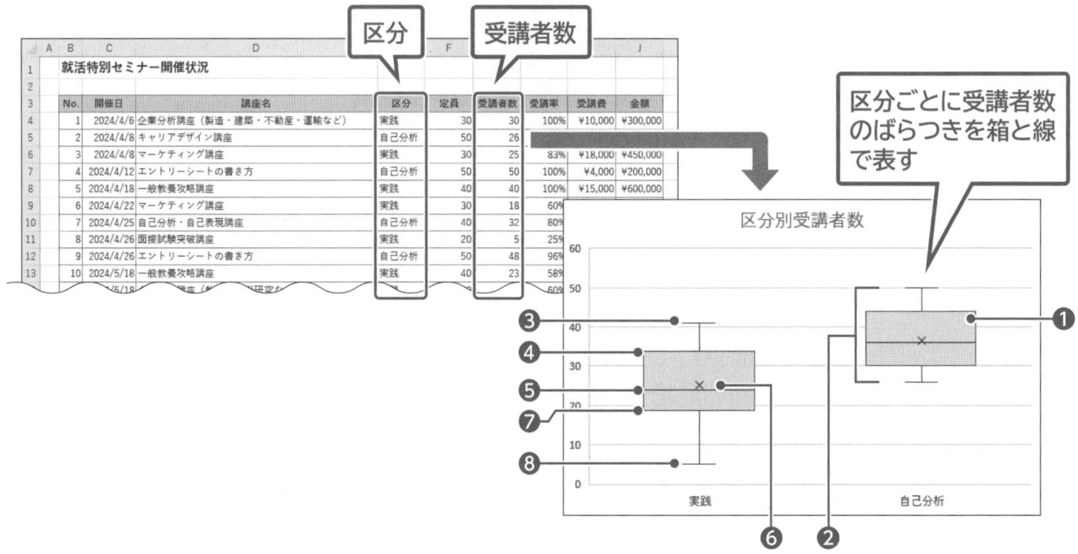

❶箱

全データのうち50%のデータのばらつきを、長方形の大きさで表示します。箱の大きさが大きいほど数値のばらつきが大きく、小さいほど数値のばらつきが小さくなります。

❷ひげ

最大値または最小値までのデータのばらつきを線の長さで表示します。線が長いほど数値のばらつきが大きく、短いほど数値のばらつきが小さくなります。

❸最大値

最大値を表示します。

❹第3四分位数

最小値から3/4にあたる値を表示します。

❺中央値（第2四分位数）

全データを順番に並べたときに、中央の位置の値を線で表示します。データが偶数の場合は、中央の2つの値の平均が中央値になります。

❻平均値

平均値を**「×（平均マーカー）」**で表示します。

❼第1四分位数

最小値から1/4にあたる値を表示します。

❽最小値

最小値を表示します。

操作 ◆《挿入》タブ→《グラフ》グループの［統計グラフの挿入］（統計グラフの挿入）→《箱ひげ図》

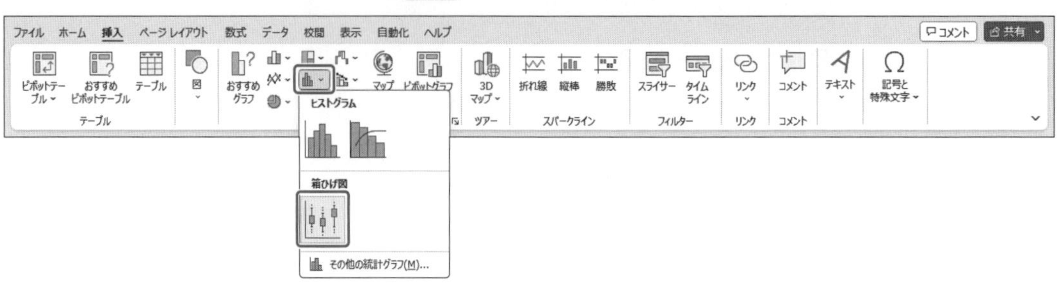

Lesson 4-2

ブック「Lesson4-2」を開いておきましょう。

次の操作を行いましょう。

(1) シート「検査表」のデータをもとに、重さのばらつきを表すヒストグラムを作成してください。ビンの幅を「4」に変更し、「270」以上はオーバーフローにまとめます。横軸のビンの範囲の表示形式を「数値」に変更し、小数第1位まで表示します。

(2) シート「返品表」のデータをもとに、パレート図を作成してください。グラフタイトルは「返品理由」とします。

Lesson 4-2 Answer

(1)

①シート**「検査表」**のセル範囲**【C3:C243】**を選択します。

②**《挿入》**タブ→**《グラフ》**グループの（統計グラフの挿入）→**《ヒストグラム》**の**《ヒストグラム》**をクリックします。

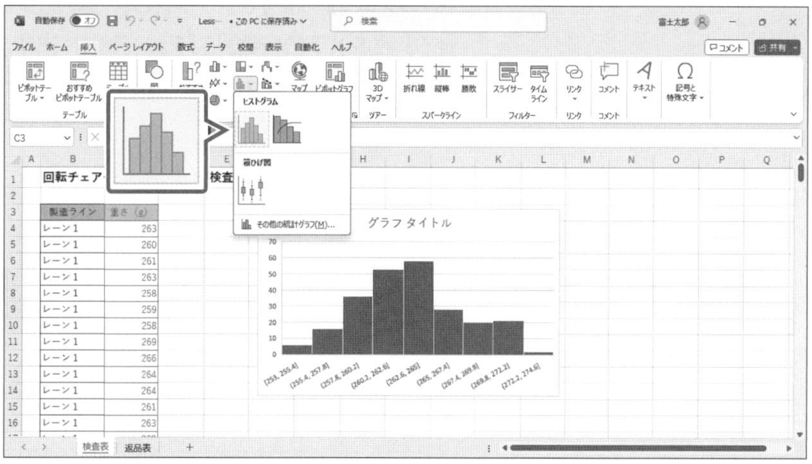

③ヒストグラムが作成されます。

④横軸を右クリックします。

⑤**《軸の書式設定》**をクリックします。

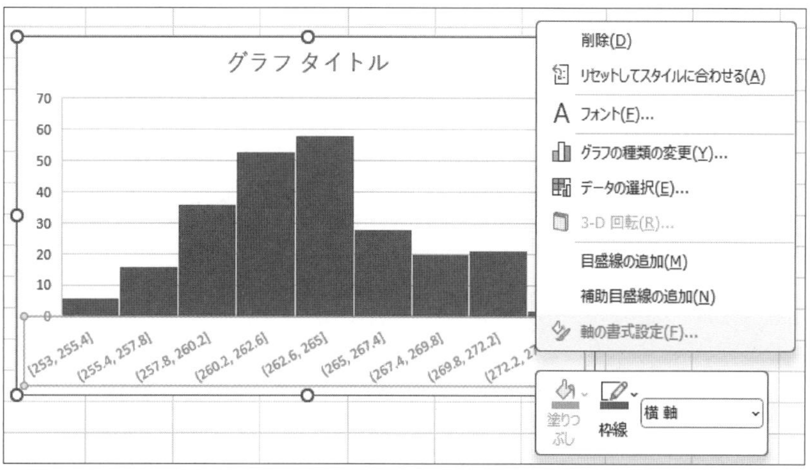

⑥**《軸の書式設定》**作業ウィンドウが表示されます。

⑦**《軸のオプション》**の（軸のオプション）をクリックします。

Point

ヒストグラムの横軸

最初の縦棒は「○○以上○○以下」の範囲になり、次の縦棒からは「○○より大きく○○以下」の範囲になります。

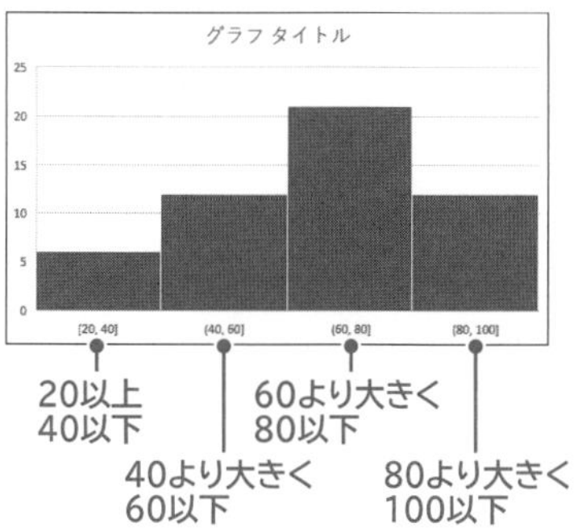

⑧《**軸のオプション**》の詳細が表示されていることを確認します。

※表示されていない場合は、《軸のオプション》をクリックします。

⑨《**ビンの幅**》を◉にし、「**4**」に設定します。

※表示されていない場合は、作業ウィンドウの幅を広げて調整します。

⑩《**ビンのオーバーフロー**》を☑にし、「**270**」と入力します。

⑪ビンの幅と数が変更されます。

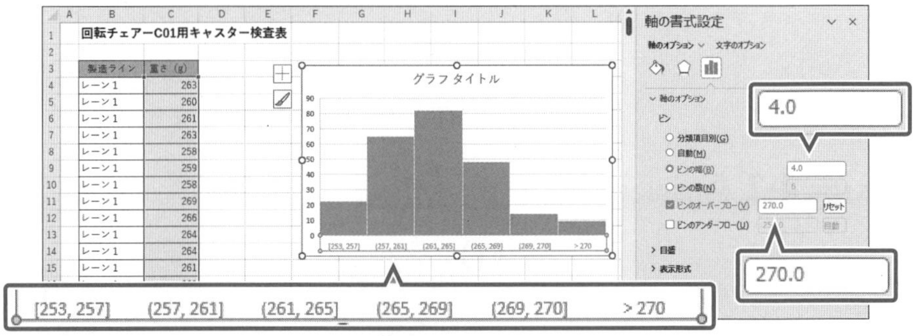

⑫《**表示形式**》をクリックして詳細を表示します。

⑬《**カテゴリ**》の⌄をクリックし、一覧から《**数値**》を選択します。

⑭《**小数点以下の桁数**》に「**1**」と入力します。

⑮横軸のビンの範囲の表示形式が設定されます。

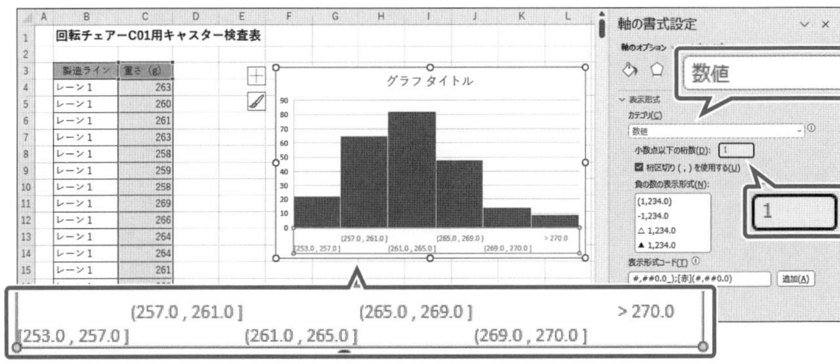

※《軸の書式設定》作業ウィンドウを閉じておきましょう。

(2)

①シート「**返品表**」のセル範囲【**B3:C8**】を選択します。

②《**挿入**》タブ→《**グラフ**》グループの📊⌄（統計グラフの挿入）→《**ヒストグラム**》の《**パレート図**》をクリックします。

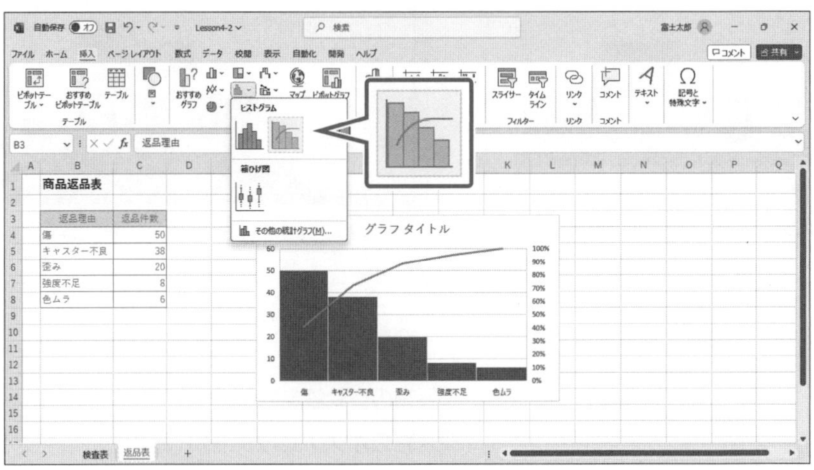

③パレート図が作成されます。

④**《グラフタイトル》**を選択します。
⑤**《グラフタイトル》**の文字列を選択し、**「返品理由」**と入力します。
⑥**《グラフタイトル》**以外の場所をクリックします。
⑦**《グラフタイトル》**が設定されます。

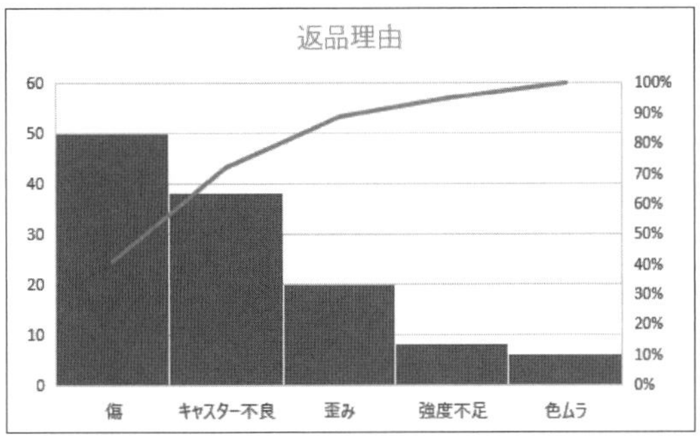

Lesson 4-3

OPEN ブック「Lesson4-3」を開いておきましょう。

次の操作を行いましょう。

(1) 表のデータをもとに、区分ごとに受講者数のばらつきを表す箱ひげ図を作成してください。

Lesson 4-3 Answer

(1)

①セル範囲**【E3:E26】**を選択します。
② Ctrl を押しながら、セル範囲**【G3:G26】**を選択します。
※ Ctrl を使うと、離れた場所にあるセル範囲を選択できます。
③**《挿入》**タブ→**《グラフ》**グループの（統計グラフの挿入）→**《箱ひげ図》**の**《箱ひげ図》**をクリックします。

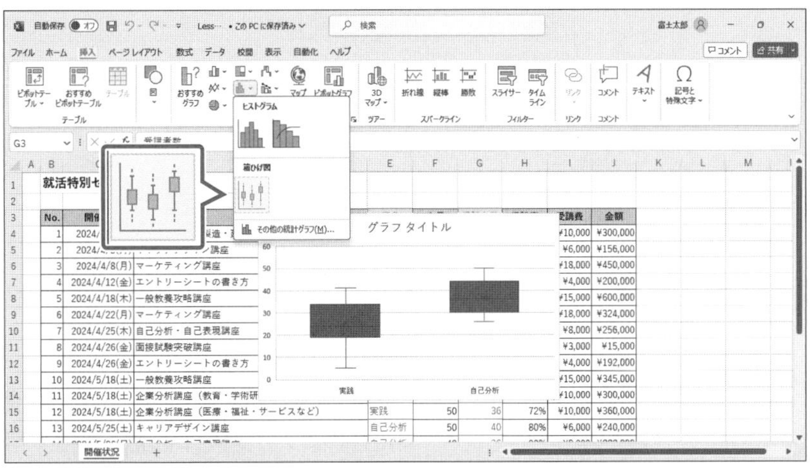

④箱ひげ図が作成されます。

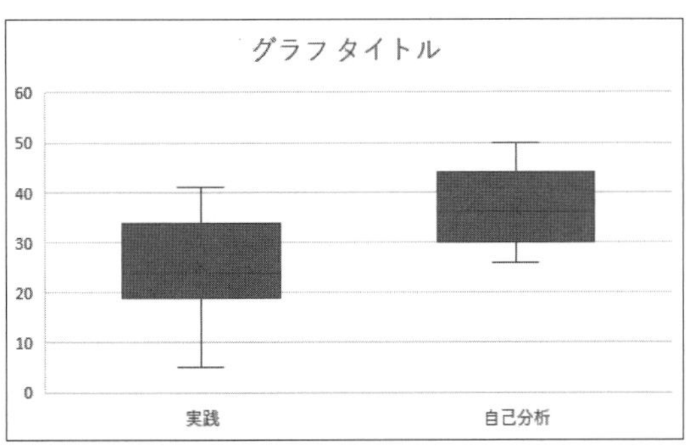

3 サンバーストを作成する

解説

■サンバースト

「サンバースト」は、全体に対する各階層のデータの比率をドーナツ状の輪で表すグラフです。複数の階層データを1つのグラフで表すことができます。最も内側の輪が表のデータの最上位の階層になり、データの大きい順にグラフに比率が表示されます。
地域別の人口比率や部署別の売上金額など、複数の階層があるデータを比較する場合に使います。

区分	地域	収穫量
東日本	北海道	553,200
	東北	1,948,000
	北陸	1,072,000
	関東・東山	1,291,000
西日本	東海	438,800
	近畿	498,400
	中国	501,600
	四国	221,600
	九州	741,300
	沖縄	2,000

1階層目　2階層目

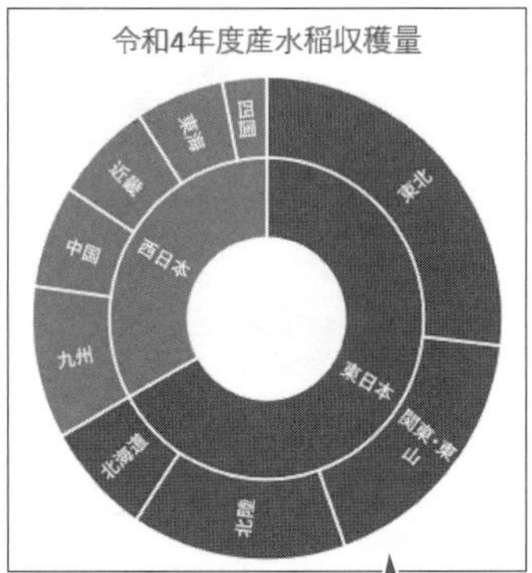

ドーナツの輪の内側が1階層目、外側の輪が2階層目になる。
データの大きい順にグラフに表示される。

操作 ◆《挿入》タブ→《グラフ》グループの［階層構造グラフの挿入］(階層構造グラフの挿入)→《サンバースト》

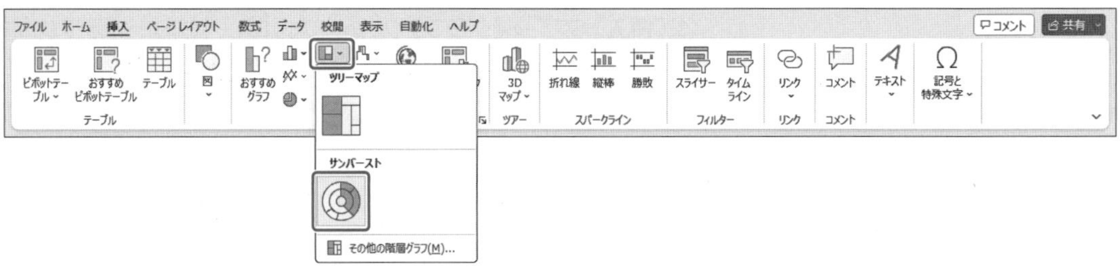

Lesson 4-4

OPEN ブック「Lesson4-4」を開いておきましょう。

次の操作を行いましょう。

(1) 表のデータをもとに、地域別米収穫量の割合を表すサンバーストを作成してください。グラフタイトルは「令和4年度米収穫量」とします。

Lesson 4-4 Answer

(1)

①セル範囲**【B3:D13】**を選択します。

②**《挿入》**タブ→**《グラフ》**グループの［階層構造グラフの挿入］(階層構造グラフの挿入)→**《サンバースト》**の**《サンバースト》**をクリックします。

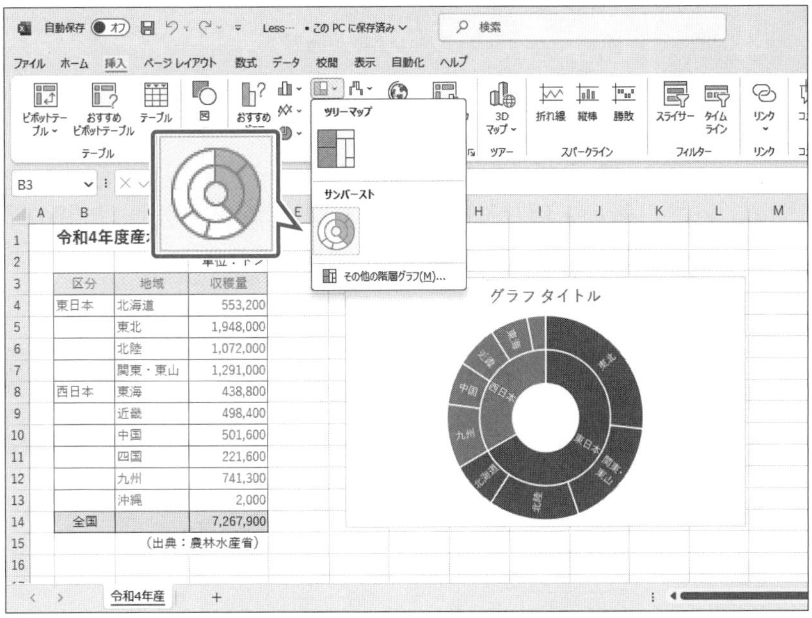

③サンバーストが作成されます。

④**《グラフタイトル》**を選択します。

⑤**《グラフタイトル》**の文字列を選択し、**「令和4年度米収穫量」**と入力します。

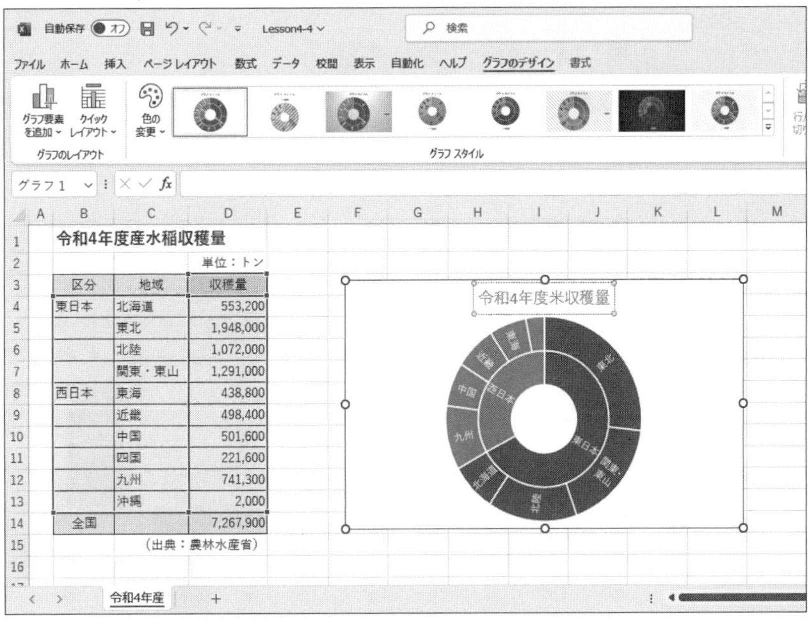

⑥グラフタイトル以外の場所をクリックします。

⑦グラフタイトルが設定されます。

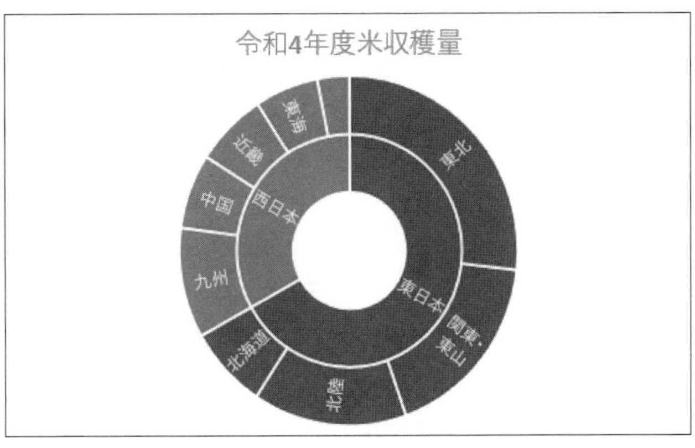

4 じょうごグラフ、ウォーターフォール図を作成する

解説

■じょうごグラフ

「じょうごグラフ」は、物事が進行する過程での数値を視覚化するグラフです。
販売工程が進むにつれ減少する顧客の数や、年間の予算残高など、一般的に過程ごとに減少する数値を視覚化し、ボトルネックになっている工程や原因をグラフから読み取ることができます。

商談フェーズ	顧客数
見込み	600
DM発送	495
問い合わせ	280
説明	188
商談交渉	118
契約成立	86

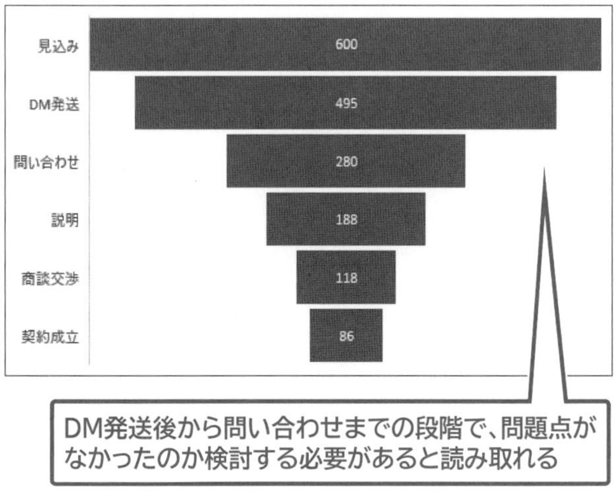

■ウォーターフォール図

「ウォーターフォール図」は、データの増減を棒グラフで表します。グラフは値がプラスかマイナスかがわかるように色分けされるので、増減の要因を簡単に把握できます。
在庫や金融資産の推移を表す場合に使います。

	入出庫数
前月在庫	60
7月1日	70
7月8日	-10
7月15日	50
7月22日	-60
7月29日	-80
当月在庫	30

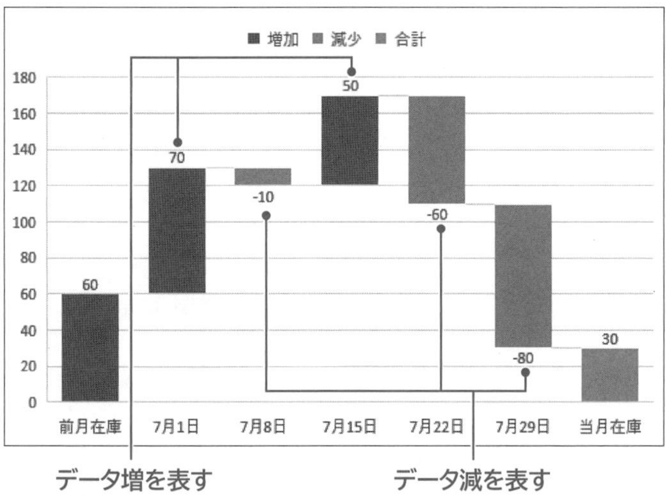

操作 ◆《挿入》タブ→《グラフ》グループの（ウォーターフォール図、じょうごグラフ、株価チャート、等高線グラフ、レーダーチャートの挿入）

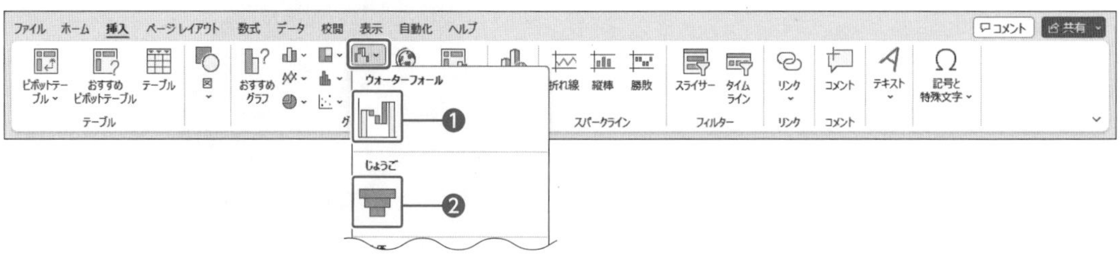

❶ （ウォーターフォール）

ウォーターフォール図を作成します。

❷ （じょうご）

じょうごグラフを作成します。

Lesson 4-5

OPEN ブック「Lesson4-5」を開いておきましょう。

次の操作を行いましょう。

(1) 表のデータをもとに、販売工程における商談フェーズごとの顧客数を表すじょうごグラフを作成してください。

Lesson 4-5 Answer

(1)

①セル範囲**【B3:C9】**を選択します。

②**《挿入》**タブ→**《グラフ》**グループの［アイコン］（ウォーターフォール図、じょうごグラフ、株価チャート、等高線グラフ、レーダーチャートの挿入）→**《じょうご》**の**《じょうご》**をクリックします。

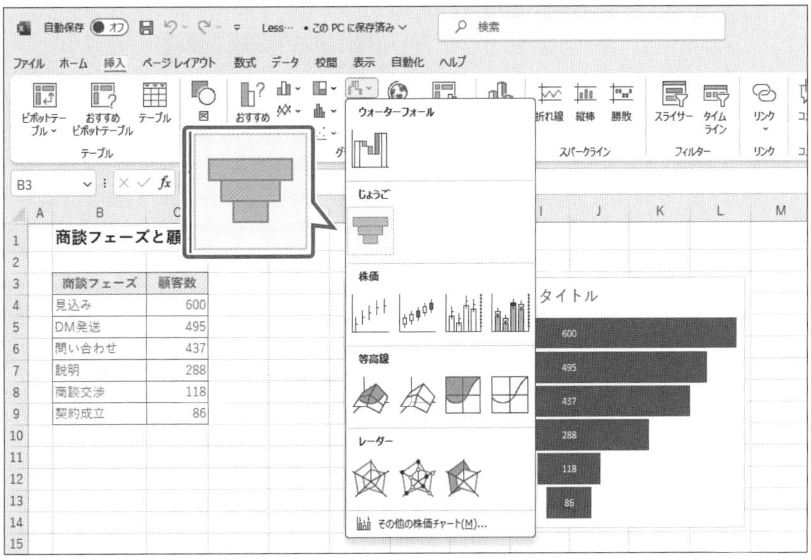

③じょうごグラフが作成されます。

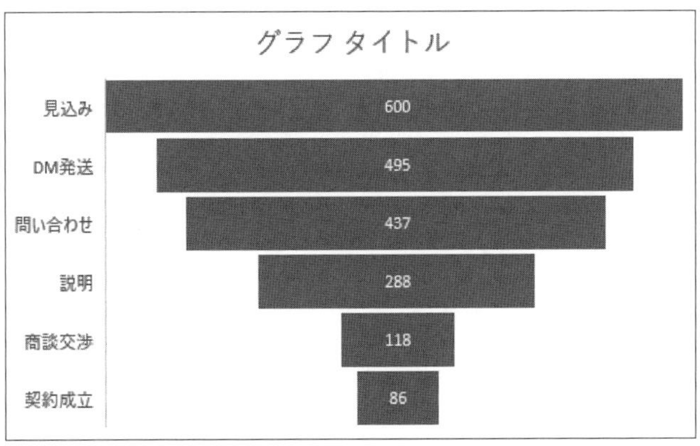

Lesson 4-6

OPEN ブック「Lesson4-6」を開いておきましょう。

次の操作を行いましょう。

(1) 表のデータをもとに、日付ごとの在庫数の増減を表すウォーターフォール図を作成してください。

(2) グラフのコネクタを非表示にしてください。

(3) 当月在庫を合計として設定してください。

Hint

グラフのコネクタを非表示にするには、《データ系列の書式設定》作業ウィンドウを使います。

(1)

①セル範囲【B3:C10】を選択します。

②《挿入》タブ→《グラフ》グループの（ウォーターフォール図、じょうごグラフ、株価チャート、等高線グラフ、レーダーチャートの挿入）→《ウォーターフォール》の《ウォーターフォール》をクリックします。

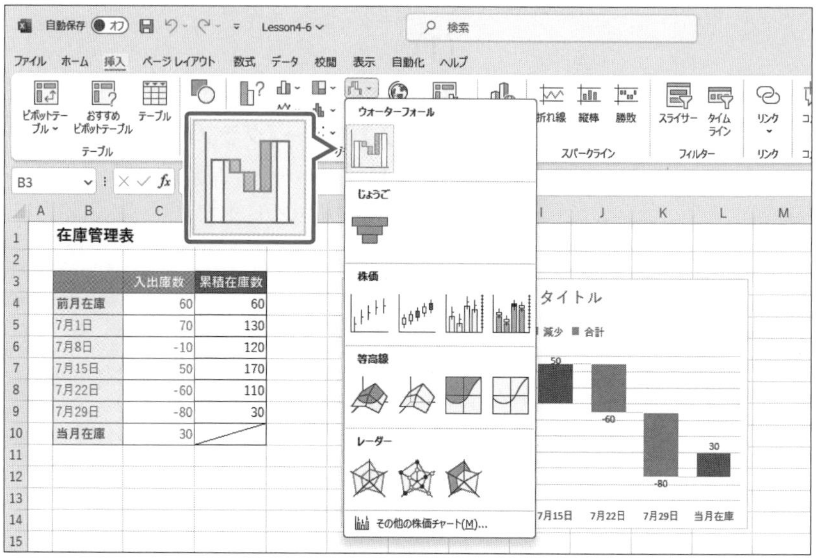

③ウォーターフォール図が作成されます。

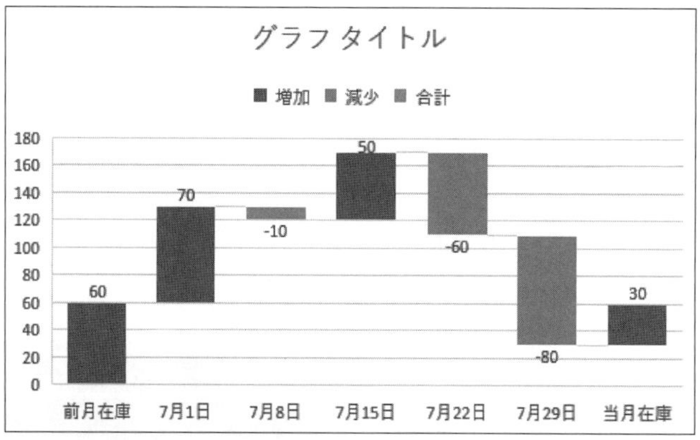

(2)

①データ系列を右クリックします。

※どの系列でもかまいません。

②《データ系列の書式設定》をクリックします。

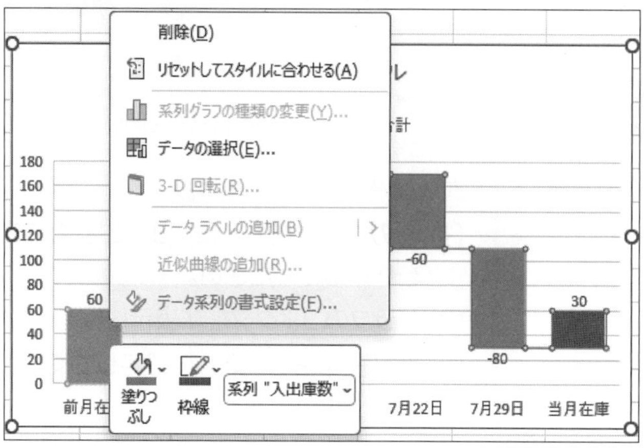

Point

コネクタ

ウォーターフォール図に「コネクタ」を表示すると、データ系列の終点と次のデータ系列の始点をつないでデータの推移を表すことができます。プロットエリアに目盛線を表示しているなど、不要な場合はコネクタを非表示にできます。

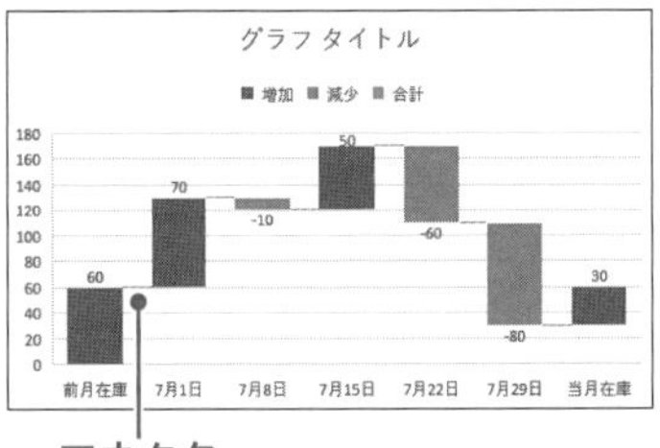

コネクタ

③《データ系列の書式設定》作業ウィンドウが表示されます。

④《系列のオプション》の［系列のオプション］（系列のオプション）をクリックします。

⑤《系列のオプション》の詳細が表示されていることを確認します。

※表示されていない場合は、《系列のオプション》をクリックします。

⑥《コネクタを表示》を□にします。

⑦コネクタが非表示になります。

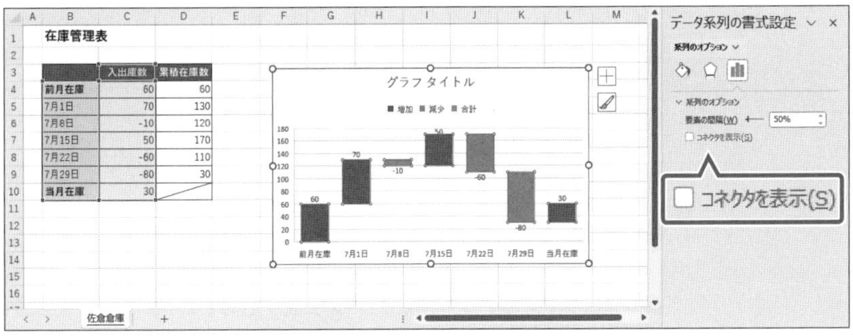

(3)

①データ系列が選択されていることを確認します。

②「当月在庫」のデータ系列を選択します。

※「当月在庫」のデータ系列だけが選択されます。

③《データ要素の書式設定》作業ウィンドウが表示されます。

④《系列のオプション》の［系列のオプション］（系列のオプション）をクリックします。

⑤《系列のオプション》の詳細が表示されていることを確認します。

※表示されていない場合は、《系列のオプション》をクリックします。

⑥《合計として設定》を☑にします。

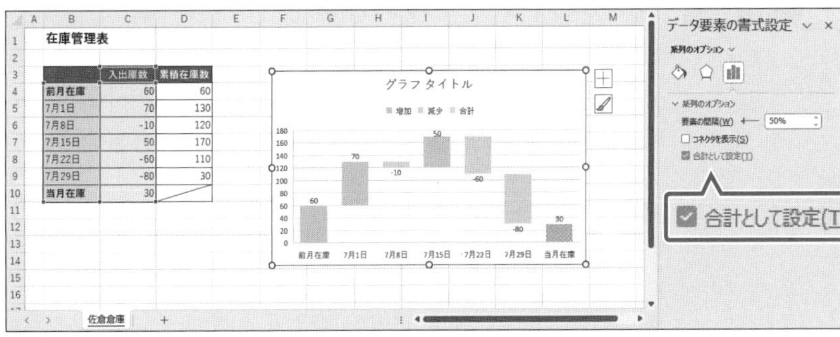

⑦当月在庫が合計として設定されます。

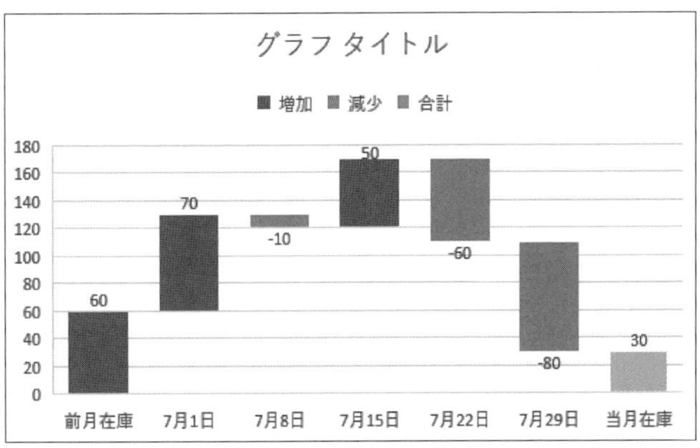

※《データ要素の書式設定》作業ウィンドウを閉じておきましょう。

その他の方法

合計として設定

◆データ系列を選択→合計として設定するデータ系列を選択→合計として設定するデータ系列を右クリック→《合計として設定》

2 ピボットテーブルを作成する、変更する

☑ 理解度チェック	習得すべき機能	参照Lesson	学習前	学習後	試験直前
	■ピボットテーブルを作成できる。	➡Lesson4-7	☑	☑	☑
	■ピボットテーブルの集計データを絞り込める。	➡Lesson4-8	☑	☑	☑
	■ピボットテーブルオプションの設定ができる。	➡Lesson4-8	☑	☑	☑
	■ピボットテーブルに空白行を挿入できる。	➡Lesson4-9	☑	☑	☑
	■スライサーを使って集計データを絞り込める。	➡Lesson4-10	☑	☑	☑
	■タイムラインを使って集計データを絞り込める。	➡Lesson4-11	☑	☑	☑
	■ピボットテーブルのデータをグループ化できる。	➡Lesson4-12	☑	☑	☑
	■ピボットテーブルに集計フィールドを追加できる。	➡Lesson4-13	☑	☑	☑
	■値フィールドの表示形式を設定できる。	➡Lesson4-14	☑	☑	☑
	■ピボットテーブルの集計方法を変更できる。	➡Lesson4-14	☑	☑	☑

1 ピボットテーブルを作成する

解説

■ピボットテーブルの作成

「ピボットテーブル」は、大量のデータを集計して、様々な角度から分析できる機能です。
ピボットテーブルを利用するには、ワークシートに**「フィールド名」**、**「フィールド」**、**「レコード」**から構成されるデータベースを作成しておく必要があります。

●データベース

1件分のデータを1行（レコード）にして、データベースを作成する

	A	B	C	D	E	F	G	H	I	J
1		売上表								
2										
3		伝票番号	日付	店舗名	担当者名	商品コード	商品名	単価	数量	売上金額
4		1	2024/1/3	目黒店	星　夕子	A001	体脂肪計	8,000	7	56,000
5		2	2024/1/3	広尾店	平林　理菜	A002	電子血圧計	10,000	10	100,000
6		3	2024/1/7	目黒店	藍沢　千夏	A006	マッサージチェア	200,000	1	200,000
7		4	2024/1/10	目黒店	星　夕子	A003	低周波治療器	12,500	5	62,500
8		5	2024/1/13	青山店	松谷　桜子	A003	低周波治療器	12,500	5	62,500
9		6	2024/1/14	青山店	松谷　桜子	A002	電子血圧計	10,000	2	20,000
10		7	2024/1/18	青山店	藤崎　紀子	A001	体脂肪計	8,000	1	8,000
11		8	2024/1/21	広尾店	平林　理菜	A004	フットバス	23,000	12	276,000
12		9	2024/1/21	青山店	藤崎　紀子	A002	電子血圧計	10,000	5	50,000
13		10	2024/1/21	青山店	松谷　桜子	A004	フットバス	23,000	15	345,000
14		11	2024/1/22	目黒店	藍沢　千夏	A004	フットバス	23,000	4	92,000

フィールド名

レコード

フィールド

●ピボットテーブル

	A	B	C	D	E	F	G
1							
2							
3	合計 / 売上金額	列ラベル					
4	行ラベル	フットバス	ヘルスバイク	マッサージチェア	体脂肪計	低周波治療器	電
5	海野　渚	92000	800000			637500	
6	松谷　桜子	1265000	1560000	2400000	640000	800000	
7	星　夕子		2120000		832000	1262500	
8	藤崎　紀子	1541000	840000	2000000	648000	1362500	
9	平林　理菜	391000	480000		528000	725000	
10	藍沢　千夏	828000	720000	2400000	464000	550000	
11	総計	4117000	6520000	6800000	3112000	5337500	
12							

データを様々な角度から分析できる

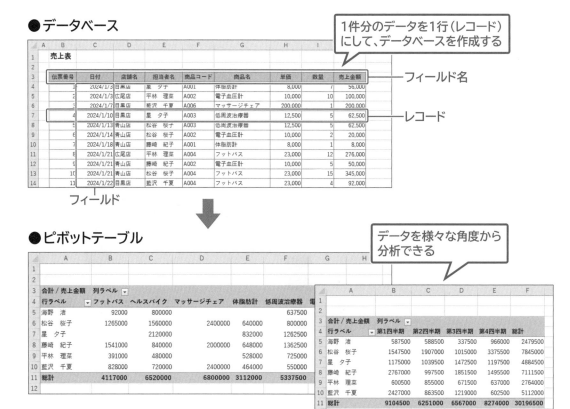

	A	B	C	D	E	F
1						
2						
3	合計 / 売上金額	列ラベル				
4	行ラベル	第1四半期	第2四半期	第3四半期	第4四半期	総計
5	海野　渚	587500	588500	337500	966000	2479500
6	松谷　桜子	1547500	1907000	1015000	3375500	7845000
7	星　夕子	1175000	1039500	1472500	1197500	4884500
8	藤崎　紀子	2767000	997500	1851500	1495500	7111500
9	平林　理菜	600500	855000	671500	637000	2764000
10	藍沢　千夏	2427000	863500	1219000	602500	5112000
11	総計	9104500	6251000	6567000	8274000	30196500
12						

操作 ◆《挿入》タブ→《テーブル》グループの　(ピボットテーブル)

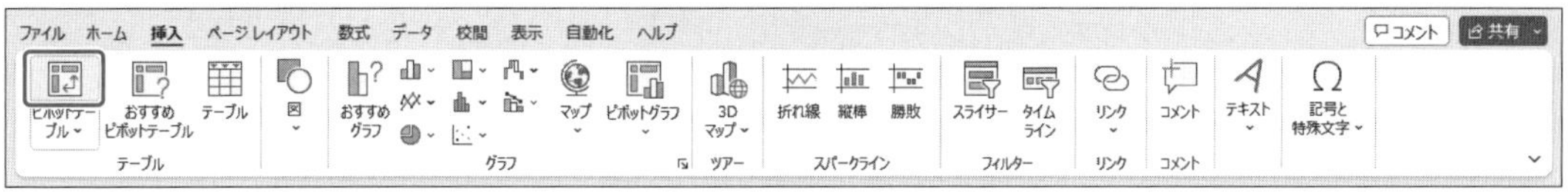

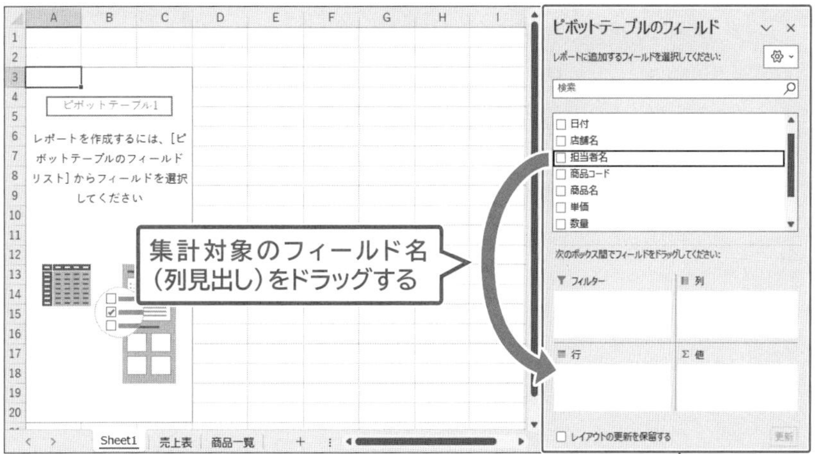

《ピボットテーブルのフィールド》作業ウィンドウ

■ピボットテーブルの構成要素

ピボットテーブルの各要素の名称は、次のとおりです。

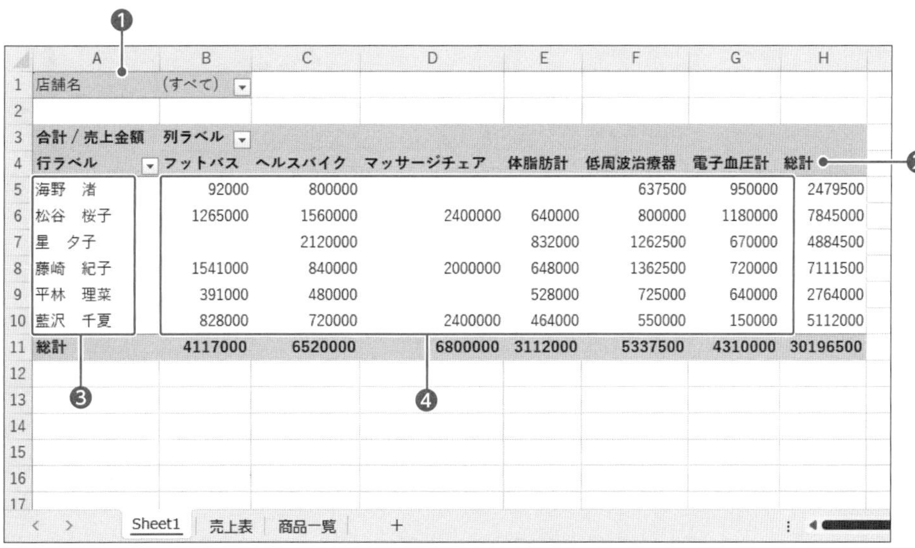

店舗名	(すべて)						
合計 / 売上金額	列ラベル						
行ラベル	フットバス	ヘルスバイク	マッサージチェア	体脂肪計	低周波治療器	電子血圧計	総計
海野　渚	92000	800000			637500	950000	2479500
松谷　桜子	1265000	1560000	2400000	640000	800000	1180000	7845000
星　夕子		2120000		832000	1262500	670000	4884500
藤崎　紀子	1541000	840000	2000000	648000	1362500	720000	7111500
平林　理菜	391000	480000		528000	725000	640000	2764000
藍沢　千夏	828000	720000	2400000	464000	550000	150000	5112000
総計	4117000	6520000	6800000	3112000	5337500	4310000	30196500

❶レポートフィルターエリア

データを絞り込んで集計するときに、条件となるフィールドを設定します。

❷列ラベルエリア

列方向の項目名になるデータが含まれるフィールドを設定します。

❸行ラベルエリア

行方向の項目名になるデータが含まれるフィールドを設定します。

❹値エリア

集計するデータの値が含まれるフィールドを設定します。

■ピボットテーブルの編集

ピボットテーブルは作成後に、各エリアのフィールドを入れ替えることで、簡単に再集計できます。また、各エリアにフィールドを追加したり、不要なフィールドを削除したりできます。
フィールドを入れ替えたり、追加したりするには、**《ピボットテーブルのフィールド》**作業ウィンドウのフィールドを各エリアのボックスにドラッグします。

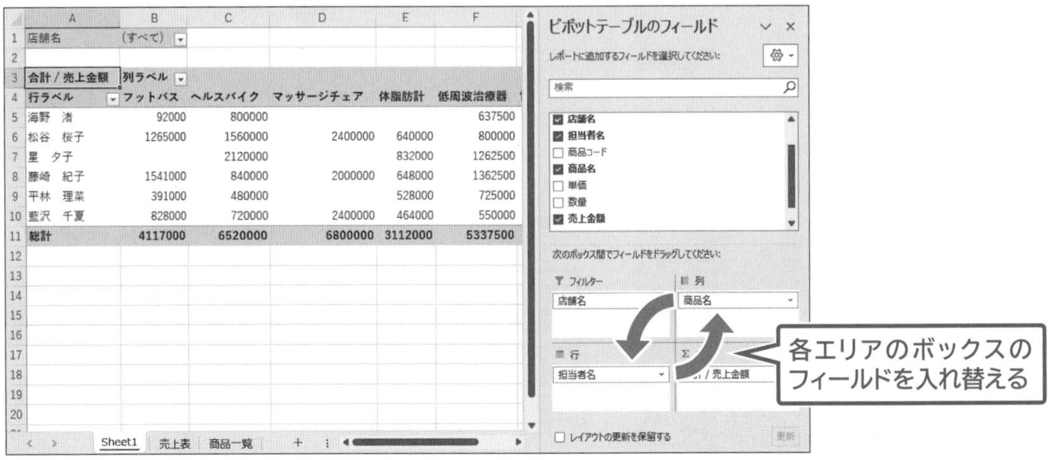
各エリアのボックスの
フィールドを入れ替える

フィールドを削除するには、**《ピボットテーブルのフィールド》**作業ウィンドウのフィールドを作業ウィンドウの外側にドラッグします。

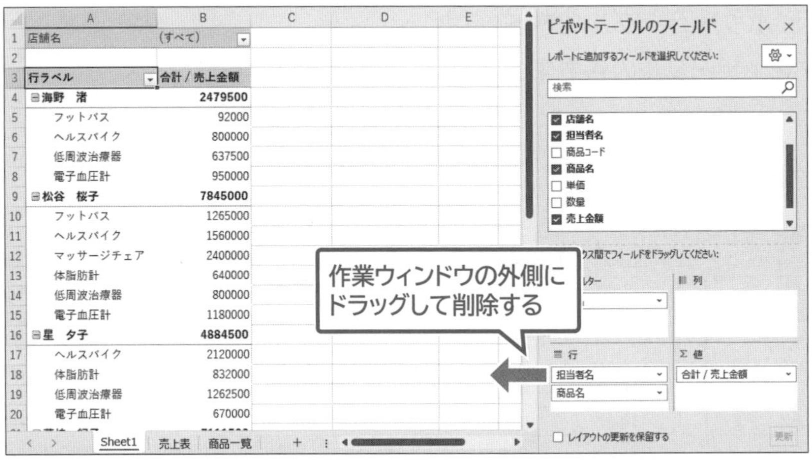
作業ウィンドウの外側に
ドラッグして削除する

Lesson 4-7

ブック「Lesson4-7」を開いておきましょう。

次の操作を行いましょう。

(1) 店舗別、商品別に売上金額を集計するピボットテーブルを新規ワークシートに作成してください。行ラベルエリアに「店舗名」、列ラベルエリアに「商品名」、値エリアに「売上金額」をそれぞれ配置します。
(2) 行ラベルエリアの「店舗名」の下層に、「担当者名」を追加してください。
(3) 列ラベルエリアから「商品名」を削除し、「日付」を配置してください。

Lesson 4-7 Answer

(1)

①シート**「売上表」**のセル**【B3】**を選択します。
※表内のセルであれば、どこでもかまいません。

②**《挿入》**タブ→**《テーブル》**グループの［ピボットテーブル］（ピボットテーブル）をクリックします。

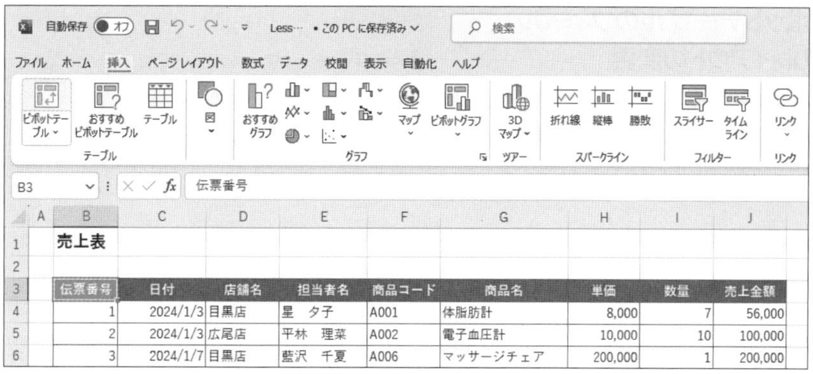

③**《テーブルまたは範囲からのピボットテーブル》**ダイアログボックスが表示されます。

④**《テーブル/範囲》**に**「売上表!$B$3:$J$203」**と表示されていることを確認します。

⑤**《新規ワークシート》**を◉にします。

⑥**《OK》**をクリックします。

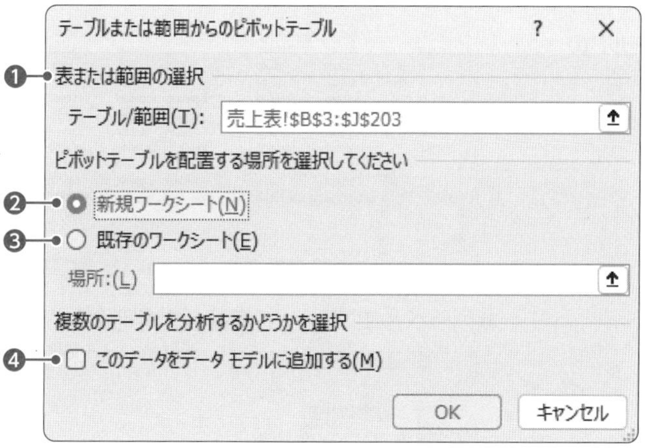

⑦新しいワークシートが挿入され、**《ピボットテーブルのフィールド》**作業ウィンドウが表示されます。

⑧**「店舗名」**を**《行》**のボックスにドラッグします。

⑨**「商品名」**を**《列》**のボックスにドラッグします。

※表示されていない場合は、スクロールして調整します。

⑩**「売上金額」**を**《値》**のボックスにドラッグします。

⑪ピボットテーブルが作成されます。

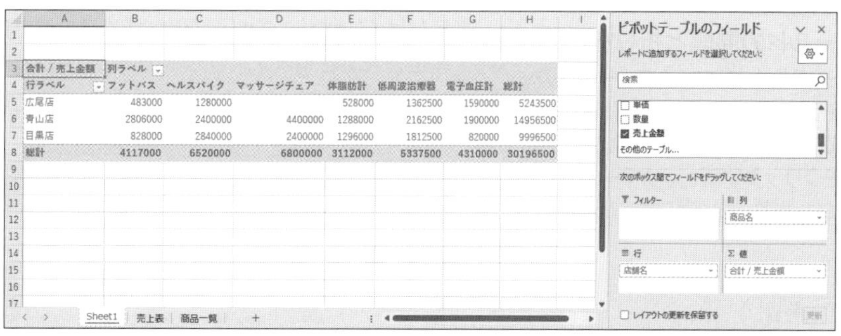

(2)

①シート**「Sheet1」**のセル**【A3】**を選択します。

※ピボットテーブル内のセルであれば、どこでもかまいません。

②**《ピボットテーブルのフィールド》**作業ウィンドウの**「担当者名」**を、**《行》**のボックスの**「店舗名」**の下にドラッグします。

Point

《テーブルまたは範囲からのピボットテーブル》

❶表または範囲の選択
ピボットテーブルのもとになるテーブルまたはセル範囲を指定します。

❷新規ワークシート
ワークシートを追加してピボットテーブルを作成します。

❸既存のワークシート
ワークシート名とセル番地を指定してピボットテーブルを作成します。

❹このデータをデータモデルに追加する
作成したピボットテーブルをデータモデルとして追加する場合に指定します。

その他の方法

フィールドの追加

◆《ピボットテーブルのフィールド》作業ウィンドウのフィールド名を右クリック→《レポートフィルターに追加》／《行ラベルに追加》／《列ラベルに追加》／《値に追加》

Point

値エリアの集計方法

値エリアの集計方法は、値エリアに配置するフィールドのデータの種類によって異なります。初期の設定では、次のように集計されますが、集計方法はあとから変更できます。

※集計方法を変更する方法は、P.200を参照してください。

データの種類	集計方法
数値	合計
文字列	データの個数
日付	データの個数

Point

《ピボットテーブルのフィールド》の表示

作業ウィンドウを［×］（閉じる）で閉じてしまった場合は、《ピボットテーブル分析》タブ→《表示》グループの［フィールドリスト］（フィールドリスト）をクリックして表示します。

※《表示》グループが折りたたまれている場合は、展開して操作します。

Point

《ピボットテーブルのフィールド》のレイアウトの変更

フィールドリストの表示が狭くて操作しにくい場合は、［ツール］(ツール)を使うと、作業ウィンドウのレイアウトを変更できます。

その他の方法

フィールドの削除

◆《ピボットテーブルのフィールド》作業ウィンドウのボックスのフィールド名をクリック→《フィールドの削除》

Point

フィールドの展開と折りたたみ

グループ化されているフィールドの［+］をクリックするとフィールドが展開して、詳細が表示されます。

［-］をクリックすると、フィールドが折りたたまれ、詳細が非表示になります。

Point

データの更新

もとになるデータベースを変更した場合は、ピボットテーブルのデータを更新して、最新の集計結果を表示します。

◆《ピボットテーブル分析》タブ→《データ》グループの［更新］(更新)

③行ラベルエリアの**「店舗名」**の下層に、**「担当者名」**が追加されます。

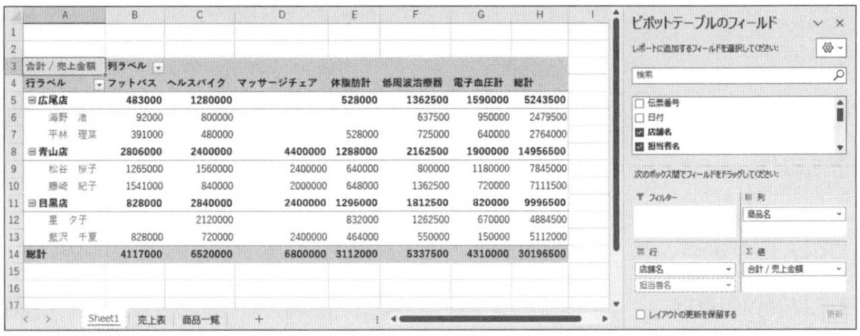

(3)

①シート**「Sheet1」**のセル**【A3】**を選択します。

※ピボットテーブル内のセルであれば、どこでもかまいません。

②図のように、**《ピボットテーブルのフィールド》**作業ウィンドウの**《列》**のボックスの**「商品名」**を作業ウィンドウの外側にドラッグします。

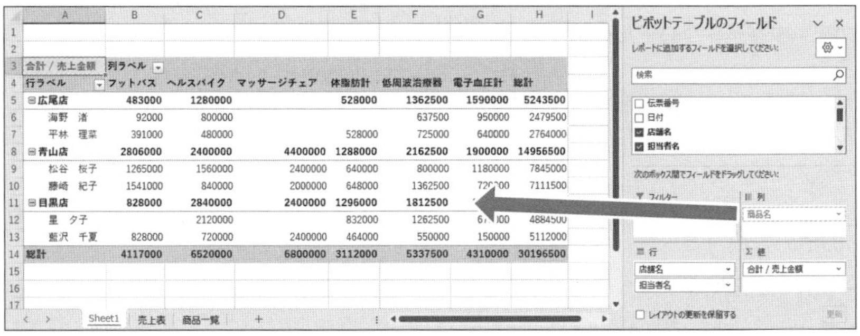

③列ラベルエリアから**「商品名」**が削除されます。

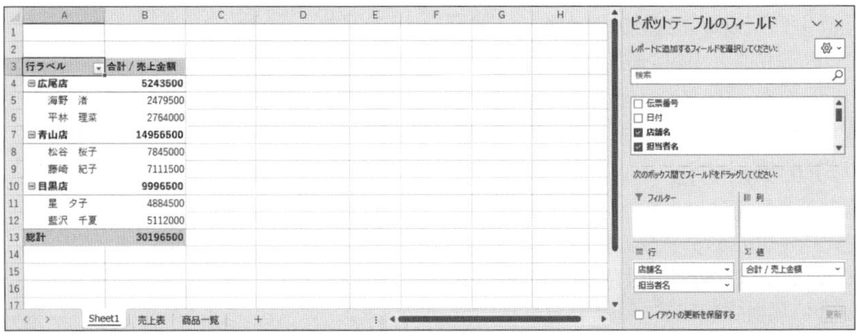

④**「日付」**を**《列》**のボックスにドラッグします。

⑤列ラベルエリアに**「日付」**が配置されます。

※日付は、自動的にグループ化されて月単位で集計されます。［+］をクリックすると展開して日単位で表示されます。

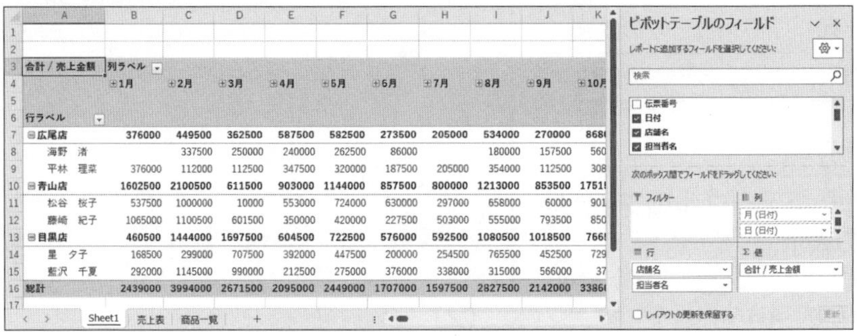

2 フィールドの選択項目とオプションを変更する

解説

■集計データの絞り込み

ピボットテーブルは、データベースのすべてのデータが集計されますが、データを絞り込んで集計することもできます。
データを絞り込んで集計するには、列ラベルエリア、行ラベルエリア、レポートフィルターエリアの ▼ を使います。

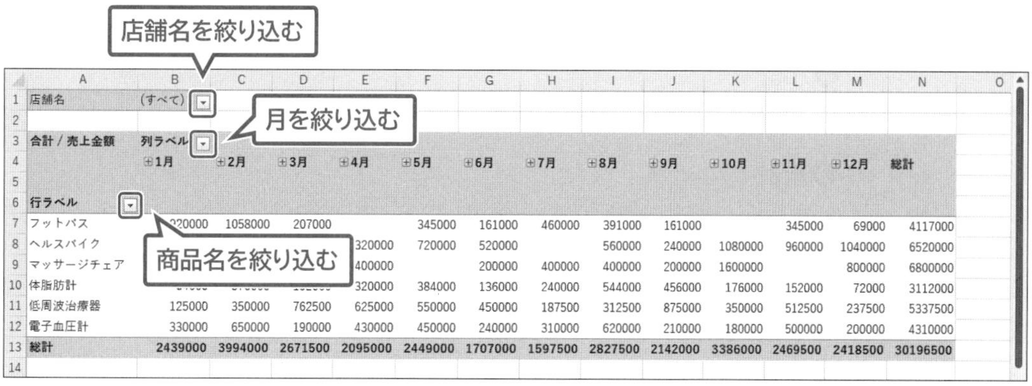

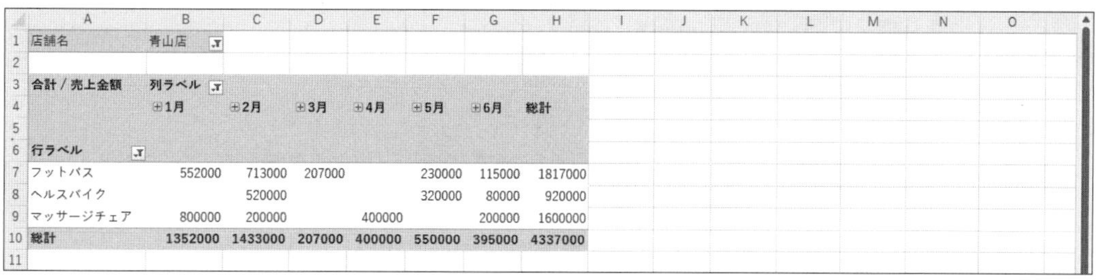

■ピボットテーブルオプション

ピボットテーブルオプションを使うと、ピボットテーブルのレイアウトや書式、表示などの設定を変更できます。

操作 ◆《ピボットテーブル分析》タブ→《ピボットテーブル》グループの オプション (ピボットテーブルオプション)

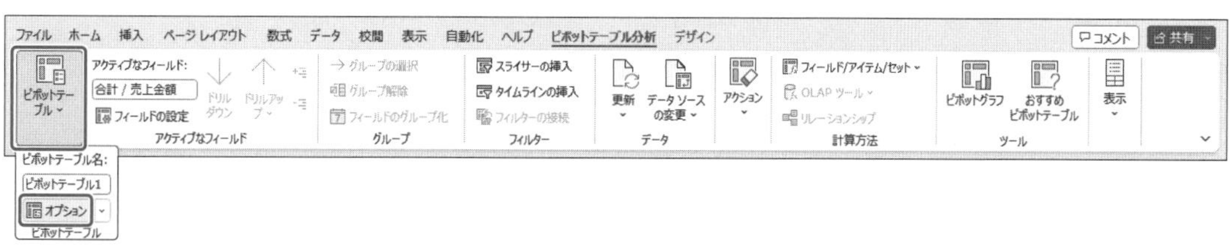

■ピボットテーブルのレイアウトの設定

ピボットテーブルに表示される小計や総計は、表示位置を変更したり、非表示にしたりできます。また、用意された基本レイアウトを選択するだけで、ピボットテーブルのレイアウトを整えることもできます。

操作 ◆《デザイン》タブ→《レイアウト》グループのボタン

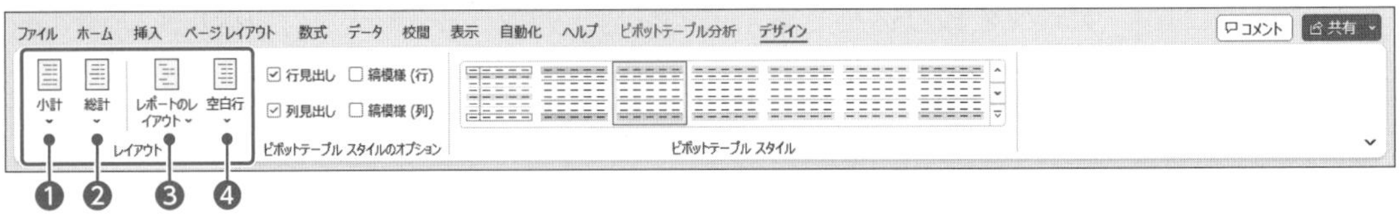

❶小計

ピボットテーブルの小計の表示位置を変更したり、非表示にしたりします。

❷総計

ピボットテーブルの行の総計や列の総計だけを表示したり、非表示にしたりします。

❸レポートのレイアウト

「コンパクト形式」「アウトライン形式」「表形式」のレイアウトに変更できます。

❹空白行

グループ化した項目の下に空白行を挿入します。

Lesson 4-8

OPEN ブック「Lesson4-8」を開いておきましょう。

次の操作を行いましょう。

(1) 4月から6月までのデータだけを集計してください。

(2) レポートフィルターエリアに「店舗名」を配置し、「青山店」と「目黒店」のデータだけを集計してください。

(3) 値エリアの空白セルに「0（ゼロ）」を表示し、ファイルを開くときにピボットテーブルのデータが更新されるように設定してください。

Lesson 4-8 Answer

(1)

①シート**「集計」**の列ラベルエリアの ▼ をクリックします。

②《**(すべて選択)**》を ☐ にし、**「4月」「5月」「6月」**を ☑ にします。

③《**OK**》をクリックします。

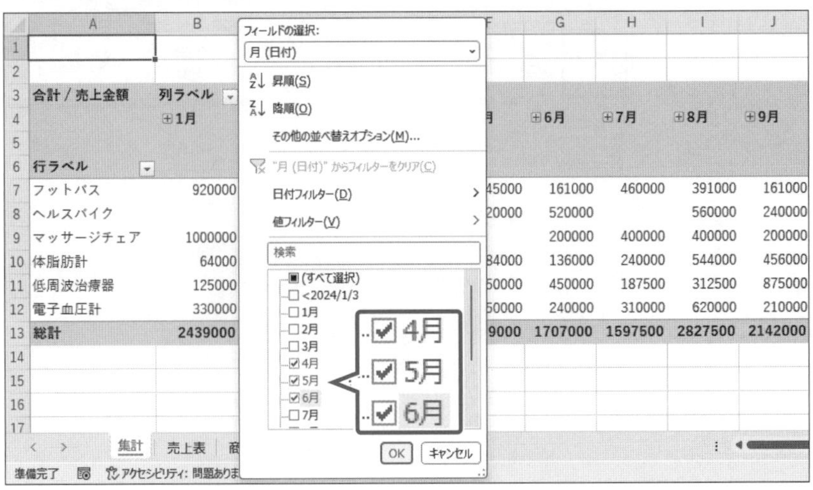

④4月から6月までのデータが集計されます。
※▼が絞り込みアイコンに変わります。

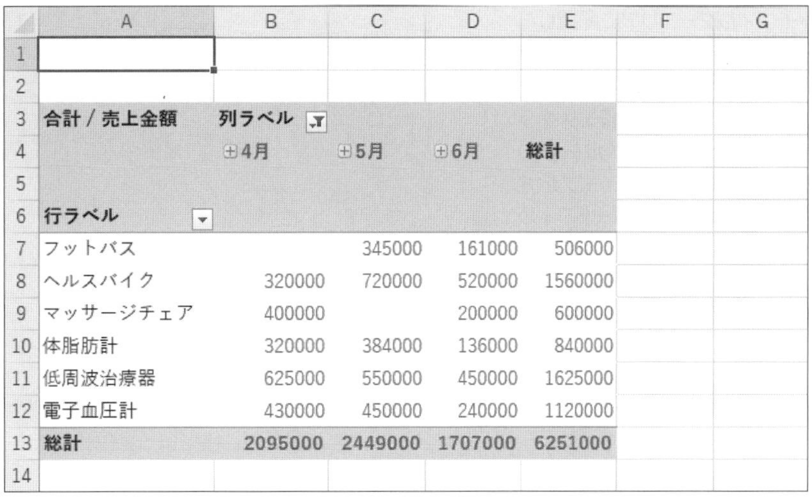

	A	B	C	D	E
1					
2					
3	合計 / 売上金額	列ラベル			
4		⊞4月	⊞5月	⊞6月	総計
5					
6	行ラベル				
7	フットバス		345000	161000	506000
8	ヘルスバイク	320000	720000	520000	1560000
9	マッサージチェア	400000		200000	600000
10	体脂肪計	320000	384000	136000	840000
11	低周波治療器	625000	550000	450000	1625000
12	電子血圧計	430000	450000	240000	1120000
13	総計	2095000	2449000	1707000	6251000
14					

(2)

①シート「**集計**」のセル【**A3**】を選択します。

※ピボットテーブル内のセルであれば、どこでもかまいません。

②**《ピボットテーブルのフィールド》**作業ウィンドウの「**店舗名**」を**《フィルター》**のボックスにドラッグします。

③レポートフィルターエリアに「**店舗名**」が追加されます。

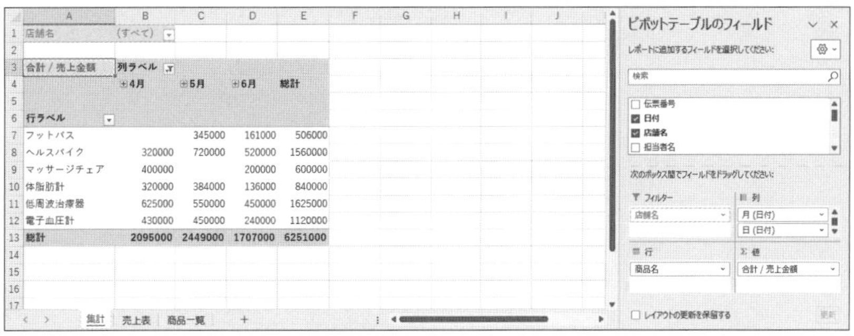

④レポートフィルターエリアの▼をクリックします。

⑤**《複数のアイテムを選択》**を☑にします。

⑥「**広尾店**」を☐にし、「**青山店**」と「**目黒店**」を☑にします。

⑦**《OK》**をクリックします。

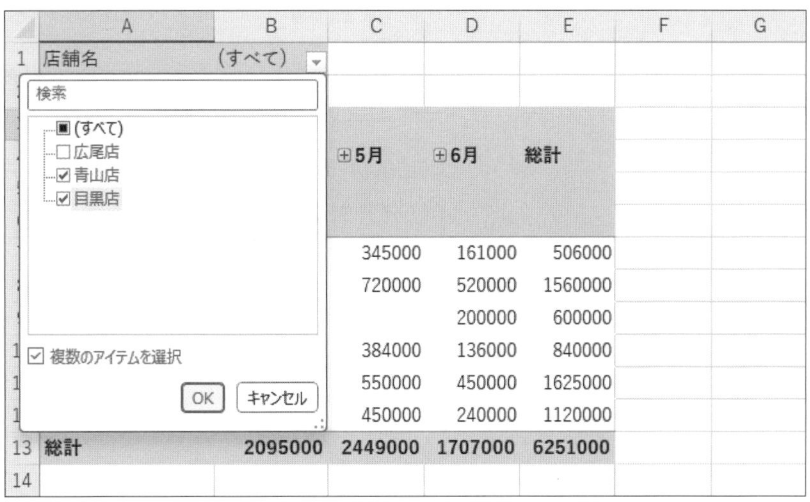

Point

レポートフィルターページの表示

レポートフィルターエリアに配置したフィールドは、データごとにワークシートを分けて表示できます。

◆《ピボットテーブル分析》タブ→《ピボットテーブル》グループの オプション (ピボットテーブルオプション)の ▾ →《レポートフィルターページの表示》

⑧青山店と目黒店のデータが集計されます。

※ ▾ が ▾(フィルター) に変わります。

	A	B	C	D	E	F	G
1	店舗名	(複数のアイテム)					
2							
3	**合計 / 売上金額**	**列ラベル**					
4		**⊞4月**	**⊞5月**	**⊞6月**	**総計**		
5							
6	**行ラベル**						
7	フットバス		345000	115000	460000		
8	ヘルスバイク	80000	440000	520000	1040000		
9	マッサージチェア	400000		200000	600000		
10	体脂肪計	200000	344000	136000	680000		
11	低周波治療器	437500	387500	262500	1087500		
12	電子血圧計	390000	350000	200000	940000		
13	**総計**	**1507500**	**1866500**	**1433500**	**4807500**		
14							

(3)

①シート「**集計**」のセル【**A3**】を選択します。

※ピボットテーブル内のセルであれば、どこでもかまいません。

②**《ピボットテーブル分析》**タブ→**《ピボットテーブル》**グループの オプション (ピボットテーブルオプション)をクリックします。

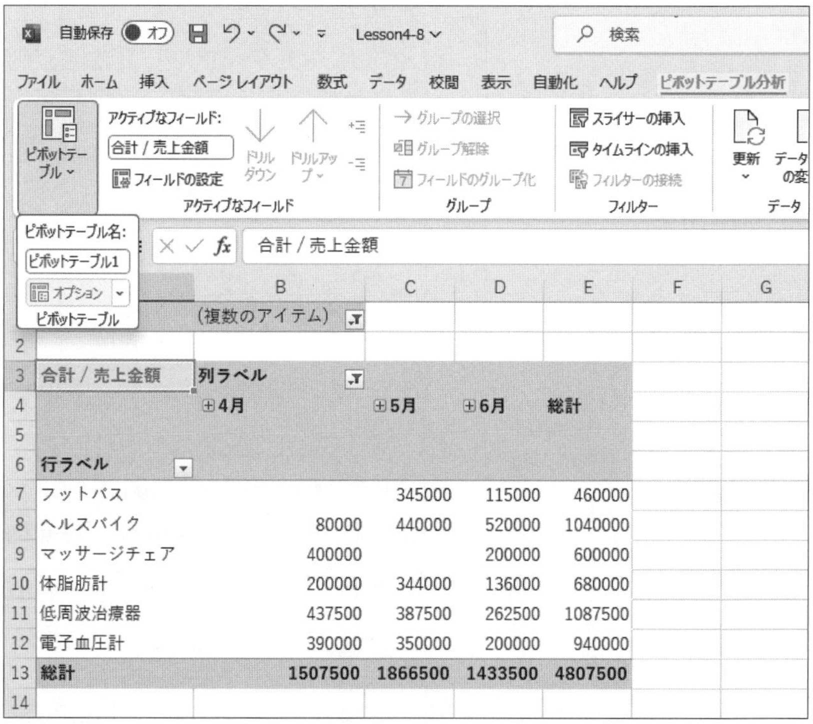

③**《ピボットテーブルオプション》**ダイアログボックスが表示されます。

④**《レイアウトと書式》**タブを選択します。

⑤**《空白セルに表示する値》**を☑にし、**「0」**と入力します。

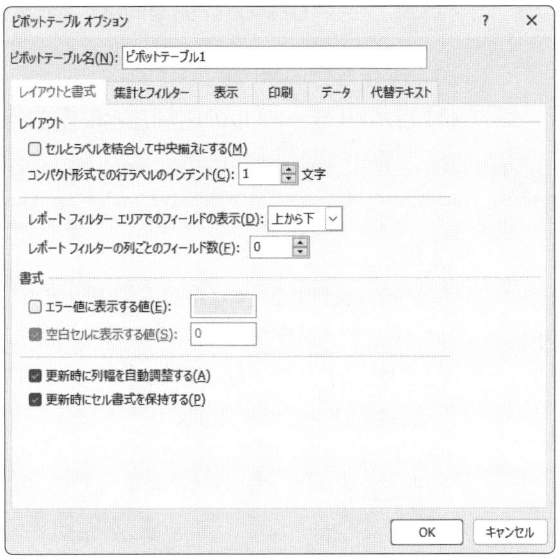

⑥**《データ》**タブを選択します。

⑦**《ファイルを開くときにデータを更新する》**を☑にします。

⑧**《OK》**をクリックします。

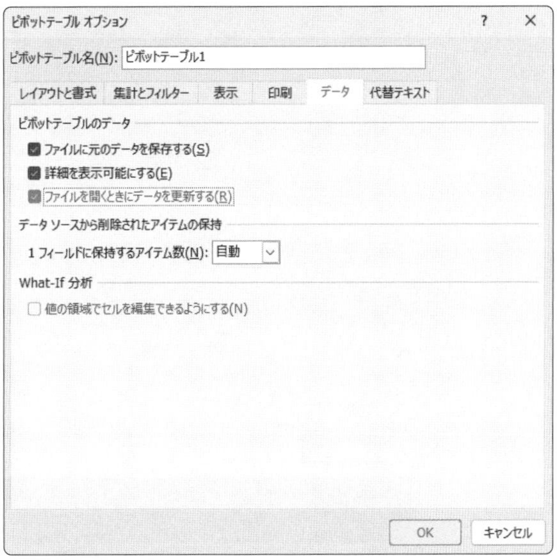

⑨値エリアの空白セルに**「0」**が表示され、ファイルを開くときにデータが更新されるようになります。

	A	B	C	D	E	F	G
1	店舗名	(複数のアイテム)					
2							
3	合計 / 売上金額	列ラベル					
4		⊞4月	⊞5月	⊞6月	総計		
5							
6	行ラベル						
7	フットバス	0	345000	115000	460000		
8	ヘルスパイク	80000	440000	520000	1040000		
9	マッサージチェア	400000	0	200000	600000		
10	体脂肪計	200000	344000	136000	680000		
11	低周波治療器	437500	387500	262500	1087500		
12	電子血圧計	390000	350000	200000	940000		
13	総計	1507500	1866500	1433500	4807500		
14							

※シート「売上表」の4月～6月の青山店または目黒店の任意の数量を変更して名前を付けて保存し、ブックを開き直してピボットテーブルのデータが更新されることを確認しておきましょう。

Point

詳細データの表示

値エリアの集計結果のセルをダブルクリックすると、その結果のもとになった詳細データを新しいワークシートに表示できます。

Point

ピボットテーブルの並べ替え

行ラベルエリアや列ラベルエリア、値エリアのデータを並べ替えることができます。

◆並べ替えをするフィールドのセルを選択→《データ》タブ→《並べ替えとフィルター》グループの[昇順ボタン](昇順)／[降順ボタン](降順)

Lesson 4-9

ブック「Lesson4-9」を開いておきましょう。

次の操作を行いましょう。

(1) ピボットテーブルの店舗ごとに空白行を挿入してください。

Lesson 4-9 Answer

Point

ピボットテーブルスタイルの適用

「ピボットテーブルスタイル」とは、ピボットテーブル全体を装飾するための書式をまとめて定義したものです。一覧から選択するだけで、ピボットテーブルの見栄えを整えることができます。

◆《デザイン》タブ→《ピボットテーブルスタイル》グループ

(1)

①シート「**集計**」のセル【**A3**】を選択します。

※ピボットテーブル内のセルであれば、どこでもかまいません。

②《**デザイン**》タブ→《**レイアウト**》グループの（空白行）→《**各アイテムの後ろに空行を入れる**》をクリックします。

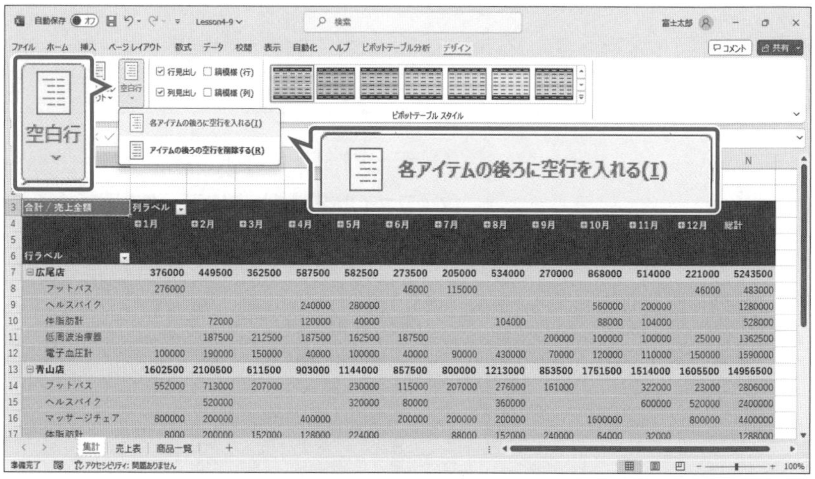

③店舗ごとに空白行が挿入されます。

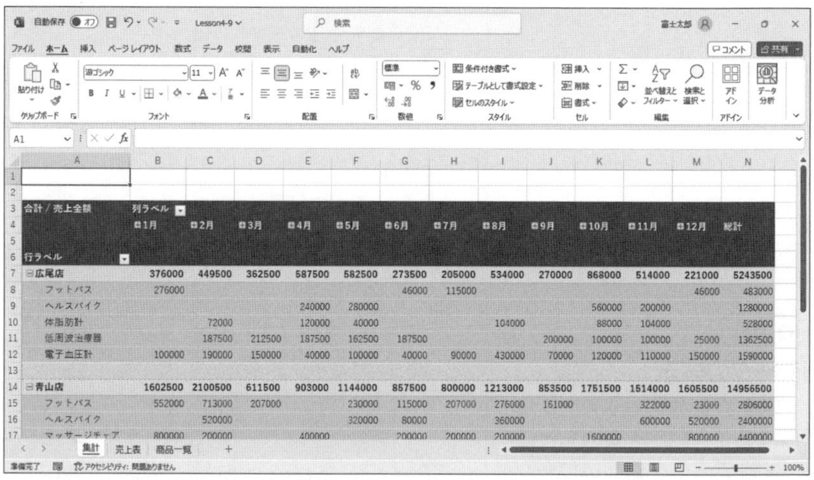

3 スライサーを作成する

解説

■スライサー

「スライサー」を使うと、リストから直感的に集計データを絞り込むことができます。

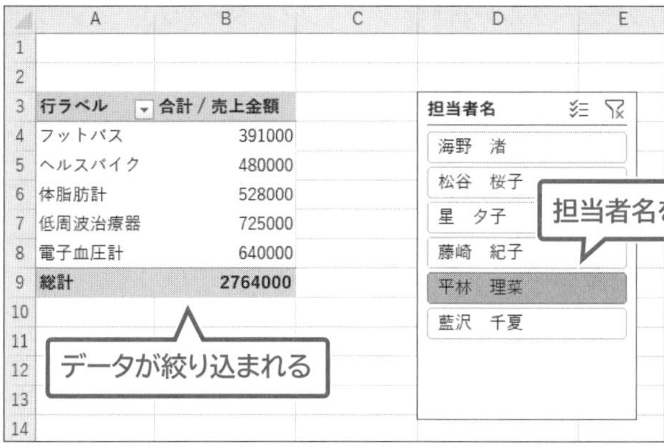

操作 ◆《ピボットテーブル分析》タブ→《フィルター》グループの［スライサーの挿入］（スライサーの挿入）

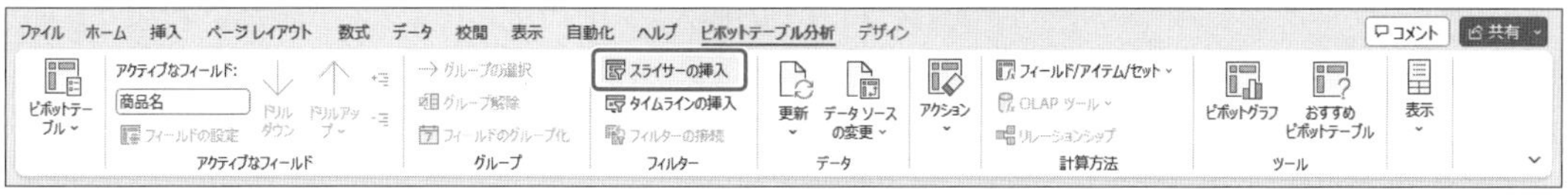

■タイムライン

「タイムライン」を使うと、日付のフィールドを絞り込むことができます。
集計する期間をクリックまたはドラッグするだけで簡単に選択できます。

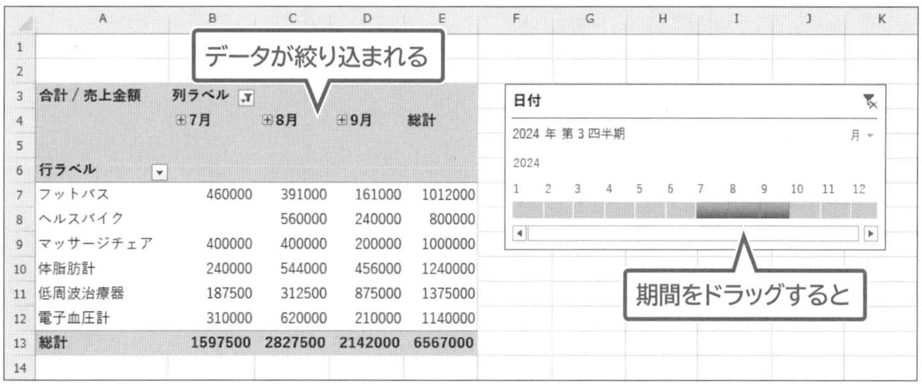

操作 ◆《ピボットテーブル分析》タブ→《フィルター》グループの［タイムラインの挿入］（タイムラインの挿入）

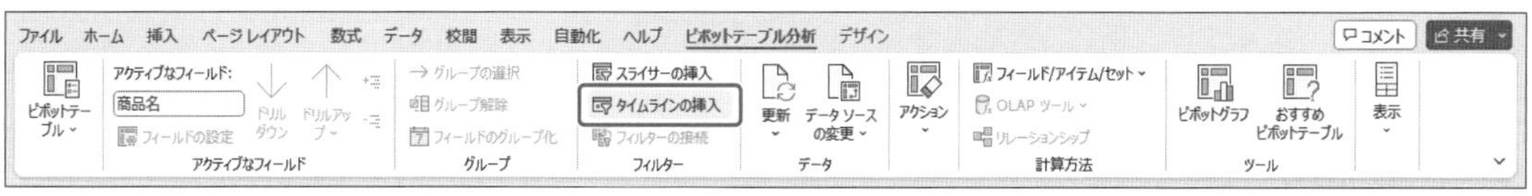

Lesson 4-10

OPEN ブック「Lesson4-10」を開いておきましょう。

次の操作を行いましょう。

(1) スライサーを使って、担当者名が「平林　理菜」のデータだけを集計してください。

Lesson 4-10 Answer

(1)

①シート「**集計**」のセル【**A3**】を選択します。

※ピボットテーブル内のセルであれば、どこでもかまいません。

②《**ピボットテーブル分析**》タブ→《**フィルター**》グループの［スライサーの挿入］（スライサーの挿入）をクリックします。

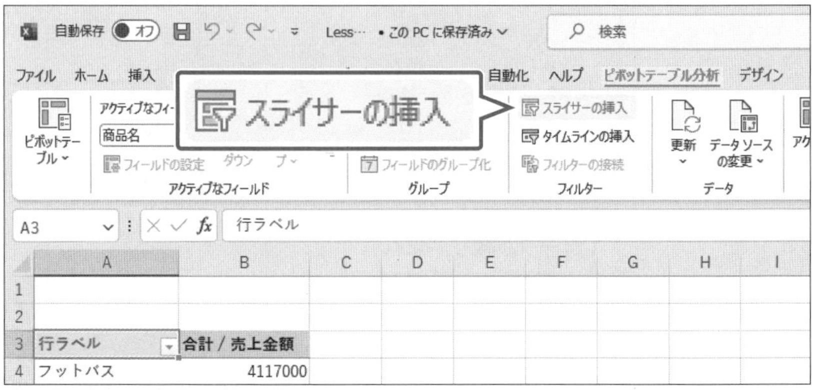

③《**スライサーの挿入**》ダイアログボックスが表示されます。

④「**担当者名**」を☑にします。

⑤《**OK**》をクリックします。

⑥「**担当者名**」のスライサーが挿入されます。

※スライサーの枠線をドラッグすると、移動できます。

⑦スライサーの「**平林　理菜**」をクリックします。

⑧「**平林　理菜**」のデータだけが集計されます。

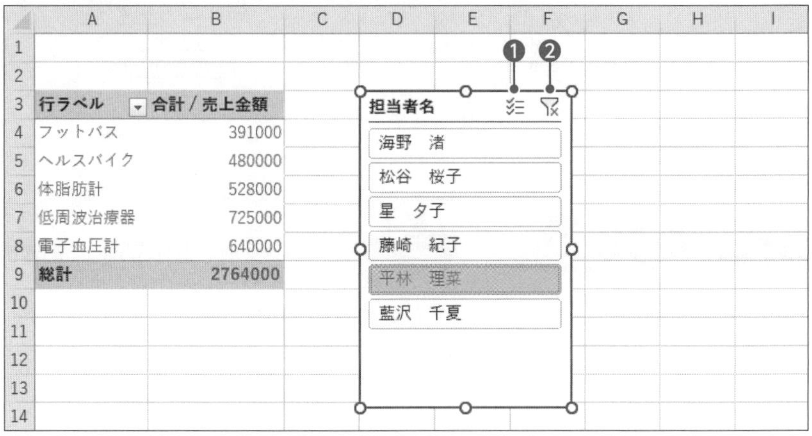

その他の方法

スライサーの挿入

◆《ピボットテーブルのフィールド》作業ウィンドウのフィールド名を右クリック→《スライサーとして追加》

Point

スライサーの削除

◆スライサーを選択→［Delete］

Point

スライサースタイルの適用

スライサーにスタイルを適用して、外観を変更できます。

◆スライサーを選択→《スライサー》タブ→《スライサースタイル》グループの［▼］

Point

スライサー

❶［複数選択］（複数選択）

スライサーからデータを複数選択するときは、オン（ボタンが枠で囲まれている状態）にします。データを1つだけ選択するときは、オフ（ボタンが枠で囲まれていない状態）にします。

❷［フィルターのクリア］（フィルターのクリア）

スライサーによるデータの絞り込みを解除します。

Lesson 4-11

ブック「Lesson4-11」を開いておきましょう。

次の操作を行いましょう。

(1) タイムラインを使って、「第3四半期」のデータだけを集計してください。

Lesson 4-11 Answer

(1)

①シート「**集計**」のセル【**A3**】を選択します。

※ピボットテーブル内のセルであれば、どこでもかまいません。

②《**ピボットテーブル分析**》タブ→《**フィルター**》グループの タイムラインの挿入 (タイムラインの挿入) をクリックします。

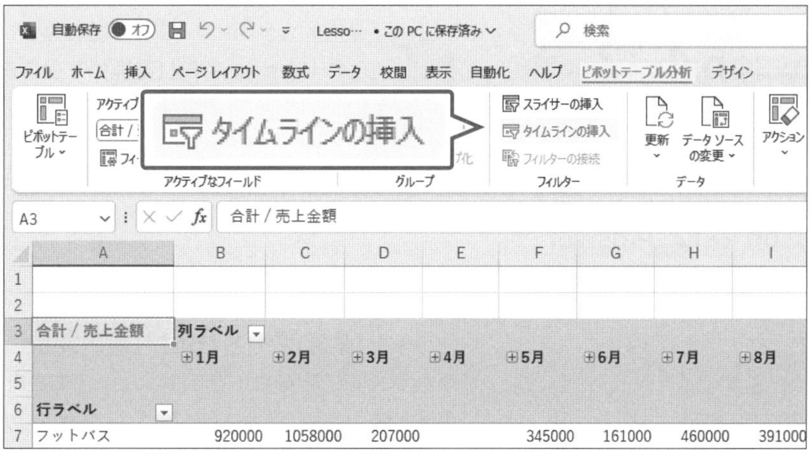

③《**タイムラインの挿入**》ダイアログボックスが表示されます。

④「**日付**」を ☑ にします。

⑤《**OK**》をクリックします。

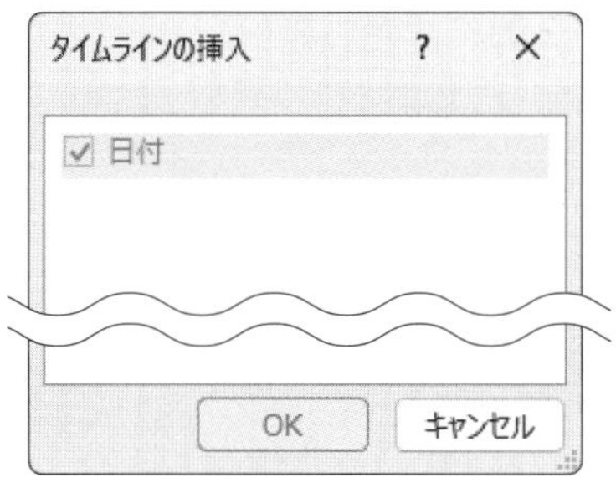

⑥「**日付**」のタイムラインが挿入されます。

※タイムラインの枠線をドラッグすると、移動できます。

⑦《**すべての期間**》の右側の《**月**》をクリックし、一覧から《**四半期**》を選択します。

⑧《**第3四半期**》の期間をクリックします。

⑨「**第3四半期**」のデータだけが集計されます。

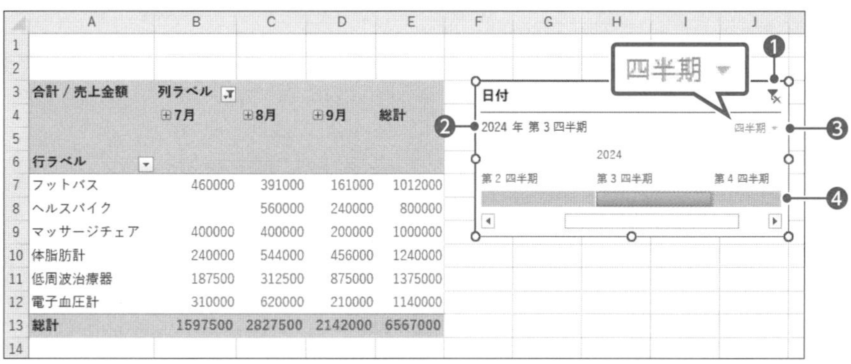

その他の方法

タイムラインの挿入

◆《ピボットテーブルのフィールド》作業ウィンドウのフィールド名を右クリック→《タイムラインとして追加》

Point

タイムラインの削除

◆タイムラインを選択→ Delete

Point

タイムラインのスタイルの適用

タイムラインにスタイルを適用して、外観を変更できます。

◆タイムラインを選択→《タイムライン》タブ→《タイムラインのスタイル》グループの ▽

Point

タイムライン

❶ (フィルターのクリア)

タイムラインによるデータの絞り込みを解除します。

❷**集計対象**

集計対象が表示されます。

❸**集計単位**

集計の単位を切り替えることができます。

❹**集計期間**

集計する期間を選択します。

ドラッグすると、連続する期間を選択できます。

4 ピボットテーブルのデータをグループ化する

解説

■データのグループ化

列ラベルエリアや行ラベルエリアに配置した日付フィールドは、必要に応じて、四半期単位や年単位などにグループ化して集計できます。数値フィールドは、10単位、100単位のようにグループ化して集計できます。

操作 ◆《ピボットテーブル分析》タブ→《グループ》グループの フィールドのグループ化 (フィールドのグループ化)

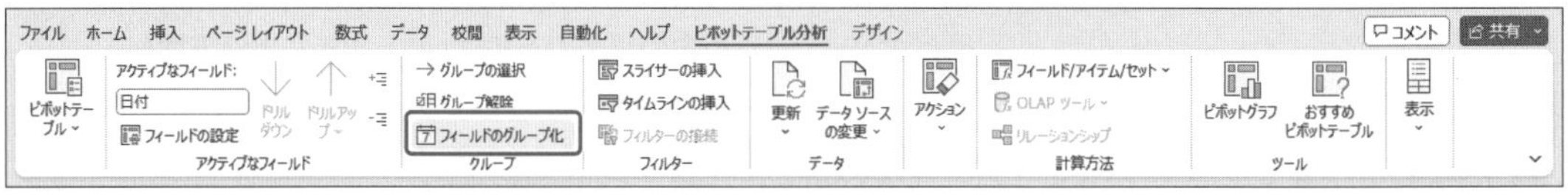

Lesson 4-12

OPEN ブック「Lesson4-12」を開いておきましょう。

次の操作を行いましょう。

(1) 列ラベルエリアの「日付」を「20」日単位でグループ化してください。

Lesson 4-12 Answer

(1)

①シート**「集計」**のセル**【B4】**を選択します。

※列ラベルエリアのセルであれば、どこでもかまいません。

②**《ピボットテーブル分析》**タブ→**《グループ》**グループの フィールドのグループ化 (フィールドのグループ化)をクリックします。

③**《グループ化》**ダイアログボックスが表示されます。

④**《単位》**の**《日》**をクリックします。

⑤**《単位》**の**《月》**をクリックして、選択を解除します。

⑥**《日数》**を**「20」**に設定します。

⑦**《OK》**をクリックします。

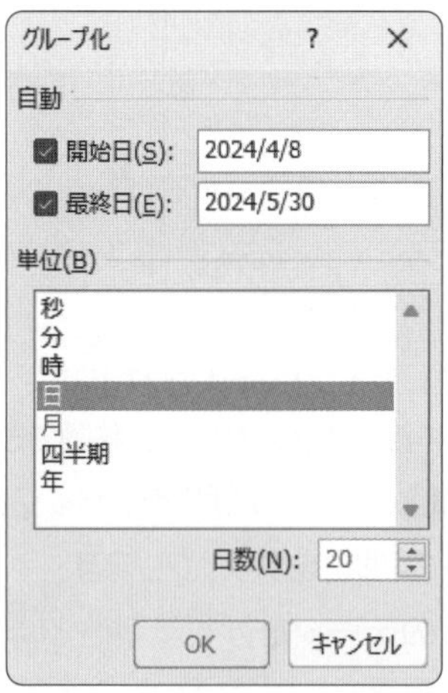

⑧日付が20日単位でグループ化されます。

	A	B	C	D	E
1					
2					
3	合計 / 売上金額	列ラベル			
4	行ラベル	2024/4/8 - 2024/4/27	2024/4/28 - 2024/5/17	2024/5/18 - 2024/5/30	総計
5	フットバス		115000	230000	345000
6	ヘルスパイク	320000	400000	320000	1040000
7	マッサージチェア	200000	200000		400000
8	体脂肪計	72000	512000	120000	704000
9	低周波治療器	625000	237500	312500	1175000
10	電子血圧計	310000	190000	380000	880000
11	総計	1527000	1654500	1362500	4544000

その他の方法

フィールドのグループ化

◆列ラベルエリアまたは行ラベルエリアのセルを右クリック→《グループ化》

◆列ラベルエリアまたは行ラベルエリアのセルを選択→ Shift + Alt + →

Point

グループ解除

◆列ラベルエリアまたは行ラベルエリアのセルを選択→《ピボットテーブル分析》タブ→《グループ》グループの グループ解除 (グループ解除)

5 集計フィールドを追加する

解説 ■集計フィールドの挿入

ピボットテーブルのフィールドを利用した数式を作成して、ユーザー設定の計算結果を表示する集計フィールドを追加できます。例えば、売上金額をもとに来年度の売上目標を5%増で試算する場合**「=売上金額*1.05」**のような数式を作成して集計します。

操作 ◆《ピボットテーブル分析》タブ→《計算方法》グループの フィールド/アイテム/セット (フィールド/アイテム/セット)→《集計フィールド》

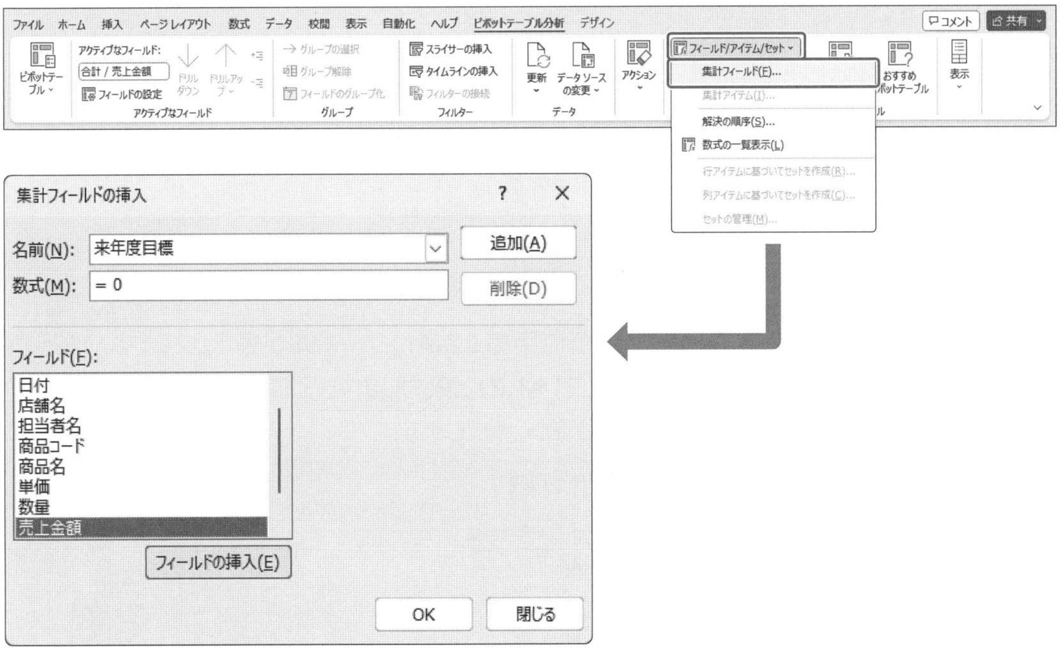

Lesson 4-13

OPEN ブック「Lesson4-13」を開いておきましょう。

次の操作を行いましょう。

(1) 売上金額の1.2倍の金額を表示する集計フィールド「来年度目標」を追加してください。その他の設定は既定のままとします。

Lesson 4-13 Answer

(1)

①シート**「集計」**のセル**【A3】**を選択します。

※ピボットテーブル内のセルであれば、どこでもかまいません。

②**《ピボットテーブル分析》**タブ→**《計算方法》**グループの フィールド/アイテム/セット (フィールド/アイテム/セット)→**《集計フィールド》**をクリックします。

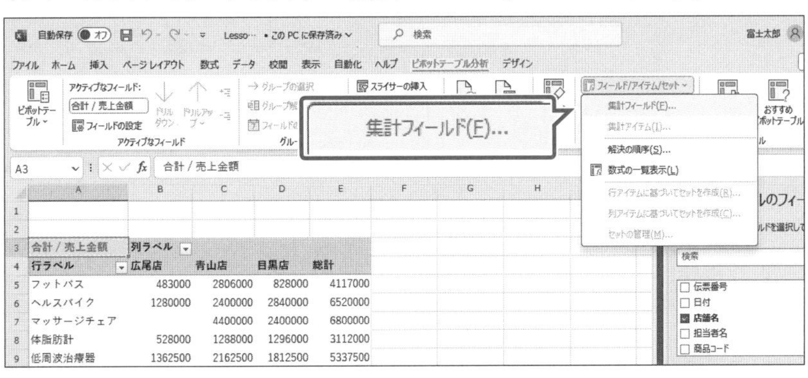

③《**集計フィールドの挿入**》ダイアログボックスが表示されます。

④《**名前**》に「**来年度目標**」と入力します。

⑤《**フィールド**》の一覧から「**売上金額**」を選択します。

※表示されていない場合は、スクロールして調整します。

⑥《**フィールドの挿入**》をクリックします。

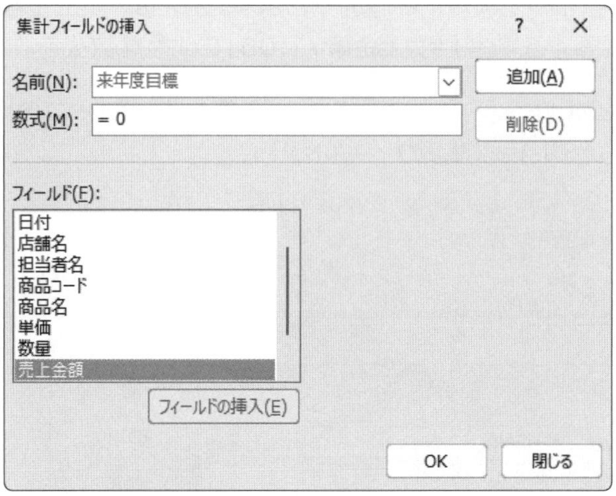

⑦《**数式**》に「**=売上金額**」とカーソルが表示されます。

⑧続けて「***1.2**」と入力します。

⑨《**OK**》をクリックします。

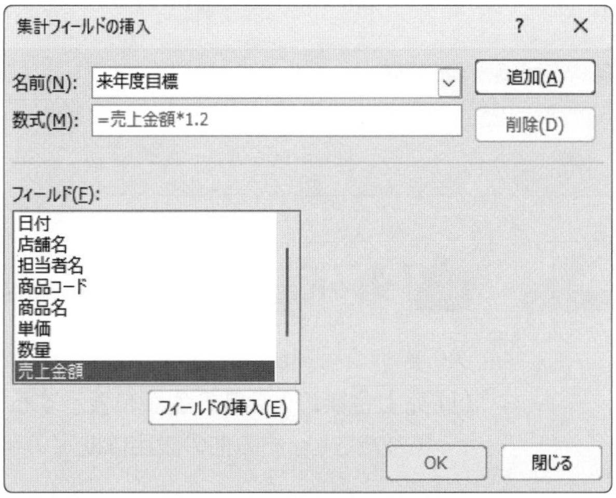

⑩ピボットテーブルに「**合計/来年度目標**」が追加されます。

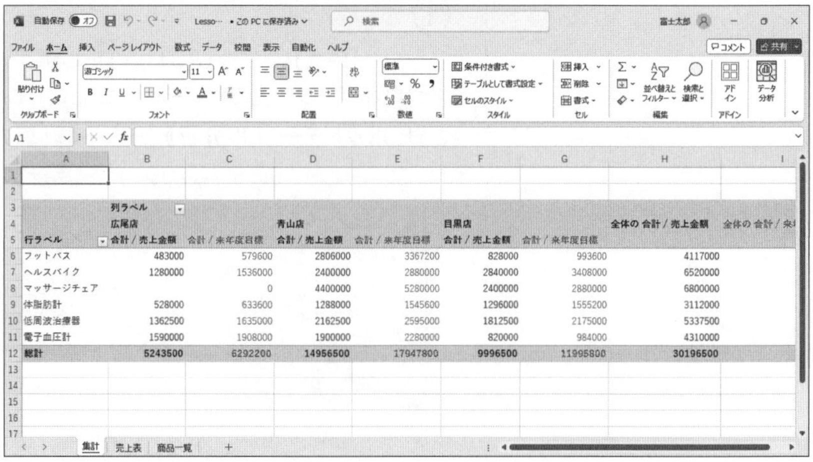

6 値フィールドの設定を行う

解説

■表示形式の設定

値エリアの数値に3桁区切りカンマなどの表示形式を設定できます。

操作 ◆《ピボットテーブル分析》タブ→《アクティブなフィールド》グループの フィールドの設定 (フィールドの設定)→《表示形式》

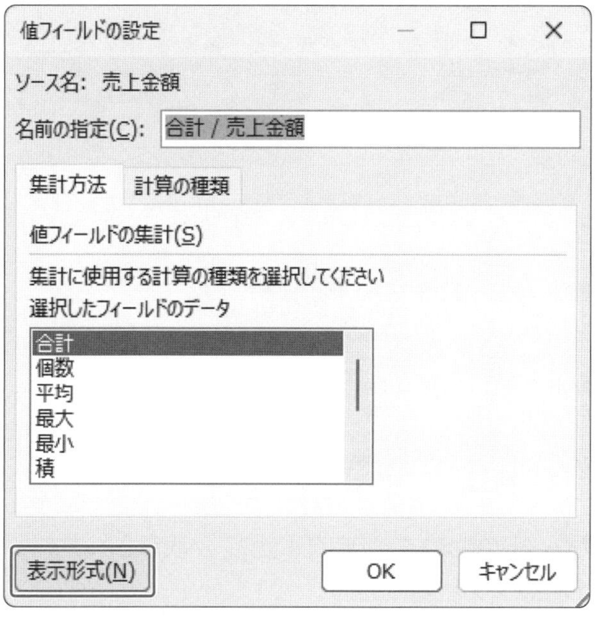

■集計方法の変更

値エリアの集計方法は、**「個数」「平均」「最大」「最小」「総計に対する比率」**などに変更できます。値エリアに、同じフィールドを複数配置して、それぞれに異なる方法で集計することもできます。

操作 ◆《ピボットテーブル分析》タブ→《アクティブなフィールド》グループの フィールドの設定 (フィールドの設定)

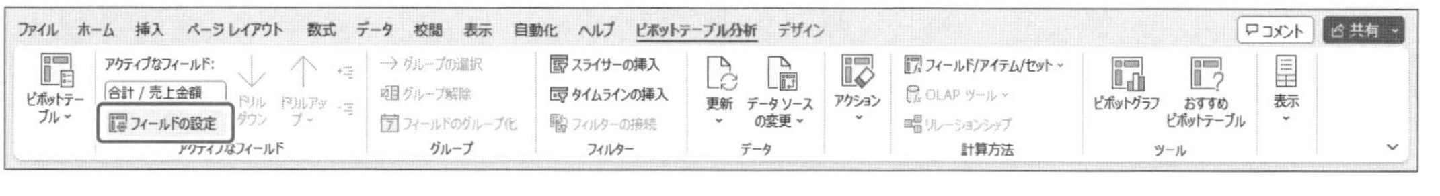

Lesson 4-14

OPEN ブック「Lesson4-14」を開いておきましょう。

次の操作を行いましょう。

(1) 値エリアの「合計/売上金額」の集計方法を平均に変更してください。表示形式は「数値」に変更し、3桁区切りカンマを表示します。

(2) 値エリアの「平均/売上金額」の右側に「売上金額」を追加してください。次に、追加したフィールドの計算の種類を「列集計に対する比率」に変更してください。

(3) 「平均/売上金額」のフィールド名を「売上平均」、「合計/売上金額」のフィールド名を「売上構成比」、「合計/来年度目標」のフィールド名を「2025年度目標」に変更してください。

Hint

フィールド名を変更するには、フィールド名が表示されているセルに直接入力します。

Lesson 4-14 Answer

その他の方法

値フィールドの設定

◆値エリアのセルを右クリック→《値フィールドの設定》

その他の方法

集計方法の変更

◆《ピボットテーブルのフィールド》作業ウィンドウの《値》のボックスのフィールドをクリック→《値フィールドの設定》→《集計方法》タブ

◆値エリアを右クリック→《値の集計方法》

◆値エリアを右クリック→《値フィールドの設定》→《集計方法》タブ

(1)

①シート「**集計**」のセル【**B4**】を選択します。

※「合計/売上金額」のセルであれば、どこでもかまいません。

②《**ピボットテーブル分析**》タブ→《**アクティブなフィールド**》グループの フィールドの設定 (フィールドの設定)をクリックします。

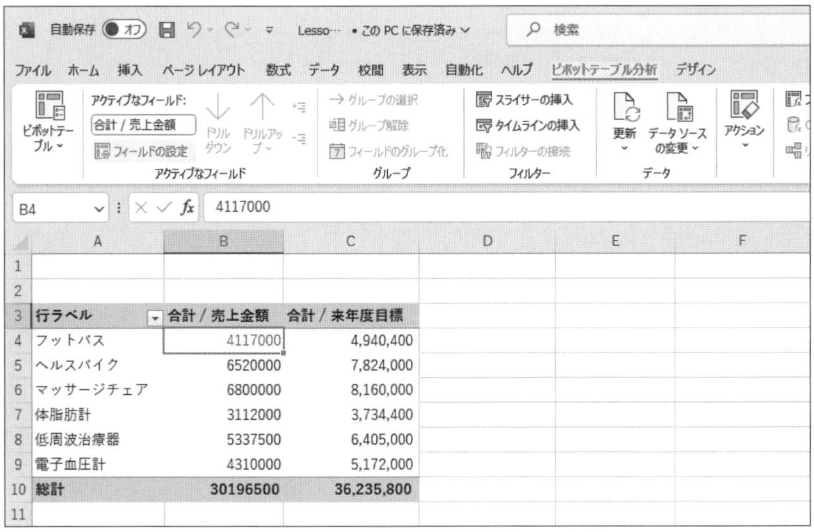

③《**値フィールドの設定**》ダイアログボックスが表示されます。

④《**集計方法**》タブを選択します。

⑤《**選択したフィールドのデータ**》の一覧から《**平均**》を選択します。

⑥《**表示形式**》をクリックします。

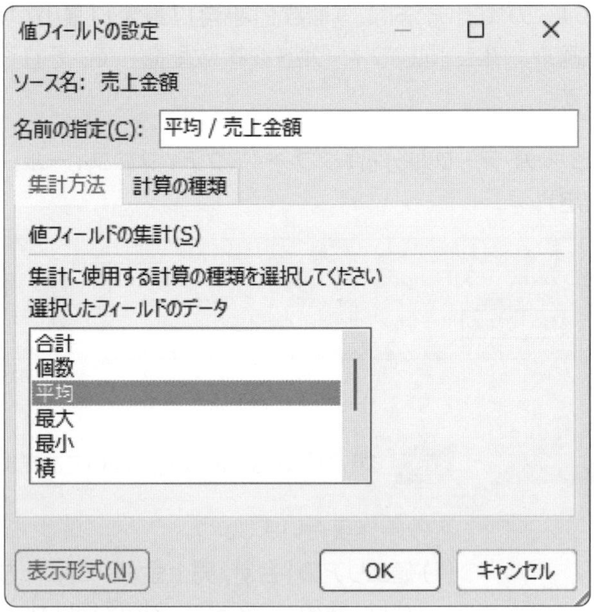

⑦《**セルの書式設定**》ダイアログボックスが表示されます。

⑧《**分類**》の一覧から《**数値**》を選択します。

⑨《**桁区切り(,)を使用する**》を ✓ にします。

⑩《OK》をクリックします。

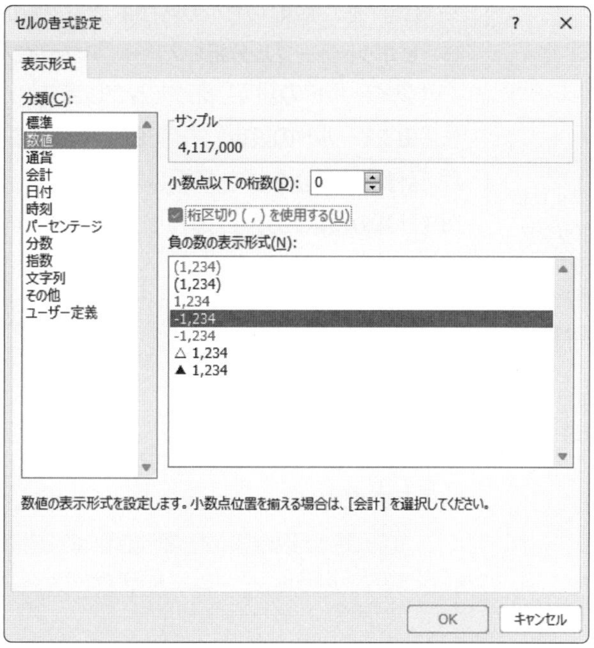

⑪《値フィールドの設定》ダイアログボックスに戻ります。

⑫《OK》をクリックします。

⑬売上金額の平均が表示され、3桁区切りカンマが設定されます。

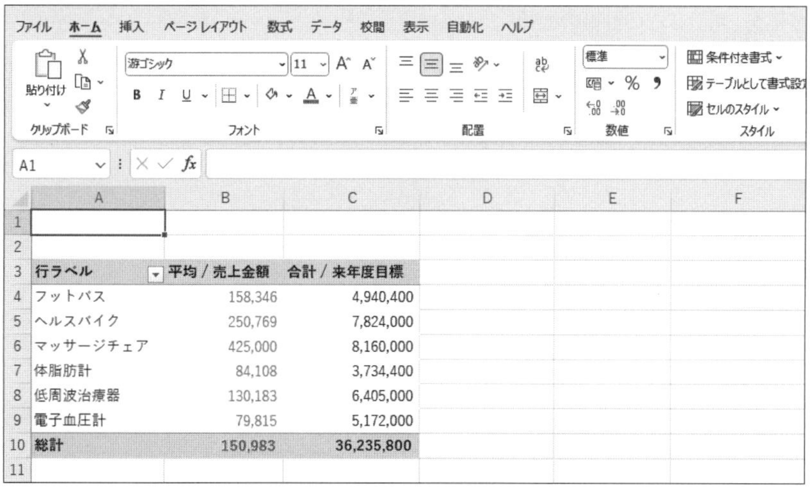

(2)

①シート「**集計**」のセル【**A3**】を選択します。

※ピボットテーブル内のセルであれば、どこでもかまいません。

②《**ピボットテーブルのフィールド**》作業ウィンドウの「**売上金額**」を《**値**》のボックスの「**平均/売上金額**」の下にドラッグします。

③ピボットテーブルに「**合計/売上金額**」が追加されます。

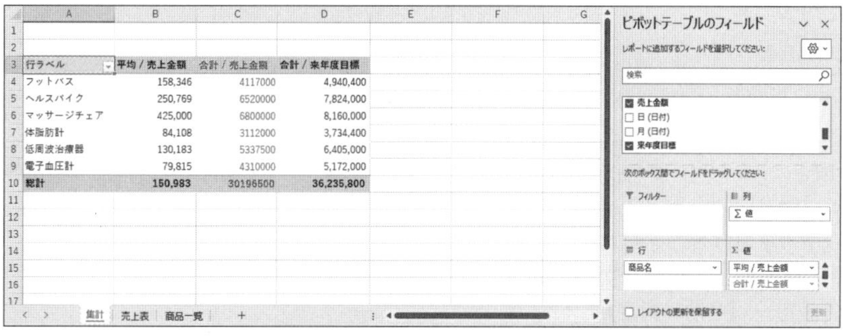

④セル【C4】を選択します。

※「合計/売上金額」のセルであれば、どこでもかまいません。

⑤**《ピボットテーブル分析》**タブ→**《アクティブなフィールド》**グループの フィールドの設定 (フィールドの設定)をクリックします。

⑥**《値フィールドの設定》**ダイアログボックスが表示されます。

⑦**《計算の種類》**タブを選択します。

⑧**《計算の種類》**の ⌄ をクリックし、一覧から**《列集計に対する比率》**を選択します。

⑨**《OK》**をクリックします。

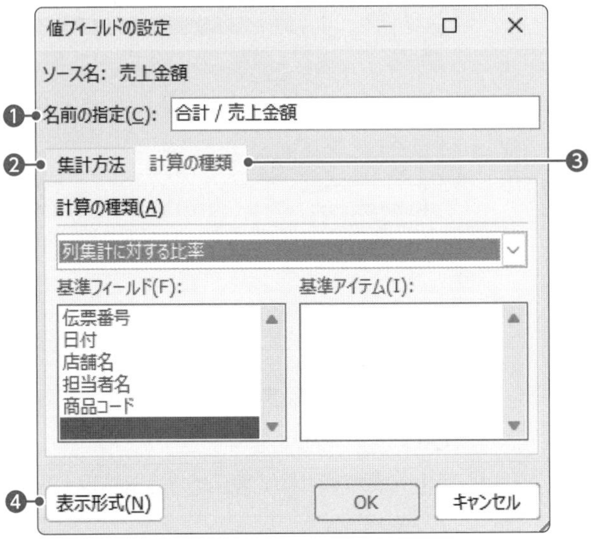

⑩列集計に対する比率が表示されます。

	A	B	C	D	E	F
1						
2						
3	行ラベル	平均 / 売上金額	合計 / 売上金額	合計 / 来年度目標		
4	フットバス	158,346	13.63%	4,940,400		
5	ヘルスバイク	250,769	21.59%	7,824,000		
6	マッサージチェア	425,000	22.52%	8,160,000		
7	体脂肪計	84,108	10.31%	3,734,400		
8	低周波治療器	130,183	17.68%	6,405,000		
9	電子血圧計	79,815	14.27%	5,172,000		
10	総計	150,983	100.00%	36,235,800		
11						

(3)

①シート「**集計**」のセル【B3】に「**売上平均**」と入力します。

②同様に、セル【C3】に「**売上構成比**」、セル【D3】に「**2025年度目標**」と入力します。

	A	B	C	D	E	F	G
1							
2							
3	行ラベル	売上平均	売上構成比	2025年度目標			
4	フットバス	158,346	13.63%	4,940,400			
5	ヘルスバイク	250,769	21.59%	7,824,000			
6	マッサージチェア	425,000	22.52%	8,160,000			
7	体脂肪計	84,108	10.31%	3,734,400			
8	低周波治療器	130,183	17.68%	6,405,000			
9	電子血圧計	79,815	14.27%	5,172,000			
10	総計	150,983	100.00%	36,235,800			
11							

その他の方法

計算の種類の変更

- ◆《ピボットテーブルのフィールド》作業ウィンドウの《値》のボックスのフィールドをクリック→《値フィールドの設定》→《計算の種類》タブ
- ◆値エリアを右クリック→《計算の種類》
- ◆値エリアを右クリック→《値フィールドの設定》→《計算の種類》タブ

Point

《値フィールドの設定》

❶名前の指定

見出しとして表示される名前を指定します。

❷集計方法

合計や個数、平均などの集計方法を指定します。

❸計算の種類

比率や差分、累計などの計算の種類を指定します。

❹表示形式

桁区切りスタイルやパーセンテージなどの表示形式を指定します。

Point

計算の種類を元に戻す

- ◆《ピボットテーブル分析》タブ→《アクティブなフィールド》グループの フィールドの設定 (フィールドの設定)→《計算の種類》タブ→《計算の種類》の ⌄ →《計算なし》

その他の方法

フィールド名の変更

- ◆変更するフィールド名のセルを選択→《ピボットテーブル分析》タブ→《アクティブなフィールド》グループの《ピボットフィールド名》

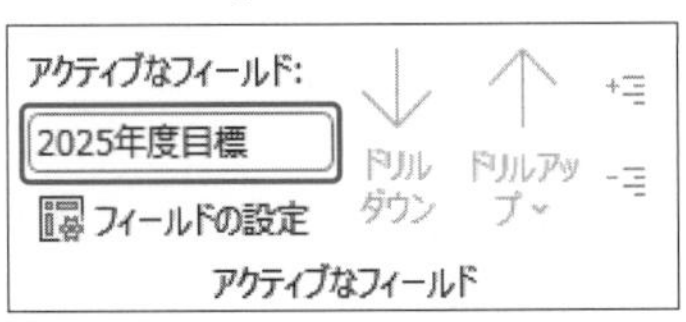

- ◆変更するフィールド名のセルを選択→《ピボットテーブル分析》タブ→《アクティブなフィールド》グループの フィールドの設定 (フィールドの設定)→《名前の指定》

ピボットグラフを作成する、変更する

☑ 理解度チェック

習得すべき機能	参照Lesson	学習前	学習後	試験直前
■ピボットグラフを作成できる。	➡Lesson4-15	☑	☑	☑
■ピボットグラフのフィールドを変更できる。	➡Lesson4-15	☑	☑	☑
■ピボットグラフのフィールドボタンを表示したり非表示にしたりできる。	➡Lesson4-16	☑	☑	☑
■ピボットグラフの集計データを絞り込める。	➡Lesson4-16	☑	☑	☑
■ピボットグラフのスタイルを適用できる。	➡Lesson4-17	☑	☑	☑
■ピボットグラフの配色を変更できる。	➡Lesson4-17	☑	☑	☑
■ピボットグラフをドリルダウン分析できる。	➡Lesson4-18	☑	☑	☑

1 ピボットグラフを作成する

解説

■ピボットグラフの作成

「ピボットグラフ」とは、フィールドを自由に入れ替えて、データを様々な角度から分析できるグラフです。ピボットグラフを作成する方法には、作成済みのピボットテーブルをもとに作成する方法と、データベースをもとに、ピボットテーブルとピボットグラフを同時に作成する方法があります。

店舗名	(すべて)				
合計 / 売上金額	**列ラベル**				
行ラベル	**第1四半期**	**第2四半期**	**第3四半期**	**第4四半期**	**総計**
フットバス	2,185,000	506,000	1,012,000	414,000	4,117,000
ヘルスバイク	1,080,000	1,560,000	800,000	3,080,000	6,520,000
マッサージチェア	2,800,000	600,000	1,000,000	2,400,000	6,800,000
体脂肪計	632,000	840,000	1,240,000	400,000	3,112,000
低周波治療器	1,237,500	1,625,000	1,375,000	1,100,000	5,337,500
電子血圧計	1,170,000	1,120,000	1,140,000	880,000	4,310,000
総計	**9,104,500**	**6,251,000**	**6,567,000**	**8,274,000**	**30,196,500**

ピボットテーブルからピボットグラフを作成できる

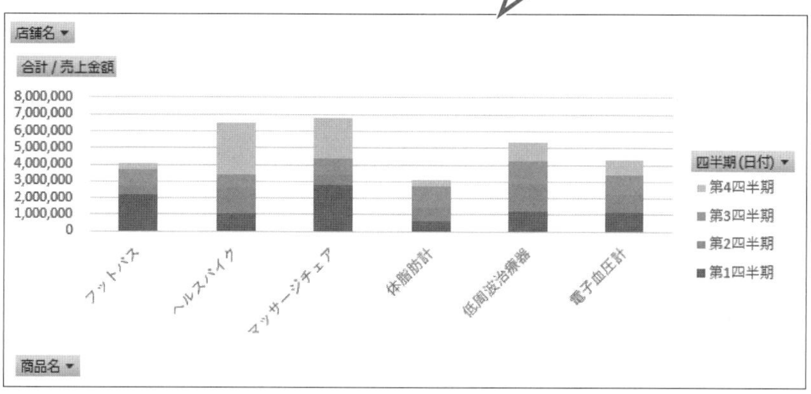

操作 ◆《ピボットテーブル分析》タブ→《ツール》グループの （ピボットグラフ）

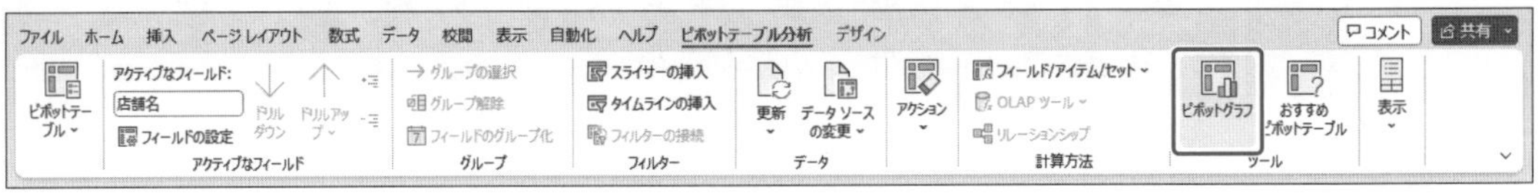

操作 ◆《挿入》タブ→《グラフ》グループの （ピボットグラフ）の →《ピボットグラフとピボットテーブル》

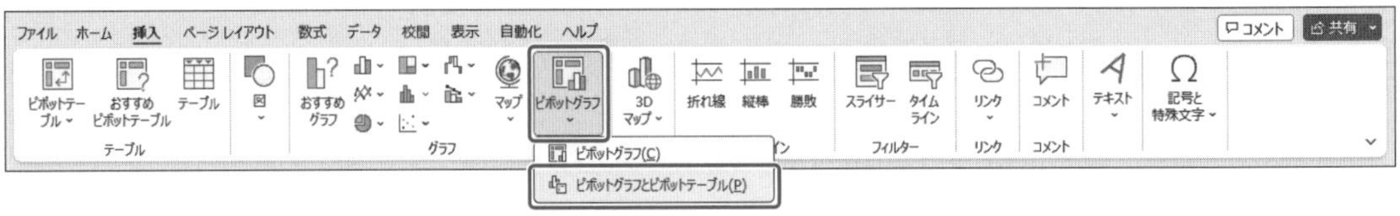

■ピボットグラフの構成要素

ピボットグラフの各要素の名称は、次のとおりです。

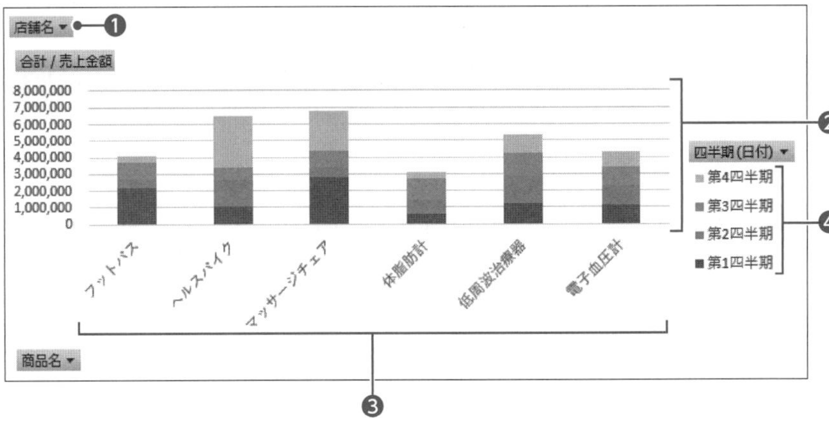

❶レポートフィルターエリア

データを絞り込んで集計するときに、条件となるフィールドを設定します。

❷値エリア

データ系列になるフィールドを設定します。

❸軸（分類項目）エリア

項目軸になるフィールドを設定します。
ピボットテーブルでは、行ラベルエリアに相当します。

❹凡例（系列）エリア

凡例になるフィールドを設定します。
ピボットテーブルでは、列ラベルエリアに相当します。

■ピボットグラフの編集

ピボットグラフは、各エリアのフィールドを入れ替えることで、簡単にグラフを変更できます。また、各エリアにフィールドを追加したり、不要なフィールドを削除したりできます。
フィールドを入れ替えたり、追加したりするには、**《ピボットグラフのフィールド》**作業ウィンドウのフィールドを各エリアのボックスにドラッグします。

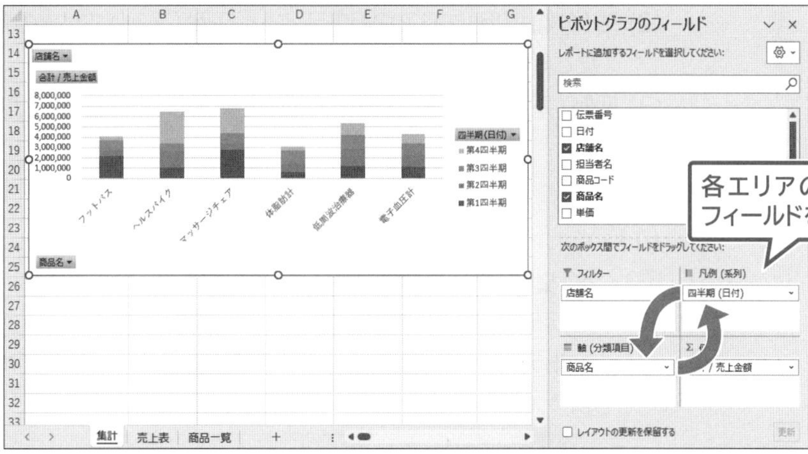

フィールドを削除するには、**《ピボットグラフのフィールド》**作業ウィンドウのフィールドを作業ウィンドウの外側にドラッグします。

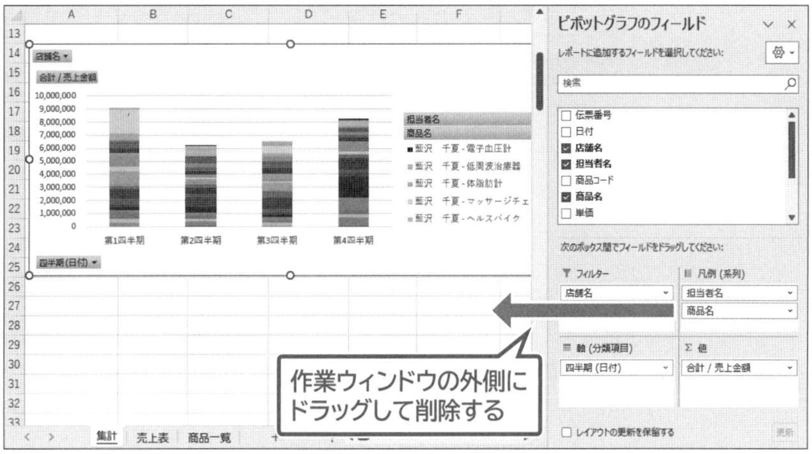

■ピボットグラフのフィールドのグループ化

軸（分類項目）エリアや凡例（系列）エリアに複数のフィールドを追加した場合、上に追加したフィールドがグループになります。
例えば、軸（分類項目）エリアに店舗名と担当者名を追加した場合、上側に店舗名を配置すると、担当者名を店舗ごとにグループ化して表示できます。

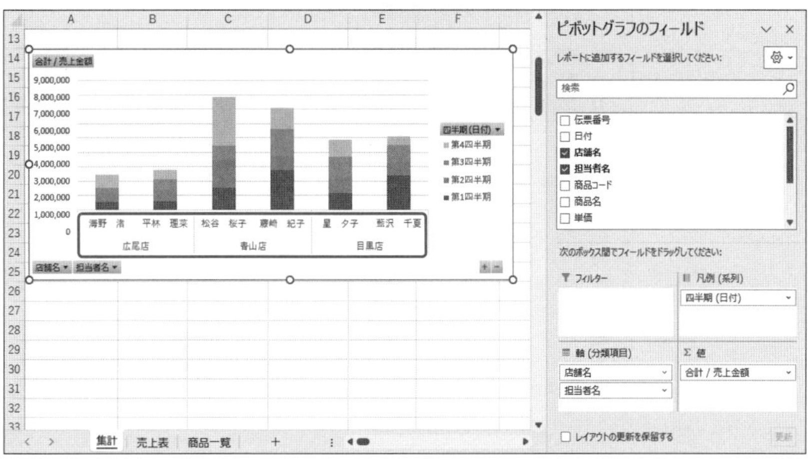

Lesson 4-15

OPEN ブック「Lesson4-15」を開いておきましょう。

次の操作を行いましょう。

(1) シート「集計」のピボットテーブルをもとに、ピボットグラフを作成してください。グラフの種類は積み上げ縦棒グラフとします。

(2) 軸（分類項目）エリアの「商品名」と凡例（系列）エリアの「日付」を入れ替えてください。

(3) 凡例（系列）エリアに「担当者名」を追加し、「商品名」を削除してください。

Lesson 4-15 Answer

その他の方法

ピボットグラフの作成

◆ピボットテーブルを選択→《挿入》タブ→《グラフ》グループの（ピボットグラフ）

(1)

①シート**「集計」**のセル**【A1】**を選択します。

※ピボットテーブル内のセルであれば、どこでもかまいません。

②**《ピボットテーブル分析》**タブ→**《ツール》**グループの（ピボットグラフ）をクリックします。

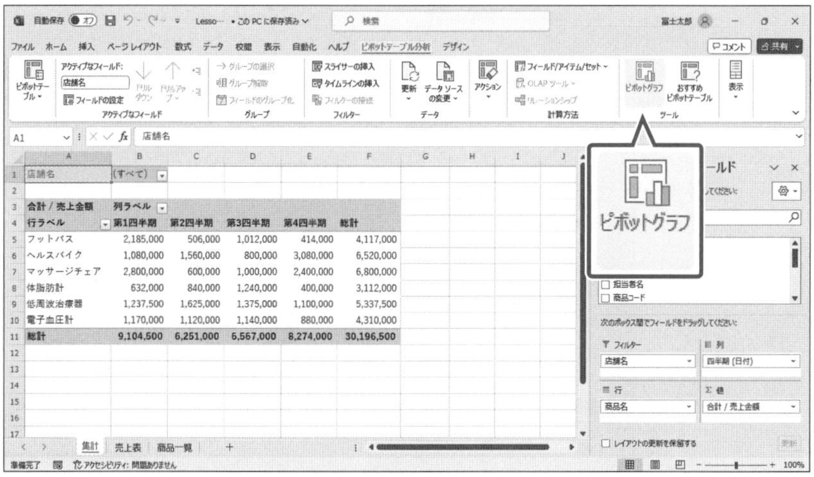

③**《グラフの挿入》**ダイアログボックスが表示されます。

④左側の一覧から**《縦棒》**を選択します。

⑤右側の一覧から**《積み上げ縦棒》**を選択します。

⑥**《OK》**をクリックします。

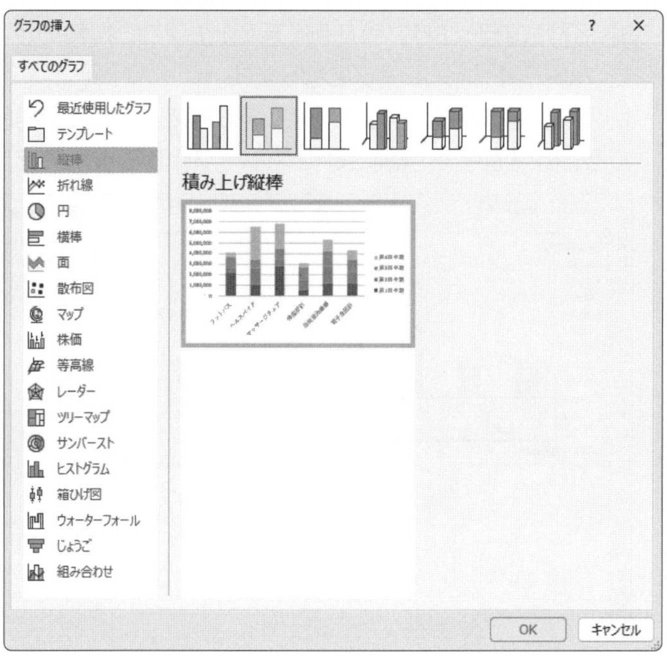

⑦ピボットグラフが作成されます。

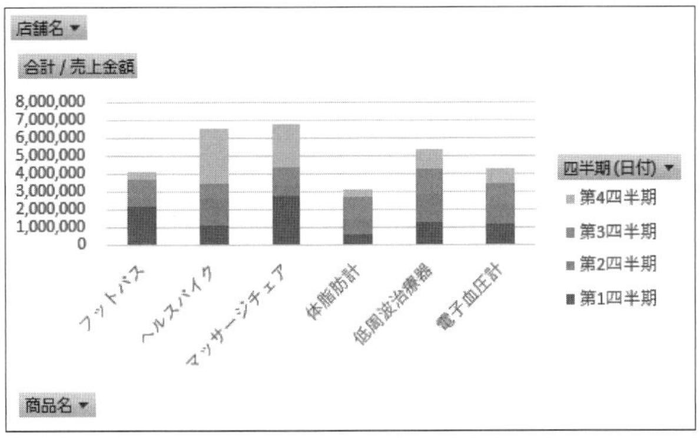

(2)

①ピボットグラフを選択します。

②図のように、**《ピボットグラフのフィールド》**作業ウィンドウの**《軸(分類項目)》**のボックスの**「商品名」**を**《凡例(系列)》**のボックスにドラッグします。

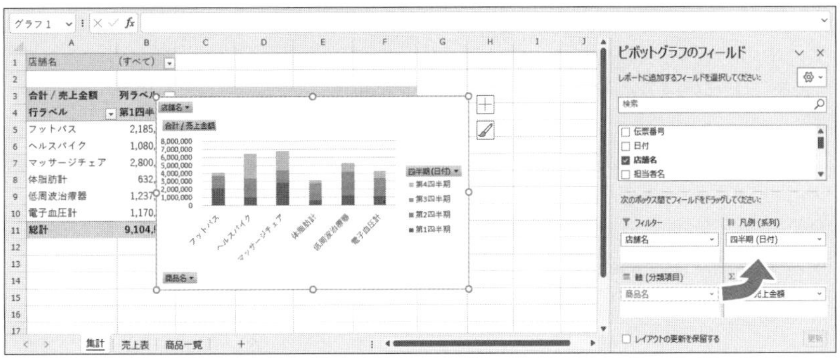

③図のように、**《凡例(系列)》**のボックスの**「四半期(日付)」**を**《軸(分類項目)》**のボックスにドラッグします。

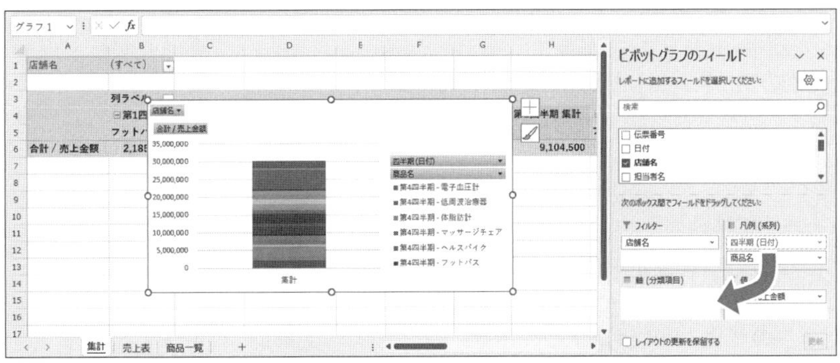

④軸(分類項目)エリアと凡例(系列)エリアが入れ替わります。

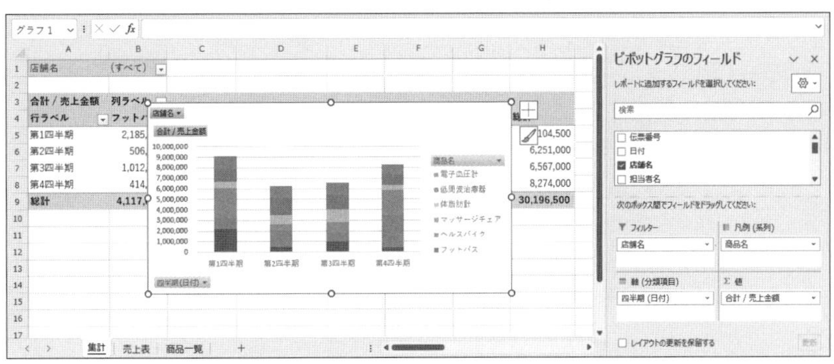

(3)

①ピボットグラフを選択します。

②図のように、**《ピボットグラフのフィールド》**作業ウィンドウの**「担当者名」**を**《凡例(系列)》**のボックスにドラッグします。

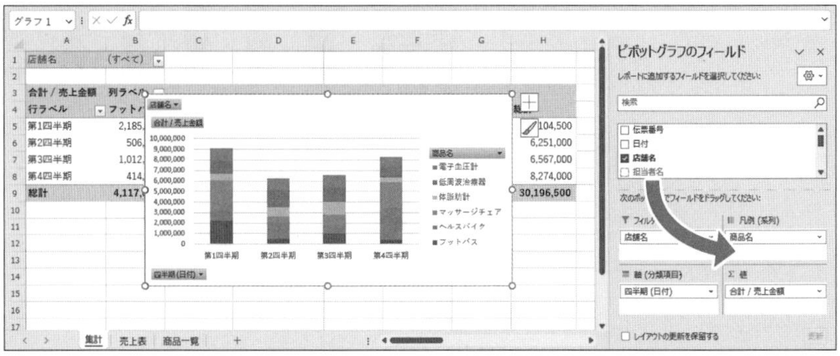

③図のように、**《凡例(系列)》**のボックスの**「商品名」**を**《ピボットグラフのフィールド》**作業ウィンドウ以外の場所にドラッグします。

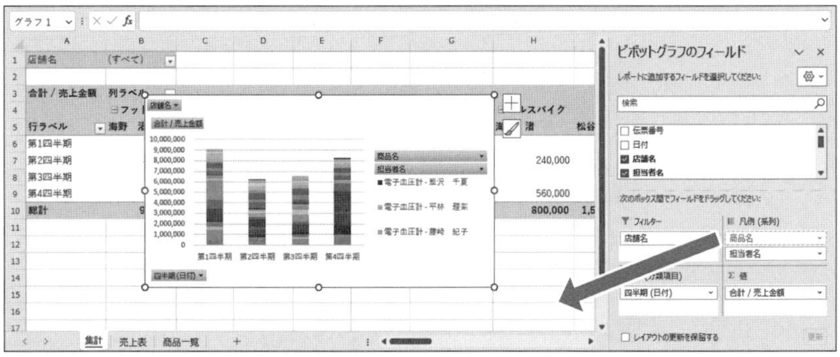

④凡例(系列)エリアが**「担当者名」**に変更されます。

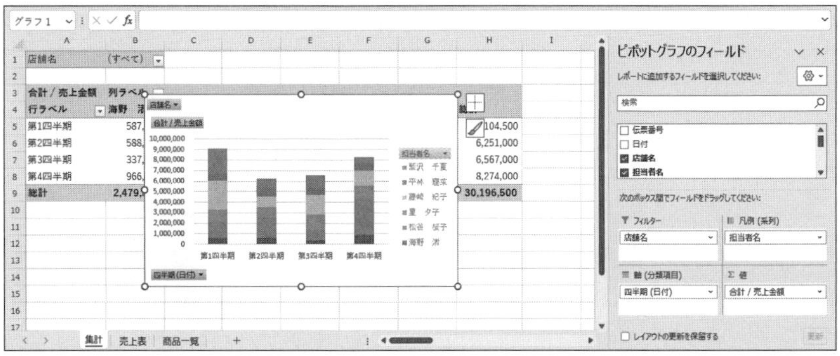

その他の方法

フィールドの削除

◆《ピボットグラフのフィールド》作業ウィンドウのボックス内のフィールド名をクリック→《フィールドの削除》

◆《ピボットグラフのフィールド》作業ウィンドウのフィールド名を□にする

◆ピボットグラフのフィールドボタンを右クリック→《フィールドの削除》

※フィールドボタンについては、P.210を参照してください。

Point

ピボットグラフの移動

作成したピボットグラフを、グラフシートや別のワークシートに移動できます。

ピボットグラフを移動する方法は、次のとおりです。

グラフシートに移動

◆ピボットグラフを選択→《デザイン》タブ→《場所》グループの（グラフの移動）→《◉新しいシート》

別のワークシートに移動

◆ピボットグラフを選択→《デザイン》タブ→《場所》グループの（グラフの移動）→《◉オブジェクト》の∨→ワークシート名を選択

2　既存のピボットグラフのオプションを操作する

解説

■フィールドボタン

ピボットグラフを作成すると**「フィールドボタン」**がグラフ上に配置されます。フィールドボタンを使うと、必要なデータだけに絞り込んでグラフに表示できます。非表示にしたデータは削除されないので、絞り込みを解除すると再表示されます。
ピボットグラフ上のフィールドボタンは、表示／非表示を切り替えることができます。

操作　◆《ピボットグラフ分析》タブ→《表示/非表示》グループの（フィールドボタン）

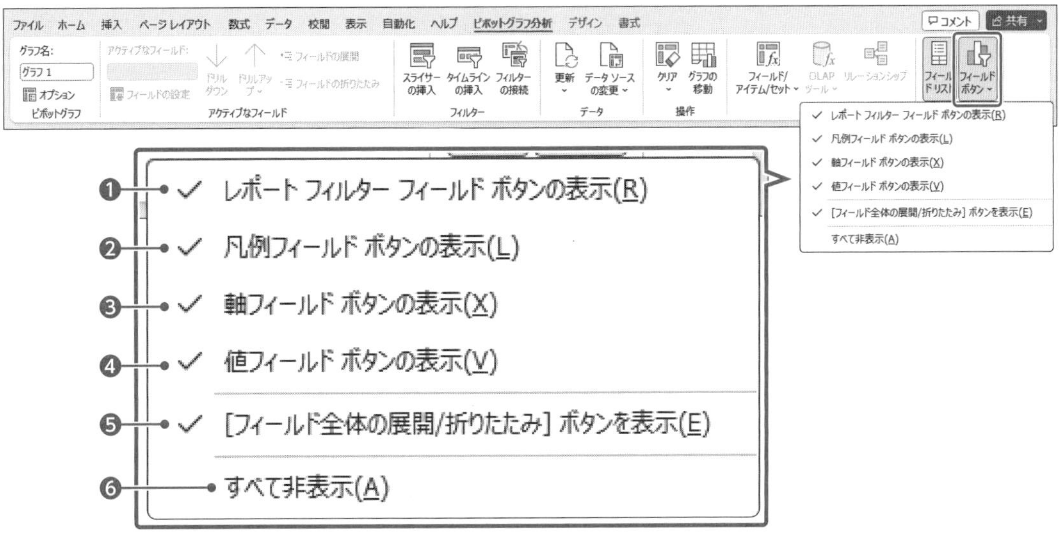

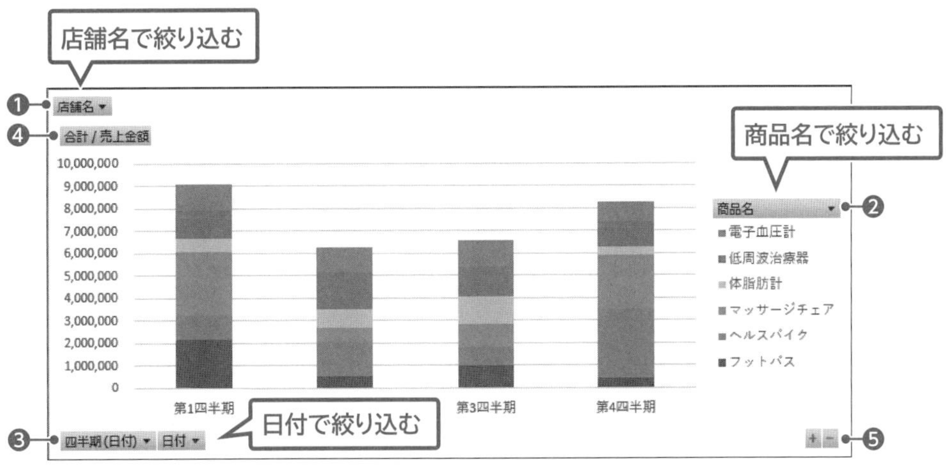

❻ピボットグラフ上のすべてのフィールドボタンを非表示にします。

Lesson 4-16

OPEN　ブック「Lesson4-16」を開いておきましょう。

次の操作を行いましょう。

(1) ピボットグラフに、「凡例フィールドボタン」だけを表示してください。

(2) ピボットグラフに、「フットバス」「ヘルスバイク」「マッサージチェア」のデータだけを表示してください。

Lesson 4-16 Answer

(1)

①シート「**集計**」のピボットグラフを選択します。

②《**ピボットグラフ分析**》タブ→《**表示/非表示**》グループの（フィールドボタン）の →《**レポートフィルターフィールドボタンの表示**》をクリックして、オフにします。

※《レポートフィルターフィールドボタンの表示》の左のチェックマークが非表示になります。

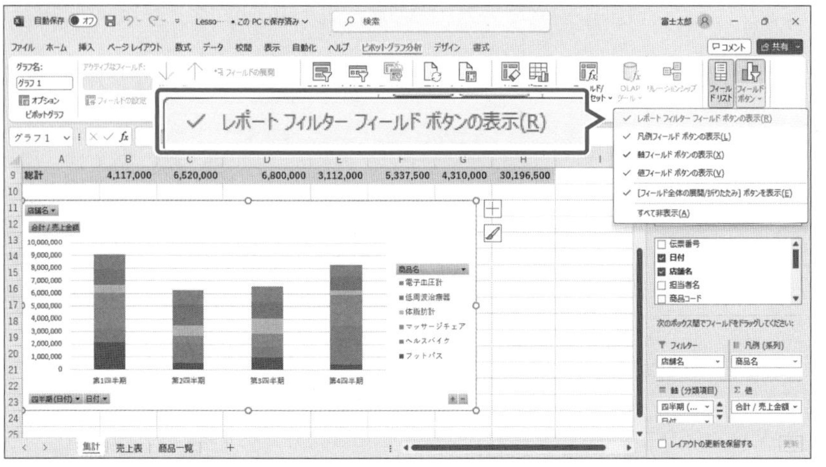

③同様に、《**軸フィールドボタンの表示**》、《**値フィールドボタンの表示**》、《**[フィールド全体の展開/折りたたみ]ボタンを表示**》をオフにします。

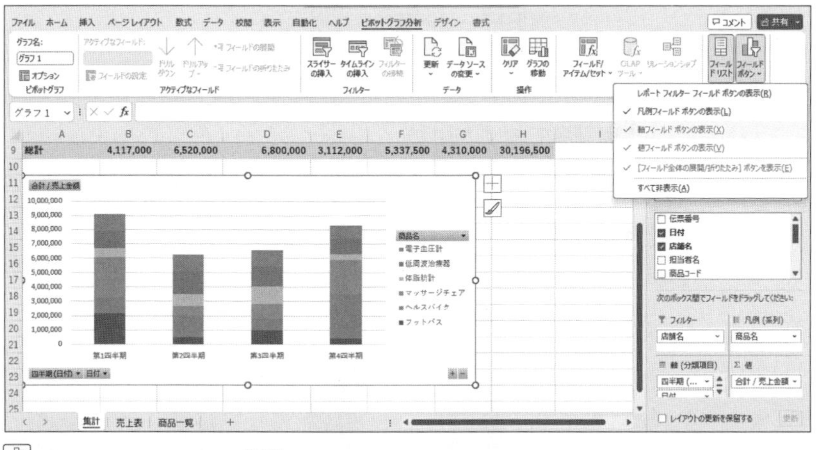

※（フィールドボタン）の をクリックして、左のチェックマークが非表示になっていることを確認しておきましょう。

④ピボットグラフに凡例フィールドボタンだけが表示されます。

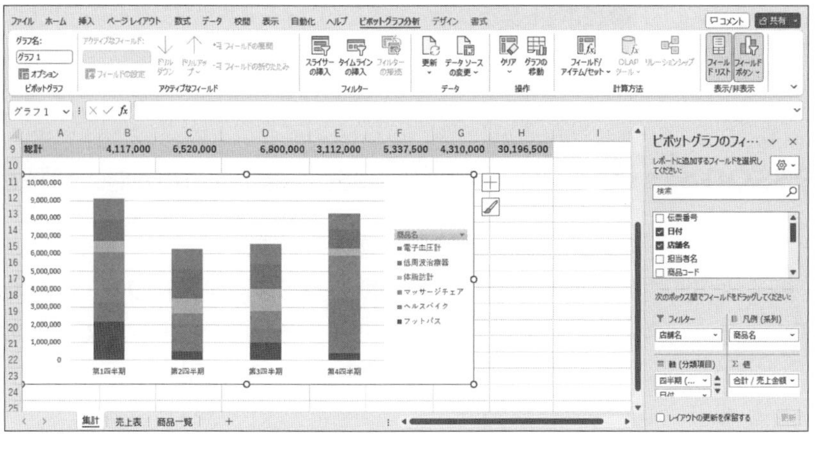

Point

ピボットグラフの種類の変更

◆ピボットグラフを選択→《デザイン》タブ→《種類》グループの（グラフの種類の変更）

Point

ピボットグラフのレイアウトの変更

◆ピボットグラフを選択→《デザイン》タブ→《グラフのレイアウト》グループの（クイックレイアウト）

Point

ピボットグラフのデータ範囲の変更

◆ピボットグラフを選択→《デザイン》タブ→《データ》グループの（データの選択）

(2)

①［商品名 ▼］（商品名）をクリックします。

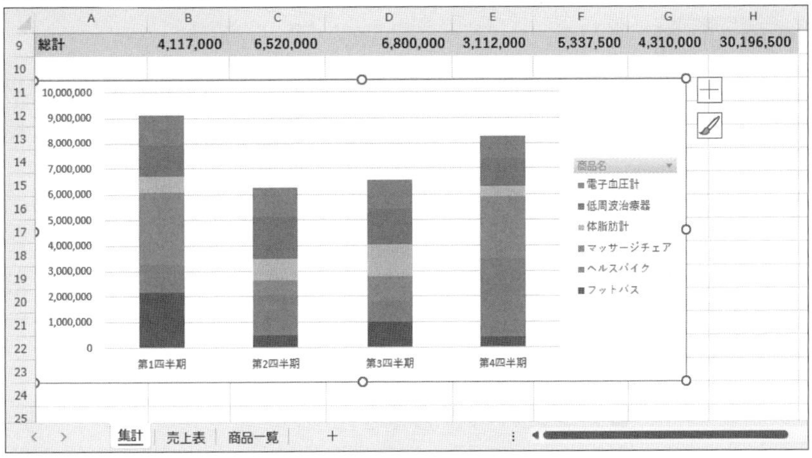

②「体脂肪計」「低周波治療器」「電子血圧計」を☐にし、「フットバス」「ヘルスバイク」「マッサージチェア」を☑にします。

③《OK》をクリックします。

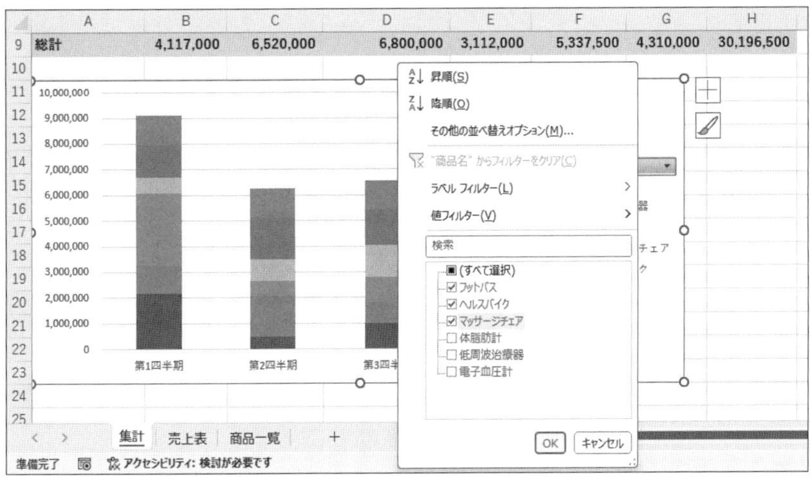

④「フットバス」「ヘルスバイク」「マッサージチェア」のデータに絞り込まれて表示されます。

※フィールドボタンの表示が［商品名 ▼］に変わります。

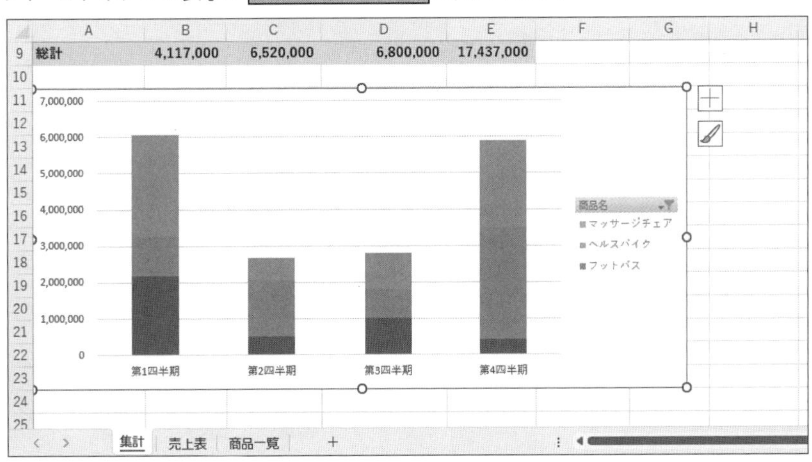

Point

フィールドボタンの絞り込みの解除

◆凡例（系列）エリア／軸（分類項目）エリアのフィールドボタン→《"（フィールド名）"からフィルターをクリア》

◆レポートフィルターエリアのフィールドボタン→《（すべて）》

※《☑複数のアイテムを選択》の場合は《（☑すべて）》にします。

Point

データの並べ替え

フィールドボタンを使って、データを並べ替えることもできます。

3 ピボットグラフにスタイルを適用する

解説

■ピボットグラフのスタイルの適用

ピボットテーブルと同様に、ピボットグラフにも様々な種類のスタイルが用意されています。一覧から選択するだけで、ピボットグラフの見栄えを整えることができます。

操作 ◆《デザイン》タブ→《グラフスタイル》グループのボタン

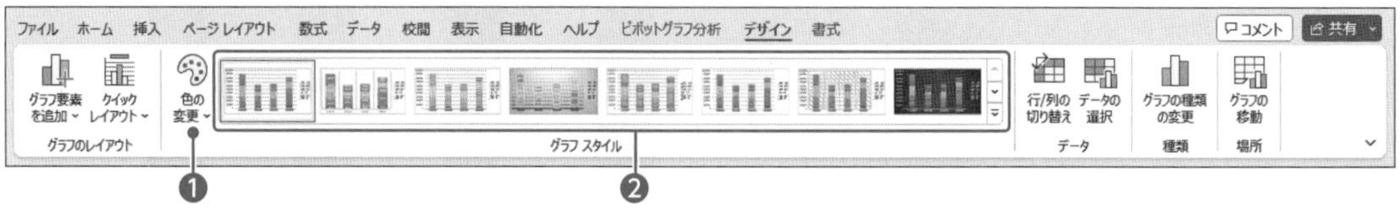

❶グラフクイックカラー

データ系列の配色を変更します。一覧に表示される配色は、ブックに設定されているテーマやテーマの色によって異なります。

❷グラフスタイル

塗りつぶしの色や枠線の色、太さなどを組み合わせたスタイルを適用します。

Lesson 4-17

OPEN ブック「Lesson4-17」を開いておきましょう。

次の操作を行いましょう。

(1) ピボットグラフに、スタイル「スタイル11」を適用してください。

(2) ピボットグラフに、色「モノクロパレット13」を適用してください。

Lesson 4-17 Answer

その他の方法

ピボットグラフのスタイルの適用

◆ピボットグラフを選択→ショートカットツールの（グラフスタイル）→《スタイル》

(1)

①シート「**集計**」のピボットグラフを選択します。

②《**デザイン**》タブ→《**グラフスタイル**》グループの→《**スタイル11**》をクリックします。

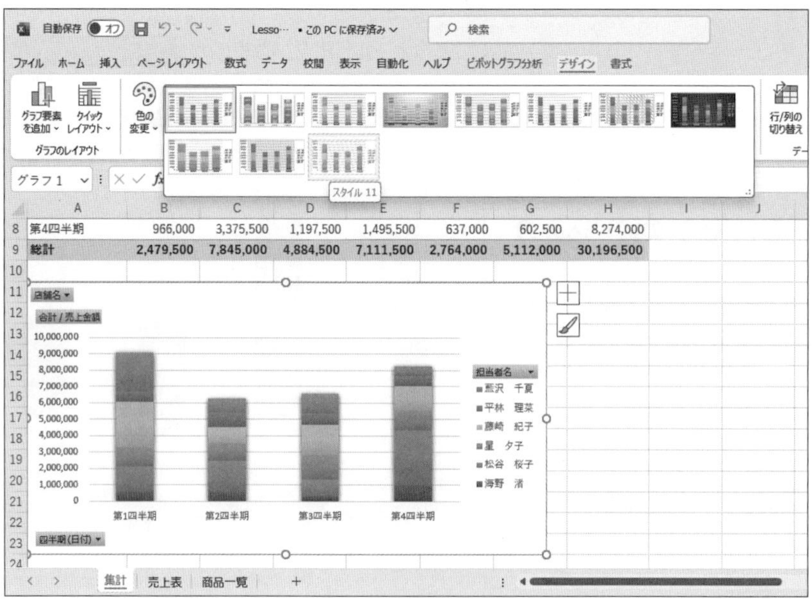

③スタイルが適用されます。

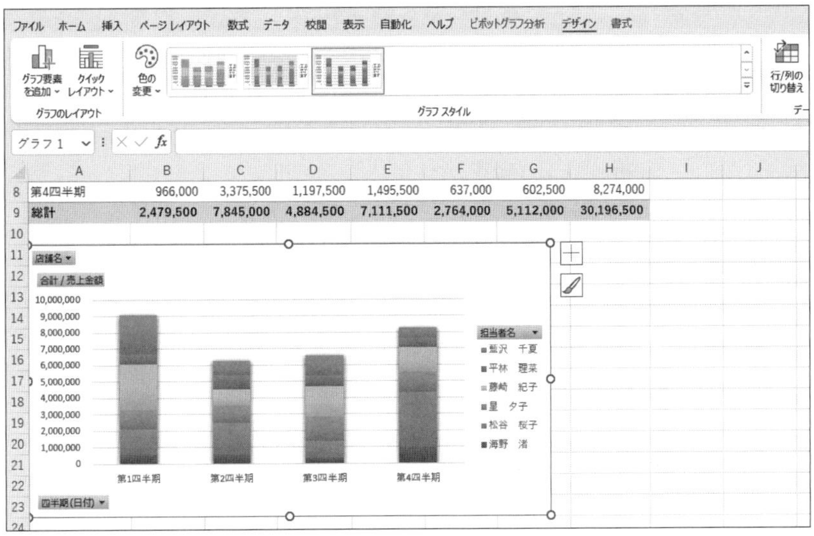

(2)

①シート「**集計**」のピボットグラフを選択します。

②**《デザイン》**タブ→**《グラフスタイル》**グループの（色の変更）（グラフクイックカラー）→**《モノクロパレット13》**をクリックします。

※表示されていない場合は、スクロールして調整します。

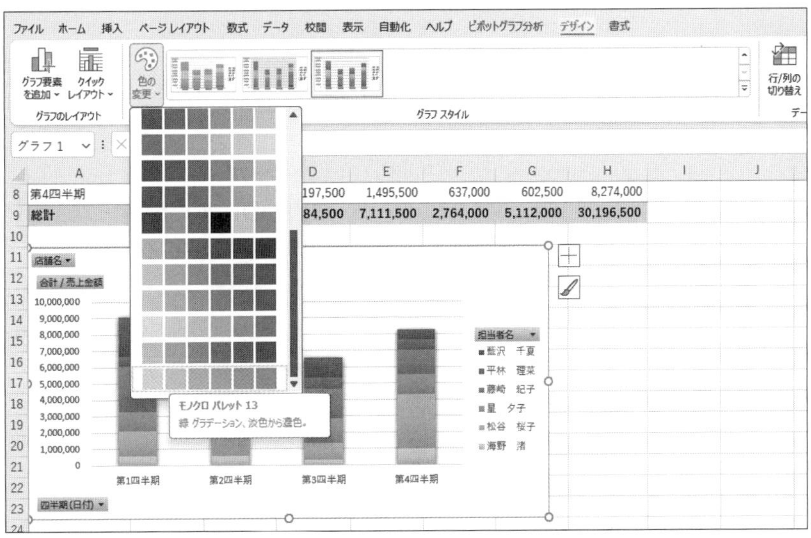

③データ系列の色が変更されます。

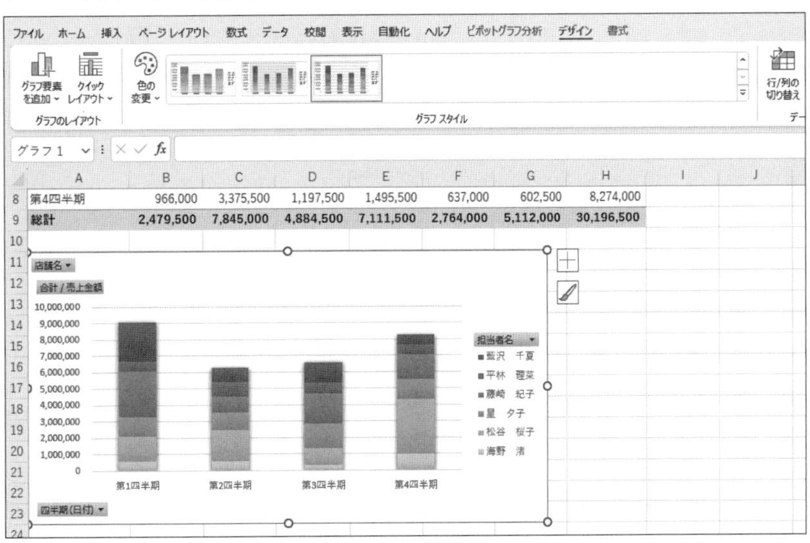

その他の方法

データ系列の色の変更

◆ピボットグラフを選択→ショートカットツールの（グラフスタイル）→《色》

Point

データ要素の色の変更

データ要素の色を個別に変更できます。

◆データ系列を選択→データ要素を選択→《書式》タブ→《図形のスタイル》グループの（図形の塗りつぶし）（図形の塗りつぶし）

4 ピボットグラフを使ってドリルダウン分析する

解説

■ドリルダウン分析

ピボットテーブルやピボットグラフでデータの詳細を表示して分析することを**「ドリルダウン分析」**といいます。
軸（分類項目）エリアに複数のフィールドを配置すると、ピボットグラフの右下に、[+]（フィールド全体の展開）と[−]（フィールド全体の折りたたみ）が表示されます。
これらのボタンを使って、軸（分類項目）に表示する項目名を展開したり、折りたたんだりできます。

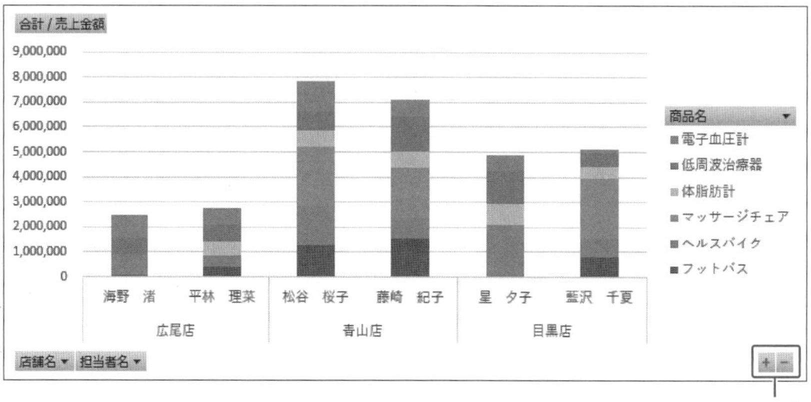

フィールド全体の展開／
フィールド全体の折りたたみ

Lesson 4-18

OPEN ブック「Lesson4-18」を開いておきましょう。

次の操作を行いましょう。

(1) シート「集計」のピボットグラフの軸（分類項目）エリアの「店舗名」の下層に、「担当者名」を追加してください。

(2) ピボットグラフのフィールドを折りたたんで、項目軸の担当者名を非表示にしてください。次に、担当者名を再表示してください。

Lesson 4-18 Answer

(1)

①シート**「集計」**のピボットグラフを選択します。

②**《ピボットグラフのフィールド》**作業ウィンドウの**「担当者名」**を**《軸（分類項目）》**のボックスの**「店舗名」**の下にドラッグします。

③ピボットグラフの右下に、[+]（フィールド全体の展開）と[−]（フィールド全体の折りたたみ）が表示されます。

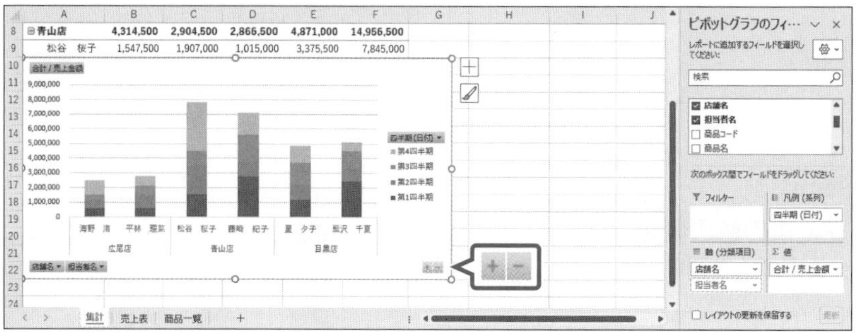

(2)

①ピボットグラフの右下の［－］（フィールド全体の折りたたみ）をクリックします。

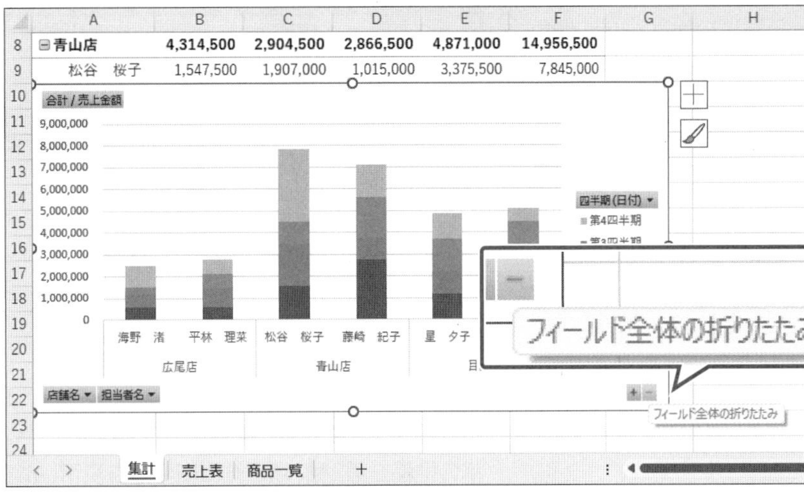

②項目軸の担当者名が非表示になります。

③ピボットグラフの右下の［＋］（フィールド全体の展開）をクリックします。

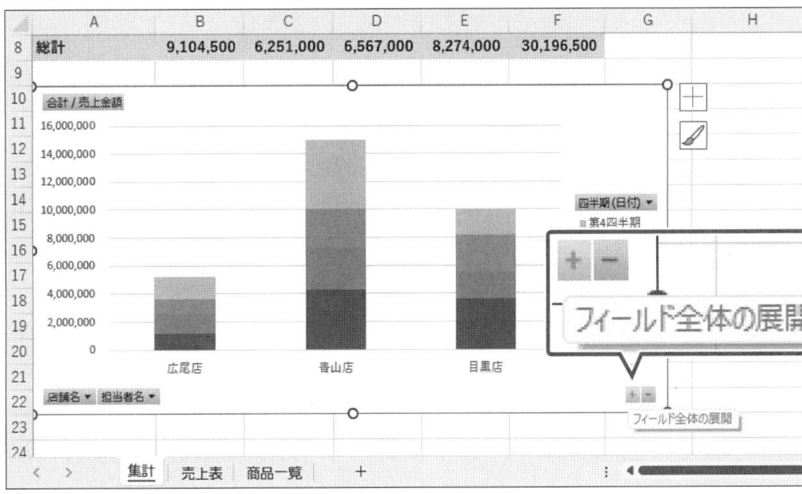

④項目軸に担当者名が表示されます。

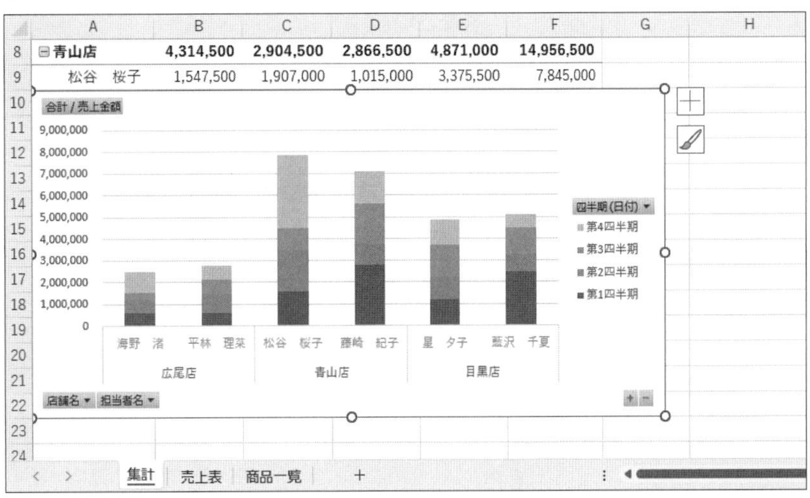

Exercise 確認問題

標準解答 ▶ P.227

Lesson 4-19

OPEN ブック「Lesson4-19」を開いておきましょう。

あなたは、飲料品の売上を集計したり、分析したりします。
次の操作を行いましょう。

問題(1)	シート「売上推移」の売上と利益の推移を集合縦棒グラフ、利益率の推移をマーカー付き折れ線グラフで表した複合グラフを作成してください。売上と利益の推移を主軸、利益率の推移を第2軸、項目軸に四半期を表示します。
問題(2)	シート「売上明細」のテーブル「売上明細」をもとに、ピボットテーブルを新規ワークシートに作成してください。行に分類別、商品別の売上金額の合計を表示します。
問題(3)	値エリアの表示形式を「数値」に変更し、3桁区切りカンマを表示してください。
問題(4)	「合計/売上金額」の右側に、「売上金額」のフィールドを追加してください。計算の種類を「列集計に対する比率」に変更し、小数第1位まで表示します。フィールド名は「売上構成比」に変更します。
問題(5)	売上金額から仕入金額を減算した集計フィールド「利益」を追加してください。その他の設定は既定のままとします。
問題(6)	ピボットテーブルの分類ごとに空白行を挿入してください。
問題(7)	レポートフィルターエリアに「取引先名」を追加し、「リカー長岡」のデータだけを集計してください。
問題(8)	シート「分析グラフ」のピボットテーブルをもとに、3-D100%積み上げ縦棒グラフを作成してください。

MOS Excel 365 Expert

確認問題 標準解答

Answer 確認問題 標準解答

▶ Lesson 1-10

●完成図

	A	B	C	D	E	F	G	H	I	J
1		支店別月次集計								
2										
3		月	東北支店	東海支店	関西支店	中国支店	九州支店	合計	前年度実績	
4		4月	325,200	268,400	310,400	119,000	292,800	1,315,800	1,065,800	
5		5月	194,000	465,200	366,400	408,400	119,200	1,553,200	1,243,000	
6		6月	212,500	394,100	213,900	207,000	266,400	1,293,900	1,262,100	
7		7月	200,800	244,000	298,200	249,200	122,400	1,114,600	868,800	
8		8月	267,000	375,000	213,000	186,000	208,800	1,249,800	1,045,900	
9		9月	346,500	187,600	156,800	212,500	216,800	1,120,200	1,067,300	
10		10月	243,200	245,600	180,000	291,600	341,600	1,302,000	1,096,600	
11		11月	330,000	233,600	243,500	764,800	225,000	1,796,900	1,536,400	
12		12月	127,500	180,000	376,500	434,500	323,200	1,441,700	1,276,300	
13		1月	116,400	376,000	193,600	196,000	135,000	1,017,000	665,000	
14		2月	244,000	459,400	291,100	340,000	144,000	1,478,500	1,186,400	
15		3月	204,000	159,200	138,000	350,400	238,800	1,090,400	966,700	
16										

売上集計　売上明細　担当者マスター　商品マスター　+

問題(1)

①《ファイル》タブを選択します。
②《オプション》をクリックします。
③左側の一覧から《トラストセンター》を選択します。
④《トラストセンターの設定》をクリックします。
⑤左側の一覧から《マクロの設定》を選択します。
⑥《警告せずにVBAマクロを無効にする》を⦿にします。
⑦《OK》をクリックします。
⑧《OK》をクリックします。

問題(2)

①《ファイル》タブを選択します。
②《開く》→《参照》をクリックします。
③フォルダー「Lesson1-10」を開きます。
※《ドキュメント》→「MOS 365-Excel Expert(1)」→「Lesson1-10」を選択します。
④一覧から「2022年度売上」を選択します。
⑤《開く》をクリックします。
⑥《表示》タブ→《ウィンドウ》グループの［整列］(整列)をクリックします。
⑦《左右に並べて表示》を⦿にします。
⑧《OK》をクリックします。
⑨ブック「Lesson1-10」のシート「売上集計」のセル【I4】に「=」と入力します。
⑩ブック「2022年度売上」のシート「売上集計」のセル【H4】を選択します。
⑪ F4 を3回押します。
※数式をコピーするため、相対参照で指定します。
⑫数式バーに「=[2022年度売上.xlsm]売上集計!H4」と表示されていることを確認します。
⑬ Enter を押します。
⑭ブック「Lesson1-10」のセル【I4】を選択し、セル右下の■(フィルハンドル)をダブルクリックします。

問題(3)

①ブック「2022年度売上」を選択します。
②《開発》タブ→《コード》グループの［Visual Basic］(Visual Basic)をクリックします。
※《開発》タブが表示されていない場合は、表示しておきましょう。
③プロジェクトエクスプローラーの「VBAProject(2022年度売上.xlsm)」の《標準モジュール》の［+］をクリックします。
④「Module1」を選択します。
⑤《ファイル》→《ファイルのエクスポート》をクリックします。
⑥フォルダー「MOS 365-Excel Expert(1)」を開きます。
※《ドキュメント》→「MOS 365-Excel Expert(1)」を選択します。
⑦《ファイル名》に「売上上位」と入力します。
⑧《ファイルの種類》が《標準モジュール(*.bas)》になっていることを確認します。
⑨《保存》をクリックします。
⑩プロジェクトエクスプローラーの「VBAProject(Lesson1-10.xlsx)」を選択します。
⑪《ファイル》→《ファイルのインポート》をクリックします。

⑫フォルダー「**MOS 365-Excel Expert(1)**」を開きます。
※《ドキュメント》→「MOS 365-Excel Expert(1)」を選択します。
⑬一覧から「**売上上位.bas**」を選択します。
⑭《**開く**》をクリックします。
※プロジェクトエクスプローラーの「VBAProject(Lesson1-10.xlsx)」に《標準モジュール》が追加されます。
⑮《**Microsoft Visual Basic for Applications**》ウィンドウの[×](閉じる)をクリックします。
※ブック「2022年度売上」を閉じておきましょう。

問題(4)

①シート「**売上集計**」のセル範囲【**H4:H15**】を選択します。
②《**ホーム**》タブ→《**セル**》グループの[書式](書式)→《**セルのロック**》をクリックします。
※《セルのロック》の左のアイコンに枠が表示され、セルがロックされます。
③《**校閲**》タブ→《**保護**》グループの[シートの保護](シートの保護)をクリックします。
④《**シートとロックされたセルの内容を保護する**》が☑になっていることを確認します。
⑤《**このシートのすべてのユーザーに以下を許可します。**》の一覧から、《**ロックされたセル範囲の選択**》《**ロックされていないセル範囲の選択**》《**セルの書式設定**》を☑にします。
⑥《**シートの保護を解除するためのパスワード**》に「**abc**」と入力します。
⑦《**OK**》をクリックします。
⑧《**パスワードをもう一度入力してください。**》に「**abc**」と入力します。
⑨《**OK**》をクリックします。

問題(5)

①《**ファイル**》タブを選択します。
②《**オプション**》をクリックします。
③左側の一覧から《**数式**》を選択します。
④《**ブックの計算**》の《**手動**》を◉にします。
⑤《**ブックの保存前に再計算を行う**》を☑にします。
⑥《**OK**》をクリックします。

問題(6)

①《**校閲**》タブ→《**保護**》グループの[ブックの保護](ブックの保護)をクリックします。
②《**シート構成**》が☑になっていることを確認します。
③《**パスワード**》に「**123**」と入力します。
④《**OK**》をクリックします。
⑤《**パスワードをもう一度入力してください。**》に「**123**」と入力します。
⑥《**OK**》をクリックします。

問題(7)

①《**ファイル**》タブを選択します。
②《**オプション**》をクリックします。
③左側の一覧から《**保存**》を選択します。
④《**ブックの保存**》の《**次の間隔で自動回復用データを保存する**》を☑にします。
⑤「**15**」分ごとに設定します。
⑥《**OK**》をクリックします。

※マクロを含むブックを保存するには、マクロ有効ブックとして保存します。マクロ有効ブックとして保存する方法については、P.162を参照してください。
※トラストセンターのマクロの設定を元に戻しておきましょう。初期の設定は「警告して、VBAマクロを無効にする」です。
※《開発》タブを非表示にしておきましょう。
※自動回復用データの保存の間隔を元に戻しておきましょう。初期の設定は「10」分です。

Answer 確認問題 標準解答

▶ Lesson2-15

●完成図

贈答品売上一覧（東京店）

伝票番号	受注日	商品番号	商品名（種別）	商品名	種別	単価	数量	売上金額
20001	2024/10/2	2020	小鉢セット（食器）	小鉢セット	食器	5,000	70	350,000
20002	2024/10/8	5040	フェイスタオル（タオル）	フェイスタオル	タオル	2,500	1,500	3,750,000
20003	2024/10/9	3030	綿毛布（寝具）	綿毛布	寝具	15,000	25	375,000
20004	2024/10/11	3030	綿毛布（寝具）	綿毛布	寝具	15,000	25	375,000
20005	2024/10/11	4020	洗たくセット（洗剤）	洗たくセット	洗剤	4,500	132	594,000
20006	2024/10/15	4020	洗たくセット（洗剤）	洗たくセット	洗剤	4,500	190	855,000
20007	2024/10/15	3010	シーツ（寝具）	シーツ	寝具	5,000	10	50,000
20008	2024/10/15	5040	フェイスタオル（タオル）	フェイスタオル	タオル	2,500	300	750,000
20010	2024/10/18	1070	海苔セット（食品）	海苔セット	食品	5,000	451	2,255,000
20011	2024/10/21	2010	グラス5客セット（食器）	グラス	食器	25,000	20	500,000
20012	2024/10/21	4010	石けんセット（洗剤）	石けんセット	洗剤	5,000	145	725,000
20013	2024/10/23	1040	紅茶セット（食品）	紅茶セット	食品	5,000	150	750,000
20014	2024/10/24	2050	ティーカップセット（食器）	ティーカップセット	食器	5,000	40	200,000
20015	2024/10/25	5030	フェイスタオル（タオル）	フェイスタオル	タオル	1,500	1,200	1,800,000
20016	2024/10/28	1010	かつおパックセット（食品）	かつおパックセット	食品	3,000	180	540,000
20017	2024/11/5	5020	バスタオル（タオル）	バスタオル	タオル	5,000	58	290,000
20018	2024/11/5	5030	フェイスタオル（タオル）	フェイスタオル	タオル	1,500	1,500	2,250,000

売上一覧　社員別売上　売上目標　来場者特典　相談会日程

社員別売上実績　　単位：千円

社員番号	氏名	所属	上期実績	下期実績
164587	鈴木 陽子	渋谷店	20,400	20,488
168111	新谷 則夫	渋谷店	20,400	21,248
174100	浜田 正人	渋谷店	15,300	12,876
190012	高城 健一	渋谷店	15,300	13,035
171210	花丘 理央	新宿店	15,300	19,574
179840	大木 麻里	新宿店	11,800	18,155
184520	田中 知夏	新宿店	10,200	10,488
168251	飯田 太郎	新宿店	20,400	20,010
169524	佐藤 由美	新宿店	20,400	19,013
169577	小野 清	東京店	15,300	17,800
171230	斎藤 華子	東京店	15,300	16,541
174561	小池 公彦	東京店	10,200	12,555
176521	久保 正	東京店	10,200	13,609
169555	笹木 進	東京店	15,300	16,420
166541	清水 幸子	横浜店	25,500	32,571
169874	堀田 隆	横浜店	22,440	24,927
171203	石田 満	横浜店	20,400	23,766

売上一覧　社員別売上　売上目標　来場者特典　相談会日程

店舗別売上計画　　単位：千円

店舗	2023下期	2024上期	2024下期	2025上期	2025下期	2026上期	2026下期
東京店	76,925	83,848	91,395	99,620	108,586	118,359	129,011
新宿店	87,240	94,219	101,757	109,897	118,689	128,184	138,439
渋谷店	67,647	73,059	78,903	85,216	92,033	99,396	107,347
横浜店	175,608	189,657	204,829	221,216	238,913	258,026	278,668
総計	407,420	440,783	476,884	515,949	558,221	603,964	653,465

売上一覧　社員別売上　売上目標　来場者特典　相談会日程

問題(1)

①**「伝票番号」**が昇順になっていることを確認します。

②シート**「売上一覧」**のセル**【B3】**を選択します。

※テーブル内のセルであれば、どこでもかまいません。

③**《テーブルデザイン》**タブ→**《ツール》**グループの［重複の削除］(重複の削除)をクリックします。

④**《先頭行をデータの見出しとして使用する》**を☑にします。

⑤**「受注日」「商品番号」「数量」**を☑にし、それ以外を□にします。

※《すべて選択解除》をクリックして、《列》の一覧をすべて□にしてから操作すると効率的です。

⑥**《OK》**をクリックします。

⑦メッセージを確認し、**《OK》**をクリックします。

※伝票番号「20006」と重複している伝票番号「20009」の1件のレコードが削除されます。

問題(2)

①シート**「売上一覧」**のセル**【F4】**を選択します。

※テーブル内のF列のセルであれば、どこでもかまいません。

②**《データ》**タブ→**《データツール》**グループの［ ］(フラッシュフィル)をクリックします。

③セル**【G4】**を選択します。

※テーブル内のG列のセルであれば、どこでもかまいません。

④**《データ》**タブ→**《データツール》**グループの［ ］(フラッシュフィル)をクリックします。

問題(3)

①シート**「売上一覧」**のセル**【B3】**を選択します。

※テーブル内のセルであれば、どこでもかまいません。

②**《ホーム》**タブ→**《スタイル》**グループの［条件付き書式］(条件付き書式)→**《ルールの管理》**をクリックします。

③**《書式ルールの表示》**が**《このテーブル》**になっていることを確認します。

④一覧から**「セルの値>=1000000」**を選択します。

⑤**《ルールの編集》**をクリックします。

⑥**《書式》**をクリックします。

⑦**《塗りつぶし》**タブを選択します。

⑧**《背景色》**の一覧から任意の水色を選択します。

※本書では、最終行の左から7番目の色を選択しています。

⑨**《OK》**をクリックします。

⑩**《OK》**をクリックします。

⑪**《OK》**をクリックします。

問題(4)

①シート**「社員別売上」**のセル範囲**【C4:D25】**を選択します。

②**《ホーム》**タブ→**《スタイル》**グループの［条件付き書式］(条件付き書式)→**《新しいルール》**をクリックします。

③**《ルールの種類を選択してください》**の一覧から**《数式を使用して、書式設定するセルを決定》**を選択します。

④**《次の数式を満たす場合に値を書式設定》**に**「=AVERAGE($E4:$F4)<15000」**と入力します。

※ルールの基準となるセル範囲【E4:F4】は、常に同じ列を参照するように複合参照にします。

⑤**《書式》**をクリックします。

⑥**《フォント》**タブを選択します。

⑦**《色》**の［v］をクリックし、**《標準の色》**の**《濃い赤》**を選択します。

⑧**《OK》**をクリックします。

⑨**《OK》**をクリックします。

問題(5)

①シート**「社員別売上」**のセル**【D3】**を選択します。

※表内のD列のセルであれば、どこでもかまいません。

②**《データ》**タブ→**《並べ替えとフィルター》**グループの[A↓Z](昇順)をクリックします。

③行番号**【4:7】**を選択します。

④**《データ》**タブ→**《アウトライン》**グループの[グループ化アイコン](グループ化)をクリックします。

※《アウトライン》グループが折りたたまれている場合は、展開して操作します。

問題(6)

①シート**「売上目標」**のセル範囲**【C4:I4】**を選択します。

②**《ホーム》**タブ→**《編集》**グループの[フィルアイコン](フィル)→**《連続データの作成》**をクリックします。

③**《範囲》**の**《行》**が◉になっていることを確認します。

④**《種類》**の**《乗算》**を◉にします。

⑤**《増分値》**に**「1.09」**と入力します。

⑥**《OK》**をクリックします。

問題(7)

①シート**「来場者特典」**のセル範囲**【C4:C17】**を選択します。

②**《データ》**タブ→**《データツール》**グループの[データの入力規則アイコン](データの入力規則)をクリックします。

③**《設定》**タブを選択します。

④**《入力値の種類》**の[⌄]をクリックし、一覧から**《リスト》**を選択します。

⑤**《ドロップダウンリストから選択する》**を☑にします。

⑥**《元の値》**をクリックして、カーソルを表示します。

⑦**《数式》**タブ→**《定義された名前》**グループの[数式で使用](数式で使用)→**「相談会日程」**をクリックします。

※《元の値》に「=相談会日程」と表示されます。

⑧**《OK》**をクリックします。

問題(8)

①シート**「来場者特典」**のセル**【D4】**に**「=RANDARRAY(14,4,1,3,TRUE)*100」**と入力します。

※数値はランダムに表示されます。

Answer 確認問題 標準解答

▶ Lesson3-38

●完成図

■大会記録

行	開催年	大会ID	大会名	順位	チームID	チーム名
4	2020年	10010	全日本選手権	1	K015	川口バトンキッズ
5	2020年	10010	全日本選手権	2	K010	浅草バトントワリング
6	2020年	10010	全日本選手権	3	K027	松戸バトンクラブ
7	2020年	10010	全日本選手権	4	K021	フレッシュパワフルズ
8	2020年	10010	全日本選手権	5	K023	Starry Angels
9	2020年	10010	全日本選手権	6	K029	船橋マーメイド
10	2020年	10010	全日本選手権	7	K028	桃の里小学校バトンクラブ
11	2020年	10010	全日本選手権	8	K039	ウィンターコスモス
12	2020年	10010	全日本選手権	9	K037	キューティーガールズ
13	2020年	10010	全日本選手権	10	K026	千葉バトンクラブ
14	2020年	10010	全日本選手権	11	K001	水戸バトンクラブ
15	2020年	10010	全日本選手権	12	K020	藤岡バトンクラブ
16	2020年	10010	全日本選手権	13	K009	八王子バトンクラブ
17	2020年	10010	全日本選手権	14	K038	ユウバトンクラブ
18	2020年	10010	全日本選手権	15	K030	プリティートワラーズ
19	2020年	10010	全日本選手権	16	K004	市原バトンクラブ
20	2020年	10010	全日本選手権	17	K033	土浦プリティキッズ
21	2020年	10010	全日本選手権	18	K003	ぐんまクラブ
22	2020年	10010	全日本選手権	19	K011	横須賀エンジェルチーム
23	2020年	10010	全日本選手権	20	K002	マーガレット
24	2020年	10010	全日本選手権	21	K008	プリティフラワーズ
25	2020年	10010	全日本選手権	22	K034	ハッピーサンシャイン
26	2020年	10010	全日本選手権	23	K032	佐野バトンクラブ
27	2020年	10010	全日本選手権	24	K013	ラッキーサンシャイン
28	2020年	10010	全日本選手権	25	K044	リトルシャインプリンセス
29	2020年	10010	全日本選手権	26	K035	梅の丘小学校バトン部
30	2020年	10010	全日本選手権	27	K017	ブルーベリーチルドレン
31	2020年	10010	全日本選手権	28	K043	ビューティトワラーズ
32	2020年	10020	全日本ジュニア選手権	1	K002	マーガレット
33	2020年	10020	全日本ジュニア選手権	2	K028	桃の里小学校バトンクラブ
34	2020年	10020	全日本ジュニア選手権	3	K034	ハッピーサンシャイン
35	2020年	10020	全日本ジュニア選手権	4	K003	ぐんまクラブ
36	2020年	[illegible]	[illegible]	[illegible]	K030	[illegible]
[illegible]	[illegible]	10033	[illegible]	3	[illegible]	[illegible]
374	2023年	10033	インターナショナル大会	4	K044	リトルシャインプリンセス
375	2023年	10033	インターナショナル大会	5	K042	ベリースイートフレンズ
376	2023年	10033	インターナショナル大会	6	K022	キューティースマイリー
377	2023年	10033	インターナショナル大会	7	K026	千葉バトンクラブ
378	2023年	10033	インターナショナル大会	8	K015	川口バトンキッズ
379	2023年	10033	インターナショナル大会	9	K018	ストロベリーウィッシュ
380	2023年	10033	インターナショナル大会	10	K021	フレッシュパワフルズ
381	2023年	10033	インターナショナル大会	11	K017	ブルーベリーチルドレン
382	2023年	10033	インターナショナル大会	12	K035	梅の丘小学校バトン部
383	2023年	10033	インターナショナル大会	13	K009	八王子バトンクラブ
384	2023年	10033	インターナショナル大会	14	K032	佐野バトンクラブ
385	2023年	10033	インターナショナル大会	15	K034	ハッピーサンシャイン
386	2023年	10033	インターナショナル大会	16	K046	さわやかバトンクラブ
387	2023年	10033	インターナショナル大会	17	K041	ミラクルムーンライト
388	2023年	10033	インターナショナル大会	18	K002	マーガレット
389	2023年	10033	インターナショナル大会	19	K024	キューティーラビット
390	2023年	10033	インターナショナル大会	20	K020	藤岡バトンクラブ
391	2023年	10033	インターナショナル大会	21	K013	ラッキーサンシャイン
392	2023年	10033	インターナショナル大会	22	K033	土浦プリティキッズ
393	2023年	10033	インターナショナル大会	23	K039	ウィンターコスモス
394	2023年	10033	インターナショナル大会	24	K025	ノースバトンクラブ
395	2023年	10033	インターナショナル大会	25	K008	プリティフラワーズ
396	2023年	10033	インターナショナル大会	26	K038	ユウバトンクラブ
397	2023年	10033	インターナショナル大会	27	K045	ジュリエット
398	2023年	10033	インターナショナル大会	28	K003	ぐんまクラブ
399	2023年	10033	インターナショナル大会	29	K007	キューティートゥインクル
400	2023年	10033	インターナショナル大会	30	K012	市川北小学校バトンチーム
401	2023年	10033	インターナショナル大会	31	K043	ビューティトワラーズ
402	2023年	10033	インターナショナル大会	32	K005	ブルーダイヤモンド
403	2023年	10033	インターナショナル大会	33	K010	浅草バトントワリング
404	2023年	10033	インターナショナル大会	34	K028	桃の里小学校バトンクラブ
405	2023年	10033	インターナショナル大会	35	K037	キューティーガールズ
406	2023年	10033	インターナショナル大会	36	K023	Starry Angels
407	2023年	10033	インターナショナル大会	37	K029	船橋マーメイド
408	2023年	10033	インターナショナル大会	38	K016	ラブリーキャンディーズ

■大会情報

大会ID	大会名
10010	全日本選手権
10020	全日本ジュニア選手権
10030	インターナショナル大会

チーム名	川口バトンキッズ	順位
	全日本選手権	1
	全日本ジュニア選手権	18
	インターナショナル大会	11
	全日本選手権	19
	全日本ジュニア選手権	28
	インターナショナル大会	25
	全日本選手権	15
	全日本ジュニア選手権	30
	インターナショナル大会	14
	全日本選手権	24
	全日本ジュニア選手権	29
	インターナショナル大会	8

大会記録　成績管理　経費

■チーム成績

チーム名	チームID	都道府県	設立	出場回数	入賞回数	優勝回数
水戸バトンクラブ	K001	茨城県	1995/4/1	3	0	0
マーガレット	K002	神奈川県	1995/4/1	12	4	2
ぐんまクラブ	K003	群馬県	1995/4/1	12	1	0
市原バトンクラブ	K004	千葉県	1995/4/1	6	0	0
ブルーダイヤモンド	K005	東京都	1995/4/1	3	0	0
大空小学校バトンクラブ	K006	東京都	1995/4/1	3	1	0
キューティートゥインクル	K007	東京都	1995/4/1	9	3	0
プリティフラワーズ	K008	東京都	1995/4/1	9	0	0
八王子バトンクラブ	K009	東京都	1996/4/10	12	2	0
浅草バトントワリング	K010	東京都	1996/4/26	12	3	2
横須賀エンジェルチーム	K011	神奈川県	1996/5/22	12	2	1
市川北小学校バトンチーム	K012	千葉県	1997/6/11	9	0	0
ラッキーサンシャイン	K013	茨城県	1998/3/3	12	0	0
ミナトトワラーズ	K014	神奈川県	1998/3/13	0	0	0
川口バトンキッズ	K015	埼玉県	1998/4/8	12	1	1
ラブリーキャンディーズ	K016	茨城県	1998/4/14	6	1	0
ブルーベリーチルドレン	K017	埼玉県	1998/5/14	12	1	0
ストロベリーウィッシュ	K018	栃木県	1998/10/5	6	0	0
鎌ヶ谷バトンクラブ	K019	千葉県	1999/4/7	6	1	1
藤岡バトンクラブ	K020	群馬県	2000/3/9	12	1	0
フレッシュパワフルズ	K021	栃木県	2000/3/12	12	0	0
キューティースマイリー	K022	群馬県	2000/5/3	9	0	0
Starry Angels	K023	東京都	2001/4/1	12	0	0
キューティーラビット	K024	神奈川県	2001/4/2	9	0	0
ノースバトンクラブ	K025	東京都	2002/4/10	9	0	0
千葉バトンクラブ	K026	千葉県	2003/4/1	12	2	2
松戸バトンクラブ	K027	千葉県	2005/1/10	6	2	1
桃の里小学校バトンクラブ	K028	神奈川県	2006/5/11	12	1	0
船橋マーメイド	K029	千葉県	2006/6/16	12	0	0
プリティートワラーズ	K030	埼玉県	2006/10/11	9	0	0
藤沢スターズ	K031	神奈川県	2007/10/12	0	0	0
佐野バトンクラブ	K032	栃木県	2008/3/17	12	2	1
土浦プリティキッズ	K033	茨城県	2008/4/9	12	1	0
ハッピーサンシャイン	K034	埼玉県	2009/1/8	12	1	0
梅の丘小学校バトン部	K035	神奈川県	2009/5/5	12	1	0
杉並クラブ	K036	東京都	2010/3/13	0	0	0
キューティーガールズ	K037	埼玉県	2010/4/5	12	0	0
ユウバトンクラブ	K038	東京都	2010/4/28	12	1	0
ウィンターコスモス	K039	群馬県	2011/3/9	12	1	1
小山第一バトンクラブ	K040	栃木県	2011/4/5	0	0	0
ミラクルムーンライト	K041	群馬県	2011/5/11	9	0	0
ベリースイートフレンズ	K042	東京都	2011/6/2	3	1	0
ビューティトワラーズ	K043	茨城県	2012/3/7	12	1	0
リトルシャインプリンセス	K044	茨城県	2012/6/20	12	0	0
ジュリエット	K045	神奈川県	2012/10/3	9	0	0
さわやかバトンクラブ	K046	千葉県	2014/10/4	6	1	0
宇都宮バトンクラブ	K047	栃木県	2014/10/9	0	0	0

●最大入賞回数

条件1	都道府県：神奈川県
条件2	出場回数：>=10
最大入賞回数	4

●優勝回数

都道府県	神奈川県
優勝回数	3

●特別大会選抜条件

入賞回数	2

都道府県	チーム数
東京都	3
神奈川県	2
千葉県	2
埼玉県	0
群馬県	0
栃木県	1
茨城県	0

●出場回数と入賞回数の多い順チーム

1	マーガレット
2	浅草バトントワリング
3	八王子バトンクラブ
4	横須賀エンジェルチーム
5	千葉バトンクラブ
6	佐野バトンクラブ
7	ぐんまクラブ
8	川口バトンキッズ
9	ブルーベリーチルドレン
10	藤岡バトンクラブ
11	桃の里小学校バトンクラブ
12	土浦プリティキッズ
13	ハッピーサンシャイン
14	梅の丘小学校バトン部
15	ユウバトンクラブ
16	ウィンターコスモス
17	ビューティトワラーズ
18	ラッキーサンシャイン
19	フレッシュパワフルズ
20	Starry Angels
21	船橋マーメイド
22	キューティーガールズ
23	リトルシャインプリンセス
24	キューティートゥインクル
25	プリティフラワーズ
26	市川北小学校バトンチーム
27	キューティースマイリー
28	キューティーラビット
29	ノースバトンクラブ
30	プリティートワラーズ
31	ミラクルムーンライト
32	ジュリエット
33	松戸バトンクラブ
34	ラブリーキャンディーズ
35	鎌ヶ谷バトンクラブ
36	さわやかバトンクラブ
37	市原バトンクラブ
38	ストロベリーウィッシュ
39	大空小学校バトンクラブ
40	ベリースイートフレンズ
41	水戸バトンクラブ
42	ブルーダイヤモンド
43	ミナトトワラーズ
44	藤沢スターズ
45	杉並クラブ
46	小山第一バトンクラブ
47	宇都宮バトンクラブ

大会記録　成績管理　経費

■大会見積

項目	金額（円）
会場利用料	800,000
備品レンタル料	500,000
広告宣伝費	100,000
人件費	500,000
その他	100,000
見積合計	2,000,000

■大会収入

項目	単価	数量	金額（円）
参加費	33,500	50	1,675,000
観戦チケット	500	250	125,000
助成金	200,000	1	200,000
収入合計			2,000,000

大会記録　成績管理　経費

問題(1)

①シート「**大会記録**」のセル【**D4**】に「**=VLOOKUP([@大会ID],$I$4:$J$6,2,TRUE)**」と入力します。

※「[@大会ID]」は、セル【C4】を選択して指定します。
※数式がコピーされるため、セル範囲【I4:J6】は常に同じ範囲を参照するように絶対参照にします。
※フィールド内の残りのセルにも自動的に数式が作成されます。

問題(2)

①シート「**大会記録**」のセル【**J9**】に「**=FILTER(大会記録[[大会名]:[順位]],大会記録[チーム名]=J8)**」と入力します。

※「大会記録[[大会名]:[順位]]」は、「大会名」の列見出しの上側をポイントし、マウスポインターの形が⬇に変わったら「順位」の列見出しまでドラッグして指定します。
「大会記録[チーム名]」は、「チーム名」の列見出しの上側をポイントし、マウスポインターの形が⬇に変わったらクリックして指定します。

問題(3)

①シート「**成績管理**」のセル【**F4**】に「**=COUNTIF(**」と入力します。

②シート「**大会記録**」のセル範囲【**F4:F408**】を選択します。

※「チームID」の列見出しの上側をポイントし、マウスポインターの形が⬇に変わったらクリックして選択します。

③「**=COUNTIF(大会記録[チームID]**」と表示されます。

④続けて「**,**」を入力します。

⑤続けてシート「**成績管理**」のセル【**C4**】を選択します。

⑥「**=COUNTIF(大会記録[チームID],[@チームID]**」と表示されます。

⑦続けて「**)**」を入力します。

⑧数式バーに、「**=COUNTIF(大会記録[チームID],[@チームID])**」と表示されていることを確認します。

⑨ Enter を押します。

※フィールド内の残りのセルにも自動的に数式が作成されます。

問題(4)

①シート「**成績管理**」のセル【**K6**】に「**=MAXIFS(チーム成績[入賞回数],チーム成績[都道府県],"神奈川県",チーム成績[出場回数],">=10")**」と入力します。

※「チーム成績[入賞回数]」「チーム成績[都道府県]」「チーム成績[出場回数]」は、テーブルの各列見出しの上側をポイントし、マウスポインターの形が⬇に変わったらクリックして指定します。

問題(5)

①シート「**成績管理**」のセル【**K10**】に「**=SUMIF(チーム成績[都道府県],K9,チーム成績[優勝回数])**」と入力します。

※「チーム成績[都道府県]」「チーム成績[優勝回数]」は、テーブルの各列見出しの上側をポイントし、マウスポインターの形が⬇に変わったらクリックして指定します。

問題(6)

①シート「**成績管理**」のセル【**K16**】に「**=COUNTIFS(チーム成績[都道府県],J16,チーム成績[入賞回数],">="&$K$13)**」と入力します。

※「チーム成績[都道府県]」「チーム成績[入賞回数]」は、テーブルの各列見出しの上側をポイントし、マウスポインターの形が⬇に変わったらクリックして指定します。

※数式がコピーされるため、セル【K13】は常に同じ範囲を参照するように絶対参照にします。

②セル【**K16**】を選択し、セル右下の■(フィルハンドル)をダブルクリックします。

問題(7)

①シート「**成績管理**」のセル【**N4**】に「**=SORTBY(チーム成績[チーム名],チーム成績[出場回数],-1,チーム成績[入賞回数],-1)**」と入力します。

※「チーム成績[チーム名]」「チーム成績[出場回数]」「チーム成績[入賞回数]」は、テーブルの各列見出しの上側をポイントし、マウスポインターの形が⬇に変わったらクリックして指定します。

問題(8)

①シート「**経費**」を選択します。

②《**データ**》タブ→《**予測**》グループの(What-If分析)→《**シナリオの登録と管理**》をクリックします。

③《**追加**》をクリックします。

④《**シナリオ名**》に「**200**」と入力します。

⑤《**変化させるセル**》の値を選択します。

⑥セル範囲【**C6:C8**】を選択します。

※《変化させるセル》に「$C$6:$C$8」と表示されます。

⑦《**変更できないようにする**》を☐にします。

⑧《**OK**》をクリックします。

⑨《**1**》に「**100000**」、《**2**》に「**500000**」、《**3**》に「**100000**」と入力します。

⑩《**OK**》をクリックします。

⑪《**表示**》をクリックします。

⑫《**閉じる**》をクリックします。

問題(9)

①シート「**経費**」を選択します。

②《**データ**》タブ→《**予測**》グループの(What-If分析)→《**ゴールシーク**》をクリックします。

③《**数式入力セル**》の値が選択されていることを確認します。

④セル【**H7**】を選択します。

※《数式入力セル》に「$H$7」と表示されます。

⑤《**目標値**》に「**2000000**」と入力します。

⑥《**変化させるセル**》をクリックして、カーソルを表示します。

⑦セル【**F4**】を選択します。

※《変化させるセル》に「$F$4」と表示されます。

⑧《**OK**》をクリックします。

⑨《**OK**》をクリックします。

問題(10)

①《**開発**》タブ→《**コード**》グループの(Visual Basic)をクリックします。

※《開発》タブが表示されていない場合は、表示しておきましょう。

②《**Lesson3-38.xlsm-Module1(コード)**》ウィンドウが表示されていることを確認します。

※表示されていない場合は、《標準モジュール》の⊞→《Module1》をダブルクリックして表示します。

③「**Sub 経費()**」を「**Sub 経費印刷()**」に修正します。

※「Sub」のあとの半角スペースは削除しないようにします。

④「**PrintTitleRows**」の値を「**$1:$1**」に修正します。

⑤「**ActiveSheet.PageSetup.PrintArea**」の値を「**$B$1:$H$9**」に修正します。

⑥《**Microsoft Visual Basic for Applications**》ウィンドウの ✕ (閉じる)をクリックします。

※《開発》タブを非表示にしておきましょう。

Answer 確認問題 標準解答

▶ Lesson4-19

●完成図

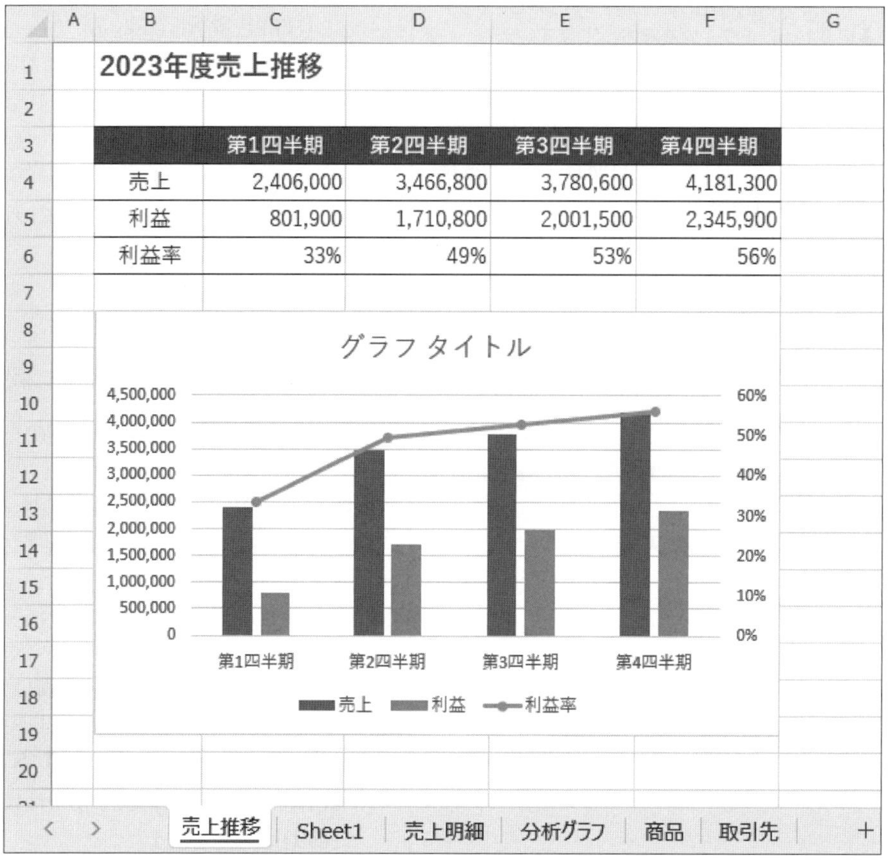

2023年度売上推移

	第1四半期	第2四半期	第3四半期	第4四半期
売上	2,406,000	3,466,800	3,780,600	4,181,300
利益	801,900	1,710,800	2,001,500	2,345,900
利益率	33%	49%	53%	56%

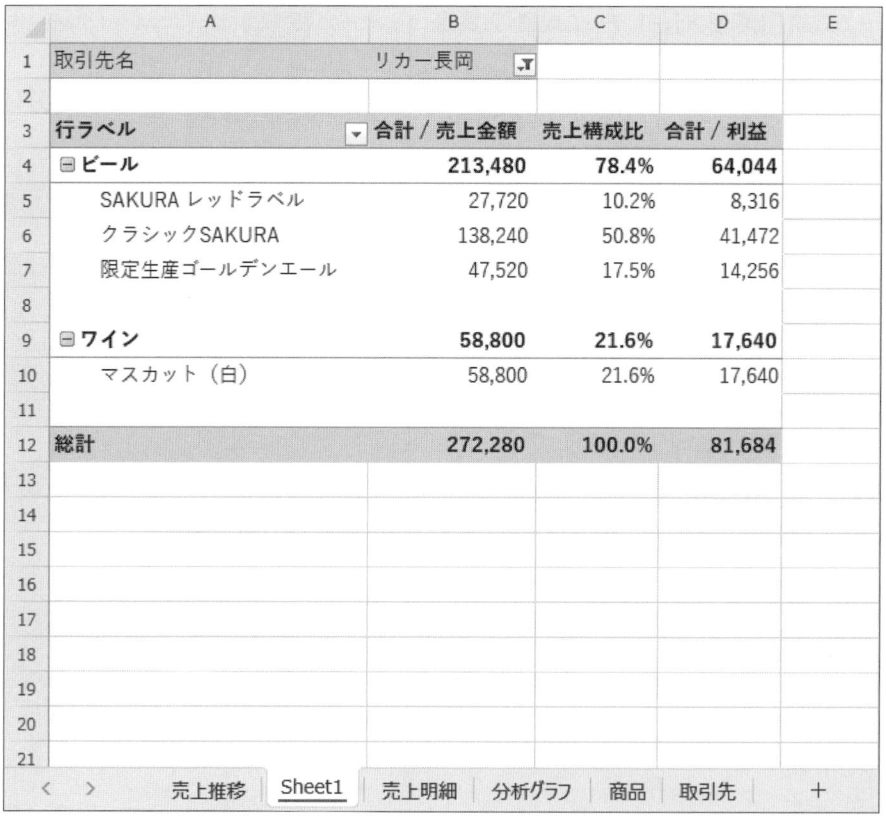

取引先名	リカー長岡		
行ラベル	合計 / 売上金額	売上構成比	合計 / 利益
⊟ビール	213,480	78.4%	64,044
SAKURA レッドラベル	27,720	10.2%	8,316
クラシックSAKURA	138,240	50.8%	41,472
限定生産ゴールデンエール	47,520	17.5%	14,256
⊟ワイン	58,800	21.6%	17,640
マスカット（白）	58,800	21.6%	17,640
総計	272,280	100.0%	81,684

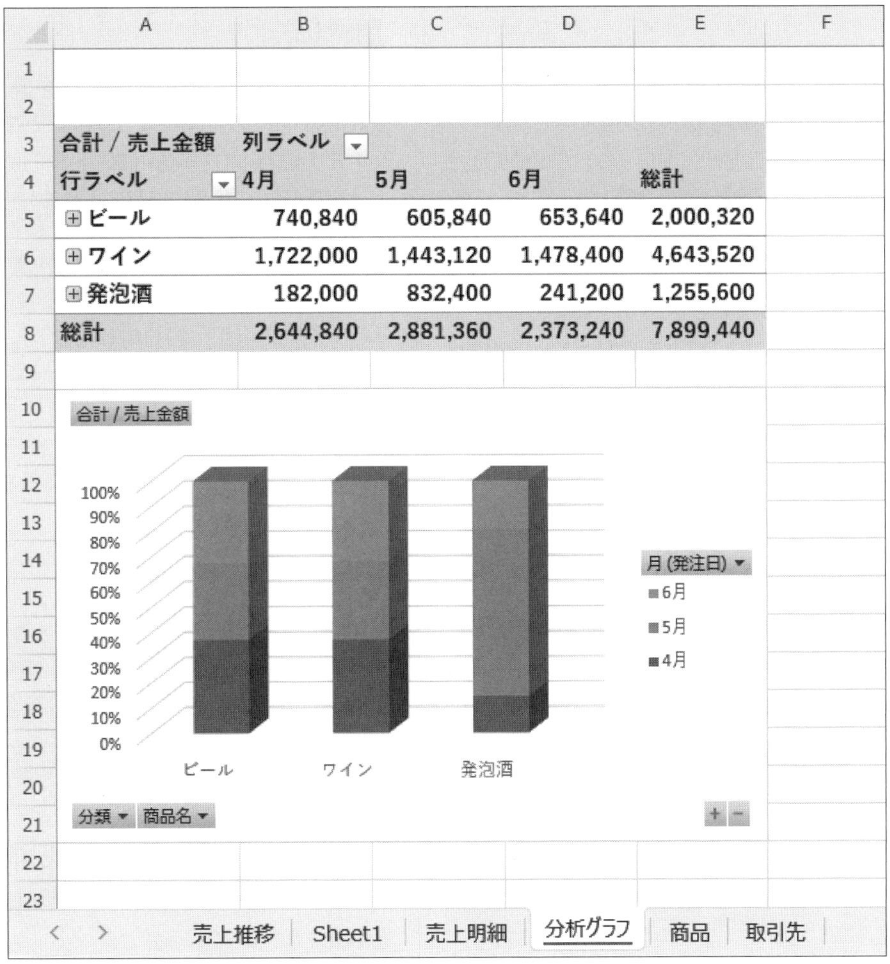

問題(1)

①シート「**売上推移**」のセル範囲【**B3:F6**】を選択します。

②《**挿入**》タブ→《**グラフ**》グループの［複合グラフの挿入ボタン］(複合グラフの挿入)→《**ユーザー設定の複合グラフを作成する**》をクリックします。

③《**すべてのグラフ**》タブを選択します。

④「**売上**」の《**グラフの種類**》の［▼］をクリックし、一覧から《**縦棒**》の《**集合縦棒**》を選択します。

⑤「**利益**」の《**グラフの種類**》の［▼］をクリックし、一覧から《**縦棒**》の《**集合縦棒**》を選択します。

⑥「**利益率**」の《**グラフの種類**》の［▼］をクリックし、一覧から《**折れ線**》の《**マーカー付き折れ線**》を選択します。

⑦「**利益率**」の《**第2軸**》を［✔］にします。

⑧《**OK**》をクリックします。

※グラフの位置やサイズを調整しておきましょう。

問題(2)

①シート「**売上明細**」のセル【**B3**】を選択します。

※テーブル内のセルであれば、どこでもかまいません。

②《**挿入**》タブ→《**テーブル**》グループの［ピボットテーブルボタン］(ピボットテーブル)をクリックします。

③《**テーブル/範囲**》に「**売上明細**」と表示されていることを確認します。

④《**新規ワークシート**》を(●)にします。

⑤《**OK**》をクリックします。

⑥《**ピボットテーブルのフィールド**》作業ウィンドウの「**分類**」を《**行**》のボックスにドラッグします。

※表示されていない場合は、スクロールして調整します。

⑦《**ピボットテーブルのフィールド**》作業ウィンドウの「**商品名**」を《**行**》のボックスの「**分類**」の下にドラッグします。

⑧《**ピボットテーブルのフィールド**》作業ウィンドウの「**売上金額**」を《**値**》のボックスにドラッグします。

問題(3)

①シート「**Sheet1**」のセル【**B4**】を選択します。

※値エリアのセルであれば、どこでもかまいません。

②《**ピボットテーブル分析**》タブ→《**アクティブなフィールド**》グループの［フィールドの設定］(フィールドの設定)をクリックします。

③《**表示形式**》をクリックします。

④《**分類**》の一覧から《**数値**》を選択します。

⑤《**桁区切り(,)を使用する**》を［✔］にします。

⑥《**OK**》をクリックします。

⑦《**OK**》をクリックします。

問題(4)

①シート「**Sheet1**」のセル【**A3**】を選択します。
※ピボットテーブル内のセルであれば、どこでもかまいません。
②《**ピボットテーブルのフィールド**》作業ウィンドウの「**売上金額**」を、《**値**》のボックスの「**合計/売上金額**」の下にドラッグします。
③セル【**C4**】を選択します。
※「合計/売上金額2」のセルであれば、どこでもかまいません。
④《**ピボットテーブル分析**》タブ→《**アクティブなフィールド**》グループの フィールドの設定 (フィールドの設定)をクリックします。
⑤《**計算の種類**》タブを選択します。
⑥《**計算の種類**》の ⌄ をクリックし、一覧から《**列集計に対する比率**》を選択します。
⑦《**表示形式**》をクリックします。
⑧《**分類**》の一覧から《**パーセンテージ**》が選択されていることを確認します。
⑨《**小数点以下の桁数**》を「**1**」に設定します。
⑩《**OK**》をクリックします。
⑪《**名前の指定**》に「**売上構成比**」と入力します。
⑫《**OK**》をクリックします。

問題(5)

①シート「**Sheet1**」のセル【**A3**】を選択します。
※ピボットテーブル内のセルであれば、どこでもかまいません。
②《**ピボットテーブル分析**》タブ→《**計算方法**》グループの フィールド/アイテム/セット (フィールド/アイテム/セット)→《**集計フィールド**》をクリックします。
③《**名前**》に「**利益**」と入力します。
④《**フィールド**》の一覧から「**売上金額**」を選択します。
※表示されていない場合は、スクロールして調整します。
⑤《**フィールドの挿入**》をクリックします。
※《数式》に「=売上金額」とカーソルが表示されます。
⑥続けて「**-**」を入力します。
⑦《**フィールド**》の一覧から「**仕入金額**」を選択します。
⑧《**フィールドの挿入**》をクリックします。
※《数式》に「=売上金額-仕入金額」と表示されます。
⑨《**OK**》をクリックします。

問題(6)

①シート「**Sheet1**」のセル【**A3**】を選択します。
※ピボットテーブル内のセルであれば、どこでもかまいません。
②《**デザイン**》タブ→《**レイアウト**》グループの 空白行 (空白行)→《**各アイテムの後ろに空行を入れる**》をクリックします。

問題(7)

①シート「**Sheet1**」のセル【**A3**】を選択します。
※ピボットテーブル内のセルであれば、どこでもかまいません。
②《**ピボットテーブルのフィールド**》作業ウィンドウの「**取引先名**」を《**フィルター**》のボックスにドラッグします。
③レポートフィルターエリアの ▾ をクリックし、一覧から「**リカー長岡**」を選択します。
④《**OK**》をクリックします。

問題(8)

①シート「**分析グラフ**」のセル【**A3**】を選択します。
※ピボットテーブル内のセルであれば、どこでもかまいません。
②《**ピボットテーブル分析**》タブ→《**ツール**》グループの ピボットグラフ (ピボットグラフ)をクリックします。
③左側の一覧から《**縦棒**》を選択します。
④右側の一覧から《**3-D100%積み上げ縦棒**》を選択します。
⑤《**OK**》をクリックします。
※グラフの位置やサイズを調整しておきましょう。

MOS Excel 365 Expert

模擬試験プログラムの使い方

1 模擬試験プログラムの起動方法

模擬試験プログラムを起動しましょう。

※事前に模擬試験プログラムをインストールしておきましょう。模擬試験プログラムのダウンロード・インストールについては、P.6「5 模擬試験プログラムについて」を参照してください。

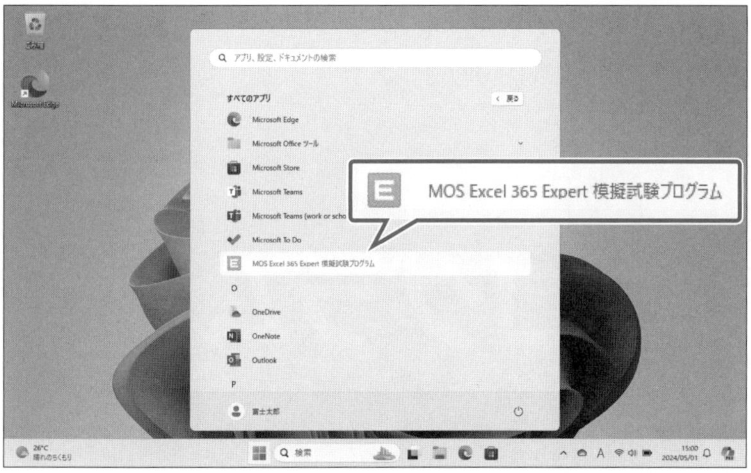

①すべてのアプリを終了します。

※アプリを起動していると、模擬試験プログラムが正しく動作しない場合があります。

②デスクトップを表示します。

③（スタート）→**《すべてのアプリ》**→**《MOS Excel 365 Expert 模擬試験プログラム》**をクリックします。

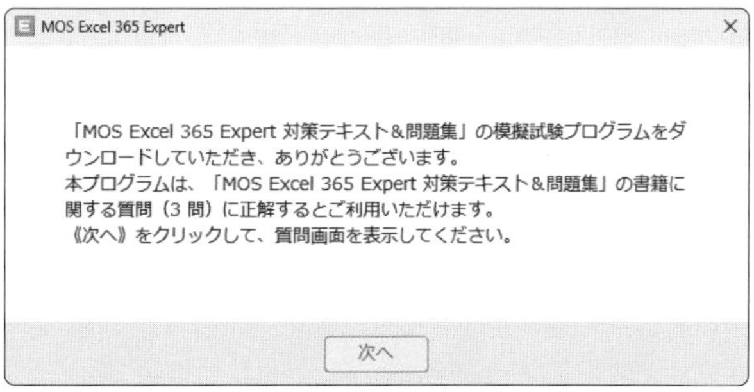

④模擬試験プログラムの利用に関するメッセージが表示されます。

※模擬試験プログラムを初めて起動したときに表示されます。以降の質問に正解すると、次回からは表示されません。

⑤**《次へ》**をクリックします。

⑥書籍に関する質問が表示されます。該当ページを参照して、答えを入力します。

※質問は3問表示されます。質問の内容はランダムに出題されます。

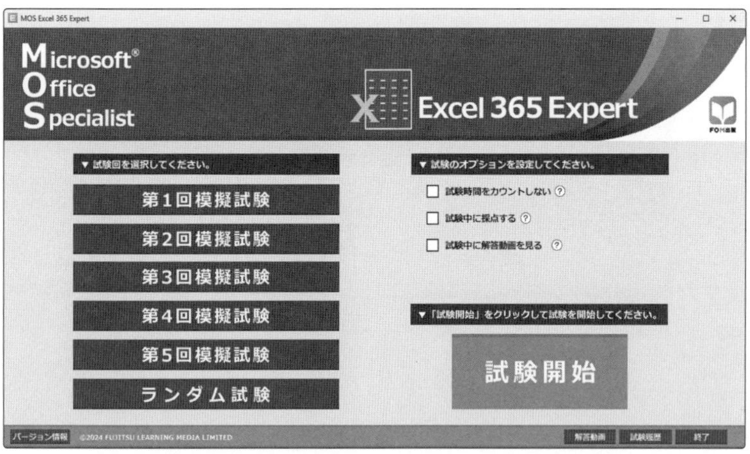

⑦模擬試験プログラムのスタートメニューが表示されます。

Point

模擬試験プログラム利用時のおすすめ環境

模擬試験プログラムは、ディスプレイの解像度が1280×768ピクセル以上の環境でご利用いただけます。
ディスプレイの解像度と拡大率との組み合わせによっては、文字やボタンが小さかったり、逆に大きすぎてはみ出したりすることがあります。
そのような場合には、次の解像度と拡大率の組み合わせをお試しください。

ディスプレイの解像度	拡大率
1280×768ピクセル	100%
1920×1080ピクセル	125%または150%

※ディスプレイの解像度と拡大率を変更する方法は、P.3「Point ディスプレイの解像度と拡大率の設定」を参照してください。

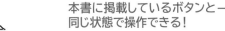

本書に掲載しているボタンと同じ状態で操作できる！

●解像度1280×768ピクセル・拡大率100%の場合

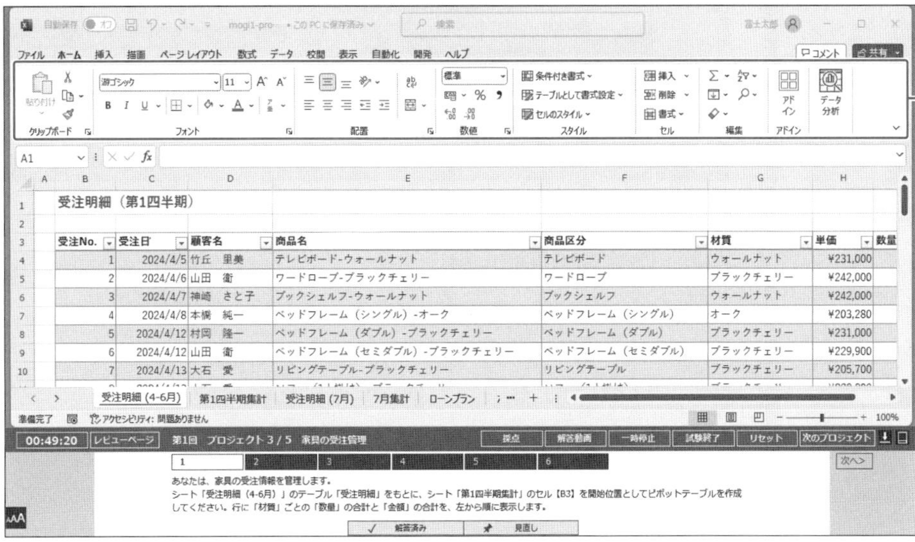

Excelウィンドウの作業領域が広くて全体を見ながら操作できる！

●解像度1920×1080ピクセル・拡大率125%の場合

2 模擬試験プログラムを使った学習方法

模擬試験プログラムを使って、模擬試験を実施する流れを確認しましょう。

❶ スタートメニューで試験回とオプションを選択する

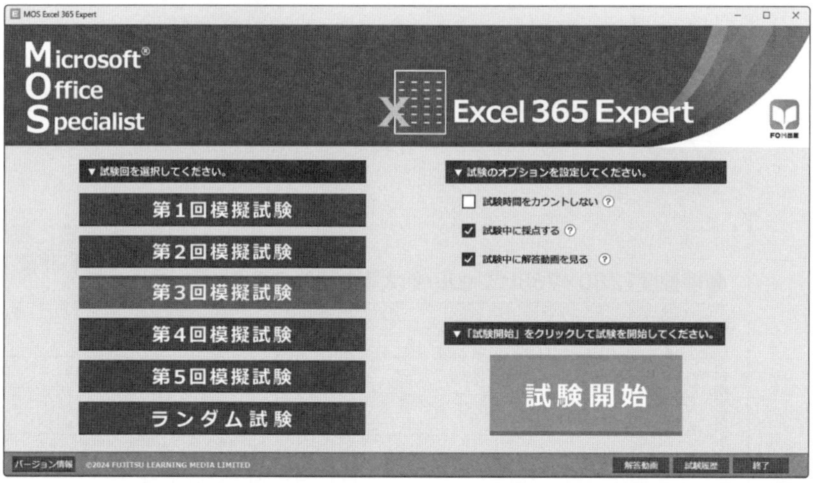

❷ 試験実施画面で問題に解答する

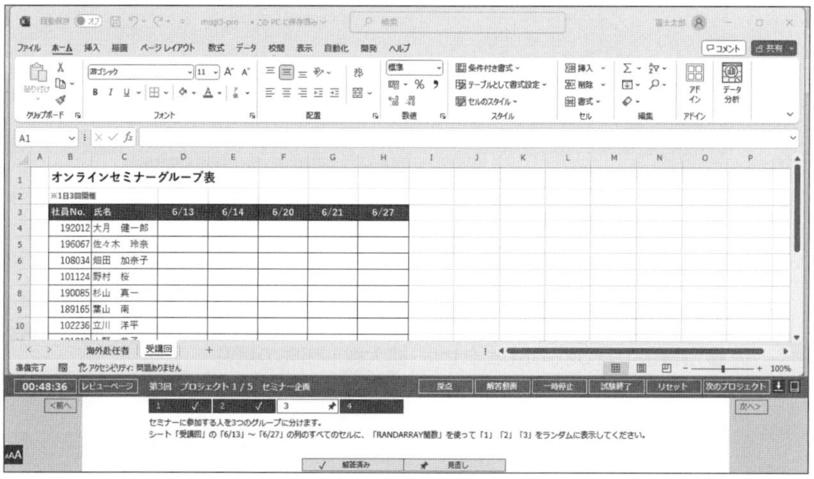

❸ 試験結果画面で採点結果や正答率を確認する

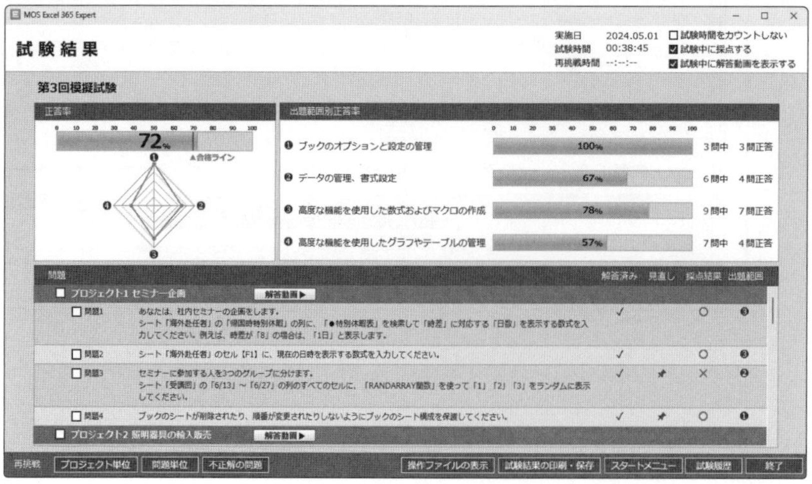

❹ 解答動画で標準解答の操作を確認する

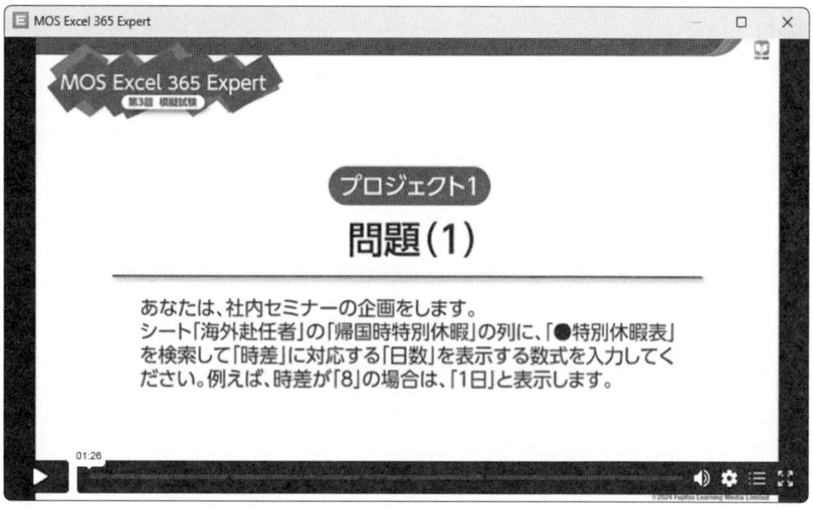

❺ 間違えた問題に再挑戦する

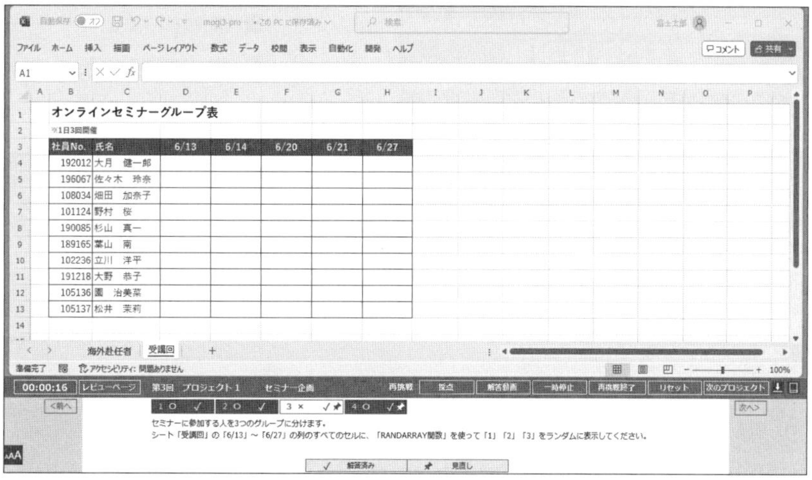

❻ 試験履歴画面で過去の正答率を確認する

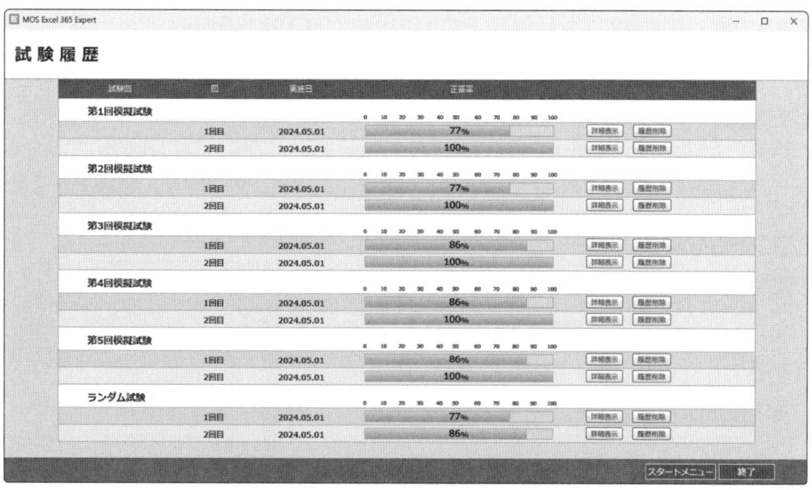

3 模擬試験プログラムの使い方

1 スタートメニュー

模擬試験プログラムを起動すると、スタートメニューが表示されます。
スタートメニューから実施する試験回を選択します。

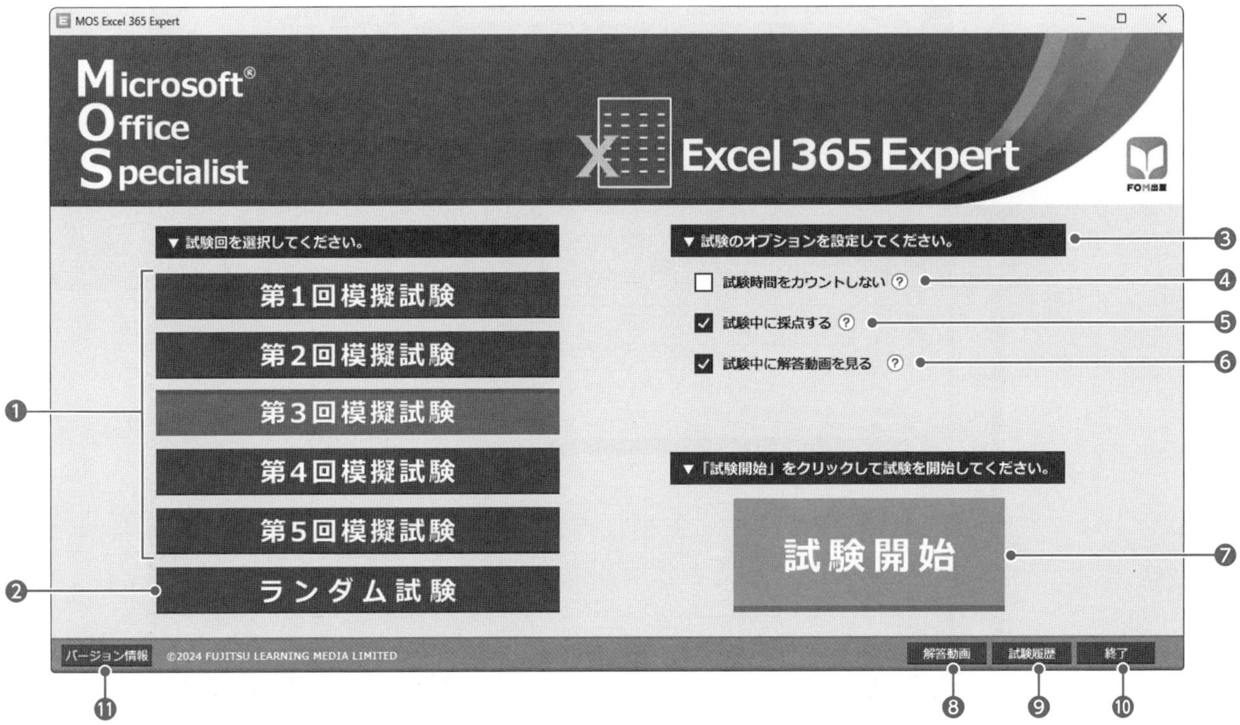

❶模擬試験
5回分の模擬試験から実施する試験を選択します。

❷ランダム試験
5回分の模擬試験のすべての問題の中からランダムに出題されます。

❸試験モードのオプション
試験モードのオプションを設定できます。?をポイントすると、説明が表示されます。

❹試験時間をカウントしない
☑にすると、試験時間をカウントしないで、試験を行うことができます。

❺試験中に採点する
☑にすると、試験中に問題ごとの採点結果を確認できます。

❻試験中に解答動画を見る
☑にすると、試験中に標準解答の動画を確認できます。

❼試験開始
選択した試験回、設定したオプションで試験を開始します。

❽解答動画
FOM出版のホームページを表示して、標準解答の動画を確認できます。模擬試験を行う前に、操作を確認したいときにご利用ください。
※インターネットに接続できる環境が必要です。

❾試験履歴
試験履歴画面を表示します。

❿終了
模擬試験プログラムを終了します。

⓫バージョン情報
模擬試験プログラムのバージョンを確認します。

Point

模擬試験プログラムのアップデート

模擬試験プログラムはアップデートする場合があります。模擬試験プログラムをアップデートするための更新プログラムの提供については、FOM出版のホームページでお知らせします。
《更新プログラムの確認》をクリックすると、FOM出版のホームページが表示され、更新プログラムに関する最新情報を確認できます。
※インターネットに接続できる環境が必要です。

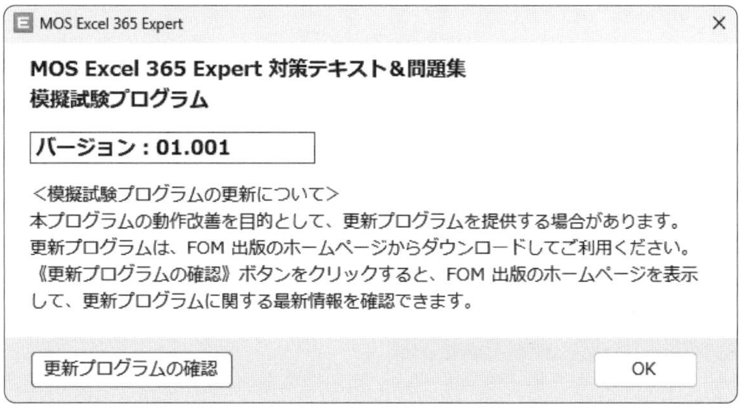

Point

模擬試験の解答動画

模擬試験の解答動画は、FOM出版のホームページで見ることができます。スマートフォンやタブレットで解答動画を見ながらパソコンで操作したり、スマートフォンで操作手順を復習したりと活用範囲が広がります。

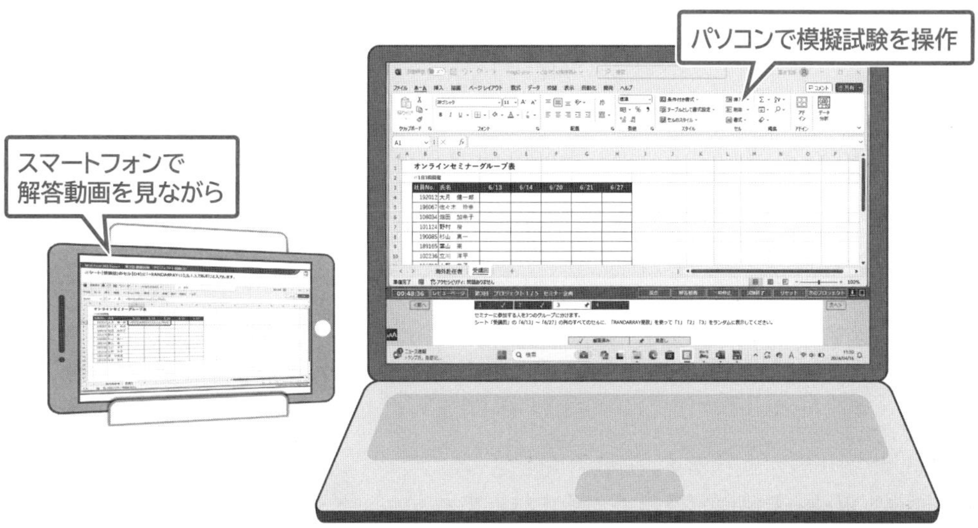

※スマートフォンやタブレットで解答動画を視聴する方法は、表紙の裏側を参照してください。

2 試験実施画面

試験を開始すると、次のような画面が表示されます。

> **模擬試験プログラムの試験形式について**
> 模擬試験プログラムの試験実施画面や試験形式は、FOM出版が独自に開発したもので、本試験とは異なります。

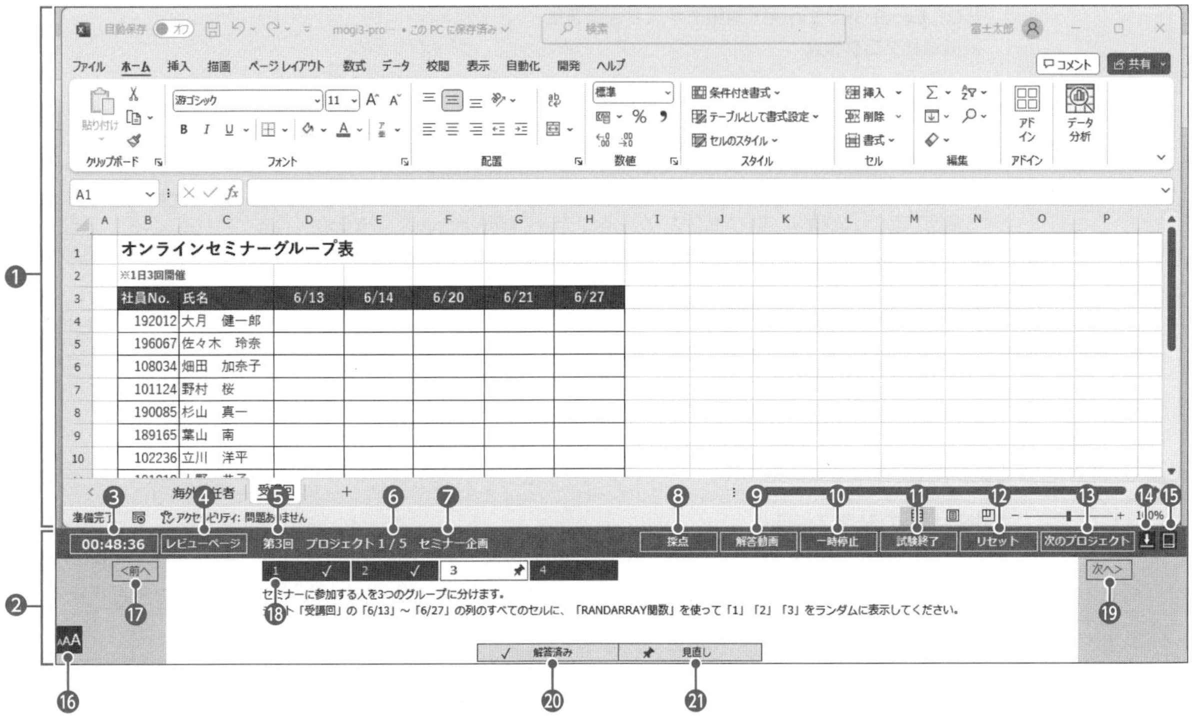

❶Excelウィンドウ
Excelが起動し、ファイルが開かれます。問題の指示に従って、解答操作を行います。

❷問題ウィンドウ
問題が表示されます。問題には、ファイルに対して行う具体的な指示が記述されています。複数の問題が用意されています。

❸タイマー
試験の残り時間が表示されます。試験時間を延長して実施した場合、超過した時間が赤字で表示されます。
※タイマーは、スタートメニューで《試験時間をカウントしない》を☑にすると表示されません。

❹レビューページ
レビューページを表示します。別のプロジェクトの問題に切り替えたり、試験を終了したりできます。
※レビューページについては、P.241を参照してください。

❺試験回
選択している試験回が表示されます。

❻プロジェクト番号／全体のプロジェクト数
表示されているプロジェクトの番号と全体のプロジェクト数が表示されます。
「プロジェクト」とは、操作を行うファイルのことです。複数のプロジェクトが用意されています。

❼プロジェクト名
表示されているプロジェクト名が表示されます。
※拡大率を「100%」より大きくしている場合、プロジェクト名の一部またはすべてが表示されないことがあります。

❽採点
表示されているプロジェクトの正誤を判定します。
試験中に採点結果を確認できます。
※《採点》ボタンは、スタートメニューで《試験中に採点する》を☑にすると表示されます。

❾解答動画
表示されているプロジェクトの標準解答の動画を表示します。
※インターネットに接続できる環境が必要です。
※解答動画については、P.242を参照してください。
※《解答動画》ボタンは、スタートメニューで《試験中に解答動画を見る》を☑にすると表示されます。

❿一時停止
タイマーが一時停止します。
※《再開》をクリックすると、一時停止が解除されます。

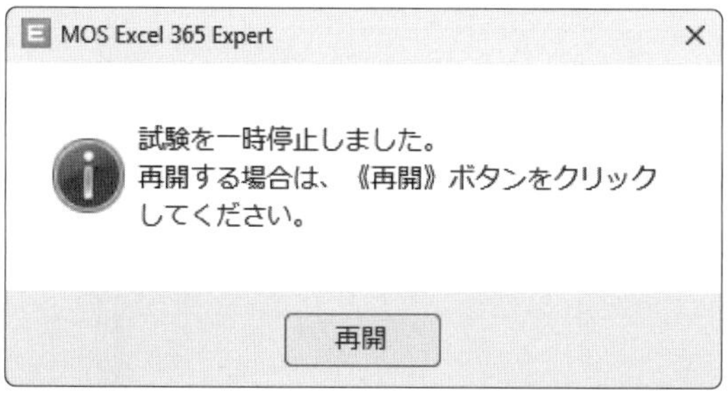

⓫試験終了
試験を終了します。
※《採点して終了》をクリックすると、試験を採点して終了し、試験結果画面が表示されます。《採点せずに終了》をクリックすると、試験を採点せずに終了し、スタートメニューに戻ります。採点せずに終了した場合は、試験結果は試験履歴に残りません。

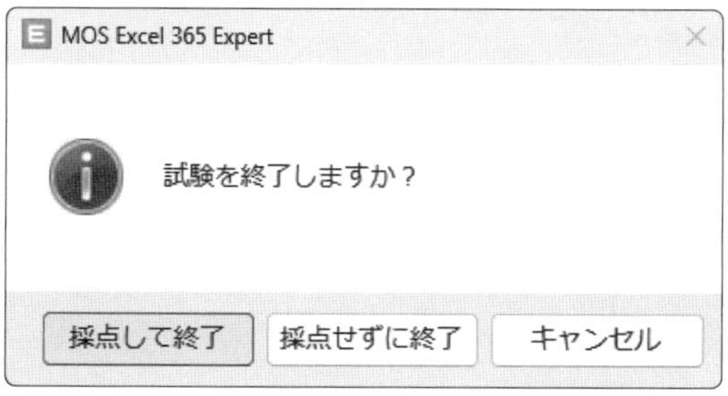

⓬リセット
表示されているプロジェクトを初期の状態に戻します。プロジェクトは最初からやり直すことができますが、経過した試験時間は元に戻りません。

⓭次のプロジェクト
次のプロジェクトを表示します。

⓮
問題ウィンドウを折りたたんで、Excelウィンドウを大きく表示します。問題ウィンドウを折りたたむと、から に切り替わります。クリックすると、問題ウィンドウが元のサイズに戻ります。

⓯
Excelウィンドウと問題ウィンドウのサイズを初期の状態に戻します。

⓰
問題の文字サイズを調整するスケールを表示します。
《+》や《-》をクリックしたり、をドラッグしたりして文字サイズを調整します。文字サイズは5段階で調整できます。

⓱前へ
プロジェクト内の前の問題に切り替えます。

⓲問題番号
問題を切り替えます。表示されている問題番号は、背景が白色で表示されます。

⓳次へ
プロジェクト内の次の問題に切り替えます。

⓴解答済み
問題番号の横に✓を表示します。解答済みにする場合などに使用します。マークの有無は、採点に影響しません。

㉑見直し
問題番号の横にを表示します。あとから見直す場合などに使用します。マークの有無は、採点に影響しません。

Point

試験時間の延長
試験時間の50分が経過すると、次のようなメッセージが表示されます。

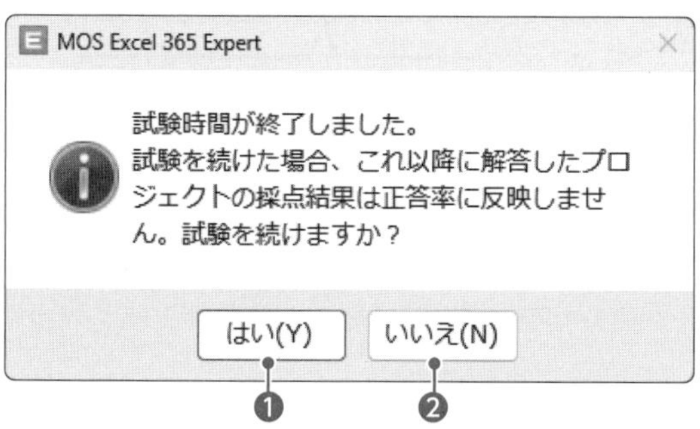

❶はい
試験時間を延長して、解答の操作を続けることができます。ただし、正答率に反映されるのは、時間内に解答したプロジェクトだけです。

❷いいえ
試験を終了します。

Point

模擬試験プログラムの便利な機能

試験を快適に操作するための機能や、Excelの設定には、次のようなものがあります。

問題の文字のコピー

問題で下線が付いている文字は、クリックするだけでコピーできます。コピーした文字は、Excelウィンドウ内に貼り付けることができます。
正しい操作を行っていても、入力した文字が間違っていたら不正解になってしまいます。入力の手間を減らし、入力ミスを防ぐためにも、問題の文字のコピーを積極的に活用しましょう。

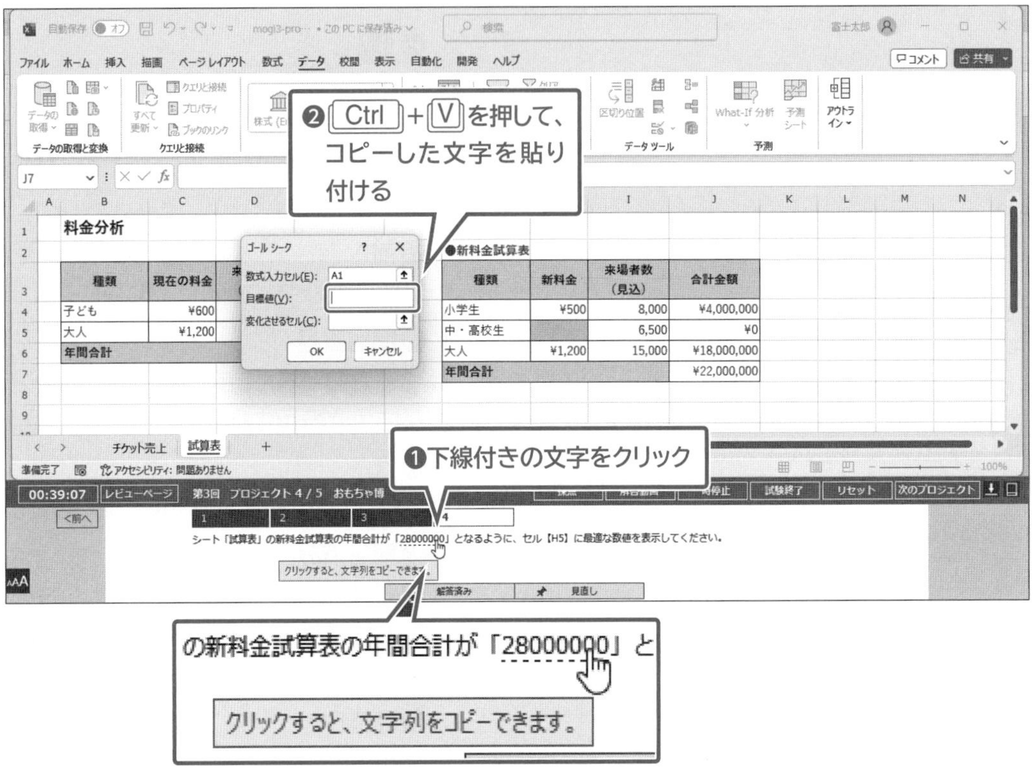

問題の文字サイズの調整

AA をクリックするとスケールが表示され、5段階で文字サイズを調整できます。また、問題ウィンドウがアクティブになっている場合は、Ctrl + ＋ または Ctrl + − を使っても文字サイズを調整できます。
文字を大きくすると、問題がすべて表示されない場合があります。その場合は、問題の右端に表示されるスクロールバーを使って、問題を表示します。

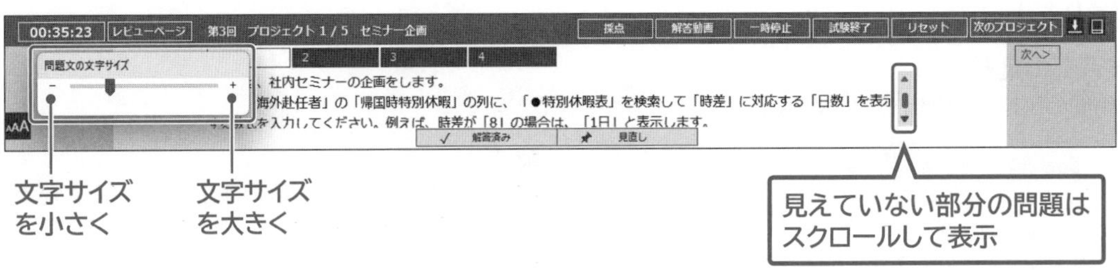

リボンの折りたたみ

Excelのリボンを折りたたんで作業領域を広げることができます。リボンのタブをダブルクリックすると、タブだけの表示になります。折りたたまれたリボンは、タブをクリックすると表示されます。

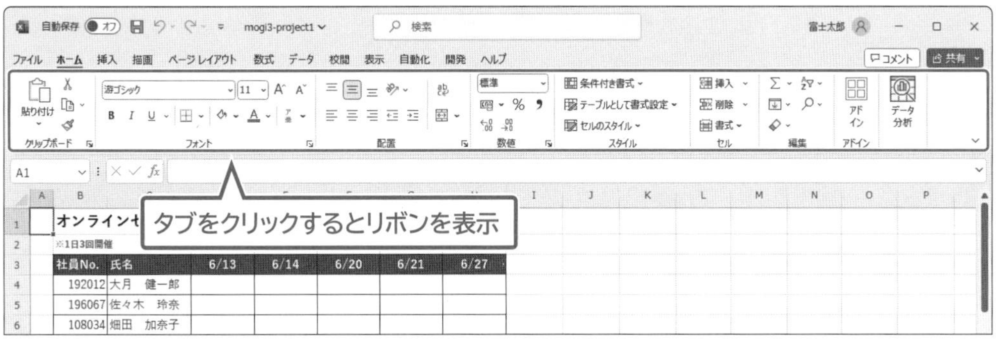

問題ウィンドウとExcelウィンドウのサイズ変更

問題ウィンドウの上側やExcelウィンドウの下側をドラッグすると、ウィンドウの高さを調整できます。
問題の文字が小さくて読みにくいときは、問題ウィンドウを広げて文字のサイズを大きくすると読みやすくなります。
また、作業領域が狭くて操作しにくいときは、Excelウィンドウを広げるとよいでしょう。
問題ウィンドウの をクリックすると、問題ウィンドウとExcelウィンドウのサイズを初期の状態に戻します。

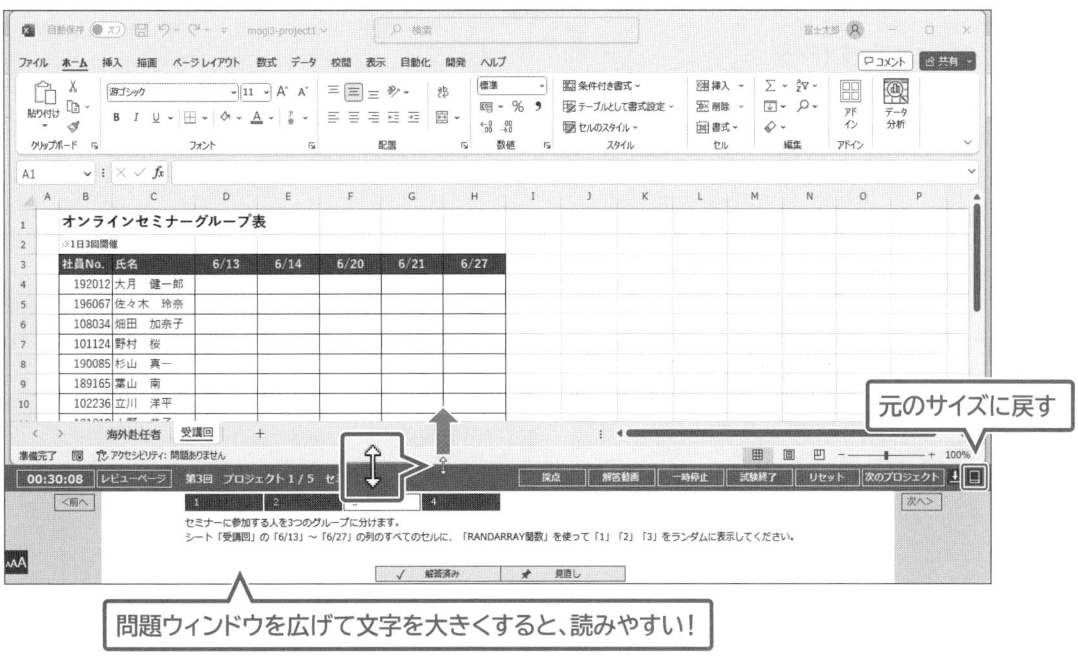

3 レビューページ

試験実施画面の《**レビューページ**》ボタンをクリックすると、レビューページが表示されます。問題番号をクリックすると、試験実施画面が表示されます。

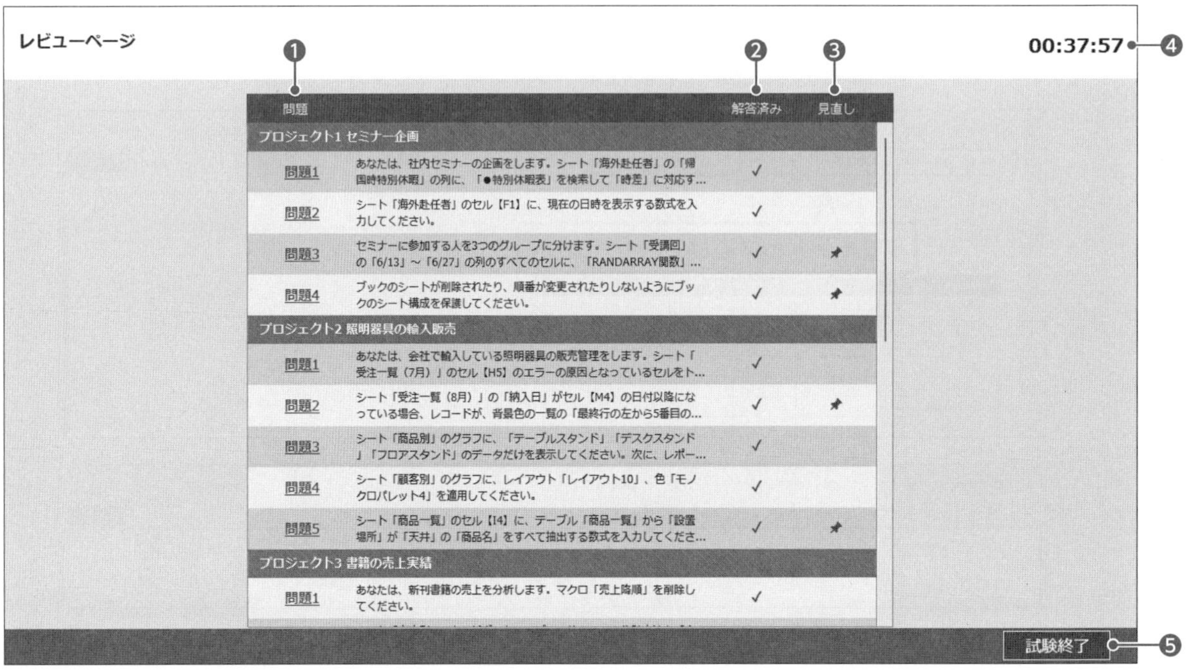

❶問題

プロジェクト番号と問題番号、問題の先頭の文章が表示されます。
問題番号をクリックすると、その問題の試験実施画面が表示され、解答の操作をやり直すことができます。

❷解答済み

試験中に解答済みマークを付けた問題に✓が表示されます。

❸見直し

試験中に見直しマークを付けた問題に📌が表示されます。

❹タイマー

試験の残り時間が表示されます。試験時間を延長して実施した場合、超過した時間が赤字で表示されます。

※タイマーは、スタートメニューで《試験時間をカウントしない》を☑にすると表示されません。

❺試験終了

試験を終了します。

※《採点して終了》をクリックすると、試験を採点して終了し、試験結果画面が表示されます。《採点せずに終了》をクリックすると、試験を採点せずに終了し、スタートメニューに戻ります。採点せずに終了した場合は、試験結果は試験履歴に残りません。

模擬試験プログラムの使い方

4 解答動画画面

各問題の標準解答の操作手順を動画で確認できます。動画はプロジェクト単位で表示されます。動画の再生や問題の切り替えは、画面下側に表示されるコントローラーを使って操作します。コントローラーが表示されていない場合は、マウスを動かすと表示されます。

※動画を視聴するには、インターネットに接続できる環境が必要です。

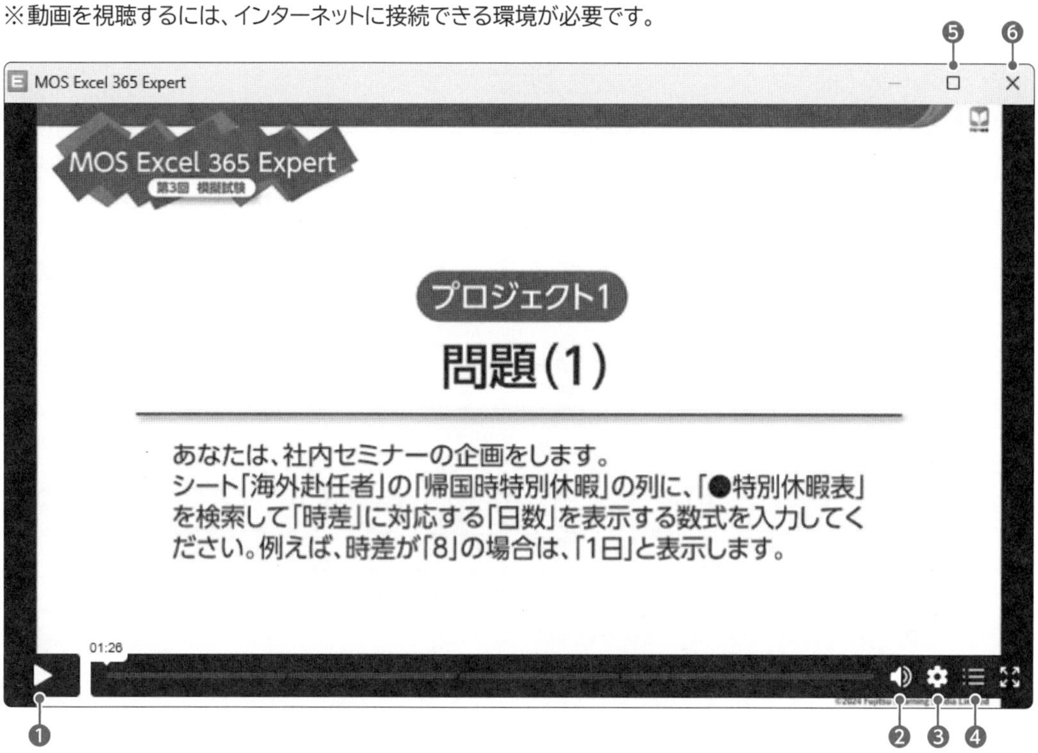

❶ ▶ (再生/一時停止)

動画を再生します。再生中は ⏸ に変わります。⏸ をクリックすると、動画が一時停止します。

❷ 🔊 (音声)

音量を調節します。ポイントすると、音量スライダーが表示されます。クリックすると、🔇 になり、音声をオフにできます。

❸ ⚙ (設定)

動画の画質とスピードを設定するコマンドを表示します。

❹ ☰ (チャプター)

問題番号の一覧を表示します。一覧から問題番号を選択すると、解答動画が切り替わります。

❺ □ (最大化)

解答動画画面を最大化します。最大化すると、⧉ になります。

❻ × (閉じる)

解答動画画面を終了します。

5 試験結果画面

試験を採点して終了すると、試験結果画面が表示されます。

> **模擬試験プログラムの採点方法について**
> 模擬試験プログラムの採点方法は、FOM出版が独自に開発したもので、本試験とは異なります。採点の基準や配点は公開されていません。

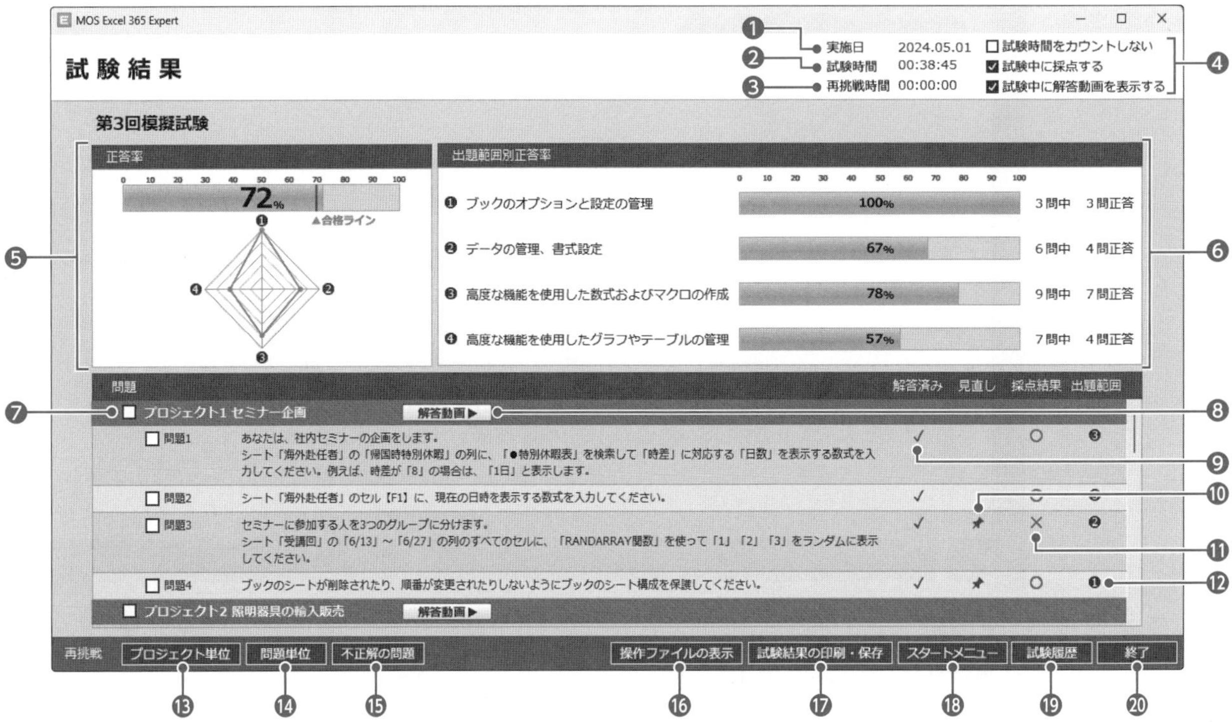

❶ 実施日
試験を実施した日付が表示されます。

❷ 試験時間
試験開始から試験終了までに要した時間が表示されます。

❸ 再挑戦時間
再挑戦に要した時間が表示されます。

❹ 試験モードのオプション
試験を実施するときに設定した試験モードのオプションが表示されます。

❺ 正答率
全体の正答率が%で表示されます。合格ラインの目安の70%を超えているかどうかを確認できます。

※試験時間を延長して解答した場合、時間内に解答したプロジェクトだけが正答率に反映されます。

❻ 出題範囲別正答率
出題範囲別の正答率が%で表示されます。

※試験時間を延長して解答した場合、時間内に解答したプロジェクトだけが正答率に反映されます。

❼ チェックボックス
クリックすると、☑と□を切り替えることができます。

※プロジェクト番号の左側にあるチェックボックスをクリックすると、プロジェクト内のすべての問題をまとめて切り替えることができます。

❽ 解答動画
プロジェクトの標準解答の動画を表示します。

※解答動画については、P.242を参照してください。

※インターネットに接続できる環境が必要です。

❾ 解答済み
試験中に解答済みマークを付けた問題に✓が表示されます。

❿ 見直し
試験中に見直しマークを付けた問題に📌が表示されます。

⓫ 採点結果
採点結果が表示されます。

※試験時間を延長して解答した問題や再挑戦で解答した問題は、「○」や「×」が灰色で表示されます。

⓬ 出題範囲
問題に対応する出題範囲の番号が表示されます。

再挑戦（⑬～⑮）

⑬プロジェクト単位
チェックボックスが☑になっているプロジェクト、または
チェックボックスが☑になっている問題を含むプロジェクトの再挑戦を開始します。

⑭問題単位
チェックボックスが☑になっている問題の再挑戦を開始します。

⑮不正解の問題
不正解の問題の再挑戦を開始します。

⑯操作ファイルの表示
試験中に自分で操作したファイルを表示します。
※試験を採点して終了した直後にだけ表示されます。試験履歴画面から試験結果画面を表示した場合は表示されません。

⑰試験結果の印刷・保存
試験結果レポートを印刷したり、PDFファイルとして保存したりします。また、試験結果をCSVファイルで保存します。
※PDFファイルは再挑戦の結果が反映されますが、CSVファイルは再挑戦の結果が反映されません。

⑱スタートメニュー
スタートメニューを表示します。

⑲試験履歴
試験履歴画面を表示します。

⑳終了
模擬試験プログラムを終了します。

Point

操作ファイルの表示
試験中に自分で操作したファイルが表示されます。試験中に表示しなかったプロジェクトや、問題と異なる名前で保存したファイルは、表示されません。

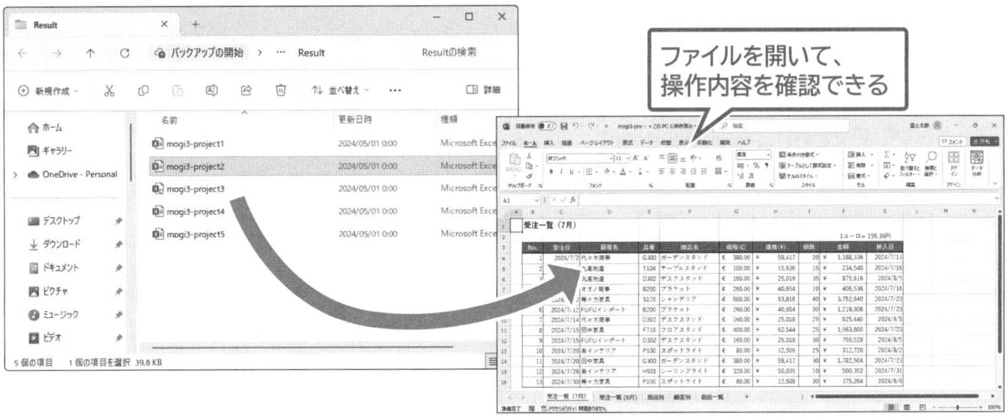

ファイルを開いて、
操作内容を確認できる

※マクロの設定、エラーチェックルール、自動回復用データの保存に関する設定などは、操作ファイルには保存されません。
※操作ファイルを開いていると、画面の切り替えや、模擬試験プログラムを終了できません。確認後、操作ファイルを閉じておきましょう。

Point

操作ファイルの保存
試験履歴画面やスタートメニューなど別の画面に切り替えたり、模擬試験プログラムを終了したりすると、操作ファイルは削除されます。
操作ファイルを保存しておく場合は、試験結果画面が表示されたら、すぐに別のフォルダーなどにコピーしておきましょう。

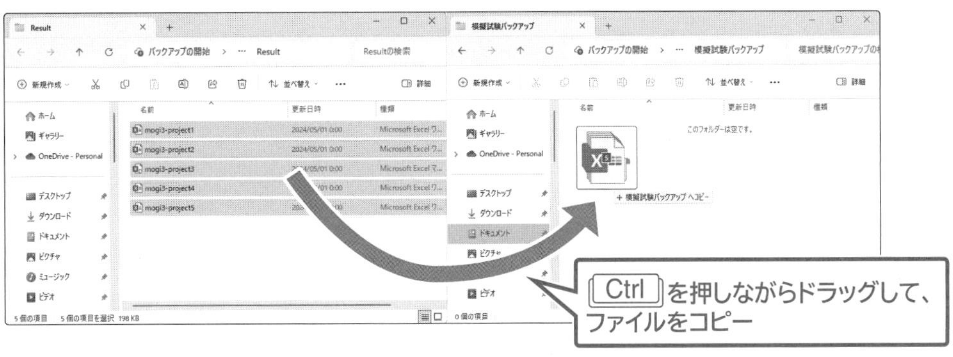

Ctrl を押しながらドラッグして、
ファイルをコピー

Point

試験結果の印刷・保存

試験結果レポートやCSVファイルには、名前を入力できます。名前の入力を省略すると、空白になります。

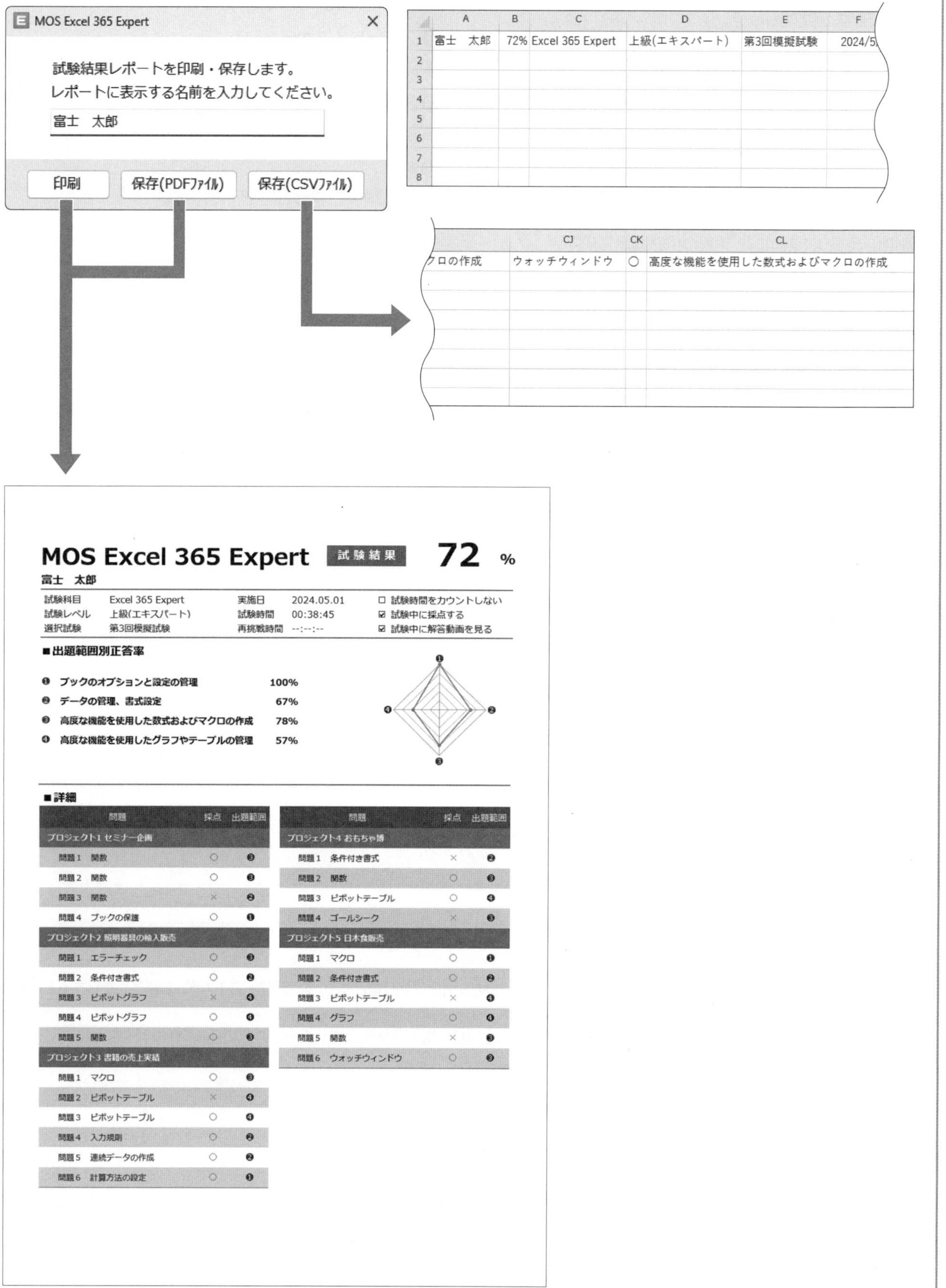

6 再挑戦画面

試験結果画面の再挑戦の**《プロジェクト単位》**、**《問題単位》**、**《不正解の問題》**の各ボタンをクリックすると、問題に再挑戦できます。
再挑戦画面では、操作前のファイルが表示されます。

1 プロジェクト単位で再挑戦

《プロジェクト単位》ボタンをクリックすると、選択したプロジェクトに含まれるすべての問題に再挑戦できます。

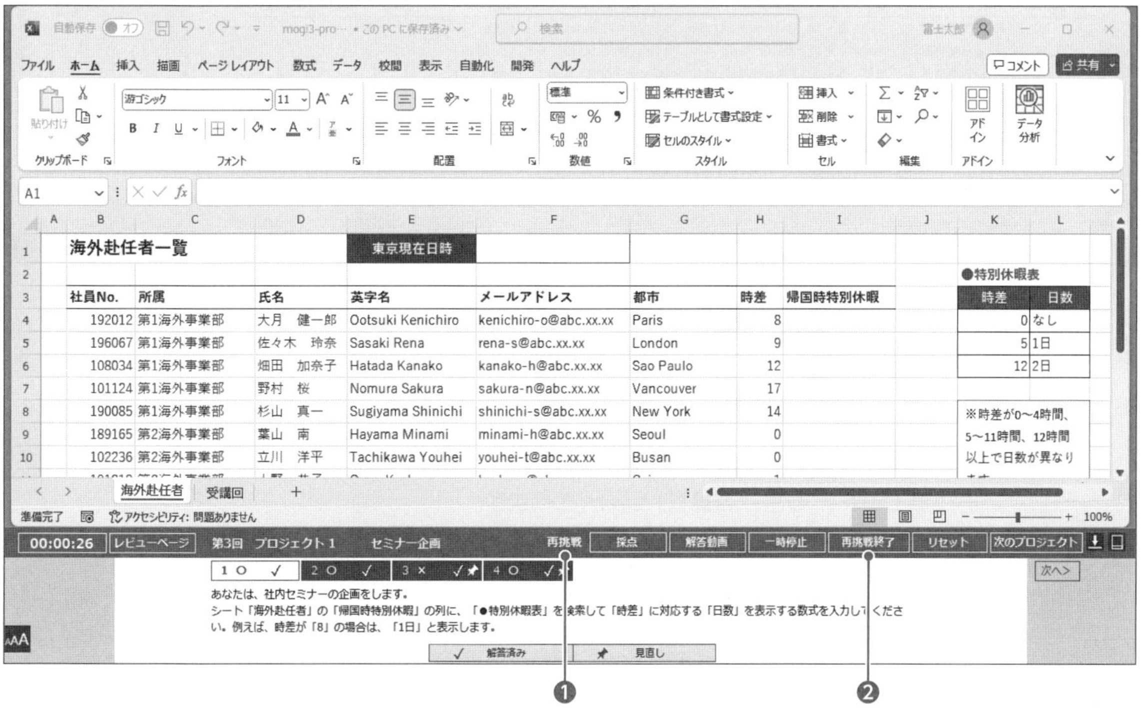

❶再挑戦
再挑戦モードの場合、**「再挑戦」**と表示されます。

❷再挑戦終了
再挑戦を終了します。
※《採点して終了》をクリックすると、試験を採点して終了し、試験結果画面に戻ります。《採点せずに終了》をクリックすると、試験を採点せずに終了し、試験結果画面に戻ります。採点せずに終了した場合は、試験結果は試験結果画面に反映されません。

2 問題単位で再挑戦

《問題単位》ボタンをクリックすると、選択した問題に再挑戦できます。また、**《不正解の問題》**ボタンをクリックすると、採点結果が×の問題に再挑戦できます。

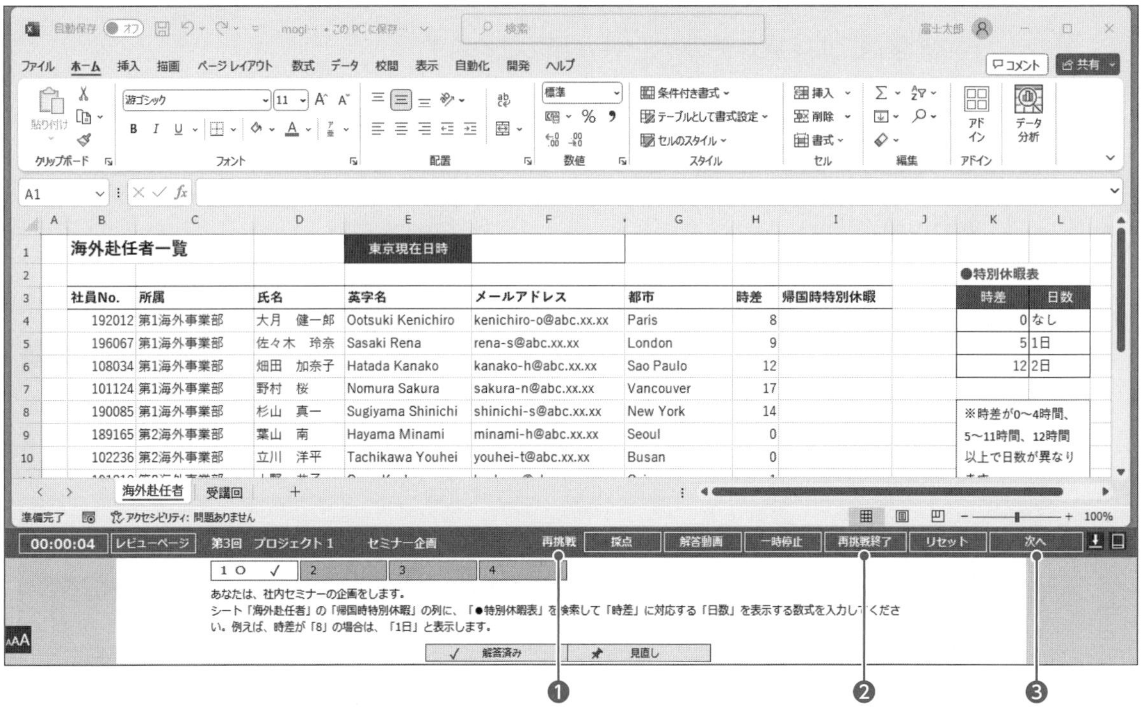

❶再挑戦

再挑戦モードの場合、**「再挑戦」**と表示されます。

❷再挑戦終了

再挑戦を終了します。

※《採点して終了》をクリックすると、試験を採点して終了し、試験結果画面に戻ります。《採点せずに終了》をクリックすると、試験を採点せずに終了し、試験結果画面に戻ります。採点せずに終了した場合は、試験結果は試験結果画面に反映されません。

❸次へ

次の問題を表示します。

Point

問題単位で再挑戦中のレビューページ

問題単位で再挑戦しているときにレビューページを表示すると、選択した問題以外は灰色で表示されます。

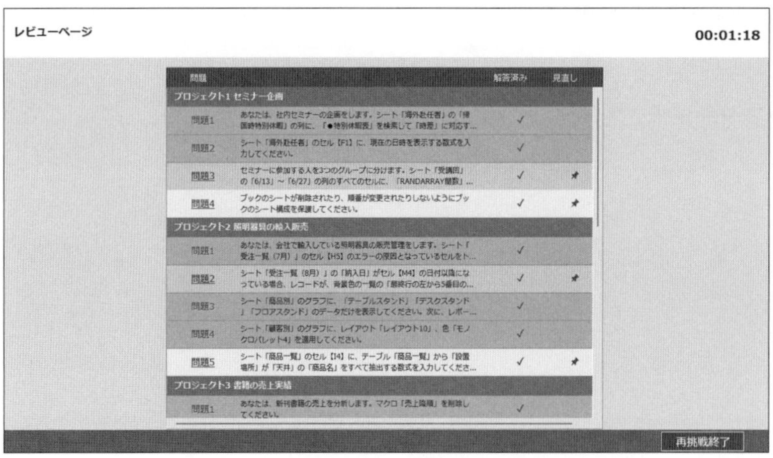

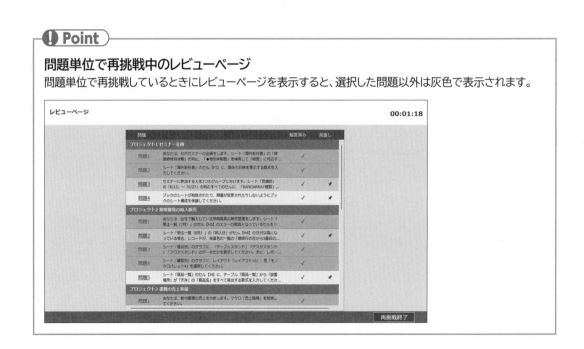

7 試験履歴画面

試験履歴画面では、実施した試験が一覧で表示されます。

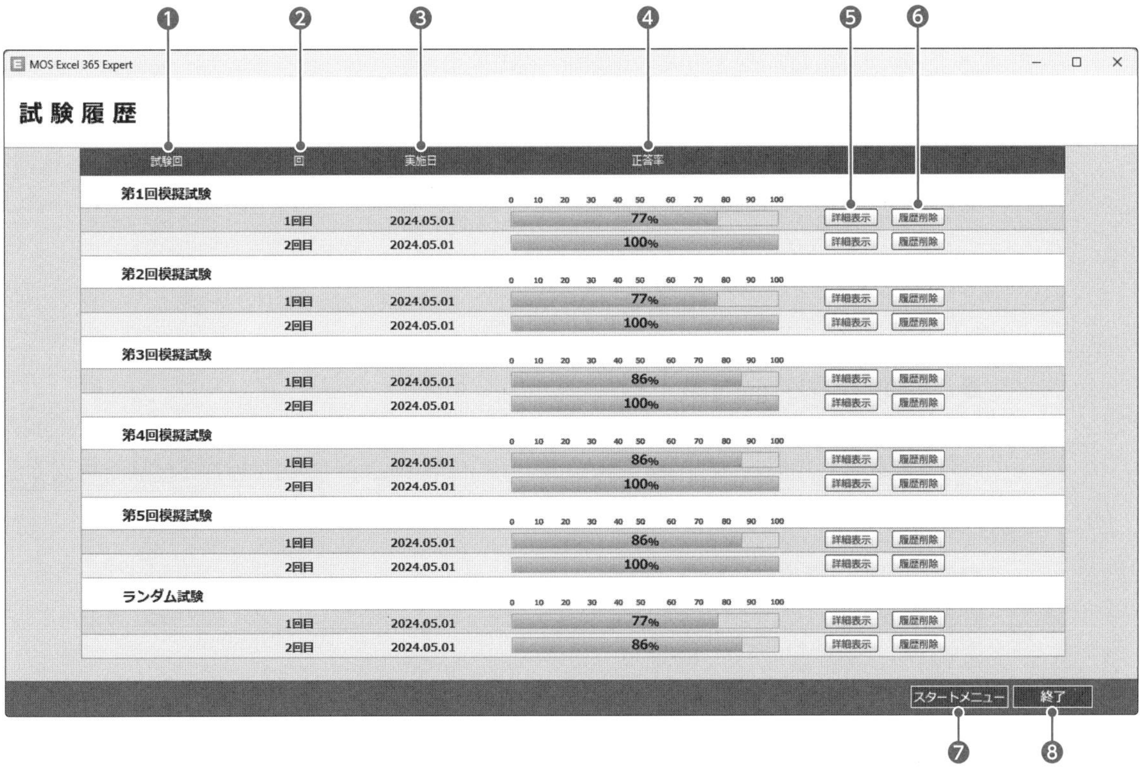

❶試験回

試験回が表示されます。

❷回

試験を実施した回数が表示されます。試験履歴として記録されるのは、最も新しい10回分です。11回以上試験を実施した場合は、古いものから削除されます。

❸実施日

試験を実施した日付が表示されます。

❹正答率

試験の正答率が表示されます。

❺詳細表示

選択した試験の試験結果画面を表示します。

❻履歴削除

選択した試験の履歴を削除します。

❼スタートメニュー

スタートメニューを表示します。

❽終了

模擬試験プログラムを終了します。

4 模擬試験プログラムの注意事項

模擬試験プログラムを使って学習する場合、次のような点に注意してください。

●ファイル操作

模擬試験で使用するファイルは、デスクトップのフォルダー「**FOM Shuppan Documents**」のフォルダー「**MOS 365-Excel Expert(2)**」に保存されています。このフォルダーは、模擬試験プログラムを起動すると自動的に作成されます。

●文字入力の操作

英数字を入力するときは、半角で入力します。

●こまめに上書き保存する

試験中の停電やフリーズに備えて、ファイルはこまめに上書き保存しましょう。模擬試験プログラムを強制終了した場合、再起動すると、ファイルを最後に保存した状態から試験を再開できます。

※強制終了については、P.301を参照してください。

●指示がない操作はしない

問題で指示されている内容だけを操作します。特に指示がない場合は、既定のままにしておきます。

●試験中の採点

問題の内容によっては、試験中に**《採点》**ボタンを押したあと、採点結果が表示されるまでに時間がかかる場合があります。採点は試験時間に含まれないため、試験結果が表示されるまで、しばらくお待ちください。

●ダイアログボックスは閉じて、試験を終了する

次の問題に切り替えたり、試験を終了したりする前に、必ずダイアログボックスを閉じてください。

●入力中のデータは確定して、試験を終了する

データを入力したら、必ず確定してください。確定せずに試験を終了すると、正しく動作しなくなる可能性があります。

●試験開始後、Windowsの設定を変更しない

模擬試験プログラムの起動中にWindowsの設定を変更しないでください。設定を変更すると、正しく動作しなくなる可能性があります。

模擬試験

模擬試験プログラムを使わずに学習される方へ
模擬試験プログラムを使わずに学習される場合は、データファイルの場所を自分がセットアップした場所に読み替えてください。

第1回 模擬試験 問題

プロジェクト1

理解度チェック

☑☑☑☑☑ 問題(1) あなたは、レンタカーの貸出情報の管理をします。
電子署名されたマクロを除き、VBAマクロが無効になるように設定してください。

☑☑☑☑☑ 問題(2) シート「貸出明細」のテーブルに設定されている薄い緑色の背景色の条件付き書式のルールを変更してください。「売上金額」が「80,000円」以上のレコードに書式が設定されるようにします。

☑☑☑☑☑ 問題(3) シート「売上分析」のグラフのフィールドを展開して、項目軸に車種と車名の詳細を表示してください。

☑☑☑☑☑ 問題(4) シート「車種一覧」のセル【H4】に、「車種一覧」の表から「レンタル料金」が「6,500円」のデータをすべて抽出する数式を入力してください。

☑☑☑☑☑ 問題(5) シート「売上実績」のセル【F1】が「115%」となるシナリオを、シナリオ名「115%」として登録し、ワークシートに表示してください。ワークシートが保護された場合は、登録したシナリオが変更できないようにします。シナリオ名は半角で入力します。

プロジェクト2

理解度チェック

☑☑☑☑☑ 問題(1) あなたは、カラオケ店の売上の分析をします。
シート「会員一覧」の「前年度利用金額」が「¥20,000」より小さい場合は、「会員番号」と「会員名」の文字の色がテーマの色の「オレンジ、アクセント2」で表示されるように設定してください。数値が変更されたら、書式が自動的に更新されるようにします。

☑☑☑☑☑ 問題(2) シート「前年度分析」のピボットテーブルにスライサーを追加して、会員区分が「ブロンズ」のデータだけを集計してください。

☑☑☑☑☑ 問題(3) シート「2024年度利用状況」のエラーが含まれるセルをチェックしてください。次に、数式を上のセルからコピーしてエラーを修正してください。

☑☑☑☑☑ 問題(4) シート「会員区分別集計」のピボットテーブルをもとに、3-D円グラフを作成してください。

プロジェクト3

理解度チェック		
☑☑☑☑☑	問題(1)	あなたは、家具の受注情報を管理します。 シート「受注明細(4-6月)」のテーブル「受注明細」をもとに、シート「第1四半期集計」のセル【B3】を開始位置としてピボットテーブルを作成してください。行に「材質」ごとの「数量」の合計と「金額」の合計を、左から順に表示します。
☑☑☑☑☑	問題(2)	シート「受注明細(7月)」の「材質」の列に、「商品名」の列の「-(ハイフン)」に続くデータを、フラッシュフィルを使って入力してください。商品名が「ワードローブ-オーク」の場合は、「オーク」と入力します。
☑☑☑☑☑	問題(3)	シート「7月集計」の「合計/金額2」の集計方法を「個数」、フィールド名を「受注件数」に変更してください。次に、ピボットテーブルスタイル「薄いオレンジ, ピボットスタイル(淡色)17」を適用してください。
☑☑☑☑☑	問題(4)	シート「ローンプラン」の表に、「返済期間」と「貸付額」に対応する毎月の返済額を表示する数式を入力してください。年利や貸付額、返済期間の値が変更された場合でも再計算されるようにします。
☑☑☑☑☑	問題(5)	10月~12月に実施するポイントアップキャンペーンのポイント倍率を確認します。 シート「ポイントアップキャンペーン」の各商品の「10月」~「12月」の列に、「RANDARRAY関数」を使って「2」~「5」の整数をランダムに表示してください。
☑☑☑☑☑	問題(6)	ブックのシートが削除されたり、順番が変更されたりしないように保護してください。パスワードは「abc」とします。

プロジェクト4

理解度チェック		
☑☑☑☑☑	問題(1)	あなたは、パソコン実務検定の試験結果の資料を作成します。 シート「結果一覧」のセル【P6】に、テーブル「結果一覧」の「4級合格」の平均合格者数を表示する数式を入力してください。「●合格者4級」の表の条件に一致する合格者数の平均を表示します。数式は、条件が変更されたり、テーブルにデータが追加されたりした場合でも再計算されるようにします。
☑☑☑☑☑	問題(2)	シート「都道府県別集計」の「地域」が「九州沖縄」と「中国四国」のデータをそれぞれグループ化してください。並べ替えが必要な場合は、昇順で並べ替えます。
☑☑☑☑☑	問題(3)	シート「実績」の受験料を集合縦棒グラフ、受験者数を折れ線グラフで表した複合グラフを作成してください。受験料を主軸、受験者数を第2軸、各級を項目軸に表示します。
☑☑☑☑☑	問題(4)	計算方法を手動に設定してください。ブックの保存前に再計算が行われるようにします。

プロジェクト5

理解度チェック		
☑☑☑☑☑	問題(1)	あなたは、販売実績や拡販イベントの結果を分析します。 自動回復用データが「15」分ごとに保存されるように設定してください。
☑☑☑☑☑	問題(2)	シート「売上一覧」の表に、担当者ごとの売上金額の小計と全体の合計を求める集計行を挿入してください。並べ替えが必要な場合は昇順で並べ替え、集計行はデータの下に挿入します。
☑☑☑☑☑	問題(3)	シート「販売店別売上」の「担当者名」の列に、入力済みのデータから担当者名を入力します。 「VLOOKUP関数」を使って、「担当者コード」と一致する「担当者名」を表示してください。「担当者名」はシート「担当者」のテーブル「担当者一覧」を検索します。数式は、値が変更されたり、テーブルにデータが追加されたりした場合でも再計算されるようにします。
☑☑☑☑☑	問題(4)	マクロ「グラフ作成」の「ActiveChart.ChartStyle」の値を「205」、「ActiveChart.SetElement」の値を「msoElementChartTitleNone」に変更してください。マクロは実行しないでください。
☑☑☑☑☑	問題(5)	シート「イベント」の表のデータをもとに、じょうごグラフを作成し、グラフスタイル「スタイル4」を適用してください。
☑☑☑☑☑	問題(6)	シート「担当者別集計」のセル【D7】をウォッチウィンドウに表示してください。次に、シート「販売店別売上」のセル【F4】を「6000」に修正してください。

第1回 模擬試験 標準解答

●解答は、標準的な操作手順で記載しています。
●📖は、問題を解くために必要な機能を解説しているページを示しています。

●プロジェクト1

問題(1)

📖 P.28

①《ファイル》タブを選択します。
②《オプション》をクリックします。
③左側の一覧から《トラストセンター》を選択します。
④《トラストセンターの設定》をクリックします。
⑤左側の一覧から《マクロの設定》を選択します。
⑥《電子署名されたマクロを除き、VBAマクロを無効にする》を◉にします。
⑦《OK》をクリックします。
⑧《OK》をクリックします。

問題(2)

📖 P.77,82

①シート「**貸出明細**」のセル【**B3**】を選択します。
※テーブル内のセルであれば、どこでもかまいません。
②《ホーム》タブ→《スタイル》グループの[条件付き書式](条件付き書式)→《ルールの管理》をクリックします。
③《書式ルールの表示》が《このテーブル》になっていることを確認します。
④一覧から《書式》が薄い緑色の背景色になっているルールを選択します。
⑤《ルールの編集》をクリックします。
⑥《次の数式を満たす場合に値を書式設定》に入力されている数式を「**=$L4>=80000**」に修正します。
※ルールの基準となるセル【L4】は、常に同じ列を参照するように複合参照にします。
⑦《OK》をクリックします。
⑧《OK》をクリックします。

問題(3)

📖 P.215

①シート「**売上分析**」のピボットグラフを選択します。
②[+](フィールド全体の展開)をクリックします。

問題(4)

📖 P.141

①シート「**車種一覧**」のセル【**H4**】に「**=FILTER(B4:F44,F4:F44=6500)**」と入力します。

問題(5)

📖 P.133,135

①シート「**売上実績**」を選択します。
②《データ》タブ→《予測》グループの[What-If分析](What-If分析)→《シナリオの登録と管理》をクリックします。
③《追加》をクリックします。
④《シナリオ名》に「**115%**」と入力します。
⑤《変化させるセル》の値を選択します。
⑥セル【**F1**】を選択します。
※《変化させるセル》が「$F$1」になります。
⑦《変更できないようにする》が☑になっていることを確認します。
⑧《シナリオの追加》ダイアログボックスの《OK》をクリックします。
⑨《シナリオの値》ダイアログボックスの《1》に「**1.15**」と入力します。
※《シナリオの値》ダイアログボックスが非表示になる場合があります。非表示になった場合は、Excelのタイトルバーをクリックしてアクティブウィンドウにしてください。
⑩《OK》をクリックします。
⑪《表示》をクリックします。
※セル【F1】に「115%」と表示されます。
⑫《閉じる》をクリックします。

●プロジェクト2

問題(1)

📖 P.77

①シート「**会員一覧**」のセル範囲【**B4:C53**】を選択します。
②《ホーム》タブ→《スタイル》グループの[条件付き書式](条件付き書式)→《新しいルール》をクリックします。
③《ルールの種類を選択してください》の一覧から《数式を使用して、書式設定するセルを決定》を選択します。
④《次の数式を満たす場合に値を書式設定》に「**=$E4<20000**」と入力します。
※ルールの基準となるセル【E4】は、常に同じ列を参照するように複合参照にします。
⑤《書式》をクリックします。
⑥《フォント》タブを選択します。
⑦《色》の[▼]をクリックし、一覧から《テーマの色》の《オレンジ、アクセント2》を選択します。
⑧《OK》をクリックします。
⑨《OK》をクリックします。

問題(2) P.194

①シート「**前年度分析**」のセル【**A3**】を選択します。
※ピボットテーブル内のセルであれば、どこでもかまいません。
②《**ピボットテーブル分析**》タブ→《**フィルター**》グループの スライサーの挿入 (スライサーの挿入)をクリックします。
③「**会員区分**」を☑にします。
④《**OK**》をクリックします。
⑤「**ブロンズ**」をクリックします。

問題(3) P.150

①シート「**2024年度利用状況**」を選択します。
②《**数式**》タブ→《**ワークシート分析**》グループの エラー チェック (エラーチェック)をクリックします。
③エラーチェックの結果を確認します。
※セル【J5】の数式のエラーの内容が表示されます。
④セル【**J5**】が選択されていることを確認します。
⑤《**数式を上からコピーする**》をクリックします。
⑥《**OK**》をクリックします。

問題(4) P.204

①シート「**会員区分別集計**」のセル【**A3**】を選択します。
※ピボットテーブル内のセルであれば、どこでもかまいません。
②《**ピボットテーブル分析**》タブ→《**ツール**》グループの (ピボットグラフ)をクリックします。
③左側の一覧から《**円**》を選択します。
④右側の一覧から《**3-D円**》を選択します。
⑤《**OK**》をクリックします。

●プロジェクト3

問題(1) P.183

①シート「**受注明細(4-6月)**」のセル【**B3**】を選択します。
※テーブル内のセルであれば、どこでもかまいません。
②《**挿入**》タブ→《**テーブル**》グループの (ピボットテーブル)をクリックします。
③《**テーブル/範囲**》に「**受注明細**」と表示されていることを確認します。
④《**既存のワークシート**》を◉にします。
⑤《**場所**》にカーソルが表示されていることを確認します。
⑥シート「**第1四半期集計**」のセル【**B3**】を選択します。
※《場所》に「第1四半期集計!$B$3」と表示されます。
⑦《**OK**》をクリックします。
⑧《**ピボットテーブルのフィールド**》作業ウィンドウの「**材質**」を《**行**》のボックスにドラッグします。
⑨《**ピボットテーブルのフィールド**》作業ウィンドウの「**数量**」を《**値**》のボックスにドラッグします。
⑩《**ピボットテーブルのフィールド**》作業ウィンドウの「**金額**」を《**値**》のボックスの《**合計/数量**》の下にドラッグします。

問題(2) P.47

①問題文の「**オーク**」をクリックして、コピーします。
②シート「**受注明細(7月)**」のセル【**G4**】を選択します。
③ Ctrl + V を押して貼り付けます。
※セルに直接入力してもかまいません。
④《**データ**》タブ→《**データツール**》グループの (フラッシュフィル)をクリックします。

問題(3) P.200

①シート「**7月集計**」のセル【**B4**】を選択します。
※「合計/金額2」のフィールドであれば、どこでもかまいません。
②《**ピボットテーブル分析**》タブ→《**アクティブなフィールド**》グループの フィールドの設定 (フィールドの設定)をクリックします。
③《**集計方法**》タブを選択します。
④《**選択したフィールドのデータ**》の一覧から《**個数**》を選択します。
⑤問題文の「**受注件数**」をクリックして、コピーします。
⑥《**名前の指定**》の文字列を選択します。
⑦ Ctrl + V を押して貼り付けます。
※《名前の指定》に直接入力してもかまいません。
⑧《**OK**》をクリックします。
⑨《**デザイン**》タブ→《**ピボットテーブルスタイル**》グループの →《**淡色**》の《**薄いオレンジ, ピボットスタイル(淡色)17**》をクリックします。

問題(4) P.139

①シート「**ローンプラン**」のセル【**C9**】に「**=PMT($C$3/12,$B9,C$8)**」と入力します。
※数式をコピーするため、セル【C3】は常に同じセルを参照するように絶対参照、セル【B9】は常に同じ列を、セル【C8】は常に同じ行を参照するように複合参照にします。
②セル【**C9**】を選択し、セル右下の■(フィルハンドル)をダブルクリックします。
③セル範囲【**C9:C12**】を選択し、セル範囲右下の■(フィルハンドル)をセル【**F12**】までドラッグします。

問題(5) P.51

①シート「**ポイントアップキャンペーン**」のセル【**D5**】に「=RANDARRAY(5,3,2,5,TRUE)」と入力します。

問題(6) P.42

①《**校閲**》タブ→《**保護**》グループの (ブックの保護)をクリックします。
②《**シート構成**》が☑になっていることを確認します。
③問題文の「**abc**」をクリックして、コピーします。

④《パスワード》をクリックして、カーソルを表示します。

⑤ Ctrl + V を押して貼り付けます。

※《パスワード》に直接入力してもかまいません。

⑥《OK》をクリックします。

⑦《パスワードをもう一度入力してください。》にカーソルが表示されていることを確認します。

⑧ Ctrl + V を押して貼り付けます。

※《パスワードをもう一度入力してください。》に直接入力してもかまいません。

⑨《OK》をクリックします。

●プロジェクト4

問題(1)
P.102

①シート**「結果一覧」**のセル**【P6】**に**「=AVERAGEIFS(結果一覧[4級合格],結果一覧[地域],P4,結果一覧[試験回],P5)」**と入力します。

※引数は、テーブルの列やセルを選択して指定します。

問題(2)
P.65

①シート**「都道府県別集計」**のセル**【B3】**を選択します。

※表内のB列のセルであれば、どこでもかまいません。

②**《データ》**タブ→**《並べ替えとフィルター》**グループの（昇順）をクリックします。

③行番号**【11:18】**を選択します。

④**《データ》**タブ→**《アウトライン》**グループの（グループ化）をクリックします。

※《アウトライン》グループが折りたたまれている場合は、展開して操作します。

⑤同様に、行番号**【24:32】**をグループ化します。

問題(3)
P.167,168

①シート**「実績」**のセル範囲**【B3:F5】**を選択します。

②**《挿入》**タブ→**《グラフ》**グループの（複合グラフの挿入）→**《ユーザー設定の複合グラフを作成する》**をクリックします。

③**《すべてのグラフ》**タブを選択します。

④**「受験料(千円)」**の**《グラフの種類》**のをクリックし、一覧から**《縦棒》**の**《集合縦棒》**を選択します。

⑤**「受験者数」**の**《グラフの種類》**のをクリックし、一覧から**《折れ線》**の**《折れ線》**を選択します。

⑥**「受験者数」**の**《第2軸》**を✓にします。

⑦**《OK》**をクリックします。

問題(4)
P.43

①**《ファイル》**タブを選択します。

②**《オプション》**をクリックします。

③左側の一覧から**《数式》**を選択します。

④**《計算方法の設定》**の**《手動》**を◉にします。

⑤**《ブックの保存前に再計算を行う》**を✓にします。

⑥**《OK》**をクリックします。

●プロジェクト5

模擬試験プログラムを使わないで操作する場合

●《セキュリティリスク》メッセージバーが表示された場合は、セキュリティを許可しておきましょう。

●《セキュリティの警告》メッセージバーが表示された場合は、《コンテンツの有効化》をクリックしておきましょう。

問題(1)
P.21

①**《ファイル》**タブを選択します。

②**《オプション》**をクリックします。

③左側の一覧から**《保存》**を選択します。

④**《ブックの保存》**の**《次の間隔で自動回復用データを保存する》**を✓にします。

⑤問題文の**「15」**をクリックして、コピーします。

⑥**《ブックの保存》**の**《次の間隔で自動回復用データを保存する》**の値を選択します。

⑦ Ctrl + V を押して貼り付けます。

※《次の間隔で自動回復用データを保存する》に直接入力してもかまいません。

⑧**《OK》**をクリックします。

問題(2)
P.69,70

①シート**「売上一覧」**のセル**【F3】**を選択します。

※表内のF列のセルであれば、どこでもかまいません。

②**《データ》**タブ→**《並べ替えとフィルター》**グループの（昇順）をクリックします。

③セル範囲**【B3:H500】**を選択します。

④**《データ》**タブ→**《アウトライン》**グループの（小計）をクリックします。

※《アウトライン》グループが折りたたまれている場合は、展開して操作します。

⑤**《グループの基準》**のをクリックし、一覧から**「担当者名」**を選択します。

⑥**《集計の方法》**のをクリックし、一覧から**《合計》**を選択します。

⑦**《集計するフィールド》**の**「売上金額」**が✓になっていることを確認します。

⑧**《集計行をデータの下に挿入する》**を✓にします。

⑨**《OK》**をクリックします。

問題(3)
P.111

①シート**「販売店別売上」**のセル**【E4】**に**「=VLOOKUP([@担当者コード],」**と入力します。

※引数は、テーブルのセルを選択して指定します。

②シート「**担当者**」のセル範囲【**B4:C9**】を選択します。
※「=VLOOKUP([@担当者コード],担当者一覧」と表示されます。
※テーブルのデータをすべて選択すると、テーブル名が表示されます。テーブル名は直接入力してもかまいません。
③続けて「**,2,FALSE)**」と入力します。
④数式バーに、「**=VLOOKUP([@担当者コード],担当者一覧,2,FALSE)**」と表示されていることを確認します。
⑤ Enter を押します。
※フィールド内の残りのセルにも自動的に数式が作成されます。

問題(4)

P.163

①《**開発**》タブ→《**コード**》グループの (Visual Basic)をクリックします。
※《開発》タブが表示されていない場合は、表示しておきましょう。
②問題文の「**205**」をクリックして、コピーします。
③「**ActiveChart.ChartStyle**」の値「**202**」を選択します。
④ Ctrl ＋ V を押して貼り付けます。
※値を直接入力してもかまいません。
⑤問題文の「**msoElementChartTitleNone**」をクリックして、コピーします。
⑥「**ActiveChart.SetElement**」の値「**msoElementChartTitleAboveChart**」を選択します。
※値だけを選択し、前後の「( )」を削除しないようにします。
⑦ Ctrl ＋ V を押して貼り付けます。
⑧《**Microsoft Visual Basic for Applications**》ウィンドウの (閉じる)をクリックします。

問題(5)

P.179

①シート「**イベント**」のセル範囲【**B3:C7**】を選択します。
②《**挿入**》タブ→《**グラフ**》グループの (ウォーターフォール図、じょうごグラフ、株価チャート、等高線グラフ、レーダーチャートの挿入)→《**じょうご**》の《**じょうご**》をクリックします。
③グラフを選択します。
④《**グラフのデザイン**》タブ→《**グラフスタイル**》グループの →《**スタイル4**》をクリックします。

問題(6)

P.148,149

①《**数式**》タブ→《**ワークシート分析**》グループの (ウォッチウィンドウ)をクリックします。
②《**ウォッチ式の追加**》をクリックします。
③シート「**担当者別集計**」のセル【**D7**】を選択します。
※《値をウォッチするセル範囲を選択してください》に「=担当者別集計!$D$7」と表示されます。
④《**追加**》をクリックします。
⑤問題文の「**6000**」をクリックして、コピーします。
⑥シート「**販売店別売上**」のセル【**F4**】を選択します。
⑦ Ctrl ＋ V を押して貼り付けます。
※セルに直接入力してもかまいません。
※ウォッチウィンドウの《値》が変更されます。
※ウォッチウィンドウを閉じておきましょう。

模擬試験プログラムを使わないで操作する場合

- トラストセンターのマクロの設定を元に戻しておきましょう。初期の設定は「警告して、VBAを無効にする」です。
- 自動回復用データの保存の間隔を元に戻しておきましょう。初期の設定は「10」分です。

第2回 模擬試験 問題

プロジェクト1

理解度チェック		
☑☑☑☑☑	問題(1)	あなたは、FOMフーズ株式会社の販売管理表を作成します。 シート「注文書」の「数量」の列に、「1」から「20」までの整数だけが入力できるように入力規則を設定してください。それ以外のデータが入力された場合は、スタイル「注意」、タイトル「数量確認」、エラーメッセージ「数量を確認してください。」を表示します。
☑☑☑☑☑	問題(2)	シート「納品書」のセル【D9】、セル範囲【C14:C18】、セル範囲【G14:G18】のロックを解除し、それ以外のセルは編集できないようにワークシートを保護してください。ワークシートを保護したあとも、ユーザーがすべてのセル範囲を選択できるようにします。
☑☑☑☑☑	問題(3)	シート「顧客」の「前年度購入金額」が「¥500,000」より大きい場合、「顧客名」と「都道府県」の文字が斜体、標準の色の「青」で表示されるように設定してください。数値が変更されたら、書式が自動的に更新されるようにします。
☑☑☑☑☑	問題(4)	シート「販売品」のセル【G4】に、テーブル「販売品」のデータを並べ替えて表示する数式を入力してください。「価格」の昇順に並べ替え、「価格」が同じ場合は「型番」の降順に並べ替えます。
☑☑☑☑☑	問題(5)	シート「返品件数」の表をもとに、商品別の返品件数を表すパレート図を作成してください。
☑☑☑☑☑	問題(6)	シート「世田谷店」「横浜店」「さいたま店」の3つの表を統合し、シート「下期集計」のセル【C4】を開始位置として、売上合計を求める表を作成してください。

プロジェクト2

理解度チェック

問題(1) あなたは、料理教室の開催状況について分析する資料を作成します。
デスクトップのフォルダー「FOM Shuppan Documents」のフォルダー「MOS 365-Excel Expert(2)」のマクロのファイル「集計.bas」を作業中のブックにコピーしてください。マクロは実行しないでください。

問題(2) シート「開催状況」の「売上金額」の下位「8」%のセルの文字が、標準の色の「緑」で表示されるように設定してください。数値が変更されたら、書式が自動的に更新されるようにします。

問題(3) シート「開催状況」の「受講者数合計」の列に、区分が「日本料理」の地区ごとの受講者数の合計を表示する数式を入力してください。受講者数はテーブル「開催状況」をもとに合計し、区分はセル【M2】を参照します。数式は、条件が変更されたり、テーブルのデータが追加されたりした場合でも再計算されるようにします。

問題(4) 料理教室の開催日が平日であるか休日であるかを確認します。
シート「開催日」の「曜日番号」の列に「WEEKDAY関数」を使って、開催日の曜日番号を表す数値を表示してください。種類は月曜日を「1」とするものを使用し、値が変更された場合でも再計算されるようにします。

問題(5) シート「売上」のピボットテーブルをもとに集合横棒グラフを作成してください。

問題(6) シート「受講料別」にあるピボットテーブルの行ラベルエリアの「受講料」を、「1000」単位でグループ化してください。先頭の値や末尾の値は変更しないでください。

プロジェクト3

理解度チェック

問題(1) あなたは、留学希望者向けの資料を作成します。
シート「留学希望者」の「入学年月」の列が、「令和4年4月8日」の場合は「Apr-2022」と表示されるように表示形式を設定してください。入力されているデータは変更しないでください。

問題(2) シート「留学希望者」の「評価」の列に入力されている数式を、「LET関数」を使って名前を割り当てた式に変更してください。引数の「AVERAGE(H4:I4)」に「成績」と名前を割り当てます。

問題(3) シート「留学費用」の表に、「借入金」と「毎月の返済金額」に対応する返済回数を表示する数式を入力してください。数式は、年利、毎月の返済金額、借入金、支払日の値が変更された場合でも、再計算されるようにします。

問題(4) シート「詳細」の「インターンシップ期間」の列に、「Code」と一致する「期間」を表示する数式を入力してください。「期間」はシート「インターンシップ」のテーブルを検索し、該当するデータが無い場合は何も表示されないようにします。数式は、値が変更されたり、テーブルにデータが追加されたりした場合でも再計算されるようにします。

問題(5) シート「詳細」の「入校日」の列に、セル【C4】の日付から開始する毎週水曜日の連続データを入力してください。《連続データ》ダイアログボックスで作成します。

プロジェクト4

理解度チェック

☑☑☑☑☑ 問題(1) あなたは、勤務先が運営している塾の状況を分析します。
「文字列形式の数値、またはアポストロフィで始まる数値」が入力されていても、エラーチェックしないようにExcelの設定を変更してください。

☑☑☑☑☑ 問題(2) シート「就活塾」に設定されているグループを解除してください。

☑☑☑☑☑ 問題(3) シート「成績分析」のグラフに、凡例フィールドボタンだけを表示してください。次に、グラフに「学年」が「2年」のデータだけを表示してください。

☑☑☑☑☑ 問題(4) シート「希望分析」のピボットテーブルの転職希望期間ごとの空白行を削除してください。次に、値エリアの空白セルに「0」を表示し、ファイルを開くときにピボットテーブルのデータが更新されるように設定してください。

プロジェクト5

理解度チェック

☑☑☑☑☑ 問題(1) あなたは、健康食品や雑貨を扱うショップで、会員情報の管理や売上分析をします。
シート「会員」の「姓」と「名」の列に、フラッシュフィルを使ってデータを入力してください。

☑☑☑☑☑ 問題(2) シート「会員」の「イベント招待」の列の数式に関数を1つ追加して、「住所1」が「東京都」または「埼玉県」のレコードの場合は「招待」、そうでなければ何も表示しないように変更してください。

☑☑☑☑☑ 問題(3) シート「月別」のグラフの種類を、3-D積み上げ縦棒グラフに変更してください。

☑☑☑☑☑ 問題(4) シート「次期目標」のピボットテーブルに、「売上金額」の1.02倍の金額を表示する集計フィールド「次期目標」を追加してください。その他の設定は既定のままとします。

第2回 模擬試験 標準解答

●解答は、標準的な操作手順で記載しています。
●📖は、問題を解くために必要な機能を解説しているページを示しています。

●プロジェクト1

問題(1)

P.60,64

①シート「**注文書**」のセル範囲【**G14:G18**】を選択します。
②《**データ**》タブ→《**データツール**》グループの（データの入力規則）をクリックします。
③《**設定**》タブを選択します。
④《**入力値の種類**》のをクリックし、一覧から《**整数**》を選択します。
⑤《**データ**》のをクリックし、一覧から《**次の値の間**》を選択します。
⑥問題文の「**1**」をクリックして、コピーします。
⑦《**最小値**》をクリックして、カーソルを表示します。
⑧ Ctrl + V を押して貼り付けます。
※《最小値》に直接入力してもかまいません。
⑨問題文の「**20**」をクリックして、コピーします。
⑩《**最大値**》をクリックして、カーソルを表示します。
⑪ Ctrl + V を押して貼り付けます。
※《最大値》に直接入力してもかまいません。
⑫《**エラーメッセージ**》タブを選択します。
⑬《**無効なデータが入力されたらエラーメッセージを表示する**》を✔にします。
⑭《**スタイル**》のをクリックし、一覧から《**注意**》を選択します。
⑮問題文の「**数量確認**」をクリックして、コピーします。
⑯《**タイトル**》をクリックして、カーソルを表示します。
⑰ Ctrl + V を押して貼り付けます。
※《タイトル》に直接入力してもかまいません。
⑱問題文の「**数量を確認してください。**」をクリックして、コピーします。
⑲《**エラーメッセージ**》をクリックして、カーソルを表示します。
⑳ Ctrl + V を押して貼り付けます。
※《エラーメッセージ》に直接入力してもかまいません。
㉑《**OK**》をクリックします。

問題(2)

P.36,38

①シート「**納品書**」のセル【**D9**】を選択します。
② Ctrl を押しながら、セル範囲【**C14:C18**】とセル範囲【**G14:G18**】を選択します。
③《**ホーム**》タブ→《**セル**》グループの 書式 （書式）→《**セルのロック**》をクリックして、ロックを解除します。
※《セルのロック》の左のアイコンの枠が非表示になります。
④《**校閲**》タブ→《**保護**》グループの（シートの保護）をクリックします。
⑤《**このシートのすべてのユーザーに以下を許可します。**》の一覧から、《**ロックされたセル範囲の選択**》と《**ロックされていないセル範囲の選択**》を✔にします。
⑥《**シートとロックされたセルの内容を保護する**》が✔になっていることを確認します。
⑦《**OK**》をクリックします。

問題(3)

P.77

①シート「**顧客**」のセル範囲【**C4:C40**】を選択します。
② Ctrl を押しながら、セル範囲【**E4:E40**】を選択します。
③《**ホーム**》タブ→《**スタイル**》グループの 条件付き書式 （条件付き書式）→《**新しいルール**》をクリックします。
④《**ルールの種類を選択してください**》の一覧から《**数式を使用して、書式設定するセルを決定**》を選択します。
⑤《**次の数式を満たす場合に値を書式設定**》に「**=$H4>500000**」と入力します。
※ルールの基準となるセル【H4】は、常に同じ列を参照するように複合参照にします。
⑥《**書式**》をクリックします。
⑦《**フォント**》タブを選択します。
⑧《**スタイル**》の一覧から《**斜体**》を選択します。
⑨《**色**》のをクリックし、一覧から《**標準の色**》の《**青**》を選択します。
⑩《**OK**》をクリックします。
⑪《**OK**》をクリックします。

問題(4)

P.143

①シート「**販売品**」のセル【**G4**】に「**=SORTBY(販売品,販売品[価格],1,販売品[型番],-1)**」と入力します。
※引数は、テーブルやテーブルの列を選択して指定します。テーブルのデータをすべてを選択すると、テーブル名が表示されます。テーブル名は直接入力してもかまいません。

問題(5)

P.172

①シート「**返品件数**」のセル範囲【**B3:C8**】を選択します。
②《**挿入**》タブ→《**グラフ**》グループの（統計グラフの挿入）→《**ヒストグラム**》の《**パレート図**》をクリックします。

問題(6)

P.127,128

①シート「**下期集計**」のセル【**C4**】を選択します。

②《**データ**》タブ→《**データツール**》グループの（統合）をクリックします。

③《**集計の方法**》のをクリックし、一覧から《**合計**》を選択します。

④《**統合元範囲**》をクリックして、カーソルを表示します。

⑤シート「**世田谷店**」のセル範囲【**C4:D7**】を選択します。

※《統合元範囲》に「世田谷店!$C$4:$D$7」と表示されます。

⑥《**追加**》をクリックします。

⑦シート「**横浜店**」のセル範囲【**C5:D8**】を選択します。

※《統合元範囲》に「横浜店!$C$5:$D$8」と表示されます。

⑧《**追加**》をクリックします。

⑨シート「**さいたま店**」のセル範囲【**C3:D6**】を選択します。

※《統合元範囲》に「さいたま店!$C$3:$D$6」と表示されます。

⑩《**追加**》をクリックします。

⑪《**上端行**》を☐にします。

⑫《**左端列**》を☐にします。

⑬《**OK**》をクリックします。

●プロジェクト2

問題(1)

P.31

①《**開発**》タブ→《**コード**》グループの（Visual Basic）をクリックします。

※《開発》タブが表示されていない場合は、表示しておきましょう。

②《**ファイル**》タブ→《**ファイルのインポート**》をクリックします。

③デスクトップのフォルダー「**FOM Shuppan Documents**」のフォルダー「**MOS 365-Excel Expert(2)**」を開きます。

④一覧から「**集計.bas**」を選択します。

⑤《**開く**》をクリックします。

※プロジェクトエクスプローラーに《標準モジュール》が追加されます。

⑥《**Microsoft Visual Basic for Applications**》ウィンドウの ✕ （閉じる）をクリックします。

問題(2)

P.73

①シート「**開催状況**」のセル範囲【**J4:J54**】を選択します。

②《**ホーム**》タブ→《**スタイル**》グループの 条件付き書式 （条件付き書式）→《**新しいルール**》をクリックします。

③《**ルールの種類を選択してください**》の一覧から《**上位または下位に入る値だけを書式設定**》を選択します。

④《**次に入る値を書式設定**》のをクリックし、一覧から《**下位**》を選択します。

⑤問題文の「**8**」をクリックして、コピーします。

⑥《**次に入る値を書式設定**》の右のボックスの値を選択します。

⑦ Ctrl + V を押して貼り付けます。

※ボックスに直接入力してもかまいません。

⑧《**%(選択範囲に占める割合)**》を☑にします。

⑨《**書式**》をクリックします。

⑩《**フォント**》タブを選択します。

⑪《**色**》のをクリックし、一覧から《**標準の色**》の《**緑**》を選択します。

⑫《**OK**》をクリックします。

⑬《**OK**》をクリックします。

問題(3)

P.102

①シート「**開催状況**」のセル【**M4**】に「**=SUMIFS(開催状況[受講者数],開催状況[区分],$M$2,開催状況[地区],L4)**」と入力します。

※数式がコピーされるため、セル【M2】は絶対参照にします。

※引数は、テーブルの列やセルを選択して指定します。

②セル【**M4**】を選択し、セル右下の■（フィルハンドル）をダブルクリックします。

問題(4)

P.123

①シート「**開催日**」のセル【**C4**】に「**=WEEKDAY([@開催日],2)**」と入力します。

※引数は、テーブルのセルを選択して指定します。

※フィールド内の残りのセルにも自動的に数式が作成されます。

問題(5)

P.204

①シート「**売上**」のセル【**A3**】を選択します。

※ピボットテーブル内のセルであれば、どこでもかまいません。

②《**ピボットテーブル分析**》タブ→《**ツール**》グループの（ピボットグラフ）をクリックします。

③左側の一覧から《**横棒**》を選択します。

④右側の一覧から《**集合横棒**》を選択します。

⑤《**OK**》をクリックします。

問題(6)

P.197

①シート「**受講料別**」のセル【**A4**】を選択します。

※行ラベルエリアの値のセルであれば、どこでもかまいません。

②《**ピボットテーブル分析**》タブ→《**グループ**》グループの フィールドのグループ化 （フィールドのグループ化）をクリックします。

③問題文の「**1000**」をクリックして、コピーします。

④《**単位**》の値を選択します。

⑤ Ctrl + V を押して貼り付けます。

※《単位》に直接入力してもかまいません。

⑥《**OK**》をクリックします。

●プロジェクト3

問題(1) P.53

①シート「**留学希望者**」のセル範囲【**C4:C48**】を選択します。
②《**ホーム**》タブ→《**数値**》グループの[⊡](表示形式)をクリックします。
③《**表示形式**》タブを選択します。
④《**分類**》の一覧から《**ユーザー定義**》を選択します。
⑤《**種類**》に「**mmm-yyyy**」と入力します。
⑥《**OK**》をクリックします。

問題(2) P.109

①シート「**留学希望者**」のセル【**J4**】を「**=LET(成績,AVERAGE(H4:I4),IFS(成績>250,"A",成績>200,"B",成績>150,"C",TRUE,"D"))**」と修正します。
②セル【**J4**】を選択し、セル右下の■(フィルハンドル)をダブルクリックします。

問題(3) P.137

①シート「**留学費用**」のセル【**C9**】に「**=NPER($C$3/12,C$8,$B9,0,$C$4)**」と入力します。
※数式をコピーするため、セル【C3】と【C4】は常に同じセルを参照するように絶対参照、セル【C8】は常に同じ行を、セル【B9】は常に同じ列を参照するように複合参照にします。
②セル【**C9**】を選択し、セル右下の■(フィルハンドル)をダブルクリックします。
③セル範囲【**C9:C12**】を選択し、セル範囲右下の■(フィルハンドル)をセル【**F12**】までドラッグします。

問題(4) P.114

①シート「**詳細**」のセル【**H4**】に、「**=XLOOKUP([@Code],**」と入力します。
※引数は、テーブルのセルを選択して指定します。
②シート「**インターンシップ**」のセル範囲【**C4:C7**】を選択します。
※「=XLOOKUP([@Code],制度表[Code]」と表示されます。
※引数は、テーブルの列を選択して指定します。
③続けて「**,制度表[期間],"")**」と入力します。
※シート「インターンシップ」のセル範囲【B4:B7】を選択すると、「制度表[期間]」と表示されます。
④数式バーに、「**=XLOOKUP([@Code],制度表[Code],制度表[期間],"")**」と表示されていることを確認します。
⑤[Enter]を押します。
※フィールド内の残りのセルにも自動的に数式が作成されます。

問題(5) P.49

①シート「**詳細**」のセル範囲【**C4:C19**】を選択します。
②《**ホーム**》タブ→《**編集**》グループの[⊡](フィル)→《**連続データの作成**》をクリックします。
③《**範囲**》の《**列**》が(●)になっていることを確認します。
④《**種類**》の《**日付**》が(●)になっていることを確認します。
⑤《**増加単位**》の《**日**》が(●)になっていることを確認します。
⑥《**増分値**》に「**7**」と入力します。
⑦《**OK**》をクリックします。

●プロジェクト4

問題(1) P.151,154

①《**ファイル**》タブを選択します。
②《**オプション**》をクリックします。
③左側の一覧から《**数式**》を選択します。
④《**エラーチェックルール**》の《**文字列形式の数値、またはアポストロフィで始まる数値**》を☐にします。
⑤《**OK**》をクリックします。

問題(2) P.65

①シート「**就活塾**」の行番号【**4:19**】を選択します。
②《**データ**》タブ→《**アウトライン**》グループの[⊡](グループ解除)をクリックします。
※《アウトライン》グループが折りたたまれている場合は、展開して操作します。

問題(3) P.210

①シート「**成績分析**」のピボットグラフを選択します。
②《**ピボットグラフ分析**》タブ→《**表示/非表示**》グループの[フィールドボタン](フィールドボタン)の[フィールドボタン]→《**すべて非表示**》をクリックして、オフにします。
※《すべて非表示》の左のチェックマークが非表示になります。
③《**ピボットグラフ分析**》タブ→《**表示/非表示**》グループの[フィールドボタン](フィールドボタン)の[フィールドボタン]→《**レポートフィルターフィールドボタンの表示**》をクリックして、オフにします。
④同様に、《**軸フィールドボタンの表示**》《**値フィールドボタンの表示**》《**[フィールド全体の展開/折りたたみ]ボタンを表示**》をオフにします。
⑤[学年▼](学年)をクリックします。
⑥「**3年**」を☐にし、「**2年**」を☑にします。
⑦《**OK**》をクリックします。

問題(4)

P.188,189

①シート**「希望分析」**のセル**【A3】**を選択します。
※ピボットテーブル内のセルであれば、どこでもかまいません。
②**《デザイン》**タブ→**《レイアウト》**グループの[空白行](空白行)→**《アイテムの後ろの空行を削除する》**をクリックします。
③**《ピボットテーブル分析》**タブ→**《ピボットテーブル》**グループの[オプション](ピボットテーブルオプション)をクリックします。
※《ピボットテーブル》グループが折りたたまれている場合は、展開して操作します。
④**《レイアウトと書式》**タブを選択します。
⑤**《空白セルに表示する値》**を☑にします。
⑥問題文の**「0」**をクリックして、コピーします。
⑦**《空白セルに表示する値》**をクリックして、カーソルを表示します。
⑧[Ctrl]+[V]を押して貼り付けます。
※《空白セルに表示する値》に直接入力してもかまいません。
⑨**《データ》**タブを選択します。
⑩**《ファイルを開くときにデータを更新する》**を☑にします。
⑪**《OK》**をクリックします。

●プロジェクト5

問題(1)

P.47

①シート**「会員」**のセル**【D4】**を選択します。
※テーブル内のD列のセルであれば、どこでもかまいません。
②**《データ》**タブ→**《データツール》**グループの[フラッシュフィル](フラッシュフィル)をクリックします。
③同様に、**「名」**の列を入力します。

問題(2)

P.90,91

①シート**「会員」**のセル**【J4】**を**「=IF(OR([@住所1]="東京都",[@住所1]="埼玉県"),"招待","")」**と修正します。
※フィールド内の残りのセルも自動的に数式が修正されます。

問題(3)

P.211

①シート**「月別」**のピボットグラフを選択します。
②**《デザイン》**タブ→**《種類》**グループの[グラフの種類の変更](グラフの種類の変更)をクリックします。
③左側の一覧から**《縦棒》**を選択します。
④右側の一覧から**《3-D積み上げ縦棒》**を選択します。
⑤**《OK》**をクリックします。

問題(4)

P.198

①シート**「次期目標」**のセル**【A3】**を選択します。
※ピボットテーブル内のセルであれば、どこでもかまいません。
②**《ピボットテーブル分析》**タブ→**《計算方法》**グループの[フィールド/アイテム/セット](フィールド/アイテム/セット)→**《集計フィールド》**をクリックします。
③問題文の**「次期目標」**をクリックして、コピーします。
④**《名前》**の文字列を選択します。
⑤[Ctrl]+[V]を押して貼り付けます。
※《名前》に直接入力してもかまいません。
⑥**《フィールド》**の一覧から**「売上金額」**を選択します
⑦**《フィールドの挿入》**をクリックします。
※《数式》に「=売上金額」とカーソルが表示されます。
⑧続けて**「*1.02」**と入力します。
⑨**《OK》**をクリックします。

模擬試験プログラムを使わないで操作する場合

●エラーチェックルールの「文字列形式の数値、またはアポストロフィで始まる数値」の設定を元に戻しておきましょう。初期の設定は☑です。

第3回 模擬試験 問題

プロジェクト1

理解度チェック

☑☑☑☑☑ 問題(1) あなたは、社内セミナーの企画をします。
シート「海外赴任者」の「帰国時特別休暇」の列に、「●特別休暇表」を検索して「時差」に対応する「日数」を表示する数式を入力してください。例えば、時差が「8」の場合は、「1日」と表示します。

☑☑☑☑☑ 問題(2) シート「海外赴任者」のセル【F1】に、現在の日時を表示する数式を入力してください。

☑☑☑☑☑ 問題(3) セミナーに参加する人を3つのグループに分けます。
シート「受講回」の「6/13」～「6/27」の列のすべてのセルに、「RANDARRAY関数」を使って「1」「2」「3」をランダムに表示してください。

☑☑☑☑☑ 問題(4) ブックのシートが削除されたり、順番が変更されたりしないようにブックのシート構成を保護してください。

プロジェクト2

理解度チェック

☑☑☑☑☑ 問題(1) あなたは、会社で輸入している照明器具の販売管理をします。
シート「受注一覧(7月)」のセル【H5】のエラーの原因となっているセルをトレースしてください。次に、セル【H4】の数式を正しく修正し、セル範囲【H5:H16】にコピーしてください。表の書式は変更しないようにします。

☑☑☑☑☑ 問題(2) シート「受注一覧(8月)」の「納入日」がセル【M4】の日付以降になっている場合、レコードが、背景色の一覧の「最終行の左から5番目の薄い緑色」で塗りつぶされるように設定してください。日付が変更されたら、書式が自動的に更新されるようにします。

☑☑☑☑☑ 問題(3) シート「商品別」のグラフに、「テーブルスタンド」「デスクスタンド」「フロアスタンド」のデータだけを表示してください。次に、レポートフィルターフィールドボタンを非表示にしてください。

☑☑☑☑☑ 問題(4) シート「顧客別」のグラフに、レイアウト「レイアウト10」、色「モノクロパレット4」を適用してください。

☑☑☑☑☑ 問題(5) シート「商品一覧」のセル【I4】に、テーブル「商品一覧」から「設置場所」が「天井」の「商品名」をすべて抽出する数式を入力してください。セル【H4】の設置場所が変更されても、再計算されるようにします。

プロジェクト3

理解度チェック

☑☑☑☑☑ 問題(1) あなたは、新刊書籍の売上を分析します。
マクロ「売上降順」を削除してください。

☑☑☑☑☑ 問題(2) シート「支店別」にあるピボットテーブルの値エリアの集計方法を「合計」に変更し、表示形式は「会計」を設定してください。

☑☑☑☑☑ 問題(3) シート「タイトル別」のピボットテーブルにスライサーを追加して、「東北」と「北陸」の支店の売上だけを集計してください。

☑☑☑☑☑ 問題(4) シート「新刊一覧」の表の「分類」の列が、ドロップダウンリストから選択して入力できるように設定してください。ドロップダウンリストには、セル範囲【G4:G5】を表示します。

☑☑☑☑☑ 問題(5) シート「計画」の「関東」と「東北」の行に、C列を開始値として毎月「17」ずつ増加する連続データをそれぞれ入力してください。《連続データ》ダイアログボックスで作成します。

☑☑☑☑☑ 問題(6) データテーブル以外は自動で計算されるように、計算方法を設定してください。

プロジェクト4

理解度チェック

☑☑☑☑☑ 問題(1) あなたは、おもちゃ博のチケット売上を分析します。
シート「チケット売上」の「売上金額」の列に設定されている条件付き書式のルールのうち、セルの値の条件が小さい方のルールを変更してください。文字の色が標準の色の「オレンジ」で表示されるようにします。

☑☑☑☑☑ 問題(2) シート「チケット売上」のセル【L9】に、テーブル「売上」の「入場者計」が「900」以上のセルの個数を数える数式を入力してください。

☑☑☑☑☑ 問題(3) シート「チケット売上」のテーブル「売上」をもとに、ピボットテーブルを新規ワークシートに作成してください。行に「月」ごとの売上金額の合計を表示します。次に、行ラベルエリアの日付を、月単位だけでグループ化してください。

☑☑☑☑☑ 問題(4) シート「試算表」の新料金試算表の年間合計が「28000000」となるように、セル【H5】に最適な数値を表示してください。

プロジェクト5

理解度チェック

☑☑☑☑☑ 問題(1) あなたは、会社で輸出している日本食の販売管理をします。
警告せずにVBAマクロが無効になるように設定してください。

☑☑☑☑☑ 問題(2) シート「第1四半期」の「注文数」の列に、アイコンセットを表示してください。数値が「100」以上のセルに「金星」のアイコン、それ以外の「0」以上のセルに「銀星」のアイコン、0未満のセルには「赤の下向き三角形」のアイコンを表示します。

☑☑☑☑☑ 問題(3) シート「売上分析」のピボットテーブルに、集計フィールド「粗利率」を追加してください。「粗利率」は、「粗利」を「売上金額」で除算して求めます。次に、追加した集計フィールドの表示形式を「パーセンテージ」に変更してください。その他の設定は既定のままとします。

☑☑☑☑☑ 問題(4) シート「売上グラフ」の販売数の推移を集合縦棒グラフ、売上金額の推移を面グラフ、売上月を項目軸に表した複合グラフを作成してください。グラフタイトルは「上期売上」に設定します。

☑☑☑☑☑ 問題(5) シート「第2四半期」の「割引率」の列に「INDEX関数」と「MATCH関数」を使って、割引率を表示してください。割引率は、シート「割引率」の「取引ランク」と「注文数」に対応する割引率を表示します。定義された名前「割引率」「取引ランク」「注文数」を使います。

☑☑☑☑☑ 問題(6) シート「売上グラフ」のセル【C10】と【D10】をウォッチウィンドウに表示してください。

第3回 模擬試験 標準解答

●解答は、標準的な操作手順で記載しています。
●📖は、問題を解くために必要な機能を解説しているページを示しています。

●プロジェクト1

問題(1) P.111

①シート「**海外赴任者**」のセル【**I4**】に「**=VLOOKUP([@時差],$K$4:$L$6,2)**」と入力します。
※引数は、テーブルのセルやセル範囲を選択して指定します。
※フィールド内の残りのセルにも自動的に数式が作成されます。

問題(2) P.121

①シート「**海外赴任者**」のセル【**F1**】に「**=NOW()**」と入力します。

問題(3) P.51

①シート「**受講回**」のセル【**D4**】に「**=RANDARRAY(10,5,1,3,TRUE)**」と入力します。

問題(4) P.42

①《**校閲**》タブ→《**保護**》グループの (ブックの保護)をクリックします。
②《**シート構成**》が☑になっていることを確認します。
③《**OK**》をクリックします。

●プロジェクト2

問題(1) P.150

①シート「**受注一覧(7月)**」のセル【**H5**】を選択します。
②《**数式**》タブ→《**ワークシート分析**》グループの エラーチェック (エラーチェック)の ▾ →《**エラーのトレース**》をクリックします。
③セル【**H5**】と【**K3**】の間にトレース矢印が表示されていることを確認します。
④セル【**H4**】の数式を「**=G4*$K$2**」に修正します。
※数式をコピーするため、セル【K2】は常に同じセルを参照するように絶対参照にします。
⑤セル【**H4**】を選択し、セル右下の■(フィルハンドル)をダブルクリックします。
⑥ (オートフィルオプション)をクリックします。
※ (オートフィルオプション)をポイントすると、 になります。
⑦《**書式なしコピー(フィル)**》をクリックします。
※エラーがなくなったため、トレース矢印が非表示になります。

問題(2) P.77

①シート「**受注一覧(8月)**」のセル範囲【**B4:K16**】を選択します。
②《**ホーム**》タブ→《**スタイル**》グループの 条件付き書式 (条件付き書式)→《**新しいルール**》をクリックします。
③《**ルールの種類を選択してください**》の一覧から、《**数式を使用して、書式設定するセルを決定**》を選択します。
④《**次の数式を満たす場合に値を書式設定**》に「**=$K4>=$M$4**」と入力します。
※ルールの基準となるセル【K4】は常に同じ列を参照するように複合参照、セル【M4】は常に同じセルを参照するように絶対参照にします。
⑤《**書式**》をクリックします。
⑥《**塗りつぶし**》タブを選択します。
⑦《**背景色**》の一覧の、最終行の左から5番目の薄い緑色を選択します。
⑧《**OK**》をクリックします。
⑨《**OK**》をクリックします。

問題(3) P.210

①シート「**商品別**」のピボットグラフを選択します。
② 商品名▾ (商品名)をクリックします。
③《**(すべて選択)**》を☐にし、「**テーブルスタンド**」「**デスクスタンド**」「**フロアスタンド**」を☑にします。
④《**OK**》をクリックします。
⑤《**ピボットグラフ分析**》タブ→《**表示/非表示**》グループの (フィールドボタン)の ▾ →《**レポートフィルターフィールドボタンの表示**》をクリックして、オフにします。
※《レポートフィルターフィールドボタンの表示》の左のチェックマークが非表示になります。

問題(4) P.211,213

①シート「**顧客別**」のピボットグラフを選択します。
②《**デザイン**》タブ→《**グラフのレイアウト**》グループの (クイックレイアウト)→《**レイアウト10**》をクリックします。
③《**デザイン**》タブ→《**グラフスタイル**》グループの (グラフクイックカラー)→《**モノクロ**》の《**モノクロパレット4**》をクリックします。

問題(5) P.141

①シート「**商品一覧**」のセル【**I4**】に「**=FILTER(商品一覧[商品名],商品一覧[設置場所]=H4)**」と入力します。
※引数は、テーブルやテーブルのセルを選択して指定します。

●プロジェクト3

模擬試験プログラムを使わないで操作する場合

●《セキュリティリスク》メッセージバーが表示された場合は、セキュリティを許可しておきましょう。
●《セキュリティの警告》メッセージバーが表示された場合は、《コンテンツの有効化》をクリックしておきましょう。

問題(1) P.162

①《開発》タブ→《コード》グループの（マクロの表示）をクリックします。
※《開発》タブが表示されていない場合は、表示しておきましょう。
②《マクロ名》の一覧から「売上降順」を選択します。
③《削除》をクリックします。
④《はい》をクリックします。

問題(2) P.200

①シート「支店別」のセル【B5】を選択します。
※値エリアのセルであれば、どこでもかまいません。
②《ピボットテーブル分析》タブ→《アクティブなフィールド》グループの フィールドの設定（フィールドの設定）をクリックします。
③《集計方法》タブを選択します。
④《選択したフィールドのデータ》の一覧から《合計》を選択します。
⑤《表示形式》をクリックします。
⑥《分類》の一覧から《会計》を選択します。
⑦《OK》をクリックします。
⑧《OK》をクリックします。

問題(3) P.194,195

①シート「タイトル別」のセル【A3】を選択します。
※ピボットテーブル内のセルであれば、どこでもかまいません。
②《ピボットテーブル分析》タブ→《フィルター》グループの スライサーの挿入（スライサーの挿入）をクリックします。
③「支店」を☑にします。
④《OK》をクリックします。
⑤「東北」をクリックします。
⑥（複数選択）をクリックします。
⑦「北陸」をクリックします。

問題(4) P.60,62

①シート「新刊一覧」のセル範囲【D4:D15】を選択します。
②《データ》タブ→《データツール》グループの（データの入力規則）をクリックします。
③《設定》タブを選択します。
④《入力値の種類》のをクリックし、一覧から《リスト》を選択します。
⑤《ドロップダウンリストから選択する》を☑にします。
⑥《元の値》をクリックして、カーソルを表示します。
⑦セル範囲【G4:G5】を選択します。
※《元の値》に「=分類」と表示されます。
⑧《OK》をクリックします。

問題(5) P.49

①シート「計画」のセル範囲【C4:F5】を選択します。
②《ホーム》タブ→《編集》グループの（フィル）→《連続データの作成》をクリックします。
③《範囲》の《行》が◉になっていることを確認します。
④《種類》の《加算》が◉になっていることを確認します。
⑤《増分値》に「17」と入力します。
⑥《OK》をクリックします。

問題(6) P.43

①《数式》タブ→《計算方法》グループの（計算方法の設定）→《データテーブル以外自動》をクリックします。

●プロジェクト4

問題(1) P.82

①シート「チケット売上」のセル【I4】を選択します。
※テーブル内のI列のセルであれば、どこでもかまいません。
②《ホーム》タブ→《スタイル》グループの 条件付き書式（条件付き書式）→《ルールの管理》をクリックします。
③一覧から「セルの値<=300000」を選択します。
④《ルールの編集》をクリックします。
⑤《書式》をクリックします。
⑥《フォント》タブを選択します。
⑦《色》のをクリックし、一覧から《標準の色》の《オレンジ》を選択します。
⑧《OK》をクリックします。
⑨《OK》をクリックします。
⑩《OK》をクリックします。

問題(2) P.98

①シート「チケット売上」のセル【L9】に「=COUNTIF(売上[入場者計],">=900")」と入力します。
※引数は、テーブルの列を選択して指定します。

問題(3) P.183

①シート「チケット売上」のセル【B3】を選択します。
※テーブル内のセルであれば、どこでもかまいません。

②《**挿入**》タブ→《**テーブル**》グループの［アイコン］(ピボットテーブル)をクリックします。
③《**テーブル/範囲**》に「**売上**」と表示されていることを確認します。
④《**新規ワークシート**》を◉にします。
⑤《**OK**》をクリックします。
⑥《**ピボットテーブルのフィールド**》作業ウィンドウの「**月日**」を《**行**》のボックスにドラッグします。
⑦《**ピボットテーブルのフィールド**》作業ウィンドウの「**売上金額**」を《**値**》のボックスにドラッグします。
※表示されていない場合は、スクロールして調整します。
⑧セル【**A4**】を選択します。
※行ラベルエリアのセルであれば、どこでもかまいません。
⑨《**ピボットテーブル分析**》タブ→《**グループ**》グループの［フィールドのグループ化］(フィールドのグループ化)をクリックします。
⑩《**単位**》の《**日**》をクリックして、選択を解除します。
⑪《**OK**》をクリックします。

問題(4)
P.131

①シート「**試算表**」を選択します。
②《**データ**》タブ→《**予測**》グループの［What-If分析］(What-If分析)→《**ゴールシーク**》をクリックします。
③《**数式入力セル**》の値が選択されていることを確認します。
④セル【**J7**】を選択します。
※《数式入力セル》が「$J$7」になります。
⑤問題文の「**28000000**」をクリックして、コピーします。
⑥《**目標値**》をクリックして、カーソルを表示します。
⑦［Ctrl］+［V］を押して貼り付けます。
※《目標値》に直接入力してもかまいません。
⑧《**変化させるセル**》をクリックして、カーソルを表示します。
⑨セル【**H5**】を選択します。
※《変化させるセル》が「$H$5」になります。
⑩《**OK**》をクリックします。
⑪《**OK**》をクリックします。

●プロジェクト5

問題(1)
P.28

①《**ファイル**》タブを選択します。
②《**オプション**》をクリックします。
③左側の一覧から《**トラストセンター**》を選択します。
④《**トラストセンターの設定**》をクリックします。
⑤左側の一覧から《**マクロの設定**》を選択します。
⑥《**警告せずにVBAマクロを無効にする**》を◉にします。
⑦《**OK**》をクリックします。
⑧《**OK**》をクリックします。

問題(2)
P.73,85

①シート「**第1四半期**」のセル範囲【**I4:I124**】を選択します。
②《**ホーム**》タブ→《**スタイル**》グループの［条件付き書式］(条件付き書式)→《**新しいルール**》をクリックします。
③《**ルールの種類を選択してください**》の一覧から、《**セルの値に基づいてすべてのセルを書式設定**》を選択します。
④《**書式スタイル**》の［∨］をクリックし、一覧から《**アイコンセット**》を選択します。
⑤《**緑の丸**》のアイコンの［▾］をクリックし、一覧から《**金星**》を選択します。
⑥《**金星**》のアイコンの右のボックスが《**>=**》になっていることを確認します。
⑦《**種類**》の［∨］をクリックし、一覧から《**数値**》を選択します。
⑧問題文の「**100**」をクリックして、コピーします。
⑨《**値**》の値を選択します。
⑩［Ctrl］+［V］を押して貼り付けます。
※《値》に直接入力してもかまいません。
⑪《**黄色の丸**》のアイコンの［▾］をクリックし、一覧から《**銀星**》を選択します。
⑫《**銀星**》のアイコンの右のボックスが《**>=**》になっていることを確認します。
⑬《**種類**》の［∨］をクリックし、一覧から《**数値**》を選択します。
⑭《**値**》が「**0**」になっていることを確認します。
⑮《**輪郭付きの赤い円**》のアイコンの［▾］をクリックし、一覧から《**赤の下向き三角形**》をクリックします。
⑯《**赤の下向き三角形**》のアイコンの右側に《**値<0**》と表示されていることを確認します。
⑰《**OK**》をクリックします。

問題(3)
P.198

①シート「**売上分析**」のセル【**A3**】を選択します。
※ピボットテーブル内のセルであれば、どこでもかまいません。
②《**ピボットテーブル分析**》タブ→《**計算方法**》グループの［フィールド/アイテム/セット］(フィールド/アイテム/セット)→《**集計フィールド**》をクリックします。
③問題文の「**粗利率**」をクリックして、コピーします。
④《**名前**》の文字列を選択します。
⑤［Ctrl］+［V］を押して貼り付けます。
※《名前》に直接入力してもかまいません。
⑥《**フィールド**》の一覧から「**粗利**」を選択します。
※表示されていない場合は、スクロールして調整します。
⑦《**フィールドの挿入**》をクリックします。
※《数式》に「=粗利」とカーソルが表示されます。
⑧続けて「**/**」を入力します。
⑨《**フィールド**》の一覧から「**売上金額**」を選択します。
⑩《**フィールドの挿入**》をクリックします。
※《数式》に「=粗利/売上金額」と表示されます。
⑪《**OK**》をクリックします。

⑫セル【D4】を選択します。

※「合計/粗利率」のフィールドのセルであれば、どこでもかまいません。

⑬《ピボットテーブル分析》タブ→《アクティブなフィールド》グループの［フィールドの設定］(フィールドの設定)をクリックします。

⑭《表示形式》をクリックします。

⑮《分類》の一覧から《パーセンテージ》を選択します。

⑯《OK》をクリックします。

⑰《OK》をクリックします。

問題(4)

P.167

①シート「売上グラフ」のセル範囲【B3:D9】を選択します。

②《挿入》タブ→《グラフ》グループの［複合グラフの挿入］(複合グラフの挿入)→《ユーザー設定の複合グラフを作成する》をクリックします。

③《すべてのグラフ》タブを選択します。

④「販売数」の《グラフの種類》の［∨］をクリックし、一覧から《縦棒》の《集合縦棒》を選択します。

⑤「売上金額」の《グラフの種類》の［∨］をクリックし、一覧から《面》の《面》を選択します。

⑥《OK》をクリックします。

⑦問題文の「上期売上」をクリックして、コピーします。

⑧グラフタイトルを選択します。

⑨グラフタイトルの文字列を選択します。

⑩［Ctrl］+［V］を押して貼り付けます。

※《グラフタイトル》に直接入力してもかまいません。

⑪グラフタイトル以外の場所をクリックします。

問題(5)

P.117,119

①シート「第2四半期」のセル【K4】に「=INDEX(」と入力します。

②《数式》タブ→《定義された名前》グループの［数式で使用］(数式で使用)→「割引率」をクリックします。

※「割引率」と直接入力してもかまいません。

※「=INDEX(割引率」と表示されます。

③続けて「,MATCH([@取引ランク],」と入力します。

※引数は、テーブルのセルを選択して指定します。

④《数式》タブ→《定義された名前》グループの［数式で使用］(数式で使用)→「取引ランク」をクリックします。

※「取引ランク」と直接入力してもかまいません。

※「=INDEX(割引率,MATCH([@取引ランク],取引ランク」と表示されます。

⑤続けて「,0),MATCH([@注文数],」と入力します。

⑥《数式》タブ→《定義された名前》グループの［数式で使用］(数式で使用)→「注文数」をクリックします。

※「注文数」と直接入力してもかまいません。

※「=INDEX(割引率,MATCH([@取引ランク],取引ランク,0),MATCH([@注文数],注文数」と表示されます。

⑦続けて「))」と入力します。

⑧数式バーに、「=INDEX(割引率,MATCH([@取引ランク],取引ランク,0),MATCH([@注文数],注文数))」と表示されていることを確認します。

⑨［Enter］を押します。

※フィールド内の残りのセルにも、自動的に数式が作成されます。

問題(6)

P.148,149

①《数式》タブ→《ワークシート分析》グループの［ウォッチウィンドウ］(ウォッチウィンドウ)をクリックします。

②《ウォッチ式の追加》をクリックします。

③シート「売上グラフ」のセル範囲【C10:D10】を選択します。

※《値をウォッチするセル範囲を選択してください》に「=売上グラフ!$C$10:$D$10」と表示されます。

④《追加》をクリックします。

※ウォッチウィンドウを閉じておきましょう。

模擬試験プログラムを使わないで操作する場合

●トラストセンターのマクロの設定を元に戻しておきましょう。初期の設定は「警告して、VBAマクロを無効にする」です。

第4回 模擬試験 問題

プロジェクト1

理解度チェック

☑☑☑☑☑ 問題(1) あなたは、2021年度から2024年度までの売上実績を集計しています。
シート「2024上期」の各月の売上実績が前年の同月の9割以下の場合、セルが、背景色の一覧の「最終行の左から4番目の黄色」で塗りつぶされるように設定してください。数値が変更されたら、書式が自動的に更新されるようにします。

☑☑☑☑☑ 問題(2) シート「2023実績合計」の「年間実績」の列に、2色のカラースケールを設定してください。最小値はテーマの色の「青、アクセント1、白+基本色80%」、最大値は標準の色の「青」で表示します。

☑☑☑☑☑ 問題(3) シート「2023実績合計」の「実績規模」の列に、年間実績が「30000」以上であれば「AA」、「15000」以上であれば「A」を表示し、該当しない場合は何も表示しないようにする数式を入力してください。「AA」と「A」は半角大文字にします。また、使用する関数は1つとし、表の書式は変更しないようにします。

☑☑☑☑☑ 問題(4) シート「2021実績合計」「2022実績合計」「2023実績合計」の3つの表を統合し、シート「過去3年売上平均」のセル【B4】を開始位置として、売上実績の平均値を求める表を作成してください。シート「2023実績合計」の「実績規模」の列は統合に含めません。

プロジェクト2

理解度チェック

☑☑☑☑☑ 問題(1) あなたは、レジャー施設の管理用のデータを作成します。
シート「利用履歴」のセル【N8】の数式が直接参照しているセルをトレース矢印で確認してください。確認後、トレース矢印は削除します。次に、セル【N7】の数式を正しく修正し、セル【N10】までコピーしてください。数式を修正する場合は、参照元の値が変更された場合でも再計算されるようにします。

☑☑☑☑☑ 問題(2) シート「店舗別」のピボットテーブルのレポートフィルターエリアに「会員種別」を配置し、会員種別が「ゴールド」と「プラチナ」のデータだけを集計してください。

☑☑☑☑☑ 問題(3) シート「利用区分」のピボットテーブルの列ラベルエリアの日付を「20」日間ごとにグループ化してください。

☑☑☑☑☑ 問題(4) 施設のメンテナンス工事後の利用再開日を確認します。
シート「メンテナンス予定表」の「再開日」の列に、WORKDAY関数を使って、休止日から工期日数が経過した日付を表示する数式を入力してください。休止日と工期日数はセルを参照し、休日は定義された名前「休業日」を参照します。

☑☑☑☑☑ 問題(5) シート「会員名簿」を保護してください。ワークシートを保護したあとも、ユーザーがすべてのセル範囲の選択とオートフィルターを使用できるようにします。保護を解除するためのパスワードは「abc」とします。

プロジェクト3

理解度チェック

☑☑☑☑☑ 問題(1) あなたは、百貨店のギフトセットの売上を集計します。
シート「売上明細」のセル【N5】に、テーブル「売上明細」の「金額」から最高売上金額を表示する数式を入力してください。「●最高売上金額」の表の条件に一致する金額を表示します。数式は、条件が変更されたり、テーブルにデータが追加されたりした場合でも再計算されるようにします。

☑☑☑☑☑ 問題(2) シート「集計グラフ」のグラフの項目軸に、商品コードが分類名ごとに表示されるように変更してください。次に、「池袋店」のデータだけをグラフに表示してください。

☑☑☑☑☑ 問題(3) シート「店舗別集計」にあるピボットテーブルの値エリアの計算の種類を「行集計に対する比率」に変更してください。次に、列の総計を非表示にしてください。

☑☑☑☑☑ 問題(4) シート「商品マスター」のテーブルから、「分類コード」「分類名」「ギフトセット名」「販売価格」が重複するレコードを削除してください。「商品コード」の数字が大きいレコードを削除します。

☑☑☑☑☑ 問題(5) パスワードを知っているユーザーだけがシート「担当者一覧」の「担当者名」の列のデータを編集できるように設定してください。セル範囲を編集するためのパスワードは「123」とします。ワークシートは保護しないでください。

☑☑☑☑☑ 問題(6) マクロ「テーブル書式」の「ActiveSheet.ListObjects("売上明細").ShowAutoFilterDropDown」の値を「False」から「True」に変更してください。マクロは実行しないでください。

プロジェクト4

理解度チェック

☑☑☑☑☑ 問題(1) あなたは、マンション販売用の資料を作成します。
シート「販売分析」の「契約番号」の列に、セル【B4】の「23001」から「23100」までの連続データを入力してください。《連続データ》ダイアログボックスで作成します。

☑☑☑☑☑ 問題(2) シート「販売分析」の表の「販売価格」のデータをもとに、販売価格のばらつきを表すヒストグラムを作成してください。ビンの数を「6」に設定し、「5000」以下と「8000」より上の値をそれぞれまとめて表示します。

☑☑☑☑☑ 問題(3) シート「新着物件」のセル【I4】に、「新着物件」の表のデータを並べ替えて表示する数式を入力してください。「価格(万円)」の高い順に並べ替え、「価格(万円)」が同じ場合は「専有面積(m^2)」の大きい順に並べ替えます。

☑☑☑☑☑ 問題(4) シート「問い合わせ」の表に、アウトラインを自動で作成してください。

☑☑☑☑☑ 問題(5) シート「住宅ローン」の「●返済回数」の表に、借入金と毎月の返済金額に対応する返済回数を表示する数式を入力してください。数式は、年利、返済金額、借入金、支払日の値が変更された場合でも、再計算されるようにします。

☑☑☑☑☑ 問題(6) 計算方法を手動に設定してください。

プロジェクト5

理解度チェック		
☑☑☑☑☑	問題(1)	あなたは、海外でのレンタカーの利用データをもとに、利用時間や料金を集計します。シート「利用明細」の「利用料金」の列に設定されている条件付き書式のルールの優先順位を変更してください。優先順位は、「利用料金」が「300以上の場合、背景色を最も濃いオレンジ色に設定」、「200以上の場合、背景色を2番目に濃いオレンジ色に設定」、「100以上の場合、背景色を最も薄いオレンジ色に設定」の順にします。
☑☑☑☑☑	問題(2)	シート「利用回数」の表に、シート「利用明細」の表をもとに車種ごとの各月の利用回数を表示する数式を入力してください。シート「利用回数」のセル範囲【C4:E5】に入力されている条件式を参照し、定義された名前「車種」「利用年月日」を使います。
☑☑☑☑☑	問題(3)	シート「利用料金」の「7月目標」の合計が「8850」となるように、セル【F5】に最適な数値を表示してください。
☑☑☑☑☑	問題(4)	シート「集計グラフ」のグラフのフィールドを展開して、項目軸に車種、利用区分、月の詳細を表示してください。

第4回 模擬試験 標準解答

●解答は、標準的な操作手順で記載しています。
●📖は、問題を解くために必要な機能を解説しているページを示しています。

●プロジェクト1

問題(1)

P.77

①シート「**2024上期**」のセル範囲【**C4:H12**】を選択します。
②《**ホーム**》タブ→《**スタイル**》グループの[条件付き書式](条件付き書式)→《**新しいルール**》をクリックします。
③《**ルールの種類を選択してください**》の一覧から《**数式を使用して、書式設定するセルを決定**》を選択します。
④《**次の数式を満たす場合に値を書式設定**》に「**=C4<=**」と入力します。
⑤シート「**2023上期(参考)**」のセル【**C4**】を選択します。
※《次の数式を満たす場合に値を書式設定》が「=C4<='2023上期(参考)'!$C$4」になります。
⑥[F4]を3回押します。
⑦続けて「***0.9**」と入力します。
⑧《**次の数式を満たす場合に値を書式設定**》に「**=C4<='2023上期(参考)'!C4*0.9**」と表示されていることを確認します。
⑨《**書式**》をクリックします。
⑩《**塗りつぶし**》タブを選択します。
⑪《**背景色**》の一覧の、最終行の左から4番目の黄色を選択します。
⑫《**OK**》をクリックします。
⑬《**OK**》をクリックします。

問題(2)

P.73,85

①シート「**2023実績合計**」のセル範囲【**E4:E12**】を選択します。
②《**ホーム**》タブ→《**スタイル**》グループの[条件付き書式](条件付き書式)→《**新しいルール**》をクリックします。
③《**ルールの種類を選択してください**》の一覧から《**セルの値に基づいてすべてのセルを書式設定**》を選択します。
④《**書式スタイル**》の[v]をクリックし、一覧から《**2色スケール**》を選択します。
⑤《**最小値**》の《**色**》の[v]をクリックし、一覧から《**テーマの色**》の《**青、アクセント1、白+基本色80%**》を選択します。
⑥《**最大値**》の《**色**》の[v]をクリックし、一覧から《**標準の色**》の《**青**》を選択します。
⑦《**OK**》をクリックします。

問題(3)

P.94

①シート「**2023実績合計**」のセル【**F4**】に「**=IFS(E4>=30000,"AA",E4>=15000,"A",TRUE,"")**」と入力します。
②セル【**F4**】を選択し、セル右下の■(フィルハンドル)をダブルクリックします。
③[オートフィルオプション](オートフィルオプション)をクリックします。
※オートフィルオプションをポイントすると、[オートフィルオプション]になります。
④《**書式なしコピー(フィル)**》をクリックします。

問題(4)

P.127,128

①シート「**過去3年売上平均**」のセル【**B4**】を選択します。
②《**データ**》タブ→《**データツール**》グループの[統合](統合)をクリックします。
③《**集計の方法**》の[v]をクリックし、一覧から《**平均**》を選択します。
④《**統合元範囲**》をクリックして、カーソルを表示します。
⑤シート「**2021実績合計**」のセル範囲【**B4:E11**】を選択します。
※《統合元範囲》に「'2021実績合計'!$B$4:$E$11」と表示されます。
⑥《**追加**》をクリックします。
⑦シート「**2022実績合計**」のセル範囲【**B3:E11**】を選択します。
※《統合元範囲》に「'2022実績合計'!$B$3:$E$11」と表示されます。
⑧《**追加**》をクリックします。
⑨シート「**2023実績合計**」のセル範囲【**B3:E12**】を選択します。
※《統合元範囲》に「'2023実績合計'!$B$3:$E$12」と表示されます。
⑩《**追加**》をクリックします。
⑪《**上端行**》を☑にします。
⑫《**左端列**》を☑にします。
⑬《**OK**》をクリックします。

●プロジェクト2

問題(1)

P.145,146

①シート「**利用履歴**」のセル【**N8**】を選択します。
②《**数式**》タブ→《**ワークシート分析**》グループの[参照元のトレース](参照元のトレース)をクリックします。
③《**数式**》タブ→《**ワークシート分析**》グループの[トレース矢印の削除](すべてのトレース矢印を削除)をクリックします。

④セル【N7】の数式を「**=AVERAGEIFS(利用履歴[利用代金],利用履歴[利用区分],M7,利用履歴[会員種別],$M$6)**」に修正します。
⑤セル【N7】を選択し、セル右下の■(フィルハンドル)をダブルクリックします。

問題(2)

P.188

①シート「**店舗別**」のセル【A3】を選択します。
※ピボットテーブル内のセルであれば、どこでもかまいません。
②《**ピボットテーブルのフィールド**》作業ウィンドウの「**会員種別**」を《**フィルター**》のボックスにドラッグします。
③レポートフィルターエリアの▼をクリックします。
④《**複数のアイテムを選択**》を☑にします。
⑤「**一般**」を□にし、「**ゴールド**」と「**プラチナ**」を☑にします。
⑥《**OK**》をクリックします。

問題(3)

P.197

①シート「**利用区分**」のセル【B4】を選択します。
※列ラベルエリアのセルであれば、どこでもかまいません。
②《**ピボットテーブル分析**》タブ→《**グループ**》グループの[フィールドのグループ化](フィールドのグループ化)をクリックします。
③《**単位**》の《**月**》をクリックして、選択を解除します。
④問題文の「**20**」をクリックして、コピーします。
⑤《**日数**》の値を選択します。
⑥ Ctrl + V を押して貼り付けます。
※《日数》に直接入力してもかまいません。
⑦《**OK**》をクリックします。

問題(4)

P.125

①シート「**メンテナンス予定表**」のセル【E4】に「**=WORKDAY([@休止日],[@工期日数],**」と入力します。
※引数は、テーブルのセルを選択して指定します。
②《**数式**》タブ→《**定義された名前**》グループの[数式で使用](数式で使用)→「**休業日**」をクリックします。
※「休業日」と直接入力してもかまいません。
※「=WORKDAY([@休止日],[@工期日数],休業日」と表示されます。
③続けて「**)**」を入力します。
④数式バーに、「**=WORKDAY([@休止日],[@工期日数],休業日)**」と表示されていることを確認します。
⑤ Enter を押します。
※フィールド内の残りのセルにも自動的に数式が作成されます。

問題(5)

P.36,38

①シート「**会員名簿**」を選択します。
②《**校閲**》タブ→《**保護**》グループの[シートの保護](シートの保護)をクリックします。
③《**このシートのすべてのユーザーに以下を許可します。**》の一覧から、《**ロックされたセル範囲の選択**》《**ロックされていないセル範囲の選択**》《**オートフィルターの使用**》を☑にします。
④《**シートとロックされたセルの内容を保護する**》が☑になっていることを確認します。
⑤問題文の「**abc**」をクリックして、コピーします。
⑥《**シートの保護を解除するためのパスワード**》をクリックして、カーソルを表示します。
⑦ Ctrl + V を押して貼り付けます。
※《シートの保護を解除するためのパスワード》に直接入力してもかまいません。
⑧《**OK**》をクリックします。
⑨《**パスワードをもう一度入力してください。**》にカーソルが表示されていることを確認します。
⑩ Ctrl + V を押して貼り付けます。
※《パスワードをもう一度入力してください。》に直接入力してもかまいません。
⑪《**OK**》をクリックします。

●プロジェクト3

模擬試験プログラムを使わないで操作する場合
●《セキュリティリスク》メッセージバーが表示された場合は、セキュリティを許可しておきましょう。
●《セキュリティの警告》メッセージバーが表示された場合は、《コンテンツの有効化》をクリックしておきましょう。

問題(1)

P.107

①シート「**売上明細**」のセル【N5】に「**=MAXIFS(売上明細[金額],売上明細[店舗名],L5,売上明細[分類コード],M5)**」と入力します。
※引数は、テーブルの列やセルを選択して指定します。

問題(2)

P.206,210

①シート「**集計グラフ**」のピボットグラフを選択します。
②《**ピボットグラフのフィールド**》作業ウィンドウの「**分類名**」を《**軸(分類項目)**》のボックスの「**商品コード**」の上にドラッグします。
③レポートフィルターフィールドボタンの[店舗名▼](店舗名)をクリックします。
④「**池袋店**」をクリックします。
⑤《**OK**》をクリックします。

問題(3)

P.189,200

①シート「**店舗別集計**」のセル【B5】を選択します。
※値エリアのセルであれば、どこでもかまいません。
②《**ピボットテーブル分析**》タブ→《**アクティブなフィールド**》グループの[フィールドの設定](フィールドの設定)をクリックします。

③《計算の種類》タブを選択します。

④《計算の種類》の をクリックし、一覧から《行集計に対する比率》を選択します。

⑤《OK》をクリックします。

⑥《デザイン》タブ→《レイアウト》グループの (総計)→《行のみ集計を行う》をクリックします。

問題(4)

P.71

①シート「商品マスター」のテーブルのデータが「商品コード」の昇順に並んでいることを確認します。

②セル【B3】を選択します。

※テーブル内のセルであれば、どこでもかまいません。

③《テーブルデザイン》タブ→《ツール》グループの 重複の削除 (重複の削除)をクリックします。

④《先頭行をデータの見出しとして使用する》を ☑ にします。

⑤「商品コード」を ☐ にし、「分類コード」「分類名」「ギフトセット名」「販売価格」を ☑ にします。

⑥《OK》をクリックします。

⑦メッセージを確認し、《OK》をクリックします。

※商品コードが「A-004」のレコードが削除されます。

問題(5)

P.40,41

①シート「担当者一覧」のセル範囲【E4:E7】を選択します。

②《校閲》タブ→《保護》グループの (範囲の編集を許可する)をクリックします。

③《新規》をクリックします。

④《セル参照》が「=$E$4:$E$7」になっていることを確認します。

⑤《範囲パスワード》に「123」と入力します。

⑥《OK》をクリックします。

⑦《パスワードをもう一度入力してください。》に「123」と入力します。

⑧《OK》をクリックします。

※《範囲の編集の許可》ダイアログボックスが非表示になる場合があります。非表示になった場合は、Excelのタイトルバーをクリックしてアクティブウィンドウにしてください。

⑨《OK》をクリックします。

問題(6)

P.163

①《開発》タブ→《コード》グループの (Visual Basic)をクリックします。

※《開発》タブが表示されない場合は、表示しておきましょう。

②問題文の「True」をクリックして、コピーします。

③「ActiveSheet.ListObjects("売上明細").ShowAutoFilterDropDown」の「False」を選択します。

④ Ctrl + V を押して貼り付けます。

※値を直接入力してもかまいません。

⑤《Microsoft Visual Basic for Applications》ウィンドウの × (閉じる)をクリックします。

●プロジェクト4

問題(1)

P.49

①シート「販売分析」のセル【B4】を選択します。

②《ホーム》タブ→《編集》グループの (フィル)→《連続データの作成》をクリックします。

③《範囲》の《列》を ◉ にします。

④《種類》の《加算》が ◉ になっていることを確認します。

⑤《増分値》が「1」になっていることを確認します。

⑥《停止値》に「23100」と入力します。

⑦《OK》をクリックします。

問題(2)

P.171

①シート「販売分析」のセル範囲【D3:D103】を選択します。

②《挿入》タブ→《グラフ》グループの (統計グラフの挿入)→《ヒストグラム》の《ヒストグラム》をクリックします。

③横軸を右クリックします。

④《軸の書式設定》をクリックします。

⑤《軸のオプション》の (軸のオプション)をクリックします。

⑥《軸のオプション》の詳細が表示されていることを確認します。

※表示されていない場合は、《軸のオプション》をクリックします。

⑦《ビンの数》を ◉ にし、「6」になっていることを確認します。

⑧《ビンのオーバーフロー》を ☑ にします。

⑨問題文の「8000」をクリックして、コピーします。

⑩《ビンのオーバーフロー》の値を選択します。

⑪ Ctrl + V を押して貼り付けます。

※《ビンのオーバーフロー》に直接入力してもかまいません。

⑫《ビンのアンダーフロー》を ☑ にします。

⑬問題文の「5000」をクリックして、コピーします。

⑭《ビンのアンダーフロー》の値を選択します。

⑮ Ctrl + V を押して貼り付けます。

※《ビンのアンダーフロー》に直接入力してもかまいません。

※《軸の書式設定》作業ウィンドウを閉じておきましょう。

問題(3)

P.143

①シート「新着物件」のセル【I4】に「=SORTBY(新着物件,価格,-1,専有面積,-1)」と入力します。

※セル範囲【B4:G58】を選択すると「新着物件」、セル範囲【E4:E58】を選択すると「価格」、セル範囲【F4:F58】を選択すると「専有面積」と定義された名前が表示されます。名前は直接入力してもかまいません。

問題(4)

P.65,68

①シート「問い合わせ」を選択します。

②《データ》タブ→《アウトライン》グループの (グループ化)の →《アウトラインの自動作成》をクリックします。

※《アウトライン》グループが折りたたまれている場合は、展開して操作します。

問題(5)

P.137

①シート「**住宅ローン**」のセル【**C8**】に「**=NPER($C$3/12,C$7,$B8,0,$C$4)**」と入力します。

※数式をコピーするため、セル【C3】と【C4】は常に同じセルを参照するように絶対参照、セル【C7】は常に同じ行を、セル【B8】は常に同じ列を参照するように複合参照にします。

②セル【**C8**】を選択し、セル右下の■(フィルハンドル)をダブルクリックします。

③セル範囲【**C8:C10**】を選択し、セル範囲右下の■(フィルハンドル)をセル【**F10**】までドラッグします。

問題(6)

P.43

①《**数式**》タブ→《**計算方法**》グループの(計算方法の設定)→《**手動**》をクリックします。

●プロジェクト5

問題(1)

P.82,83

①シート「**利用明細**」のセル【**E4**】を選択します。

※表内のE列のセルであれば、どこでもかまいません。

②《**ホーム**》タブ→《**スタイル**》グループの 条件付き書式 (条件付き書式)→《**ルールの管理**》をクリックします。

③一覧から「**数式:=E4>=300**」を選択します。

④ ^ (上へ移動)を2回クリックします。

※ルールが1番上に移動します。

⑤一覧から「**数式:=E4>=200**」を選択します。

⑥ ^ (上へ移動)をクリックします。

※ルールが上から2番目に移動します。

⑦《**OK**》をクリックします。

問題(2)

P.103

①シート「**利用回数**」のセル【**C6**】に「**=COUNTIFS(**」と入力します。

②《**数式**》タブ→《**定義された名前**》グループの 数式で使用 (数式で使用)→「**車種**」をクリックします。

※「車種」と直接入力してもかまいません。

※「=COUNTIFS(車種」と表示されます。

③続けて「**,$B6,**」と入力します。

※数式をコピーするため、セル【B6】は常に同じ列を参照するように複合参照にします。

④《**数式**》タブ→《**定義された名前**》グループの 数式で使用 (数式で使用)→《**利用年月日**》をクリックします。

※「利用年月日」と直接入力してもかまいません。

※「=COUNTIFS(車種,$B6,利用年月日」と表示されます。

⑤続けて「**,C$4,**」と入力します。

※数式をコピーするため、セル【C4】は常に同じ行を参照するように複合参照にします。

⑥《**数式**》タブ→《**定義された名前**》グループの 数式で使用 (数式で使用)→《**利用年月日**》をクリックします。

※「=COUNTIFS(車種,$B6,利用年月日,C$4,利用年月日」と表示されます。

⑦続けて「**,C$5)**」と入力します。

※数式をコピーするため、セル【C5】は常に同じ行を参照するように複合参照にします。

⑧数式バーに、「**=COUNTIFS(車種,$B6,利用年月日,C$4,利用年月日,C$5)**」と表示されていることを確認します。

⑨ Enter を押します。

⑩セル【**C6**】を選択し、セル右下の■(フィルハンドル)をダブルクリックします。

⑪セル範囲【**C6:C10**】を選択し、セル範囲右下の■(フィルハンドル)をセル【**E10**】までドラッグします。

問題(3)

P.131

①シート「**利用料金**」を選択します。

②《**データ**》タブ→《**予測**》グループの(What-If分析)→《**ゴールシーク**》をクリックします。

③《**数式入力セル**》の値が選択されていることを確認します。

④セル【**F9**】を選択します。

※《数式入力セル》が「$F$9」になります。

⑤問題文の文字列「**8850**」をクリックして、コピーします。

⑥《**目標値**》をクリックして、カーソルを表示します。

⑦ Ctrl + V を押して貼り付けます。

※《目標値》に直接入力してもかまいません。

⑧《**変化させるセル**》をクリックして、カーソルを表示します。

⑨セル【**F5**】を選択します。

※《変化させるセル》が「$F$5」になります。

⑩《**OK**》をクリックします。

⑪《**OK**》をクリックします。

問題(4)

P.215

①シート「**集計グラフ**」のピボットグラフを選択します。

② + (フィールド全体の展開)を2回クリックします。

第5回 模擬試験 問題

プロジェクト1

理解度チェック

☑☑☑☑☑ 問題(1) あなたは、オーディオ製品の売上データを管理します。
シート「売上4月」の表に、店舗名ごとの粗利の平均と全体の粗利の平均を求める集計行をデータの下に挿入してください。

☑☑☑☑☑ 問題(2) シート「売上5月」の「粗利」の列に、データバーを表示してください。データバーの塗りつぶしはテーマの色の「オレンジ、アクセント2、白+基本色80%」の単色、枠線は標準の色の「オレンジ」に設定します。

☑☑☑☑☑ 問題(3) シート「売上5月」の表をもとに、セル【G1】に店舗名が「横浜」の「売上金額」の合計を表示する数式を入力してください。

☑☑☑☑☑ 問題(4) シート「商品」のセル【D1】に、本日の日付をもとに「月」を表示する数式を入力してください。2種類の関数を使って数式を入力し、本日の日付は自動的に更新されるようにします。

プロジェクト2

理解度チェック

☑☑☑☑☑ 問題(1) あなたは、日本酒の販売を管理します。
シート「商品」の「販売価格($)」の列のデータに、会計の表示形式を設定してください。記号は言語の指定のない「$」を選択し、小数第2位まで表示します。

☑☑☑☑☑ 問題(2) シート「蔵元別」にあるピボットテーブルの値エリアの計算の種類を「総計に対する比率」に変更してください。

☑☑☑☑☑ 問題(3) シート「種類別」のピボットテーブルをもとに3-D集合縦棒グラフを作成してください。

☑☑☑☑☑ 問題(4) シート「計画」の「吟醸酒」の列に、セル【C4】の値から毎年「1.2」倍ずつ増加する連続データを入力してください。《連続データ》ダイアログボックスで作成します。

プロジェクト3

理解度チェック

☑☑☑☑☑ 問題(1)　あなたは、カルチャースクールの売上や受講者アンケートの結果などをまとめます。
自動回復用データが「7」分ごとに保存されるように設定してください。

☑☑☑☑☑ 問題(2)　シート「前期」のテーブルから、重複するレコードを削除してください。

☑☑☑☑☑ 問題(3)　シート「後期」の「判定」の列に、「<判定レベル>」の表を検索して「前期比」に対応する「判定記号」を表示する数式を入力してください。

☑☑☑☑☑ 問題(4)　シート「後期」のセル【D3】に、テーブル「後期明細」の「申込人数」の平均を表示する数式を入力してください。「分類」がセル【C3】の条件に一致する申込人数の平均を表示します。数式は、条件が変更されたり、テーブルにデータが追加されたりした場合でも再計算されるようにします。

☑☑☑☑☑ 問題(5)　シート「回答集計」のピボットテーブルから「年齢」のフィールドを削除してください。

☑☑☑☑☑ 問題(6)　シート「満足度集計」のグラフに、スタイル「スタイル9」を適用してください。

プロジェクト4

理解度チェック

☑☑☑☑☑ 問題(1)　あなたは、納品された部品の在庫管理をします。
シート「納品検査」の表のデータをもとに、生産国ごとに、製品の重さのばらつきを表す箱ひげ図を作成してください。

☑☑☑☑☑ 問題(2)　シート「納品検査」の「コンテナ番号」の列の表示形式を変更し、「コンテナA01」となるように設定してください。

☑☑☑☑☑ 問題(3)　シート「入庫」のエラーが含まれるセルをチェックしてください。次に、数式を上のセルからコピーしてエラーを修正してください。

☑☑☑☑☑ 問題(4)　シート「入庫」の「単価」の列に設定されている条件付き書式のルールを変更してください。数値が「300」以上のセルに「赤のひし形」のアイコン、それ以外のルールには「黄色のダッシュ記号」のアイコンを表示します。

☑☑☑☑☑ 問題(5)　パスワードを知っているユーザーだけがシート「出庫」のセル範囲【C4:N8】を編集できるように範囲の編集の設定を変更し、ワークシートを保護してください。セル範囲を編集するためのパスワードとワークシートの保護を解除するためのパスワードはどちらも「123」に設定します。

☑☑☑☑☑ 問題(6)　シート「輸送コスト」の輸送箱数を変化させる2つのシナリオを登録してください。1つ目はシナリオ名「シナリオA」、佐藤運送「300」、高橋通運「0」、ダイワ「200」とし、2つ目はシナリオ名「シナリオB」、佐藤運送「0」、高橋通運「300」、ダイワ「200」とし、シナリオ名の「A」と「B」は半角大文字にします。登録した2つのシナリオをもとに、セル【G8】の「総コスト」を比較するシナリオ情報レポートを作成してください。

プロジェクト5

理解度チェック		
☑☑☑☑☑	問題(1)	あなたは、生活雑貨の売上状況を分析します。 シート「店舗」のセル範囲【B4:B24】のセルを選択すると、日本語入力モードが自動的に「オフ(英語モード)」になるように入力規則を設定してください。
☑☑☑☑☑	問題(2)	シート「商品」のセル【H4】に、テーブル「商品」の「価格」から、「分類名」がセル【H3】の条件に一致する最も安い価格を表示する数式を入力してください。数式は、条件が変更されたり、テーブルにデータが追加されたりした場合でも再計算されるようにします。
☑☑☑☑☑	問題(3)	シート「関東分析」にあるピボットテーブルの列ラベルエリアの日付を、「四半期」の単位だけでグループ化してください。
☑☑☑☑☑	問題(4)	シート「近畿売上」のセル【J4】を「100」に変更してください。次に、シート「近畿分析」のピボットテーブルを更新してください。
☑☑☑☑☑	問題(5)	シート「中部分析」のピボットテーブルに、タイムラインを使って、「注文日」が2024年6月~2024年7月のデータだけを集計してください。

第5回 模擬試験 標準解答

●解答は、標準的な操作手順で記載しています。
●📖は、問題を解くために必要な機能を解説しているページを示しています。

●プロジェクト1

問題(1) 📖P.69,70

①シート**「売上4月」**の表のデータが店舗名ごとに並んでいることを確認します。
②シート**「売上4月」**のセル**【B3】**を選択します。
※表内のセルであれば、どこでもかまいません。
③**《データ》**タブ→**《アウトライン》**グループの(小計)をクリックします。
※《アウトライン》グループが折りたたまれている場合は、展開して操作します。
④**《グループの基準》**の▽をクリックし、一覧から**「店舗名」**を選択します。
⑤**《集計の方法》**の▽をクリックし、一覧から**《平均》**を選択します。
⑥**《集計するフィールド》**の**「粗利」**が☑になっていることを確認します。
⑦**《集計行をデータの下に挿入する》**を☑にします。
⑧**《OK》**をクリックします。

問題(2) 📖P.73,85

①シート**「売上5月」**のセル範囲**【L4:L100】**を選択します。
②**《ホーム》**タブ→**《スタイル》**グループの[条件付き書式](条件付き書式)→**《新しいルール》**をクリックします。
③**《ルールの種類を選択してください》**の一覧から**《セルの値に基づいてすべてのセルを書式設定》**を選択します。
④**《書式スタイル》**の▽をクリックし、一覧から**《データバー》**を選択します。
⑤**《塗りつぶし》**の▽をクリックし、一覧から**《塗りつぶし(単色)》**を選択します。
⑥**《塗りつぶし》**の右側の**《色》**の▽をクリックし、一覧から**《テーマの色》**の**《オレンジ、アクセント2、白+基本色80%》**を選択します。
⑦**《枠線》**の▽をクリックし、一覧から**《枠線(実線)》**を選択します。
⑧**《枠線》**の右側の**《色》**の▽をクリックし、一覧から**《標準の色》**の**《オレンジ》**を選択します。
⑨**《OK》**をクリックします。

問題(3) 📖P.97

①シート**「売上5月」**のセル**【G1】**に**「=SUMIF(店舗名,"横浜",売上金額)」**と入力します。
※セル範囲【D4:D100】を選択すると「店舗名」、セル範囲【J4:J100】を選択すると「売上金額」と定義された名前が表示されます。名前は直接入力してもかまいません。

問題(4) 📖P.121,122

①シート**「商品」**のセル**【D1】**に**「=MONTH(TODAY())」**と入力します。

●プロジェクト2

問題(1) 📖P.52,55

①シート**「商品」**のセル範囲**【I4:I30】**を選択します。
②**《ホーム》**タブ→**《数値》**グループの⧅(表示形式)をクリックします。
③**《表示形式》**タブを選択します。
④**《分類》**の一覧から**《会計》**を選択します。
⑤**《小数点以下の表示桁数》**を**「2」**に設定します。
⑥**《記号》**の▽をクリックし、一覧から**「$」**を選択します。
⑦**《OK》**をクリックします。

問題(2) 📖P.200,203

①シート**「蔵元別」**のセル**【B5】**を選択します。
※値エリアのセルであれば、どこでもかまいません。
②**《ピボットテーブル分析》**タブ→**《アクティブなフィールド》**グループの[フィールドの設定](フィールドの設定)をクリックします。
③**《計算の種類》**タブを選択します。
④**《計算の種類》**の▽をクリックし、一覧から**《総計に対する比率》**を選択します。
⑤**《OK》**をクリックします。

問題(3) 📖P.204

①シート**「種類別」**のセル**【A3】**を選択します。
※ピボットテーブル内のセルであれば、どこでもかまいません。
②**《ピボットテーブル分析》**タブ→**《ツール》**グループの(ピボットグラフ)をクリックします。
③左側の一覧から**《縦棒》**を選択します。
④右側の一覧から**《3-D集合縦棒》**を選択します。
⑤**《OK》**をクリックします。

問題(4) 　P.49

①シート「**計画**」のセル範囲【**C4:C7**】を選択します。
②《**ホーム**》タブ→《**編集**》グループの［フィル］(フィル)→《**連続データの作成**》をクリックします。
③《**範囲**》の《**列**》が◉になっていることを確認します。
④《**種類**》の《**乗算**》を◉にします。
⑤《**増分値**》に「**1.2**」と入力します。
⑥《**OK**》をクリックします。

●プロジェクト3

問題(1) 　P.21

①《**ファイル**》タブを選択します。
②《**オプション**》をクリックします。
③左側の一覧から《**保存**》を選択します。
④《**ブックの保存**》の《**次の間隔で自動回復用データを保存する**》を☑にします。
⑤問題文の「**7**」をクリックして、コピーします。
⑥《**ブックの保存**》の《**次の間隔で自動回復用データを保存する**》の値を選択します。
⑦［Ctrl］+［V］を押して貼り付けます。
※《次の間隔で自動回復用データを保存する》に直接入力してもかまいません。
⑧《**OK**》をクリックします。

問題(2) 　P.71

①シート「**前期**」のセル【**B3**】を選択します。
※テーブル内のセルであれば、どこでもかまいません。
②《**テーブルデザイン**》タブ→《**ツール**》グループの［重複の削除］(重複の削除)をクリックします。
③《**先頭行をデータの見出しとして使用する**》を☑にします。
④《**OK**》をクリックします。
⑤メッセージを確認し、《**OK**》をクリックします。
※1件のレコードが削除されます。

問題(3) 　P.112

①シート「**後期**」のセル【**K7**】に「**=HLOOKUP([@前期比],$H$3:$K$4,2)**」と入力します。
※引数は、テーブルのセルを選択して指定します。
※数式がコピーされるため、セル範囲【H3:K4】は常に同じ範囲を参照するように絶対参照にします。
※フィールド内の残りのセルにも自動的に数式が作成されます。

問題(4) 　P.98

①シート「**後期**」のセル【**D3**】に「**=AVERAGEIF(後期明細[分類],分類名,後期明細[申込人数])**」と入力します。
※引数は、テーブルの列やセルを選択して指定します。
※セル【C3】を選択すると「分類名」と定義された名前が表示されます。名前は直接入力してもかまいません。

問題(5) 　P.185

①シート「**回答集計**」のセル【**A3**】を選択します。
※ピボットテーブル内のセルであれば、どこでもかまいません。
②《**ピボットテーブルのフィールド**》作業ウィンドウの《**行**》のボックスの「**年齢**」を、作業ウィンドウの外側にドラッグします。

問題(6) 　P.213

①シート「**満足度集計**」のピボットグラフを選択します。
②《**デザイン**》タブ→《**グラフスタイル**》グループの［▽］→《**スタイル9**》をクリックします。

●プロジェクト4

問題(1) 　P.173

①シート「**納品検査**」のセル範囲【**C3:D93**】を選択します。
②《**挿入**》タブ→《**グラフ**》グループの［統計グラフの挿入］(統計グラフの挿入)→《**箱ひげ図**》の《**箱ひげ図**》をクリックします。

問題(2) 　P.53

①シート「**納品検査**」のセル範囲【**B4:B93**】を選択します。
②《**ホーム**》タブ→《**数値**》グループの［表示形式］(表示形式)をクリックします。
③《**表示形式**》タブを選択します。
④《**分類**》の一覧から《**ユーザー定義**》を選択します。
⑤《**種類**》に「**"**」と入力します。
※《G/標準》は削除します。
⑥問題文の「**コンテナ**」をクリックして、コピーします。
⑦《**種類**》の「**"**」の後ろをクリックして、カーソルを表示します。
⑧［Ctrl］+［V］を押して貼り付けます。
※《種類》に直接入力してもかまいません。
⑨続けて「**"@**」を入力します。
⑩《**種類**》に「**"コンテナ"@**」と表示されていることを確認します。
⑪《**OK**》をクリックします。

問題(3) 　P.150

①シート「**入庫**」を選択します。
②《**数式**》タブ→《**ワークシート分析**》グループの［エラーチェック］(エラーチェック)をクリックします。
③エラーチェックの結果を確認します。
※セル【E5】の数式のエラーの内容が表示されます。
④セル【**E5**】が選択されていることを確認します。
⑤《**数式を上からコピーする**》をクリックします。
⑥《**OK**》をクリックします。

問題(4)

P.82,85

①シート「**入庫**」のセル【**C4**】を選択します。
※表内のC列のセルであれば、どこでもかまいません。
②《**ホーム**》タブ→《**スタイル**》グループの 条件付き書式 (条件付き書式)→《**ルールの管理**》をクリックします。
③一覧から《**アイコンセット**》を選択します。
④《**ルールの編集**》をクリックします。
⑤《**緑のチェックマーク**》のアイコンの をクリックし、一覧から《**赤のひし形**》を選択します。
⑥《**セルのアイコンなし**》の をクリックし、一覧から《**黄色のダッシュ記号**》を選択します。
⑦《**セルのアイコンなし**》の をクリックし、一覧から《**黄色のダッシュ記号**》を選択します。
⑧《**OK**》をクリックします。
⑨《**OK**》をクリックします。

問題(5)

P.40,41

①シート「**出庫**」を選択します。
②《**校閲**》タブ→《**保護**》グループの (範囲の編集を許可する)をクリックします。
③《**タイトル**》が「**データ範囲**」の《**セルの参照**》に「**$C$4:$N$8**」と表示されていることを確認します。
④「**データ範囲**」を選択します。
⑤《**変更**》をクリックします。
⑥《**範囲パスワード**》に「**123**」と入力します。
⑦《**OK**》をクリックします。
⑧《**パスワードをもう一度入力してください。**》に「**123**」と入力します。
⑨《**OK**》をクリックします。
⑩《**範囲の編集の許可**》ダイアログボックスの《**シートの保護**》をクリックします。
※《範囲の編集の許可》ダイアログボックスが非表示になる場合があります。非表示になった場合は、Excelのタイトルバーをクリックしてアクティブウィンドウにしてください。
⑪《**シートの保護を解除するためのパスワード**》に「**123**」と入力します。
⑫《**OK**》をクリックします。
⑬《**パスワードをもう一度入力してください。**》に「**123**」と入力します。
⑭《**OK**》をクリックします。

問題(6)

P.133,135

①シート「**輸送コスト**」を選択します。
②《**データ**》タブ→《**予測**》グループの (What-If分析)→《**シナリオの登録と管理**》をクリックします。
③《**追加**》をクリックします。
④《**シナリオ名**》に「**シナリオA**」と入力します。
⑤《**変化させるセル**》の値を選択します。
⑥セル範囲【**D4:D6**】を選択します。
※《変化させるセル》が「$D$4:$D$6」になります。
⑦《**シナリオの編集**》ダイアログボックスの《**OK**》をクリックします。
⑧《**シナリオの値**》ダイアログボックスの《**1**》に「**300**」、《**2**》に「**0**」、《**3**》に「**200**」と入力します。
※《シナリオの値》ダイアログボックスが非表示になる場合があります。非表示になった場合は、Excelのタイトルバーをクリックしてアクティブウィンドウにしてください。
⑨《**追加**》をクリックします。
⑩《**シナリオ名**》に「**シナリオB**」と入力します。
⑪《**変化させるセル**》が「**D4:D6**」になっていることを確認します。
⑫《**シナリオの追加**》ダイアログボックスの《**OK**》をクリックします。
⑬《**シナリオの値**》ダイアログボックスの《**1**》に「**0**」、《**2**》に「**300**」、《**3**》に「**200**」と入力します。
※《シナリオの値》ダイアログボックスが非表示になる場合があります。非表示になった場合は、Excelのタイトルバーをクリックしてアクティブウィンドウにしてください。
⑭《**OK**》をクリックします。
⑮《**情報**》をクリックします。
⑯《**シナリオの情報**》を ◉ にします。
⑰《**結果を出力するセル**》の値を選択します。
⑱セル【**G8**】を選択します。
※《結果を出力するセル》が「=$G$8」になります。
⑲《**OK**》をクリックします。
※シート「シナリオ情報」が追加されます。

●プロジェクト5

問題(1)

P.60,62

①シート「**店舗**」のセル範囲【**B4:B24**】を選択します。
②《**データ**》タブ→《**データツール**》グループの (データの入力規則)をクリックします。
③《**日本語入力**》タブを選択します。
④《**日本語入力**》の をクリックし、一覧から《**オフ(英語モード)**》を選択します。
⑤《**OK**》をクリックします。

問題(2)

P.107

①シート「**商品**」のセル【**H4**】に「**=MINIFS(商品[価格],商品[分類名],H3)**」と入力します。
※引数は、テーブルの列やセルを選択して指定します。

問題(3)

P.197

①シート**「関東分析」**のセル**【B4】**を選択します。
※列ラベルエリアのセルであれば、どこでもかまいません。
②**《ピボットテーブル分析》**タブ→**《グループ》**グループの[フィールドのグループ化](フィールドのグループ化)をクリックします。
③**《単位》**の**《日》**をクリックして、選択を解除します。
④**《単位》**の**《月》**をクリックして、選択を解除します。
⑤**《単位》**の**《四半期》**をクリックします。
⑥**《OK》**をクリックします。

問題(4)

P.187

①シート**「近畿売上」**を選択します。
②問題文の**「100」**をクリックして、コピーします。
③セル**【J4】**を選択します。
④Ctrl+Vを押して貼り付けます。
※セルに直接入力してもかまいません。
⑤シート**「近畿分析」**のセル**【A3】**を選択します。
※ピボットテーブル内のセルであれば、どこでもかまいません。
⑥**《ピボットテーブル分析》**タブ→**《データ》**グループの(更新)をクリックします。
※「京都」と「総計」のデータが更新されます。

問題(5)

P.194

①シート**「中部分析」**のセル**【A3】**を選択します。
※ピボットテーブル内のセルであれば、どこでもかまいません。
②**《ピボットテーブル分析》**タブ→**《フィルター》**グループの[タイムラインの挿入](タイムラインの挿入)をクリックします。
③**「注文日」**を✔にします。
④**《OK》**をクリックします。
⑤2024年の6月から7月まで、バーをドラッグします。

模擬試験プログラムを使わないで操作する場合

●自動回復用データの保存の間隔を元に戻しておきましょう。
初期の設定は「10」分です。

MOS Excel 365 Expert

MOS 365
攻略ポイント

1 MOS 365の試験形式

Excelの機能や操作方法をマスターするだけでなく、試験そのものについても理解を深めておきましょう。

1 マルチプロジェクト形式とは

MOS 365は、**「マルチプロジェクト形式」**という試験形式で実施されます。
このマルチプロジェクト形式を図解で表現すると、次のようになります。

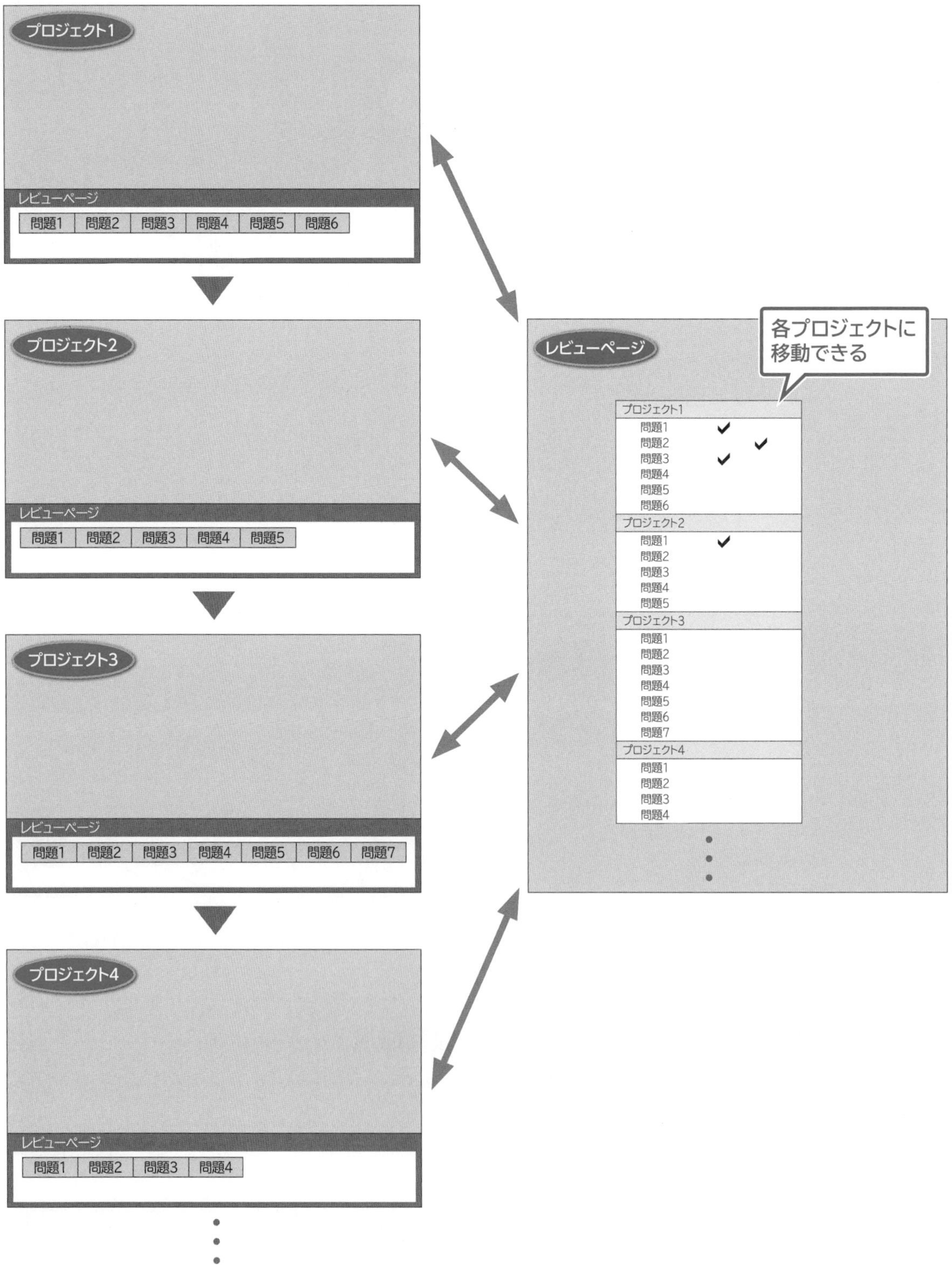

■プロジェクト

「マルチプロジェクト」の**「マルチ」**は“複数”という意味で、**「プロジェクト」**は“操作すべきファイル”を指しています。マルチプロジェクトは、言い換えると、“操作すべき複数のファイル”となります。
複数のファイルを操作して、すべて完成させていく試験、それがMOS 365の試験形式です。
1回の試験で出題されるプロジェクト数、つまりファイル数は、5～10個程度です。各プロジェクトはそれぞれ独立しており、1つ目のプロジェクトで行った操作が、2つ目以降のプロジェクトに影響することはありません。

また、1つのプロジェクトには、1～7個程度の問題（タスク）が用意されています。問題には、ファイルに対してどのような操作を行うのか、具体的な指示が記述されています。

■レビューページ

すべてのプロジェクトから、**「レビューページ」**と呼ばれるプロジェクトの一覧に移動できます。レビューページから、未解答の問題や見直したい問題に戻ることができます。

2 MOS 365の画面構成と試験環境

本試験の画面構成や試験環境について、受験前に不安や疑問を解消しておきましょう。

1 本試験の画面構成を確認しよう

MOS 365の試験画面については、模擬試験プログラムと異なる部分を確認しましょう。
本試験は、次のような画面で行われます。

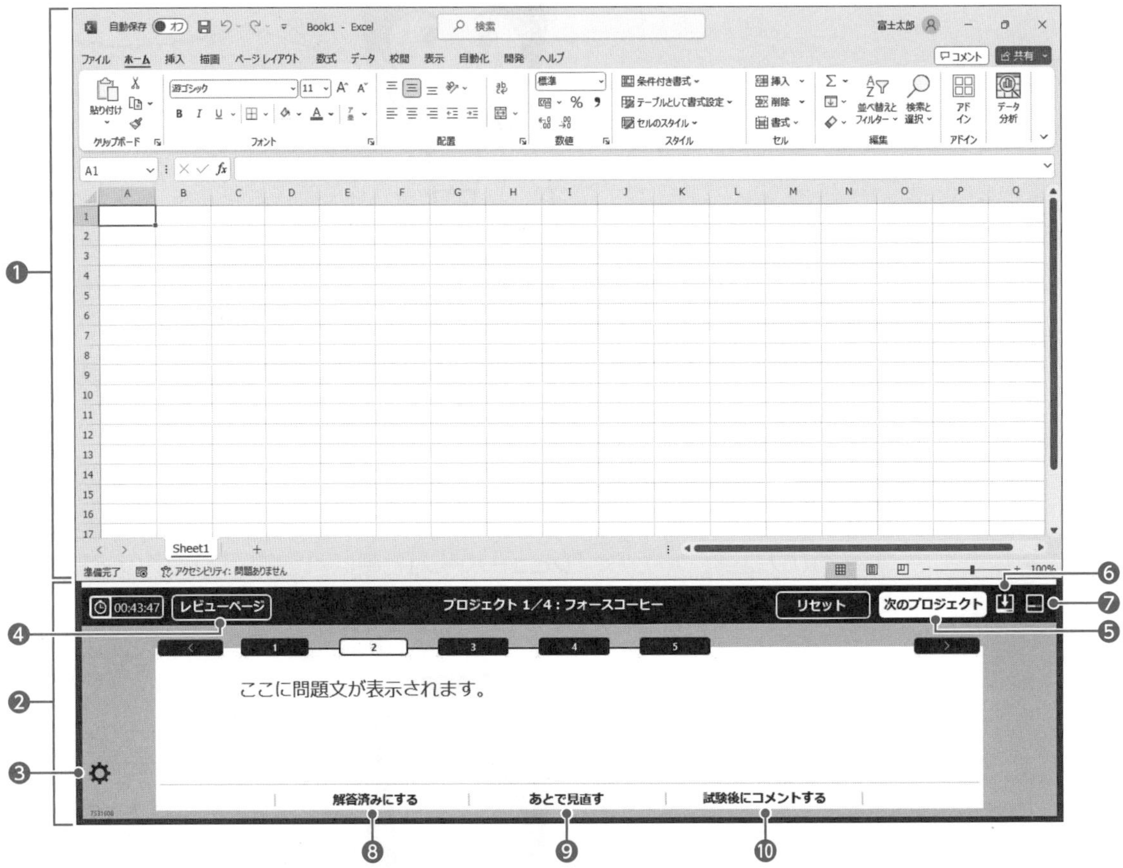

（株式会社オデッセイコミュニケーションズ提供）

❶アプリケーションウィンドウ

実際のアプリケーションが起動するウィンドウです。開いたファイルに対して操作を行います。アプリケーションウィンドウは、サイズ変更や移動が可能です。

❷試験パネル

解答に必要な指示事項が記載されたウィンドウです。試験パネルは、サイズ変更が可能です。

❸

試験パネルの文字のサイズの変更や、電卓を表示できます。
※文字のサイズは、キーボードからも変更できます。
※模擬試験プログラムでは電卓は表示できません。

❹レビューページ

レビューページに移動できます。
※レビューページに移動する前に確認のメッセージが表示されます。

❺次のプロジェクト

次のプロジェクトに移動できます。

※次のプロジェクトに移動する前に確認のメッセージが表示されます。

❻

試験パネルを最小化します。

❼

アプリケーションウィンドウや試験パネルをサイズ変更したり移動したりした場合に、ウィンドウの配置を元に戻します。

❽解答済みにする

解答済みの問題にマークを付けることができます。レビューページで、マークの有無を確認できます。

❾あとで見直す

わからない問題や解答に自信がない問題に、マークを付けることができます。レビューページで、マークの有無を確認できるので、見直す際の目印になります。

❿試験後にコメントする

コメントを残したい問題に、マークを付けることができます。試験中に気になる問題があれば、マークを付けておき、試験後にその問題に対するコメントを入力できます。試験主幹元のMicrosoftにコメントが配信されます。

※模擬試験プログラムには、この機能がありません。

本試験の画面について

本試験の画面は、試験システムの変更などで、予告なく変更される可能性があります。本試験を開始すると、問題が出題される前に試験に関する注意事項（チュートリアル）が表示されます。注意事項には、試験画面の操作方法や諸注意などが記載されているので、よく読んで不明な点があれば試験会場の試験官に確認しましょう。

本試験の最新情報については、MOS公式サイト（https://mos.odyssey-com.co.jp/）をご確認ください。

2　本試験の実施環境を確認しよう

普段使い慣れている自分のパソコン環境と、試験のパソコン環境がどれくらい違うのか、受験前に確認しておきましょう。

●コンピューター

本試験では、原則的にデスクトップ型のパソコンが使われます。ノートブック型のパソコンは使われないので、普段ノートブック型を使っている人は注意が必要です。デスクトップ型とノートブック型では、矢印キーや[Delete]など一部のキーの配列が異なるので、慣れていないと使いにくいと感じるかもしれません。普段から本試験と同じ型のキーボードで練習するとよいでしょう。

●日本語入力システム

本試験の日本語入力システムは、**「Microsoft IME」**が使われます。Windowsには、Microsoft IMEが標準で搭載されているため、多くの人が意識せずにMicrosoft IMEを使い、その入力方法に慣れているはずです。しかし、ATOKなどその他の日本語入力システムを使っている人は、入力方法が異なるので注意が必要です。普段から本試験と同じ日本語入力システムで練習するとよいでしょう。

●キーボード

本試験では、**「109型」**または**「106型」**のキーボードが使われます。自分のキーボードと比べて確認しておきましょう。

109型キーボード

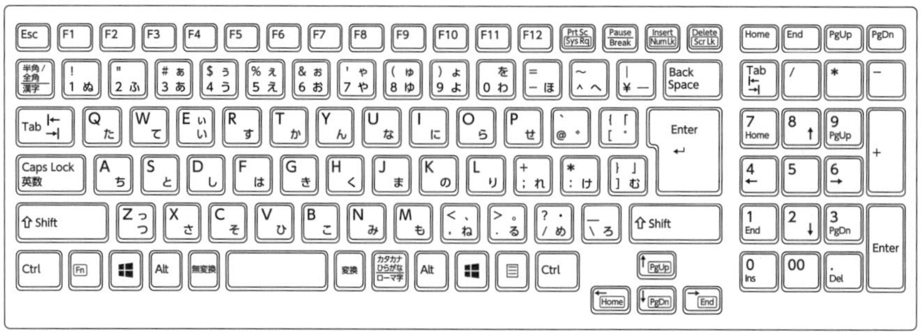

※「106型キーボード」には、[Windows]と[アプリケーション]のキーがありません。

●ディスプレイ

本試験では、17インチ以上、**「1280×1024ピクセル」**以上の解像度のディスプレイが使われます。ディスプレイの解像度によって変わるのは、リボン内のボタンのサイズや配置です。例えば、**「1280×768ピクセル」**と**「1920×1080ピクセル」**で比較すると、次のようにボタンのサイズや配置が異なります。

1280×768ピクセル

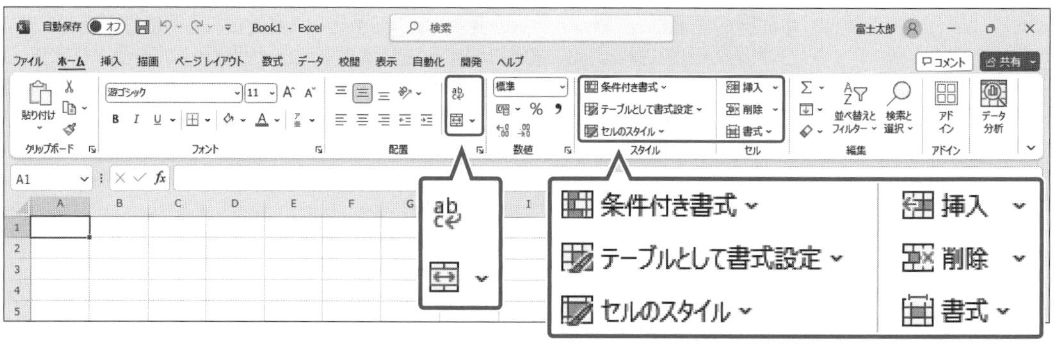

1920×1080ピクセル

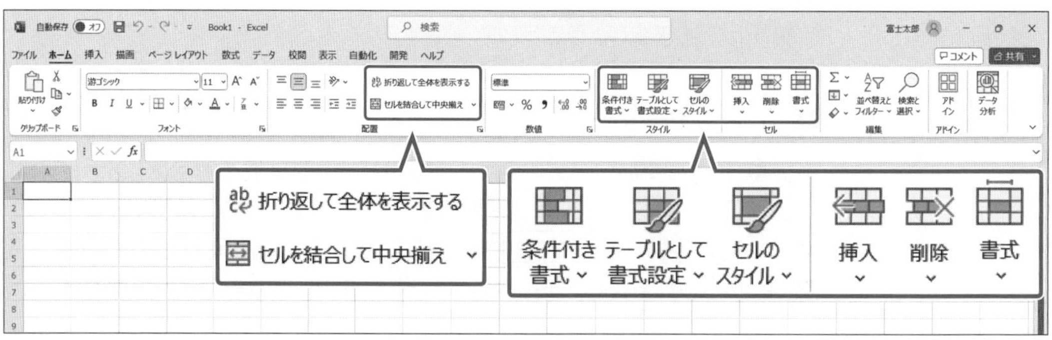

自分のパソコンと試験会場のパソコンのディスプレイの解像度が異なっても、ボタンの配置に大きな変わりはありません。ボタンのサイズが変わっても対処できるように、ボタンの大体の配置を覚えておくようにしましょう。

3 MOS 365の攻略ポイント

本試験に取り組む際に、どうすれば効果的に解答できるのか、どうすればうっかりミスをなくすことができるのかなど、気を付けたいポイントを確認しましょう。

1 全体のプロジェクト数と問題数を確認しよう

試験が始まったら、まず、全体のプロジェクト数と問題数を確認しましょう。
出題されるプロジェクト数は5～10個程度で、試験パターンによって変わります。また、レビューページを表示すると、プロジェクト内の問題数も確認できます。

2 時間配分を考えよう

全体のプロジェクト数を確認したら、適切な時間配分を考えましょう。
タイマーにときどき目をやり、進み具合と残り時間を確認しながら進めましょう。

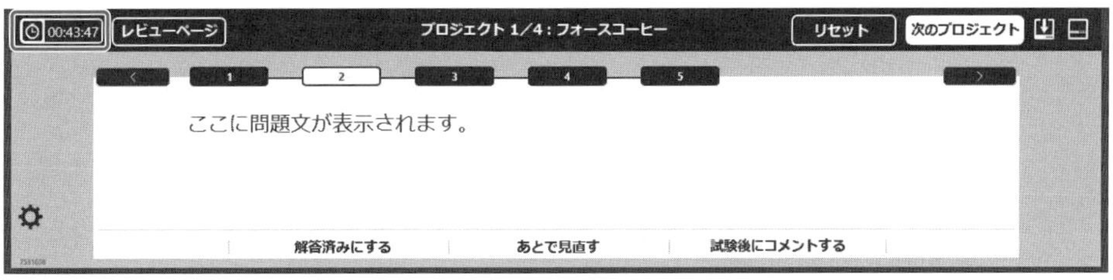

終盤の問題で焦らないために、40分前後ですべての問題に解答できるようにトレーニングしておくとよいでしょう。残った時間を見直しに充てるようにすると、気持ちが楽になります。

【例】

全体のプロジェクト数が6個の場合

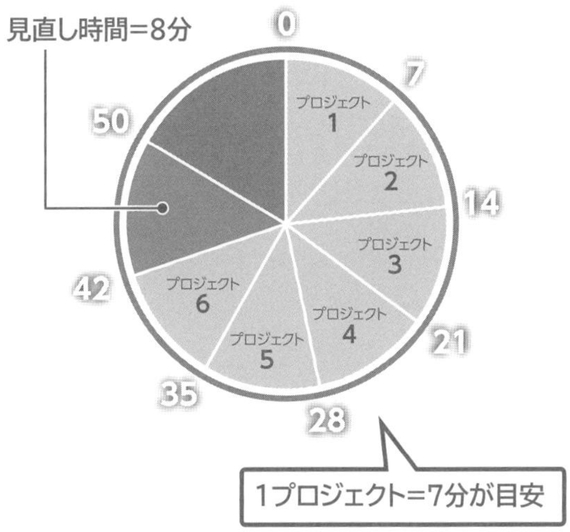

【例】

全体のプロジェクト数が8個の場合

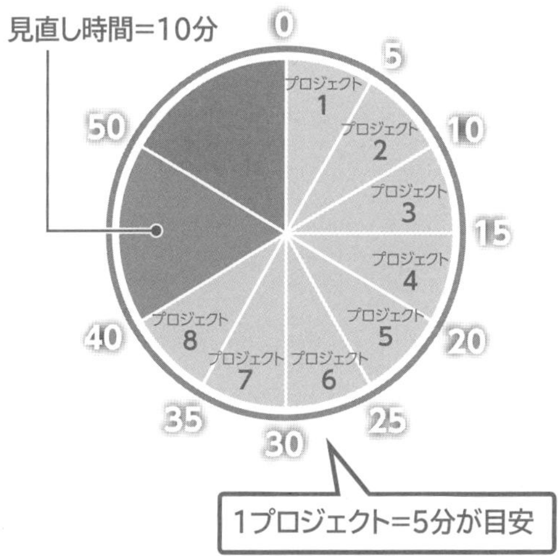

3 問題をよく読もう

問題をよく読み、指示されている操作だけを行います。
操作に精通していると過信している人は、問題をよく読まずに先走ったり、指示されている以上の操作までしてしまったり、という過ちをおかしがちです。指示されていない余分な操作をしてはいけません。
また、コマンド名が明示されていない問題も出題されます。問題をしっかり読んでどのコマンドを使うのか判断しましょう。

4 問題の文字をコピーしよう

問題の一部には下線の付いた文字があります。この文字はクリックするとコピーされ、アプリケーションウィンドウ内に貼り付けることができます。
操作が正しくても、入力した文字が間違っていたら不正解になります。
入力ミスを防ぎ、効率よく解答するためにも、問題の文字のコピーを利用しましょう。

5 レビューページを活用しよう

試験パネルには**《レビューページ》**のボタンがあり、クリックするとレビューページに移動できます。
また、最後のプロジェクトで**《次のプロジェクト》**をクリックしても、レビューページが表示されます。
例えば、**「プロジェクト1」**から**「プロジェクト2」**に移動したあとで、**「プロジェクト1」**の操作ミスに気付いたときなどに、レビューページを使って**「プロジェクト1」**に戻り、操作をやり直すことが可能です。
レビューページから前のプロジェクトに戻ると、自分の解答済みのファイルが保持されています。

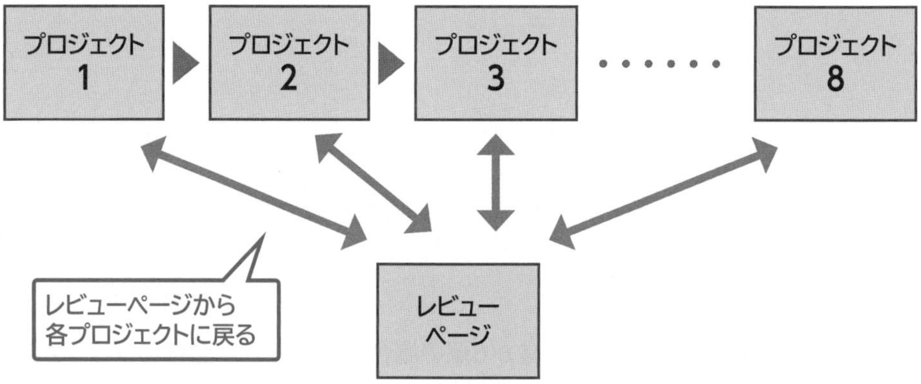

6 わかる問題から解答しよう

レビューページから各プロジェクトに戻ることができるので、わからない問題にはあとから取り組むようにしましょう。前半でわからない問題に時間をかけすぎると、後半で時間不足に陥ってしまいます。時間がなくなると、焦ってしまい、冷静に考えれば解ける問題にも対処できなくなります。わかる問題をひととおり解いて確実に得点を積み上げましょう。
解答できなかった問題には**《あとで見直す》**のマークを付けておき、見直す際の目印にしましょう。

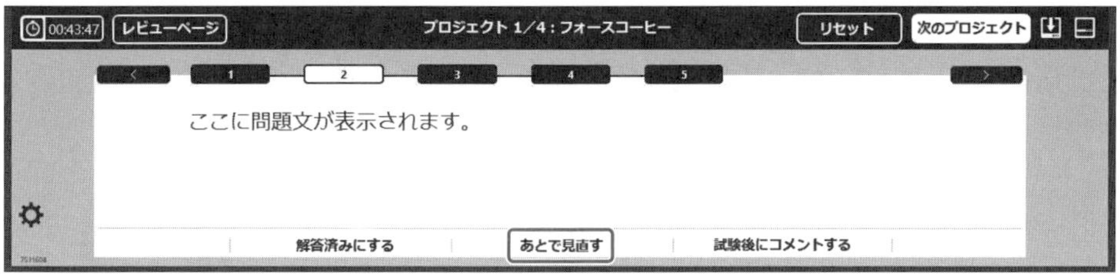

7 リセットに注意しよう

《リセット》をクリックすると、現在表示されているプロジェクトのファイルが初期状態に戻ります。プロジェクトに対して行ったすべての操作がクリアされるので、注意しましょう。
例えば、問題1と問題2を解答し、問題3で操作ミスをしてリセットすると、問題1や問題2の結果もクリアされます。問題1や問題2の結果を残しておきたい場合には、リセットしてはいけません。
直前の操作を取り消したい場合には、Excelの（元に戻す）を使うとよいでしょう。ただし、元に戻らない機能もあるので、頼りすぎるのは禁物です。

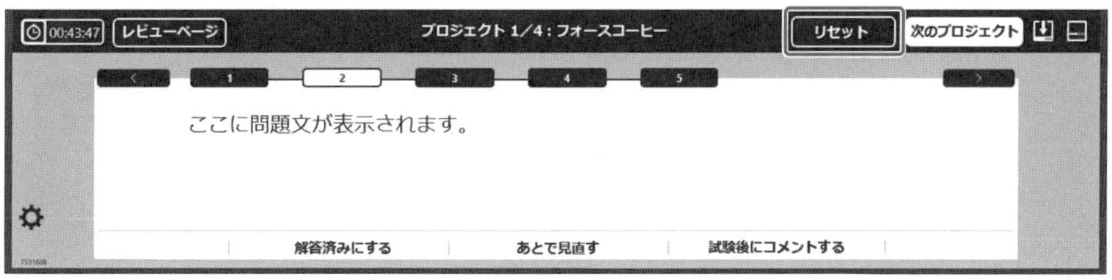

8 次のプロジェクトに進む前に選択を解除しよう

オブジェクトに文字を入力・編集中の状態や、オブジェクトを選択している状態で次のプロジェクトに進もうとすると、注意を促すメッセージが表示される場合があります。メッセージが表示されている間も試験のタイマーは止まりません。
試験時間を有効に使うためにも、オブジェクトが入力・編集中でないことや選択されていないことを確認してから、**《次のプロジェクト》**をクリックするとよいでしょう。

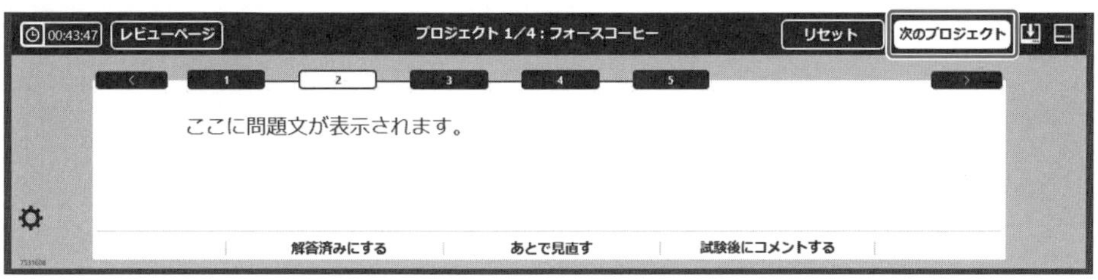

4 試験当日の心構え

本試験で緊張したり焦ったりして、本来の実力が発揮できなかった、という話がときどき聞かれます。本試験ではシーンと静まり返った会場に、キーボードをたたく音だけが響き渡り、思った以上に緊張したり焦ったりするものです。ここでは、試験当日に落ち着いて試験に臨むための心構えを解説します。

1 自分のペースで解答しよう

試験会場にはほかの受験者もいますが、他人のことは気にせず自分のペースで解答しましょう。

受験者の中にはキー入力がとても速い人、早々に試験を終えて退出する人など様々な人がいますが、他人のスピードで焦ることはありません。30分で試験を終了しても、50分で試験を終了しても採点結果に差はありません。自分のペースを大切にして、試験時間50分を上手に使いましょう。

2 試験日に合わせて体調を整えよう

試験日の体調には、くれぐれも注意しましょう。

体の調子が悪くて受験できなかったり、体調不良のまま受験しなければならなかったりすると、それまでの努力が水の泡になってしまいます。試験を受け直すとしても、費用が再度発生してしまいます。試験に向けて無理をせず、計画的に学習を進めましょう。また、前日には十分な睡眠を取り、当日は食事も十分に摂りましょう。

3 早めの行動を心掛けよう

事前に試験会場までの行き方や所要時間は調べておき、試験当日に焦ることのないようにしましょう。

受付時間を過ぎると入室禁止になるので、ギリギリの行動はよくありません。早めの行動を心掛けましょう。

困ったときには

困ったときには

最新のQ&A情報について

最新のQ&A情報については、FOM出版のホームページから「QAサポート」→「よくあるご質問」をご確認ください。

※FOM出版のホームページへのアクセスについては、P.11を参照してください。

Q&A　模擬試験プログラムのアップデート

1　WindowsやOfficeがアップデートされた場合などに、模擬試験プログラムの内容は変更されますか？

模擬試験プログラムはアップデートする可能性があります。最新情報については、FOM出版のホームページをご確認ください。

※FOM出版のホームページへのアクセスについては、P.11を参照してください。

また、模擬試験プログラムから、FOM出版のホームページを表示して、更新プログラムに関する最新情報を確認することもできます。

模擬試験プログラムから更新プログラムに関する最新情報を確認する方法は、次のとおりです。

※インターネットに接続できる環境が必要です。

① 模擬試験プログラムを起動します。
② スタートメニューの《バージョン情報》をクリックします。
③《更新プログラムの確認》をクリックします。
④ ブラウザーが起動し、FOM出版の更新プログラムに関するホームページが表示されます。

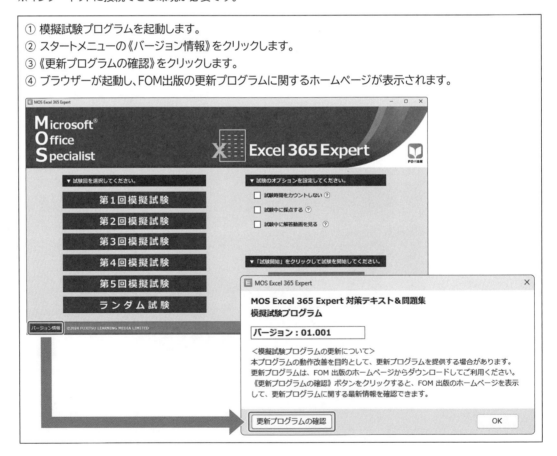

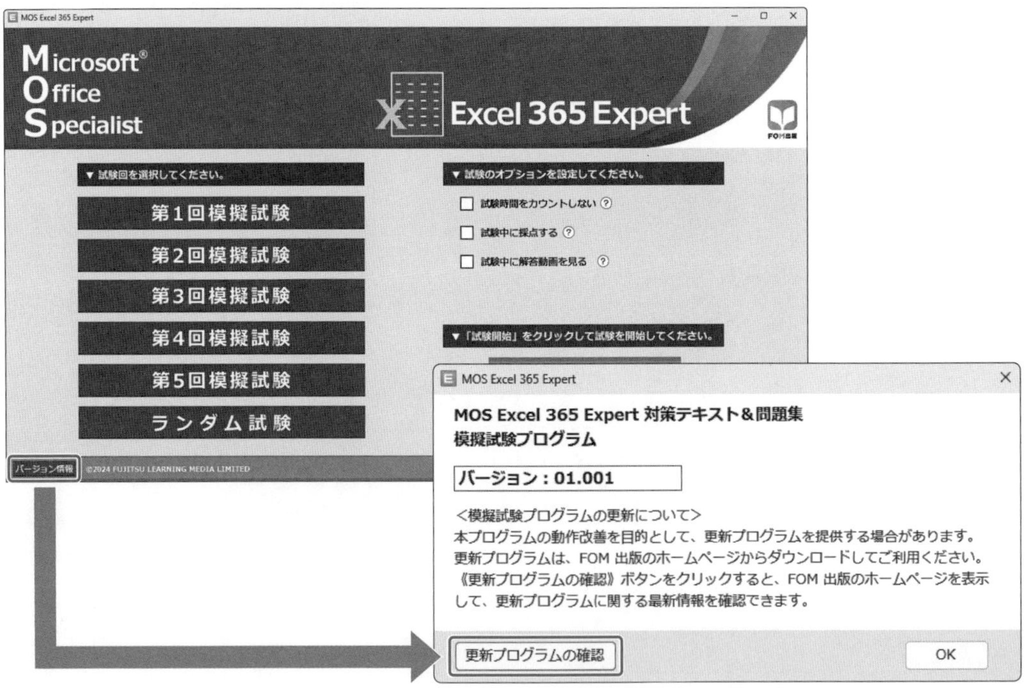

2 **模擬試験を開始しようとすると、メッセージが表示され、模擬試験プログラムが起動しません。どうしたらいいですか？**

各メッセージと対処方法は次のとおりです。

メッセージ	対処方法
「MOS Excel 365 Expert対策テキスト&問題集」の模擬試験プログラムをダウンロードしていただき、ありがとうございます。 本プログラムは、「MOS Excel 365 Expert対策テキスト&問題集」の書籍に関する質問（3問）に正解するとご利用いただけます。 《次へ》をクリックして、質問画面を表示してください。	模擬試験プログラムを初めて起動する場合に、このメッセージが表示されます。2回目以降に起動する際には表示されません。 ※模擬試験プログラムの起動方法については、P.231を参照してください。
Excelが起動している場合、模擬試験を起動できません。 Excelを終了してから模擬試験プログラムを起動してください。	模擬試験プログラムを終了して、Excelを終了してください。 Excelが起動している場合、模擬試験プログラムを起動できません。
OneDriveと同期していると、模擬試験プログラムが正常に動作しない可能性があります。 OneDriveの同期を一時停止してから模擬試験プログラムを起動してください。	デスクトップとOneDriveが同期している環境で、模擬試験プログラムを起動しようとすると、このメッセージが表示されます。OneDriveの同期を一時停止してから模擬試験プログラムを起動してください。 一時停止中もメッセージは表示されますが、《OK》をクリックして、模擬試験プログラムをご利用ください。 ※OneDriveとの同期を一時停止する方法については、Q&A20を参照してください。
PowerPointが起動している場合、模擬試験を起動できません。 PowerPointを終了してから模擬試験プログラムを起動してください。	模擬試験プログラムを終了して、PowerPointを終了してください。 PowerPointが起動している場合、模擬試験プログラムを起動できません。
Wordが起動している場合、模擬試験を起動できません。 Wordを終了してから模擬試験プログラムを起動してください。	模擬試験プログラムを終了して、Wordを終了してください。 Wordが起動している場合、模擬試験プログラムを起動できません。
ディスプレイの解像度が動作環境（1280×768px）より小さいためプログラムを起動できません。 ディスプレイの解像度を変更してから模擬試験プログラムを起動してください。	模擬試験プログラムを終了して、ディスプレイの解像度を「1280×768ピクセル」以上に設定してください。 ※ディスプレイの解像度については、Q&A18を参照してください。
パソコンにMicrosoft 365がインストールされていないため、模擬試験を開始できません。プログラムを一旦終了して、パソコンにインストールしてください。	模擬試験プログラムを終了して、Microsoft 365をインストールしてください。 模擬試験を行うためには、Microsoft 365がパソコンにインストールされている必要があります。ほかのバージョンのExcelでは模擬試験を行うことはできません。 また、Microsoft 365のライセンス認証を済ませておく必要があります。 ※Microsoft 365がインストールされていないパソコンでも模擬試験プログラムの解答動画は確認できます。動画の視聴には、インターネットに接続できる環境が必要です。
他のアプリケーションソフトが起動しています。模擬試験プログラムを起動できますが、正常に動作しない可能性があります。 このまま処理を続けますか？	任意のアプリケーションが起動している状態で、模擬試験プログラムを起動しようとすると、このメッセージが表示されます。また、セキュリティソフトなどの監視プログラムが常に動作している状態でも、このメッセージが表示されることがあります。 《はい》をクリックすると、アプリケーション起動中でも模擬試験プログラムを起動できます。ただし、その場合には模擬試験プログラムが正しく動作しない可能性がありますので、ご注意ください。 《いいえ》をクリックして、アプリケーションをすべて終了してから、模擬試験プログラムを起動することを推奨します。

メッセージ	対処方法
保持していた認証コードが異なります。再認証してください。	初めて模擬試験プログラムを起動したときと、お使いのパソコンが異なる場合に表示される可能性があります。認証コードを再入力してください。 ※再入力しても起動しない場合は、認証コードを削除してください。認証コードの削除については、Q&A15を参照してください。
模擬試験プログラムは、すでに起動しています。模擬試験プログラムが起動していないか、または別のユーザーがサインインして模擬試験プログラムを起動していないかを確認してください。	すでに模擬試験プログラムを起動している場合に、このメッセージが表示されます。模擬試験プログラムが起動していないか、または別のユーザーがサインインして模擬試験プログラムを起動していないかを確認してください。1台のパソコンで同時に複数の模擬試験プログラムを起動することはできません。

※メッセージは五十音順に記載しています。

Q&A　模擬試験中のトラブル

3　模擬試験中にダイアログボックスを表示すると、問題ウィンドウのボタンや問題が隠れて見えなくなります。どうしたらいいですか？

ディスプレイの解像度によって、問題ウィンドウのボタンや問題が見えなくなる場合があります。ダイアログボックスのサイズや位置を変更して調整してください。

4　模擬試験の解答動画を表示すると、「接続に失敗しました。ネットワーク環境を確認してください。」と表示されました。どうしたらいいですか？

解答動画を視聴するには、インターネットに接続した環境が必要です。インターネットに接続した状態で、再度、解答動画を表示してください。

5　模擬試験の解答動画で音声が聞こえません。どうしたらいいですか？

次の内容を確認してください。

●音声ボタンがオフになっていませんか？

解答動画の音声が になっている場合は、クリックして にします。

●音量がミュートになっていませんか？

タスクバーの音量を確認し、ミュートになっていないか確認します。

●スピーカーまたはヘッドホンが正しく接続されていますか？

音声を聞くには、スピーカーまたはヘッドホンが必要です。接続や電源を確認します。

6　模擬試験中に解答動画を表示すると、Excelウィンドウで操作ができません。どうしたらいいですか？

模擬試験中に解答動画を表示すると、Excelウィンドウで操作を行うことはできません。解答動画を終了してから、操作を行ってください。

解答動画を見ながら操作したい場合は、スマートフォンやタブレットで解答動画を表示してください。

※スマートフォンやタブレットで解答動画を表示する方法は、表紙の裏側の「特典のご利用方法」を参照してください。

7 標準解答どおりに操作しても正解にならない箇所があります。なぜですか？

模擬試験プログラムの動作は、2024年5月時点の次の環境で確認しております。

・Windows 11（バージョン23H2　ビルド22631.3593）
・Microsoft 365（バージョン2404　ビルド16.0.17531.20152）

今後のWindowsやMicrosoft 365のアップデートによって機能が更新された場合には、模擬試験プログラムの採点が正しく行われない可能性があります。
※本書の最新情報については、P.11に記載されているFOM出版のホームページにアクセスして確認してください。

Windows 11のバージョンは、次の手順で確認します。

① （スタート）をクリックします。
②《設定》をクリックします。
③ 左側の一覧から《システム》を選択します。
※ウィンドウを最大化しておきましょう。
④《バージョン情報》をクリックします。

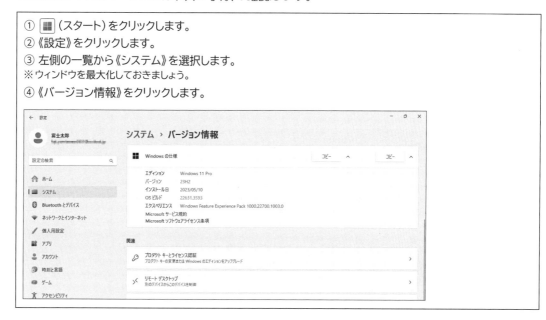

Microsoft 365のバージョンは、次の手順で確認します。

① Excelを起動し、ブックを表示します。
②《ファイル》タブを選択します。
③《アカウント》をクリックします。
④《Excelのバージョン情報》をクリックします。
⑤ 1行目の「Microsoft Excel for Microsoft 365 MSO」の後ろに続く括弧内の数字を確認します。

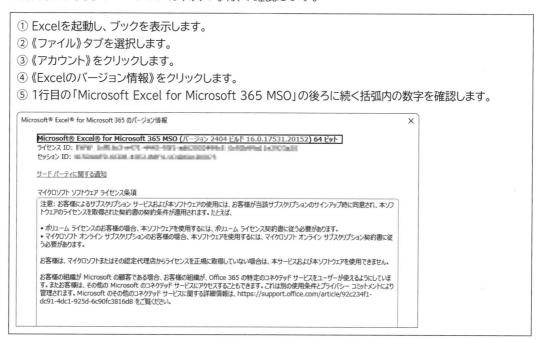

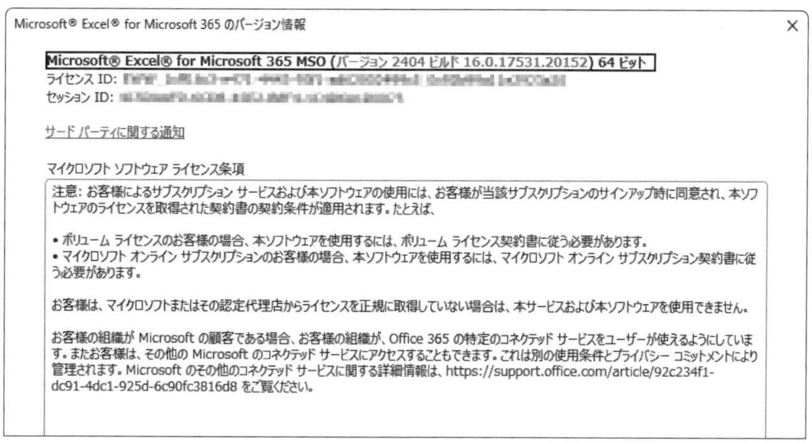

8 模擬試験中に画面が動かなくなりました。どうしたらいいですか？

模擬試験プログラムとExcelを次の手順で強制終了します。

① 【Ctrl】＋【Alt】＋【Delete】を押します。
② 《タスクマネージャー》をクリックします。
③ 《アプリ》の一覧から《MOS Excel 365 Expert 模擬試験プログラム》を選択します。
④ 《タスクを終了する》をクリックします。
※終了に時間がかかる場合があります。一覧から消えたことを確認してから、次の操作に進んでください。
⑤ 《アプリ》の一覧から《Microsoft Excel》を選択します。
⑥ 《タスクを終了する》をクリックします。

強制終了後、模擬試験プログラムを再起動すると、次のようなメッセージが表示されます。
《復元して起動》をクリックすると、ファイルを最後に上書き保存したときの状態から試験を再開できます。また、試験の残り時間は、強制終了した時点からカウントが再開されます。
※ファイルを保存したタイミングや操作していた内容によっては、すべての内容が復元されない場合があります。その場合は、再度、模擬試験を実施してください。

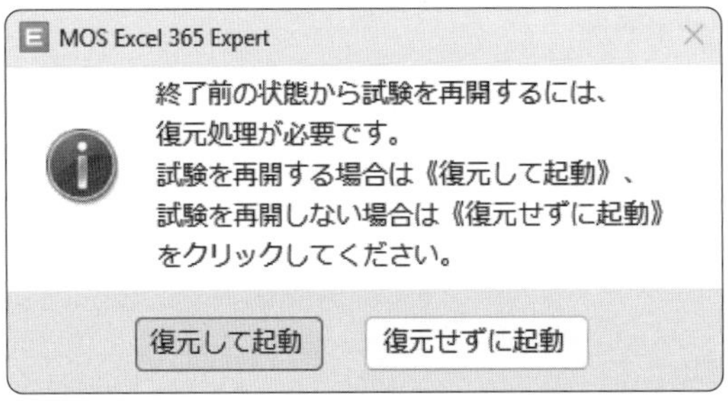

9 模擬試験プログラムを強制終了したら、デスクトップにフォルダー「FOM Shuppan Documents」が作成されていました。このフォルダーは何ですか？

模擬試験プログラムを起動すると、デスクトップに**「FOM Shuppan Documents」**というフォルダーが作成されます。模擬試験中は、そのフォルダーにファイルを保存したり、そのフォルダーからファイルを挿入したりします。模擬試験プログラムを終了すると、自動的にフォルダーは削除されますが、終了時にトラブルがあった場合や強制終了した場合などに、フォルダーを削除する処理が行われないことがあります。
このような場合は、模擬試験プログラムを再起動して終了してください。

10 模擬試験中にダイアログボックスが非表示になり操作できなくなりました。どうしたらいいですか？

以下の問題で、操作中にExcel以外のウィンドウをアクティブにすると、操作中のダイアログボックスがExcelウィンドウの後ろに回りこんで、非表示になってしまうことがあります。
このような場合は、Excelのタイトルバーをクリックするとダイアログボックスが前面に表示され、操作できる状態になります。

第1回	プロジェクト1問題(5)	シナリオの登録と管理に関する問題
第4回	プロジェクト3問題(5)	範囲の編集の許可に関する問題
第5回	プロジェクト4問題(5)	範囲の編集の許可に関する問題
	プロジェクト4問題(6)	シナリオの登録と管理に関する問題

Q&A　試験結果画面でのトラブル

11　操作ファイルを確認しようとしたら、試験結果画面に《操作ファイルの表示》のボタンがありません。どうしてですか？

試験結果画面に**《操作ファイルの表示》**のボタンが表示されるのは、試験を採点して終了した直後だけです。
試験履歴画面やスタートメニューなど別の画面に切り替えたり、模擬試験プログラムを終了したりすると、操作ファイルは削除され、**《操作ファイルの表示》**のボタンも表示されなくなります。
また、試験履歴画面から過去に実施した試験結果を表示した場合も**《操作ファイルの表示》**のボタンは表示されません。
操作ファイルを保存しておく場合は、試験を採点して試験結果画面が表示されたら、別の画面に切り替える前に、別のフォルダーなどにコピーしておきましょう。
※操作ファイルの保存については、P.244を参照してください。

12　試験結果画面からスタートメニューに切り替えようとしたら、次のメッセージが表示されました。どうしたらいいですか？

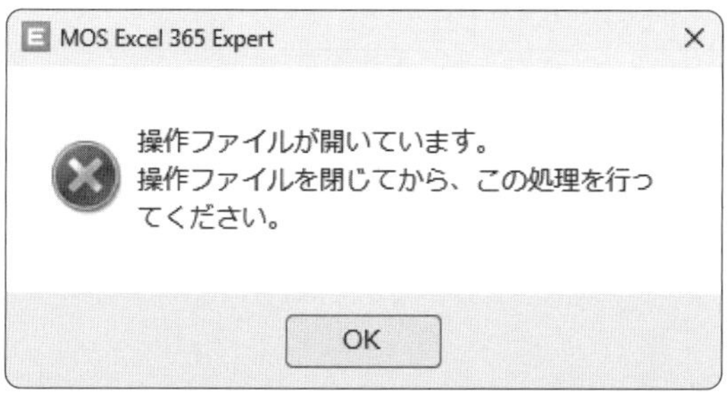

操作ファイルを開いたままでは、試験結果画面からスタートメニューや試験履歴画面に切り替えたり、模擬試験プログラムを終了したりすることができません。
《OK》をクリックして試験結果画面に戻り、開いているファイルを閉じてから、再度スタートメニューに切り替えましょう。

Q&A 模擬試験プログラムのアンインストール

13 模擬試験プログラムをアンインストールするには、どうしたらいいですか？

模擬試験プログラムは、次の手順でアンインストールします。

① (スタート)をクリックします。
② 《設定》をクリックします。
③ 左側の一覧から《アプリ》を選択します。
※ウィンドウを最大化しておきましょう。
④ 《インストールされているアプリ》をクリックします。
⑤ 《MOS Excel 365 Expert 模擬試験プログラム》の をクリックします。
⑥ 《アンインストール》をクリックします。
⑦ 《アンインストール》をクリックします。
⑧ メッセージに従って操作します。

模擬試験プログラムを使用すると、プログラム以外に次のファイルも作成されます。
これらのファイルは模擬試験プログラムをアンインストールしても削除されないため、手動で削除します。

その他のファイル	参照Q&A
模擬試験の履歴	14
認証コード	15

Q&A ファイルの削除

14 模擬試験の履歴を削除するにはどうしたらいいですか？

パソコンに保存されている模擬試験の履歴は、次の手順で削除します。
模擬試験の履歴を管理しているフォルダーは、隠しフォルダーになっています。削除する前に隠しフォルダーを表示しておく必要があります。

① タスクバーの (エクスプローラー)をクリックします。
② (レイアウトとビューのオプション)→《表示》→《隠しファイル》をクリックします。
※《隠しファイル》がオンの状態にします。
③ 左側の一覧から《PC》をクリックします。
④ 《ローカルディスク(C:)》をダブルクリックします。
⑤ 《ユーザー》をダブルクリックします。
⑥ ユーザー名のフォルダーをダブルクリックします。
⑦ 《AppData》をダブルクリックします。
⑧ 《Roaming》をダブルクリックします。
⑨ 《FOM Shuppan History》をダブルクリックします。
⑩ フォルダー「MOS 365-Excel Expert」を右クリックします。
⑪ (削除)をクリックします。

※フォルダーを削除したあと、隠しフォルダーの表示を元の設定に戻しておきましょう。

15 模擬試験プログラムの認証コードを削除するにはどうしたらいいですか？

パソコンに保存されている模擬試験プログラムの認証コードは、次の手順で削除します。
模擬試験プログラムの認証コードを管理しているファイルは、隠しファイルになっています。削除する前に隠しファイルを表示しておく必要があります。

① タスクバーの（エクスプローラー）をクリックします。
② 表示（レイアウトとビューのオプション）→《表示》→《隠しファイル》をクリックします。
※《隠しファイル》がオンの状態にします。
③ 左側の一覧から《PC》をクリックします。
④《ローカルディスク（C:）》をダブルクリックします。
⑤《ProgramData》をダブルクリックします。
⑥《FOM Shuppan Auth》をダブルクリックします。
⑦ フォルダー「MOS 365-Excel Expert」を右クリックします。
⑧（削除）をクリックします。

※ファイルを削除したあと、隠しファイルの表示を元の設定に戻しておきましょう。

16 「出題範囲1」から「出題範囲4」の各Lessonと模擬試験の学習ファイルを削除するにはどうしたらいいですか？

次の手順で削除します。

① タスクバーの（エクスプローラー）をクリックします。
②《ドキュメント》を表示します。
※《ドキュメント》以外の場所に保存した場合は、フォルダーを読み替えてください。
③ フォルダー「MOS 365-Excel Expert（1）」を右クリックします。
④（削除）をクリックします。
⑤ フォルダー「MOS 365-Excel Expert（2）」を右クリックします。
⑥（削除）をクリックします。

Q&A パソコンの環境について

17 Windows 11とMicrosoft 365を使っていますが、本書に記載されている操作手順のとおりに操作できない箇所や画面の表示が異なる箇所があります。なぜですか？

Windows 11やMicrosoft 365は自動アップデートによって、定期的に不具合が修正され、機能が向上する仕様となっています。そのため、アップデート後に、コマンドの名称が変更されたり、リボンに新しいボタンが追加されたりといった現象が発生する可能性があります。
本書に記載されている操作方法や模擬試験プログラムの動作は、2024年5月時点の次の環境で確認しております。

・Windows 11（バージョン23H2　ビルド22631.3593）
・Microsoft 365（バージョン2404　ビルド16.0.17531.20152）

WindowsやMicrosoft 365のアップデートによって機能が更新された場合には、模擬試験プログラムの採点が正しく行われない可能性があります。
※Windows 11とMicrosoft 365のバージョンの確認については、Q&A7を参照してください。

18 ディスプレイの解像度と拡大率はどうやって変更したらいいですか？

ディスプレイの解像度と拡大率は、次の手順で変更します。

① デスクトップの空き領域を右クリックします。
② 《ディスプレイ設定》をクリックします。
③ 《ディスプレイの解像度》の ⌄ をクリックし、一覧から選択します。
④ 《拡大/縮小》の ⌄ をクリックし、一覧から選択します。

19 パソコンに複数のバージョンのOfficeがインストールされています。模擬試験プログラムを使って学習するのに何か支障がありますか？

複数のバージョンのOfficeが同じパソコンにインストールされている環境では、模擬試験プログラムが正しく動作しない場合があります。Microsft 365以外のOfficeをアンインストールしてMicrosoft 365だけの環境にして模擬試験プログラムをご利用ください。

20 OneDriveの同期を一時停止するにはどうしたらいいですか？

OneDriveの同期を一時停止するには、次の手順で操作します。

① 通知領域の ☁ (OneDrive)をクリックします。
② ⚙ (ヘルプと設定)→《同期の一時停止》をクリックします。
③ 一覧から停止する時間を選択します。

索 引

Index 索引

記号・数字

A

C

D

E

F

H

I

L

M

N

O

P

R

S

T

V

W

X

Y

あ

い

う

え

お

か

き

く

け

こ

さ

し

索引

は

ひ

ふ

よくわかるマスター
Microsoft® Office Specialist
Excel 365 Expert 対策テキスト&問題集

(FPT2401)

2024年7月9日　初版発行

著作／制作：株式会社富士通ラーニングメディア

発行者：佐竹　秀彦

発行所：FOM(エフオーエム)出版（株式会社富士通ラーニングメディア）
〒212-0014 神奈川県川崎市幸区大宮町1番地5 JR川崎タワー
https://www.fom.fujitsu.com/goods/

印刷／製本：アベイズム株式会社

●本書に関するご質問は、ホームページまたはメールにてお寄せください。
<ホームページ>
上記ホームページ内の「FOM出版」から「QAサポート」にアクセスし、「QAフォームのご案内」からQAフォームを選択して、必要事項をご記入の上、送信してください。
<メール>
FOM-shuppan-QA@cs.jp.fujitsu.com
なお、次の点に関しては、あらかじめご了承ください。
・ご質問の内容によっては、回答に日数を要する場合があります。
・本書の範囲を超えるご質問にはお答えできません。　・電話やFAXによるご質問には一切応じておりません。

●本製品に起因してご使用者に直接または間接的損害が生じても、株式会社富士通ラーニングメディアはいかなる責任も負わないものとし、一切の賠償などは行わないものとします。
●本書に記載された内容などは、予告なく変更される場合があります。
●落丁・乱丁はお取り替えいたします。

ISBN978-4-86775-084-1

EK&86D5R